과학오디세이
유니버스

우주 · 물질 그리고 시공간

세상 모든 것이 궁금한 과학자의 지적 여정

과학오디세이
유니버스

우주 · 물질 그리고 시공간

안중호 지음

차례

2 장

물질은 어떻게 구성되어 있는가?

3 장

세상은 왜 있을까?

'과학은 모든 것을 모른다'고 말들 한다. 물론 과학은 모든 것을 알지 못한다.

그러나 과학이 모든 것을 모른다는 말이 과학이 아무것도 모른다는 의미는 아니다. [1]

스티븐 프라이^{Stephen Fry}

시작하는 글

    '세상은 왜 존재할까?' 우리가 알고 있는 한, 인간은 자신의 근원에 대해 의문을 품고 해답을 찾으려는 유일한 동물입니다. 우리의 먼 조상들은 아마도 수십만 년 혹은 수백만 년 동안 신화나 원시 신앙에서 이런 의문에 대한 답을 찾으려 했을 것입니다. 하지만 인간 사회가 커지고 문명의 시대가 열리자 이 문제는 보다 체계화된 종교나 철학의 주 과제가 되었습니다. 근세 이후에는 유럽에서 태동한 과학도 뒤늦게 동참했지요. 그러나 다소의 우위를 점했다고는 하나 과학이 확고하게 우리의 근원에 대해 말할 수 있는 입장은 아니었습니다. 그렇다면 21세기 초인 오늘날은 어떨까요? 캠브리지대학의 스티븐 호킹Stephen Hawking은 많은 사람의 관심 속에 2010년 발간한 『위대한 설계』의 첫 장에서 다음과 같이 언급했습니다.[2]

> … 철학은 죽었다. 철학은 과학의 최신 발전, 특히 물리학을 따라 잡지 못했다. 과학자들은 이제 지식 탐구의 경쟁에서 발견의 횃불을 들게 되었다. (중략) (최근의 과학적 발견들과 이론적 진보는) 우리가 살고 있는 우주와 우리의 위치에 대해 전통적으로 생각했던

바와 매우 다른 새로운 시각, 심지어는 불과 10년, 20년 전에 우리가 생각했던 것과 전혀 다른 세상의 모습을 보여 주도록 우리를 인도하고 있다.

인문·사회학을 전공하신 분들에게는 매우 거슬리는 표현일 수도 있지만, 호킹은 우리의 근원에 대해 밝히고 있는 오늘날 과학의 성과와 도전을 자신 있게 선언하고 있습니다. 그러다 보니 철학을 폄하하는 듯한 표현도 썼습니다. 철학은 인류 역사에서 도덕, 윤리 등 인간 정신의 활동을 풍요롭게 한 청량제였으며, 앞으로도 그럴 것입니다. 호킹이 그것을 몰랐을 리 없지요. 그러나 최소한 우리의 근원을 캐는 문제에 대해서만은 아니라는 주장입니다.

호킹의 도발적 표현은 존재의 근원을 밝히기 위해 인류가 그동안 기울인 노력이 철학이나 종교에만 너무 의존되어 있고 과학적 측면은 등한시된 것에 대한 항변으로도 여겨집니다. 사실 과학이 우리의 근원에 대해 소리 높여 논하는 자체가 오만으로 비추어지곤 했습니다. 갈릴레오의 지동설이나 다윈의 진화론을 두고 벌인 논쟁은 그러한 좋은 예입니다. 이 장의 앞머리에 인용했듯이 과학은 모든 것을 모를 수 있습니다. 그러나 그렇다고 해서 이 말을 빌미로 과학이 알 수 있는 한계를 앞질러 예단하는 것도 바람직한 자세가 아니라고 생각합니다. 또한 과학의 역할을 기술, 산업적 측면에만 국한하는 것도 좁은 시각입니다. 그 대상에 제한을 두어야 할 어떤 근거나 이유도 없습니다.

원래 '과학'의 어원은 '지식 Scientia'을 뜻하는 라틴어에서 유래했습니다. 실험이나 기술을 뜻하지는 않았지요. 과학은 합리적 객관성에 바탕을 둔 인간의 정신활동입니다. 무엇보다도 과학은 철학이나 인문학의 주관적 혹은 사변적 사고에서 나오기 쉬운 오류나 곡해를 걸러낼 수 있다는 강점이 있지요. 특히, 존재의 근원처럼 쉽지 않은 문제에 대해서는 더욱 그렇습니다.

사실, 철학자나 종교인이 아니더라도 '세상이 무엇인가?'라는 질문을 던지는 것은 인간의 본능적 자세인 듯합니다. 어린아이도 자아가 형성되는 나이가 되면 자신의 근원에 대해 자문自問하기 시작합니다. 저도 그런 기억이 있습니다. 당시 국민학교 1, 2학년 때로 기억합니다. 어쩌다 식구가 모두 외출하고 혼자 남아 집을 보게 되었습니다. 무료함에 마루 위에서 뒤척이다 문득 하늘에 떠 있는 뭉게구름이 눈에 들어왔습니다. 끊임없이 모양이 바뀌는 구름을 바라보다 생각이 이어졌습니다.

'지금 이 순간 따분하게 눈앞에 펼쳐지고 있는 모든 현실이 혹시 꿈과 같은 것은 아닐까? 아니면 내가 보고 있지 않은 다른 곳에서 아무런 일도 벌어지고 있지 않을까?'

생각이 이어지다 보니 '없다는 것이 무엇일까'라는 질문에 빠져들었습니다. 아무리 생각해도 '처음부터 아무것도 없는 세상'은 말이 안 될 것 같았습니다. 무엇인가 있어야 없는 것도 가능하기 때문이지요. 그러나 꼭 그렇지만은 않을 수 있다는 생각도 들었습니다. 생각에 빠져들수록 가위에 눌린 듯 답답했습니다. 어릴 적 그 날의 기억은 너무도 생생해서 청년기와 인생의 초반기에 가끔씩 다시 찾아와 답답한 느낌을 던져주고 떠나곤 했습니다.

그런데 놀라운 사실은 어릴 적의 그 터무니없어 보이던 의문들,

즉 '이 세상은 아무것도 없는 것이 아닐까?', '다른 곳에서는 아무 일도 일어나지 않고 있을까?'와 같은 형이상학적 문제들이 최근 들어 과학의 영역에서 진지한 연구 대상이 되고 있다는 점입니다. 특히 20세기 말 이래부터 현재에 이르기까지 20~30년의 짧은 기간 사이 과학은 우리의 근원과 관련해 예전에는 상상도 못했을 놀라운 사실들을 봇물 터지듯 밝혀내고 있습니다. 가령, 물질이나 우주의 기원에 대해 선도적 이론 물리학자들이 제시하고 있는 내용들은 형이상학과 구분이 안 될 정도로 파격적입니다. 그뿐만이 아닙니다. 인간의 위치, 자아, 마음, 윤리처럼 여태껏 종교나 철학이 다루어 왔던 문제들도 과학이 설명하기 시작했습니다. 혹자는 21세기 초반을 살고 있는 우리가 궁극의 질문에 대해 어느 정도 근거를 갖고 말할 수 있는 (물론 최종의 답은 아니더라도) 최초의 세대라고도 합니다.[3] 막연한 추론이 아닌 객관적 근거가 있는 논증에 입각해 세상의 근원을 밝히려는 전대미문의 지적知的 대모험의 시대를 살고 있다는 견해입니다. 호킹의 호기에 찬 도전적인 선언도 과학이 마주하고 있는 현재의 상황을 강조한 것이라는 생각이 듭니다.

그런데 예전에도 늘 그랬는데 왜 굳이 오늘의 과학을 그렇게 혁명적이라고 할까요? 첫째, 지난 20~30년 이래 이루어진 과학기기의 비약적인 발전입니다. 우리는 16세기 이래 이루어진 주요 과학혁명이 새로운 과학기기의 출현에 힘입은 바가 크다는 사실을 잘 알고 있습니다. 간단한 유리 기구에 불과한 망원경의 출현 덕분에 갈릴레오 갈릴레이는 인류가 오랫동안 믿어 왔던 천동설을 무너뜨렸습니다. 이것이 계기가 되어 코페르니쿠스, 케플러, 뉴턴으로 이어지는 과학혁명이 일어났지요. 그런데 지금 진행되고 있는 과학혁명은 예전과는 비교가 안 될 정도로 획기적입니다. 무엇보다도 몇 개의 기기가 주도하지 않고 과학의 거의 전 분야에서 새로운 도구들이 혁명을 일으키고 있습니다. 여기에는 물리학에 바탕을 두고 지난 20세기 말 이래 비약적으로 발전한 전자, 정보, 컴퓨터공학이 큰 역할을 했습니다. 결과는 놀랍습니다. 우리는 스마트폰과 SNS, 인터넷이 일상화되지 않았던 불과 얼마 전을 기억합니다. 생각해 보면 짧은 기간 사이에 얼마나 생활이 달라졌는지 놀라게 됩니다. 일상생활이 이럴진대, 과학 분야에서 지난 십수 년간 일어난 기기의 정밀화와 데이터 처리 능력의 발전은 가히 혁명적이라 할 수 있습니다. 그 덕분에 예전에는 알 수 없었던 수많은 새로운 사실들이 밝혀지고 수정되고 있습니다.

오늘의 과학혁명을 이끌고 있는 두 번째 원동력은 가속적으로 축적되고 있는 과학지식과 서로 다른 과학 분야 사이의 유기적 연결입니다. 과학은 다른 학문 분야와는 비교가 안 될 정도로 철저히 기존의 지식을 토대로 쌓아 올리는 정신활동입니다. 물론 특출난 인물이 도약을 주도하는 경우가 많았지만 그 경우에도 기존 지식의 토대 없이 어느 날 갑자기 출현하지는 않았습니다. 그런데 정보기술의 발달로 축적된 지식이 가속적으로 불어나고 있는 시기가 바로 최근입니다. 마치 한 줌의 눈덩이가 눈사람으로 커지듯 지난 세기 말 이래 과학 지식은 급속도로 커졌습니다.

이쯤에서 우리는 잠시 숨을 돌리고, 지난 세기 말 이래 과학이 우리의 존재에 대해 무엇을 밝혀냈는지 중간 점검을 해 보고 그 의미들을 대강이나마 살펴볼 필요가 있다고 생각합니다. 그런데 안타깝게도 많은 사람들이 이 격동적인 지적 대혁명의 큰 흐름을 간과하고 있는 듯합니다. 심지어 과학기술인들조차도 과학에서 일어나고 있는 새로운 변화를 제대로 인식하지 못하고 있는 경향이 있습니다. 세부 전공에 파묻혀 과학이 새롭게 제공하는 큰 시야를 놓치고 있는 경우가 많은 듯합니다. 단편적으로는 알고 있지만 그 중요성을 놓치고 있는 경우도 많다는 생각입니다. 물론, 과학기술이 발달함에 따라 탐구의 범위가 넓어지고 세분화된 것도 이유 중의 하나일 수 있습니다. 또한 최근의 과학적 진보가 너무 빠르게 진행된 데에도 그 원인이 있습니다. 가령, 지난 십수 년 사이 밝혀진 사실 중에는 제가 배웠던 20세기 후반의 과학으로는 상상할 수 없었던 내용들이 넘쳐나고 있습니다. 저 같은 과학기술인도 이럴진대, 일반인들이 이러한 정보들을 제때, 올바로 수용하지 못하는 것은 오히려 당연할 수 있다고 생각합니다.

이 책은 이런 배경을 바탕으로 과학이 최근에 밝힌 새로운 내용들을 일반인도 가능하면 쉽게 이해할 수 있도록 소개하기 위해 기획되었습니다. 사실, 과학이 어렵다는 세간의 선입관은 오해입니다. 과학의 탐구 과정은 전문적이고 어렵지만, 그 핵심 내용들은 문학이나 예술처럼 누구나 이해하고 공유할 수 있다고 생각합니다. 내용 중 어렵게 묘사한 부분이 있다면 저의 부족한 능력 탓입니다. 혹시라도 어렵거나 골치 아픈 부분이 있으면 과감하게 건너뛰어도 무방합니다. 다만, 각장에서 강조하는 큰 맥락은 놓치지 말아 주셨으면 합니다. 무엇보다도 내용이 잘못 전달되어 모호한 공론空論에 빠지거나, 점점 분명해지는 최신의 과학적 결과들을 회의적 시각으로 간과하는 일이 없기를 바랄 뿐입니다.

분량이 많다 보니 한 권은 인간·생명·마음을, 다른 한 권은 우주·물질·시공간을 다루는 쌍둥이 책으로 나누게 되었습니다. 두 책은 물리학, 천문학, 우주과학, 생물학, 고고학, 인지과학 등 여러 과학 분야를 다루고 있습니다. 저는 이들 각 분야의 세부 전공자가 아닙니다. 전문가의 입장에서 보기에 미흡한 점이 있다면 너그러운 양해를 구합니다. 그러나 굳이 변명을 하자면, 과학 전공자로서의 배경과 우리의 근원에 대한 호기심, 오래전부터의 지속적인 관심이 두 책의 토양이 되었습니다. 오히려 세부 전공자가 아니기 때문에 전체적인 시각을 가지는 데 보다 자유로웠던 면도 있지 않았나 변명해 봅니다.

무엇보다도 두 책은 오랜 독서의 결과물입니다. 책과 원본 논문들은 저의 부족한 지식을 보완하는 데 큰 도움이 되었습니다. 늘 느끼는 바이지만, 인터넷이나 온라인 상의 정보는 새로운 사실의 전개나 출처를 찾는 데에는 매우 유용하지만 정확치 않거나 잘못된 내용들도 분명 넘쳐나고 있습니다. 이에 올바른 지식은 매스미디어나 인터넷보다는 책이나 논문의 원본을 읽고 종합적으로 비교, 판단해야 한다는 점을 강조하고 싶습니다. 이런 취지에서 보다 상세한 내용을 알고자 하는 독자분들을 위해, 책 이름이나 논문 제목으로 검색하여 원본을 찾을 수 있도록 참고문헌과 추천 도서목록을 뒷부분에 수록했습니다.

헝가리 출신의 세계적 석학으로 1979년도에 노벨 물리학상을 수상한 하버드대학의 스티븐 와인버그Steven Weinberg는 『최초의 3분』에서 다음과 같은 말을 남겼습니다.[4]

우주가 무엇인지 이해하려는 노력은 인간의 삶을 단막의 희극 수준에서 조금 더 높은 단계로 끌어 올려줄 수 있는 몇 안 되는 일 중의 하나이며, 그런 노력은 우리의 삶에 비극의 우아함을 안겨준다.

우리는 왜, 어디에서 왔는지 이유를 모른 채 이 세상에 던져졌습니다. 그리고 그렁저렁 살다가 때가 되면 자연으로 돌아갑니다. 하지만 던져진 대로 살기에는 우리의 삶이 어쩐지 텅 빈 듯이 느껴지기도 합니다. 물론, 궁극적 진리는 사람의 사고능력 밖에 있는 영원한 비밀일 수도 있습니다. 탐구 자체가 헛된 작업일지도 모릅니다. 와인버그는 이런 상황을 '비극의 우아함the grace of tragedy'이라는 절묘한 말로 표현했습니다. 인간이 근원을 생각하면서 느끼는 고뇌, 한계, 진지함 등이 함축된 감동적 표현이라고 생각합니다. 그 자신도 이 표현에 대해 많은 독자들이 뜨거운 반향을 보여 주었다고 회고한 바 있습니다. 부족한 글이지만 이 책을 통해 우리가 왜 여기에 있는지, 잠시 그 '비극의 우아함'을 생각해 볼 기회가 되셨으면 합니다.

1장

우주는 어떤 모습을 하고 있을까?

차이나타운에서 길 찾기도 힘든 판에

우주가 무엇인지 알려는 사람들이 있다니 놀랍다.[1]

우디 앨런^{Woody Allen}

별들로 가득한 밤하늘을 언제 마지막으로 보았는지 기억하시나요? 아마 가물가물할 겁니다. 전깃불에 묻혀 사는 대부분의 현대인들은 별을 잊고 살아갑니다. 2016년 발표된 조사 결과에 의하면, 세계 인구의 83%가 밤하늘이 인공조명으로 오염된 지역에 살고 있다고 합니다.[2] 또한 인류의 1/3은 빛 때문에 은하수를 전혀 볼 수 없는 곳에 거주하며, 우리나라의 경우 인구의 66%가 이런 곳에 살고 있다고 합니다. 이 결과에 따르면 우리나라의 빛 오염은 싱가포르, 카타르 등의 도시국가를 제외하고 세계에서 두 번째라고 합니다.

이처럼 별과 담을 쌓고 사는 생활은 인류가 수백만 년 동안 경험하지 못한 근래의 현상입니다. 우리를 품고 있는 모태 우주를 까맣게 잊고 사는 생활이 정상은 아니라는 생각도 듭니다. 지금 이 순간에도 우리의 머리 위에는 수많은 별들이 반짝이고 있기 때문입니다. 아마 외딴 시골이나 몽골, 호주나 뉴질랜드의 오지 등에서 칠흑같은 밤을 경험한 분이라면 하늘을 장식한 별들과 은하수의 장엄함을 잊지 못할 것입니다. 저도 그런 감동적인 밤을 남반구에서 몇 번 경험한 적이 있습니다. 그런 밤하늘을 접하면 무엇보다도 별의 수에 압도되어 두려운 마음이 듭니다. 또한 '무한한 우주 공간의 영원한 침묵이 두렵다'라는 파스칼Blaise Pascal의 『팡세』의 한 구절이 절로 입을 맴돌게 됩니다. 별로 가득한 밤은 인간의 왜소함과 우주의 장대함을 다시 생각하게 하고 케 하여 우리를 숙연하게 만듭니다. 저 수많은 별과 그 사이 공간에서는 무슨 일들이 벌어지고 있을까요? 그리고 우리는 왜 여기, 이 자리에 있을까요?

이 장은 '우리의 우주'에 대한 이야기입니다. 먼저 전반부에서는 밤하늘 우주의 현재 모습을 대략 살펴보고, 후반부에서는 우주가 왜 이런 형태를 이루게 되었는지 그 과거를 추적해 볼 것입니다.

그런데 방금 전, 저는 우주를 '우리의 우주'라고 표현했습니다. 이유가 있습니다. 동양에서 말하는 우주라는 단어는 중국 전한前漢시대에 도교사상을 정리한 책인 『회남자淮南子』에서 유래했습니다.[3] 이 책에서는 천지사방의 모든 공간을 '우宇'라 부르고 과거에서 현재에 이르기까지의 시간은 '주宙'라 했습니다. 한마디로 공간과 시간 속에 존재하는 세상 모두를 우주라 했지요. 한편 서양에서는 '혼돈chaos'에 대비되는 '질서'라는 뜻의 그리스어인 코스모스Cosmos도 사용했지만 대개는 라틴어로 '하나로 움직이는 것'라는 의미의 유니버스Universe라는 용어를 사용했습니다.

그런데 최근 이 유니버스라는 용어에 문제가 생겼습니다. 접두사 '하나uni-'가 뜻하듯이 우주는 하나뿐이어야 하는데, 일부 이론물리학자들이 '다중우주multiverse'의 가능성도 이야기하고 있기 때문입니다(3장 참조). 즉, 우리가 살고 있는 우주 이외에 또 다른 우주들이 존재한다는 추정이 있습니다. 물론, 이는 아직 가설입니다. 하지만 다중우주와 구분하기 위해 우리의 우주를 구분할 필요는 있습니다. 여하튼 어떤 경우이건 우주는 '우리에게 영향을 미치는 모든 것'이라고 말할 수 있겠습니다. 이번 장의 주제는 태양계, 별, 은하, 은하단 등 우리가 밤하늘에서 보는 통상적인 의미의 '우리 우주'입니다.

볼 수 있는 세상의 끝 | 우주의 크기

먼저, 우주는 얼마나 클까요? 그런데 이 질문은 그 자체가 단순치 않은 문제들을 내포하고 있습니다. 두 가지 문제 때문이지요. 첫 번째는 우주의 팽창과 관련되어 있습니다. 두 번째 문제는 우주의 크기가 단순히 공간적 규모뿐 아니라 시간과 뒤섞여 있다는 데 있습니다. 크기에 대해 말하기 앞서 이 두 문제를 먼저 짚고 넘어가지요.

첫째, 우주의 팽창 때문에 일어나는 문제입니다. 이번 장 후반부에서 상세히 알아보겠지만 우주의 팽창은 일상적인 공간의 확장이 아니라 바탕의 팽창입니다. 즉, 거리 측정의 기준이 되는 자가 늘어나고 있다는 의미이지요. 가령, 운동장의 길이를 재는 데 고무줄 자를 사용하면 어떻게 될까요? 물론, 가까운 천체들 사이의 거리는 공간의 팽창 정도가 크지 않아 대충 넘어갈 수 있습니다. 그러나 우리와 매우 먼 은하라면 그 중간의 공간은 빅뱅 이후 엄청나게 팽창했습니다. 따라서 기준이 되는 공간이라는 자가 길게 늘어났기 때문에 그곳까지의 거리도 함께 늘어났습니다.

이런 이유로 우주물리학자들은 먼 천체의 거리를 나타낼 때 '서로 변화하며 움직이는 거리comoving distance(혹은 공변거리)'라는 용어를 사용합니다. 우주의 팽창 때문에 늘어난 공간을 반영한 거리이지요. 이 거리는 우리가 통상적으로 생각하고 있는 절대 거리, 즉 '고유 거리proper distance'와 크게 다릅니다. 빛이 일정 시간 동안 달려온 거리도 아닙니다. 어떤 시점에서 측정한 두 천체 사이의 실제 거리입니다. 공변거리는 매우 먼 천체의 거리를 말할 때 절대적으로 중요합니다. 한편, 우주 공간의 팽창 때문에 일어나는 또 다른 문제가 있습니다. 즉, 팽창은 지금도 진행 중이기 때문에 우주의 크기는 오늘과 내일이 다릅니다. 가령, 지금 이 순간에도 '관측 가능한 우주' 공간의 크기는 초속 100만 km의 속도로 커지고 있습니다. 하루 사이에 대략 지구와 태양 사이 거리의 600배가 더 늘어나는 셈이지요. 따라서 우주의 크기를 말할 때는 언제 시점을 기준으로 삼았는지도 말해 주어야 합니다. 물론 우주는 워낙 방대해서 현재를 기준으로 몇 백 년 전후는 대략 같은 크기로 간주해도 무방하겠지요.

우주의 크기와 관련된 두 번째 문제는 시간의 개입입니다. 잘 아시다시피 빛은 무척 빠릅니다. 빛은 초속 30만 km, 대략 1초에 지구를 7바퀴 반 도는 빠른 속도로 움직이지요. 따라서 일상적인 물체에서 나온 빛이 우리 눈에 도달하는 시간은 거의 무시해도 됩니다. 가령, 1m 앞의 책상은 3억 분의 1초 전에 있었던 과거의 모습이지만 우리는 그 사실을 전혀 느끼지 못합니다. 그러나 천체처럼 먼 물체의 빛이 우리에게 도달하는 시간은 도저히 무시할 수가 없습니다. 가령, 지금 하늘에 떠 있는 태양은 8분 전, 북극성은 433년 전의 모습입니다.

시간적으로만 그런 것이 아닙니다. 공간적으로도 태양과 북극성은 움직이고 있기 때문에 현재 보고 있는 곳과는 다른 위치에 있습니다. 분명한 것은 두 천체가 각기 8분 전과 433년 전에 우리가 지금 보고 있는 위치에 있었다는 사실뿐입니다. 극단적으로 가정해서 태양과 북극성이 그 사이 폭발해 없어졌다 해도 알 길이 없습니다. 물론 우리는 그런 일이 일어날 가능성이 매우 작다는 사실을 별의 수명과 관련된 천문학적 지식으로 추정할 수는 있지요. 하지만 태양이나 북극성이 아니라 수억 혹은 수십억 광년 떨어진 천체라면 이야기가 달라집니다. 빛이 그만한 거리를 달려오는 데 걸리는 시간은 별이나 은하들이 탄생과 소멸을 반복할 수 있을 만큼 긴 세월이기 때문입니다. 먼 천체의 경우, 현재의 위치는 물론 아직 존재하고 있는지조차 알 수 없지요. 이는 관측 기술의 문제가 아니라 자연이 부여한 근본적 한계입니다. 밤하늘의 천체를 바라볼 때는 몇 초 전에서 수십억 년 전 사이에 있었던 각기 다른 무수한 과거의 시간과 공간들이 섞여 있는 셈입니다.

이상과 같은 두 가지 점을 염두에 두고 이제 우주의 크기를 살펴보겠습니다. 2005년 프린스턴대학 팀이 여러 관측 결과를 바탕으로 계산한 바에 따르면 지구에서 관측할 수 있는 가장 먼 우주의 끝은 약 465억 광년 밖에 있습니다.[4] 이 거리를 상하좌우 공간으로 모두 연결하면 지구를 중심으로 반지름이 약 465억 광년인 큰 구球가 되겠지요. 즉, 한쪽 끝과 반대편 다른 끝 사이의 거리가 930억 광년인 큰 공 모양이 됩니다. 그 안을 '관측 가능한 우주observable Universe'라고 부릅니다(〈그림 1-1〉 참조). 그 바깥쪽은 우리가 관측할 수 없는 공간입니다. 여기서 '관측 가능하다'라는 말은 단순히 관측의 기술적 한계 범위를 의미하지 않습니다. 실제로, 혹은 기술적으로는 관측이 불가능해도 거기에 분명히 공간이 존재한다고 추론할 수 있는 공간을 뜻합니다. 당연히 '관측 가능한 우주'의 바깥쪽은 관측이 불가능한 공간이겠지요. 이에 대해서는 다음 절에서 설명하겠습니다. 중요한 점은 '관측 가능한 우주'와 '전체 우주'가 다를 수 있다는 것입니다.

한편, 우리의 위치는 우주의 중심이 아닙니다. 우주의 어느 곳이나 관측 가능한 우주의 중심이 될 수 있지요. 관측 가능한 우주 공간을 2차원의 지구 표면에 비유해 보겠습니다. 망망대해에 떠있는 2m 높이의 배에서 바라보면 약 5km 밖에 수평선이 있습니다. 5km는 배에서 관측이 가능한 한계거리입니다. 그러나 지름 10km인 원 안의 구역은 지구의 전부가 아닌, 작은 일부일 뿐입니다. 또한 배의 위치가 지구 표면의 중심도 아닙니다. 바다 위 어디나 중심이 될 수 있지요.

지름 930억 광년을 킬로미터로 환산하면 $8.8×10^{26}$km입니다. 다시 말해, 관측 가능한 우주의 부피는 약 $3.5×10^{80}$입방미터입니다. 3.5에 10을 80번이나 곱하는 어마어마한 수이지요. 그런데 이 크기는 어떻게 알았을까요? 우주가 원자보다도 작은 빅뱅 시기의 크기에서 시작해 오늘에 이르렀다는 수많은 증거가 있습니다. 따라서 우주의 나이와 팽창속도를 알면 현재 공간의 크기를 계산할 수 있습니다. 빅뱅 이래 오늘까지 얼마의 시간이 흘렀을까요? 17세기 아일랜드의 대주교 제임스 어셔James Ussher는 성경을 분석해 세상이 기원전 4004년 10월 23일 창조되었다고 주장했습니다. 불과 얼마 전이라 할 수 있는 20세기 말까지도 과학자들은 우주의 나이를 120억~140억 년 사이의 추정값으로 말해 왔지요. 하지만 지금은 훨씬 구체적인 숫자를 제시합니다. 2015년 유럽우주국European Space Agency, ESA의 플랑크 탐사위성으로부터 얻은 값은 137억 9,900만±2,100만 년입니다.[5] 우리는 이처럼 작은 오차 범위로 우주의 나이를 말할 수 있는 정밀한 우주론의 시대에 살고 있고 있습니다.*

---

* 2019년 봄 볼티모어 우주망원경과학연구소팀은 우주의 나이가 현재 알려진 138억 년보다 젊은 125~130억 년 사이일 가능성을 제기했다.[6] 우주의 가속팽창을 발견해 2011년 노벨 물리학상을 공동 수상한 애덤 리스가 이끄는 연구진은 그간 발표된 여러 천체 관측 자료들을 분석한 결과, 우주가 과거에 예상보다 9% 빠른 속도로 팽창했을 수 있다고 주장했다. 그러나 대부분의 과학자들은 우주의 나이 추정은 은하의 멀어지는 속도뿐 아니라 다른 여러 증거들도 뒷받침하기 때문에 그들의 주장을 반박하고 있다. 물론 추가적인 확인은 필요하다.

그림 1-1

관측 가능한 우주의 크기
우리의 위치(가운데 원점). 지구와 우리 은하계가 속한 처녀자리 초은하단)를 중심으로 반경 465억 광년 안에 있는 공간이다. 우주 공간의 어느 곳이나 같은 크기의 반경을 가지는 관측 가능한 우주의 중심이 될 수 있다.

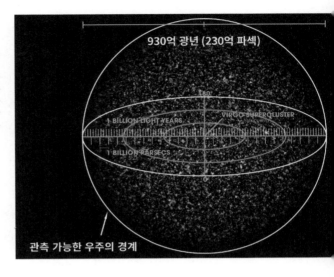

그런데 여기서 한 가지 의문이 생길 수 있습니다. 즉, 왜 우주의 반지름이 138억 광년이 아니고 약 465억 광년이냐는 의문입니다. 방금 전 우주의 나이는 138억 년이라 했습니다. 그렇다면 한 점에서 시작해 뻗어 나간 우주의 크기도 그동안 빛이 이동한 거리만큼 되어야 하지 않을까요? 아인슈타인의 특수상대성이론에 의하면 이 세상에서 빛보다 빠른 물체는 없지요. 맞습니다. 그러나 우주에는 빛보다 빠른 물체나 입자가 없는 것이지 그것을 담고 있는 공간이 늘어나는 속도에는 이론적 제한이 없습니다. 관측을 바탕으로 계산한 결과에 의하면, 138억 년 전 우리 바로 옆에 있었던 공간은 팽창으로 인해 현재는 빛이 퍼져 나간 거리보다 훨씬 더 먼 465억 광년으로 밖으로 멀어졌습니다(빅뱅의 나이와 팽창속도로 단순히 계산하면 410억 광년이 됩니다. 그런데 이 장의 후반부에 알아보겠지만, 우주는 약 50억 년 전부터 가속 팽창하고 있다는 사실이 밝혀졌습니다. 465억 광년은 이를 고려한 값입니다).

그럼 465억 광년 떨어진 '관측 가능한' 우주의 경계 부근에 있는

면 천체들을 볼 수 있을까요? 한마디로 볼 수 없습니다. 두 가지 이유에서죠. 첫째, 관측할 공간에 천체가 있는지의 여부는 거기서 나온 빛을 보아야 알 수 있는데, 빛이 투명해진 시기는 빅뱅 후 38만 년이었습니다. 물론 그 사이에도 빛은 있었지요(《빛으로 이루어진 화석》절 참조). 하지만 당시의 빛은 불투명했으므로 아무것도 구분할 수 없는 세상이었습니다. 빅뱅 후 38만 년은 거의 138억 년 전이라고 보아도 무방합니다. 그러나 38만 년 동안 우주의 반지름은 이미 4,200만 광년으로 팽창했기 때문에 당시 경계면은 현재 우리와 약 457억 광년 떨어져 있습니다.[4] 즉, 관측 가능한 우주의 경계면보다 약 9억 광년 더 가까이 있지요. 하지만 그 사이의 공간은 불투명하므로 볼 수가 없습니다.

138억 년 전 무렵의 천체를 볼 수 없는 두 번째 이유는, 최초의 별들이 생성된 시기가 빅뱅 후 수억 년이 지난 때였기 때문입니다. 천체처럼 뭉쳐진 물체가 그때 이후 생겼다는 뜻입니다. 이러한 두 가지 이유 때문에 관측 가능한 우주의 경계 부근에 있는 공간은 존재하는 것은 확실하지만 관측할 수는 없습니다. 기술적 문제 때문이 아니지요.

한편, 관측 가능한 우주의 경계면에서 멀지 않은 천체를 본다 해도 그것은 지금의 모습이 아닙니다. 당시의 모습이지요. 천체는 물론, 그 공간의 현재 상태도 완전히 달라졌을 것입니다. 예를 들어 볼까요? 〈그림 1-2〉에는 미국항공우주국National Aeronautics & Space Administration, NASA 의 허블 우주망원경을 이용해 발견한 큰곰 자리의 GN-z11이라는 은하의 모습이 소개되어 있습니다.[7] 현재까지 인류가 관측한 천체 중 (2019년 1월 기준) 가장 멀리 떨어져 있고 가장 오래된 것입니다. 우리는 이 은하를 지금 보고 있지만 사진 속의 은하는 현재의 모습이 아닌, 약 134억 년 전, 즉 빅뱅 후 불과 약 4억 년이 지났을 때의 태곳적 모습입니다. 당시 이 은하의 크기는 우리은하의 1/25에 불과했습니다. 또한 젊은 은하였기 때문에 현재의 평균적인 은하들보다 약 20배나 빠른 속도로 원시별들을 생성했습니다.

하지만 이 원시은하가 지금 어떻게 되었는지는 알 도리가 없습니다. 사라졌거나 완전히 다른 모습이 되었을 것입니다. 분명한 사실은 거기서 나온 빛이 우리에게 도달하는 데 약 134억 년이 걸렸으며, 당시 그 은하가 있었던 공간은 현재 지구에서 약 320억 광년 떨어진 곳에 있다는 점입니다. 참고로, 사진 속 GN-z11의 주변에서 빛을 내고 있는 천체들은 이웃 은하들이 아닙니다. 각기 다른 세월과 다른 공간에 존재했던 천체들이지요. 우리는 이 조그만 한 장의 사진에서 무수히 많은 과거의 시간과 공간의 섞임을 보고 있는 겁니다.

그림 1-2

NASA의 허블 우주망원경으로 얻은 134억 년 전의 원시은하 GN-z11의 모습(확대 부분).
빅뱅 후 4억 년 전에 있었던 이 은하의 현재 상태는 알 수 없지만, 그것이 있었던 공간은 현재 지구로부터 약 320억 광년 떨어진 곳에 있다.

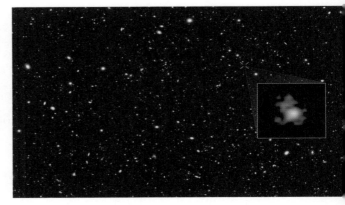

그렇다면 과거가 아니라 현재의 모습을 볼 수 있는 가장 먼 천체는 얼마나 떨어져 있을까요? 이에 대한 답도 단순하지가 않습니다. 일반적으로 멀리 떨어진 은하일수록 우주의 팽창 때문에 우리와 멀어지는 속도가 거리에 비례해 커집니다. 따라서 어느 거리에 이르면 은하늘의 멀어지는 속도가 광속보다 빠르게 됩니다. 그 거리는 대략 140억~150억 광년입니다. 이보다 먼 거리에서 오는 은하의 빛은 아무리 기다려도 우리에게 도달할 수 없습니다. 멀어지는 속도가 광속보다 빠르기 때문입니다.

반면, 이 거리보다 조금이라도 가까운 은하들은 현재 모습을 볼 수 있지요. 다만, 그 빛이 도달하기까지 죽지 않고 살아남아 140억~150억 광년을 기다려야 합니다. 이처럼 우주는 계속 커지고 있으므로 우리가 볼 수 있는 은하의 숫자는 점점 줄어듭니다. 1초에 대략 2만 개의 별이 우리의 관측 범위 밖으로 벗어나고 있습니다. 먼 훗날에는 모든 은하들이 우리의 관측 범위 밖으로 멀어지고 우리은하 안의 별들만 보게 될 것입니다.

끝없는 유한함 | 관측 가능한 우주 너머

앞서 관측 가능한 우주를 배 위에서 바라보는 시야의 범위에 비유했습니다. 그런데 우리는 수평선이나 지평선 너머를 볼 수 없지요. 비슷한 개념으로 우주물리학자들은 관측 가능한 우주의 경계를 '우주 지평선cosmic horizon'이라고 부릅니다. 465억 광년은 현재 시점에서의 지평선까지의 거리입니다. 그렇다면 그 너머에는 무엇이 있을까요? 현재로서는 실증적으로 확인할 방법이 없습니다. 그러나 한 가지 사실은 추론할 수 있습니다. 관측 가능한 우주가 전체 우주의 극히 일부라는 사실이지요. 가령, 배 근처에서는 해수면이 평평하게 보입니다. 둥글다는 사실을 전혀 못 느끼지요. 이는 지구가 매우 크기 때문에 나타나는 착시 현상입니다. 마찬가지 이치를 우주에도 적용할 수 있습니다. 다른 점이라면 지구처럼 표면이 아니라 우주의 공간이 휘었다는 점입니다. 물론, 사람은 휜 공간을 상상하지 못합니다. 따라서 3차원의 공간을 2차원의 면에 축약해 비유하는 수밖에 없습니다. 그 경우 우주는 공간의 휘어진 형태에 따라 크게 세 가지 가능성이 있습니다(다음 절 참조). 평평한 우주, 열린 우주(말안장 표면형), 닫힌 우주(지구처럼 둥근 공 모양)의 세 경우입니다. 앞의 두 경우는 무한한 크기를 가지는 우주이며, 마지막 공 모양 공간의 우주는 유한할 것입니다. 전체 우주가 이 중 어떤 형태인지 우리는 아직 모릅니다.

그런데 최근의 여러 측정결과에 의하면 관측 가능한 우주 공간의 곡률이 평면과 겨우 0.4% 이내의 차이 범위에 있을 만큼 거의 평평하다는 사실이 밝혀졌습니다. 이 결과는 즉, 우주는 정말로 평평하거나, 아니면 휘어졌지만 지구 위의 해수면이 그렇듯 전체 우주가 매우 클 가능성을 보여 주고 있습니다.

세 가지 유형의 우주 중에서 전체 우주의 크기가 가장 작은 경우는 지구처럼 공 모양으로 유한한 크기를 가진 닫힌 우주입니다. 평평한 우주나 열린 우주라면 무한대의 크기를 가질 수 있을 것입니다. 2011년 옥스포드대학 연구진은 공 모양의 닫힌 우주를 가정해 여러 곡률 측정 데이터로부터 우주의 크기를 계산해 보았습니다. 그 결과 전체 우주가 관측 가능한 우주보다 아무리 못해도 251배 이상 크다는 값을 얻었습니다.[8] 더욱 극적인 크기는 현대 우주물리학의 핵심 가설인 인플레이션 이론을 적용할 때 나옵니다(인플레이션은 빅뱅 직후에 있었던 엄청난 팽창으로, 상세한 내용은 이 장 뒤에서 다루었습니다). 제안되는 값은 최초 조건에 따라 조금씩 다르지만 매우 큰 크기라는 점은 변치 않습니다. 이론의 제창자인 앨런 구스$^{Alan Guth}$의 원래 계산에 의하면, 전체 우주의 크기는 관측 가능한 우주의 무려 10^{23}배 혹은 그 이상이 됩니다.[9]

인플레이션 이론은 대부분의 선도적인 우주물리학자들이 매우 신빙성 있는 이론으로 지지하고 있습니다. 하지만 아직 관측으로 확증되지 않았으므로, 그가 제시한 값도 추론일 뿐입니다. 요약하자면, 우리가 알고 있는 관측 가능한 우주의 크기는 지름 930억 광년입니다. 대부분의 이론물리학자들은 이것이 '전체 우주'의 매우 작은 일부라는 견해를 지지하고 있지만, 그 크기와 유한성 여부는 '아직 모르고 있다'가 정답입니다.

별 하나, 나 하나 | 우주에 있는 별의 개수

이제 다시 지름 930억 광년의 관측 가능한 우주로 돌아와 그 안을 살펴보기로 하지요. 과연 우주에는 얼마나 많은 별들이 있을까요? 별의 수를 정밀히 세는 일은 쉬운 작업이 아닙니다. 한 가지 방법은 작은 면적의 하늘 구역에 있는 별의 수를 정밀하게 조사한 다음에 이를 천구 전체 면적으로 곱해보는 것입니다. 2003~2004년 진행된 허블 울트라 딥 필드$^{Hubble Ultra-Deep Field}$라는 프로젝트는 그런 방식을 이용한 정밀한 조사였습니다. 이 연구에서는 구경^{口徑} 2.4m의 허블 우주망원경을 사용했습니다. 이것을 실은 허블 위성은 지구 궤도를 무려 400회나 돌면서, 총 노출시간 11일에 해당하는 800번의 영상을 용광로^{Fornax}자리의 작은 한 구역에 맞추어 집중적으로 찍었습니다.

얼마나 정밀한 측정이었는지 비유를 들어볼까요? 팔을 쭉 뻗어 편 손가락 끝을 바라보면 매우 작은 면적이 나옵니다. 이처럼 작은 하늘 의 면적에서 1분에 겨우 1개의 빛 알갱이(광자)를 검출할 수 있을 정도 로 미약한 빛도 감지하는 정밀한 측정이었습니다.[10] 이는 지구와 달 사 이 거리의 25배 되는 곳에 있는 100와트 전구의 빛을 검출할 수 있는 대단한 감도였지요.

조사한 구간은 천구天球 전체 면적의 1,300만 분의 1쯤 되었습니다. 만약 하늘 전체를 같은 방법으로 조사한다면 100만 년이 걸릴 작업입 니다. 이 좁은 영역에서 관측된 은하의 수는 약 1만 개였습니다. 따라 서 하늘의 모든 방향에 비슷한 숫자의 은하가 있다고 가정하면, 밤하 늘 우주 공간 전체에 있는 은하의 수는 약 1,300억 개(=1만×1,300만)가 됩니다. 이 값은 정밀도가 훨씬 떨어졌던 그 전 단계의 프로젝트(허블 딥 필드Hubble Deep Field)에서 얻은 수보다 약간만 증가한 숫자입니다. 따라서 은하의 총 수는 1,300억 개에서 크게 벗어나지 않을 것으로 추정했습 니다. 다만 희미해서 관측되지 않는 왜소은하의 수는 이보다 최소 몇 배는 될 것이므로 은하의 실제 총수는 훨씬 많을 것입니다.

1개의 은하 속에 있는 별의 수는 수천만(왜소 운하)에서 수십조(불규 칙 거대은하)에 이르기까지 다양합니다. 이를 바탕으로 추산해 보면 우 주 전체에는 대략 10^{22}~10^{24}개의 별들이 있다고 추정됩니다.[11] 한편, '슬로안 디지털 하늘 탐사Sloan Digital Sky Survey, SDSS*라는 또 다른 프로그램을 통해 추정한 별의 총수는 최소 $6×10^{22}$입니다.[4] 대략적으로 두 결과가 근접한 범위의 값을 보여줍니다. 이는 얼마나 큰 수일까요? 흔히 매우

---

* 미국 뉴멕시코의 아파치포인트 천문대에 있는 2.5m 구경 망원경에 고성능 CCD를 연결해 먼 거리 은하를 포함한 밤하늘 천체를 정밀 탐사하는 프로그램이다. 2,000년 이래 전체 천구 면적의 35%를 조사하여 5억 개 천체의 광도 및 300만 개 천체의 빛 스펙트럼을 측정하고 있으며 세계 각국 20개 이상의 기관이 참여하고 있다.

큰 수를 말할 때 모래알처럼 많다고 합니다. 여러 과학자들이 지구상에 있는 모래알의 수를 열심히 계산했는데 조건에 따라 결과에 차이가 있었지요. 2014년 하와이대학 팀은 이를 약 7.5×10^{18}개로 보았습니다. 별들의 수가 모래알의 수보다 1만~100만 배 많다는 추정입니다.

그런데 우주에는 별과 은하만 있는 것이 아닙니다. 별들이나 은하들 사이 공간에는 많은 양의 가스와 성간물질이 퍼져 있습니다. 과학자들은 별과 이들 물질을 포함해 우주에 있는 모든 원자들의 수를 대략 9.4×10^{79}개로 추정하고 있습니다.[12] 대략 1 다음에 0이 80개 붙은 어마어마한 숫자입니다. 이렇게 많은 별들과 원자가 있으니, 우주는 물질로 꽉 차 있다고 생각할 수도 있습니다. 빛 오염이 없는 밤하늘을 바라보면 빈 공간이 없을 만큼 빽빽이 들어찬 별들이 보이죠.

하지만 정말 우주는 꽉 차 있을까요? 만약 먼지, 사람, 산, 바다, 별, 은하 등 우주 안에 있는 모든 물질을 원자로 낱낱이 분해해 균일하게 흩뜨려 놓는다고 가정해 보지요. 또한 단순화를 위해 우주의 물질이 모두 수소라고 가정해 보지요. NASA의 추정에 의하면 우주에 존재하는 물질의 평균밀도는 약 9.9×10^{-30}g/cm³입니다.[12] 이를 원자의 개수로 환산해 보면 1m³의 공간에 겨우 0.25개가 들어 있는 셈입니다. 그런데 우주에는 수소보다 무거운 원자들도 있으므로 실제로는 이보다 훨씬 작은 수의 원자가 있는 셈입니다.

1m³ 당 0.25개의 원자가 의미하는 공간이 얼마나 텅 빈 상태인지 예를 들어 볼까요? 가령, 대기 중에는 1m³에 10^{25}개나 되는 많은 수의 기체 분자(주로 질소와 산소)가 있습니다. 실험실에서 얻을 수 있는 초고진공ultra-high vacuum(10^{7}Pa)에도 같은 부피에 무려 3조 개의 분자가 들어 있습니다. 심지어 현대의 최첨단 장치로 구현하는 극고진공extreme ultra-high

^{vacuum}(10^{-10}Pa)에서도 $1m^3$에 1억 개 정도의 기체 분자가 남아 있습니다. 최첨단기술이 만들 수 있는 가장 희박한 진공조차도 우주 공간에 비하면 수천만 배의 물질로 **빼곡한** 것이지요.[13]

우주가 얼마나 텅 비어 있는지 또 다른 예를 들어보겠습니다. 만약 지구에서 로켓을 타고 하늘의 한 방향으로 계속 가면 별을 만날 확률이 10^{-22}입니다. 1조의 1백억 분의 1 확률입니다. 심지어 수천억 개의 별들이 모인 거대 공간인 은하를 만날 확률도 1백만 분의 1에 불과합니다![14] 물질 원자의 수가 엄청나게 많은데도 우주가 텅 빈 것이나 다름없는 이유는 우주 공간이 워낙 장대하기 때문입니다. 우주는 상상을 초월할 정도로 텅 비어 있습니다.

지금까지 우리는 우주의 크기 등 우주의 개괄적인 사항에 대해 알아보았습니다. 이제부터는 그 안의 세부 천체들과 구조를 최근에 밝혀진 내용을 중심으로 살펴보겠습니다. 순서를 태양계에서부터 시작해 점차 큰 구조의 천체로 나아가겠습니다.

우주 속 인류의 보금자리 | 태양계 가족의 새 분류

인류의 보금자리인 지구가 속한 태양계는 빅뱅 후 약 91억 년, 즉 지금으로부터 45억 6,800만 년 전, 우리은하계 안에 있던 어떤 초신성이 폭발하면서 생긴 가스와 먼지들이 뭉쳐지며 생성되었다고 추정됩니다. 이러한 사실은 우주 공간에 퍼져 있는 철 원자 대부분이 Fe^{56}인데 비해, 태양계에서 발견되는 운석에는 초신성 폭발 때 충격파로 생성되는 Fe^{60}이라는 철의 동위원소가 함유된 점으로 알 수 있습니다.[15]

또 다른 흔적은 산소의 동위원소입니다. 이 원소도 초신성이 폭발할 때 생성됩니다. 2013년 남극에서 발견된 태양계 초기 운석의 규소 산화물을 분석한 결과 이러한 사실을 확인할 수 있었지요.[16] 이는 태양계에 있는 무거운 원소들이 태양에서 만들어지지 않았다는 증거입니다. 먼 옛날 폭발한 별의 잔해에서 비롯된 가스, 먼지, 얼음 등이 원재료이지요. 인간을 비롯한 지구상의 모든 생물도 폭발한 별에서 생긴 원소들을 주요 원료로 삼고 있습니다. 바꾸어 말해, 우리의 모태는 태양이 아닙니다. 수십억 년 전 폭발한 초신성이지요. 폭발은 한 번이 아니었기 때문에 아마도 이들 원소들은 여러 번 재활용되다 오늘날 지구의 물질을 구성하게 되었을 것입니다.

아무튼 초신성의 폭발로 생긴 가스와 먼지들은 약 46억 년 전 중력으로 뭉치면서 원시태양을 형성했습니다. 이 과정은 10만 년 이내, 아무리 길게 잡아도 수십만 년의 짧은 시간에 이루어졌다고 추정됩니다. 중력으로 뭉쳐지는 과정에서 원시태양이 회전하자 주변의 기체와 먼지들도 넓게 퍼진 원반모양을 이루며 함께 돌게 되었습니다. 그 결과 100만~1,000만 년 사이에는 미행성微行星이라 불리는 수십억 개의 행성의 씨앗들이 원반부 곳곳에 생겨났습니다. 미행성의 크기는 태양에 가까운 궤도에서는 지구 직경의 약 1/10, 먼 거리에서는 4배 정도였습니다. 특히, 스노우 라인snow line이라 불리는 화성과 목성 사이 궤도의 바깥쪽에서는 200만~1,000만 년의 짧은 기간에 이들이 뭉치면서 목성, 토성, 천왕성, 해왕성 등의 기체형 큰 행성들이 생성되었습니다. 한편, 스노우 라인 안쪽에서는 훨씬 후인 1,000만~1억 년 사이에 미행성들이 충돌, 합체를 거듭하며 암석형 행성인 수성, 금성, 지구, 화성을 형성했습니다.

이같은 태양계 초기 상황을 볼 수 있는 곳이 현재의 오리온 성운입니다. 사실 현재라는 표현이 정확치는 않지요. 오늘날 우리가 보는 오리온 성운의 빛은 계백장군이 활약할 무렵(1,340년 전)에 출발했기 때문입니다. 그러나 별의 일생에서 천 년은 짧은 기간이므로 현재라고 보아도 큰 무리가 없을 것입니다. 오리온 성운에서는 가스 밀도가 높은 구역에서는 지금도 수백 개의 별들이 탄생하고 있습니다. 이러한 사실은 허블 우주망원경으로 성운의 중심부를 조사한 최근의 관측 결과로 알 수 있었지요. 그곳에는 원시행성의 생성 직전에 나타나는 원반형 가스밀집대가 최소 150개 이상 있습니다. 밀집대에 있는 가스의 종류는 정말 다양합니다. 수소 이외에 무려 130여 종의 분자들이 발견되었지요. 대표적인 분자로는 암모니아, 탄소, 이산화탄소, 심지어는 에틸 알코올도 있었습니다. 에틸 알코올은 다름아닌 술의 주성분이지요. 그 양이 무려 70억 인류가 수조 년 동안 마음껏 마실 만큼이라고 합니다. 저와 같은 애주가들은 망원경으로 오리온 성운을 바라만 보아도 마음이 뿌듯해집니다.

태양계가 형성된 직후의 초기 행성들의 궤도는 불안정했습니다.

첫 8억 년은 조금씩 오락가락하며 궤도를 조정하는 시기였습니다. [17] 게다가 미행성 등의 작은 천체들이 많았기 때문에 이들과의 충돌도 빈번했지요. 가령, 태양계의 모든 행성은 같은 방향으로 공전과 자전을 하고 있습니다. 태양계 형성 초기의 가스들이 원반을 이루며 회전하던 방향이었지요. 그런데 오늘날의 금성은 혼자서만 반대 방향으로 자전하고 있습니다. 금성에서는 (물론 짙은 대기 때문에 볼 수는 없겠지만) 태양이 서쪽에서 떠서 동쪽으로 지고 있습니다. 그 이유는 어떤 원시 행성이 금성의 뒤통수를 강하게 때려 자전축을 뒤집어 놓았기 때문입니다. 천왕성도 금성과 비슷한 충돌을 겪었습니다. 다행히 비스듬히 얻어맞아 자전 방향은 유지되었지만 자전축이 공전궤도면과 평행하게 누워버렸습니다.

지구도 예외는 아니었지요. 태양계가 형성된 지 겨우 3천만~5천만 년이 지났을 무렵, 테이아^Theia라고 이름 붙인 화성 크기의 대형 원시행성이 지구와 충돌했습니다. 운 좋게 지구는 살아남았지만, 충돌 때 지구 표면과 맨틀에서 녹은 막대한 양의 암석과 파편들이 우주 공간으로 날아갔습니다. 이들 파면들이 중력으로 다시 뭉쳐 달이 되었다는 설명이 현재 가장 설득력 있는 달 생성 이론입니다. 달 암석의 성분 분석결과가 이를 뒷받침합니다. 그 결과 지구는 자신의 크기에 비해 유난히 큰 위성을 가진 특이한 행성이 되었습니다.

얼마 전 까지만 해도 우리는 태양계의 행성이 수, 금, 지, 화, 목, 토, 천, 해, 명의 9개라고 배워왔습니다. 그런데 2006년 국제천문연맹 International Astronomical Union, IAU이 행성에 대한 새로운 기준을 정하면서 명왕성이 명단에서 퇴출 당했습니다. 새 기준에 의하면 태양계의 행성은 수성~해왕성까지의 8개입니다. 그 발단은 2005년 1월 미국의 팔로마

천문대 팀이 발견한 에리스^{Eris}라는 천체였습니다. 태양을 공전하는 이 천체는 지름(2,326~2,600km)이 명왕성(2,370km±19km)보다 클 뿐 아니라 질량도 27%나 더 무거웠습니다. 게다가 자신의 위성(달)까지 거느리고 있었지요. 미국의 매스컴들은 10번째 행성을 찾아냈다고 떠들썩했습니다.

이렇게 큰 행성의 존재를 명왕성 발견 이후 무려 75년 동안 몰랐던 데는 이유가 있었습니다. 다른 행성들은 거의 같은 궤도면(황도면)을 공전하는데 에리스는 이 면과 무려 44도나 기울어져 있습니다(사실은 명왕성의 공전궤도도 황도면에 비해 17도나 기울어져 있습니다). 뿐만 아니라 심하게 찌그러진 타원의 궤도를 가졌습니다.* 이처럼 심하게 기울어지고 찌그러진 궤도를 돌기 때문에 (특히 태양으로부터 멀리 떨어져 있는 기간이 길기 때문에) 관측되지 않았던 것이지요.

에리스를 10번째 태양계 행성이라 기뻐했던 미국인들에게 이 천체는 실망의 씨앗이 되었습니다. 원래 에리스라는 이름은 그리스 신화에 나오는 분쟁의 신에서 따왔습니다. 그런데 정말 이름값을 하게 되었습니다. 에리스를 행성으로 볼 것인가를 놓고 논란이 벌어졌기 때문입니다. 행성에 포함시키자니, 정도의 차이는 있지만 마찬가지로 심하게 찌그러진 궤도의 명왕성도 문제가 되었던 것입니다.

사실, 명왕성은 미국인이 발견한 유일한 태양계 행성으로 미국의 자랑이었습니다. 미국인 퍼시벌 로웰^{Percival Lowell}의 헌신으로 발견되었지요. 보스턴의 명문가 출신인 로웰은 원래 하버드대학에서 수학을 전공

---

* 에리스의 근일점(태양에 가장 가까워지는 거리)은 38AU이며, 가장 멀어지는 원일점은 98AU나 된다. 이보다는 덜하지만 명왕성도 근일점은 29AU, 원일점은 48AU이다. 이처럼 심하게 찌그러진 타원궤도를 돌기 때문에 명왕성은 근일점에 있을 때는 해왕성(30AU의 원형 공전궤도)보다 태양에 더 가까이 있게 된다. 즉, 일시적으로 수, 금, 지, 화, 목, 토, 천, 명, 해가 된다. 참고로 1 AU(Astronomical Unit, 천문단위)는 지구와 태양 사이의 평균거리(약 1억 5천만 km)로, 태양계 천체의 거리를 표시할 때 사용된다.

했으나 화성 운하설에 매료되어 천문학자가 된 인물입니다. 당시로서는 선구적이었던 성운에 관한 학설을 제안한 학자이기도 했지요. 그리고 우리나라와도 깊은 인연을 맺은 바 있습니다. 로웰은 1883년 고종의 외교고문으로 조선에 왔는데, 이때 겪은 일을 『조선, 고요한 아침의 나라』라는 책[18]으로 펴내 우리나라를 서구에 소개한 분입니다.* '고요한 아침의 나라'라는 별칭의 원조가 로웰이었던 것이죠. 미국에 돌아간 그는 해왕성 밖 9번째 행성을 찾는 경쟁에 뛰어들었습니다. 이를 위해 사재를 털어 1906년 애리조나에 자신의 이름을 딴 로웰천문대를 설립했습니다. 그러나 9번째 행성을 찾지 못하고 1916년 세상을 떠났습니다. 대신 미망인이 남편의 꿈을 이루도록 헌신적으로 지원한 로웰천문대의 톰보[Clyde Tombaugh]가 이를 발견했습니다. 톰보는 캔자스의 시골 농부 출신으로, 대학도 나오지 않았지만 별에 매료된 26세 청년이었습니다. 저명한 천문학자이자 당시 로웰천문대의 대장이었던 베스토 슬리퍼(〈천체가 거대한 이유〉 절 참조)가 그가 그린 화성과 목성의 관측 스케치를 편지로 받아보고 감동해 특별 채용한 관측보조원이었지요.

아무튼 에리스의 발견을 계기로 국제천문연맹은 2006년 여름 프라하에서 열린 총회에서 행성에 대한 새로운 기준을 마련했습니다. 그 결과 76년간 행성의 지위를 누려왔던 명왕성은 총회장 앞 미국인들의 반대 시위 속에 퇴출당했습니다. 에리스처럼 명왕성도 이름값을 했습니다. 공모를 통해 결정했던 명왕성의 서양 이름인 플루토[Pluto]는 로마 신화에 나오는 어둠과 죽음의 신입니다. 동양에서는 이를 '어둠의 왕'이라는 뜻의 명왕冥王으로 번역했지요. '명복冥福을 빈다' 할 때의 바로 그 글자입니다. 천체의 이름도 함부로 지을 일이 아닌가 봅니다. 2015

---

* 이 책은 아폴로 박사로 잘 알려진 고(故) 조경철 교수가 로웰천문대 방문했다가 우연히 조선에 대한 사진첩과 함께 발견했다. 『내 기억 속의 조선, 조선 사람들』(예담사, 2001년)'이란 제목의 책으로 번역 출판되었다.

년 7월 14일 NASA의 탐사선 뉴 호라이즌New Horizon호는 9년 반의 여정 끝에 명왕성의 12,500km까지 접근했습니다. 탐사선 안에는 톰보의 유골 2.8g이 실려 있었지요. 탐사선이 발사될 당시에는 당당한 행성이 었던 명왕성인데, 과연 톰보가 하늘에서 기뻐했을까요?

IAU는 행성의 기준을 엄격히 규정하면서 태양을 공전하는 천체들을 다음의 세 그룹으로 새롭게 분류했습니다(행성을 공전하는 위성들은 제외했습니다).[19]

당연히 첫 번째 그룹은 태양의 부속 천체로서 가장 중요한 행성planet이지요. IAU가 제시한 행성의 자격요건은 세 가지입니다. 즉, (1) 태양(별)을 공전해야 하며, (2) 크기가 충분히 커서 구형球形이어야 하며, (3) 공전궤도 주변에 다른 천체가 없어야 합니다. 세 기준을 만족하는 태양계 천체는 수성, 금성, 지구, 화성, 목성, 토성, 천왕성, 해왕성의 8개입니다. 명왕성과 에리스의 경우 (1)과 (2)는 충족하지만 (3)의 기준에 미흡합니다. 즉, 이들의 공전궤도는 너무 찌그러져서 해왕성 및 다른 작은 천체들과 일부 겹칩니다. 다만 이들은 중력적으로 서로 공명共鳴하며 공전하기 때문에 충돌하지는 않지요.

IAU가 규정한 두 번째 부류의 태양 공전 천체는 작은 행성이란 뜻의 '왜행성矮行星, dwarf planet'입니다. 이는 새롭게 정의된 용어인데, 우리나라를 비롯한 한자 문화권에서 기존에 부르던 소행성小行星, asteroids과 혼동할 소지가 있습니다. 한자로 둘 다 작은 행성이라는 의미이기 때문이지요. 잘 알려진 대로 소행성은 화성과 목성 사이의 궤도에 있는 작은 천체들을 일컬어 온 이름입니다. 반면, 왜행성은 IAU가 새로이 정한 행성의 요건 중 (3)만 충족하지 못해 행성이 되기에 약간 미흡한 천체이지요. 따라서 단순히 크기가 작은 행성이라는 의미만은 아닙니다.

가령, 수성은 일부 왜행성과 크기가 비슷하지만 엄연한 행성입니다. 공전 궤도상에 겹치는 천체들이 없기 때문이지요. 결국, 이런 기준에 의해 1년 동안 행성의 지위를 누렸던 에리스와 미국인이 발견한 유일한 행성이었던 명왕성은 왜행성으로 격하되었습니다. 왜행성은 2002년과 2007년에 2개가 더 발견되었습니다.[*] 과학자들은 발견되지 않은 왜행성이 해왕성 밖에 여러 개 더 있다고 추정합니다.[20]

IAU가 규정한 세 번째 부류의 태양 공전 천체는 '소형 태양계 물체small solar system bodies, SSSB'입니다. 즉, 행성과 왜행성을 제외한 태양계 내의 나머지 모든 공전 천체를 일컫습니다. 혜성들, 소행성들(케레스 제외), 소행성대에 있는 10m 이하의 물체들인 유성체流星體, meteoroids 그리고 잠시 후 설명할 해왕성 밖 천체들이 모두 이에 속하지요. 참고로, SSSB로 새롭게 분류된 기존의 소행성들은 (왜행성으로 재분류된 지름 974km의 케레스를 제외해도) 지름 500km급이 3개, 100km 이상이 240여 개, 100m 이상은 무려 3,000만 개로 추산됩니다. 6,700만 년 전 지구와 충돌해 공룡을 멸종시킨 소행성도 이곳에서 왔지요. 원래 화성과 목성 사이의 소행성의 궤도대는 46억 년 전 태양계가 형성될 때 어떤 행성이 들어설 자리였습니다. 그러나 이웃의 대형 행성인 목성의 중력이 너무 강해 성간물질들이 행성으로 뭉치지 못하고 흩어진 채 남아 있게 되었다고 추정됩니다.

* 마케마케(Makemake)와 하우메아(Haumea)이다. 지름이 1,400~2,400km인 이들은 결코 작은 천체가 아니다. 한편, 화성과 목성 사이 소행성대에 있는 케레스(Ceres)도 왜행성으로 분류되었다. 케레스는 19세기의 첫날(1801년 설날) 발견되었는데, 200년 이상 소행성으로 불려오다가 IAU의 새 기준에 의해 왜행성으로 승격된 천체이다. 지름이 974km나 되어 소행성 중 가장 크다.

해왕성을 넘어 | 태양계의 먼 천체들

아무튼 IAU의 새 기준에 따라 해왕성은 태양에서 가장 멀리 떨어진 행성이 되었습니다. 그렇다면 해왕성의 궤도(30AU=45억 km) 너머 태양계 공간에는 무엇이 있을까요? 새천년 무렵만 해도 명왕성과 그 위성, 그리고 1992년 발견된 1992QB1라는 천체 등 3개가 전부였습니다. 그러나 십수 년 사이 상황이 완전히 달라졌지요. 이들을 태양으로부터 가까운 곳에서 바깥쪽 순으로로 알아보겠습니다.

먼저 해왕성의 궤도 바로 밖에는 '해왕성 밖 물체Trans-Neptunian Objects, TNO'라고 불리는 소형 천체들이 태양을 공전하고 있습니다. TNO들은 30~100AU 사이의 궤도를 돌고 있는데, 태양 뿐 아니라 인근의 거대한 행성인 해왕성의 중력에도 크게 영향을 받고 있는 점이 특징입니다. 앞서 나왔던 명왕성과 에리스 등은 왜행성인 동시에 TNO입니다. 새천년 이후 봇물 터지듯 발견된 TNO들은 2018년 기준으로 이름 붙여진 것만 528개, 무명씨는 2,000개가 넘습니다.[21] 그 크기는 50~2,300km인데, 수미터 급의 작은 것까지 포함하면 수십억 개의 TNO가 있다고 추정됩니다.[22] 새천년 이전만 해도 이렇게 많은 천체들이 해왕성 밖에 있으리라고는 상상도 못했지요.

그런데 TNO들은 해왕성 밖 아무 궤도나 돌지 않습니다. 카이퍼대Kuiper Belt와 그보다 약간 바깥쪽의 산란분포대Scattered Disc라고 부르는 특정 궤도대에서 공전하고 있습니다. 안쪽의 카이퍼대는 태양으로부터 30AU~55AU(45억~82.5억 km) 사이에 있는 도너츠 모양의 공간입니다. 원래 이곳은 미국의 천문학자 제러드 카이퍼Gerard Kuiper가 1951년에 단주기 혜성의 근원지로 지목했던 구역입니다. 실제로 이곳에 있는 작은

TNO들이 서로 충돌하거나, 인근 해왕성의 중력에 교란되어 태양 쪽으로 들어오는 무리가 단주기 혜성입니다. 한편, 카이퍼대보다 조금 더 바깥쪽에 분산된 형태를 가진 궤도 구역이 산란분포대입니다. 이곳 산란분포대의 천체들은 해왕성의 중력 때문에 심하게 찌그러진 타원 궤도를 그립니다.

그렇다면 산란분포대보다 더 바깥쪽 궤도에도 천체가 없을까요? 그곳에서 발견된 흥미로운 천체를 두 개만 소개합니다. 첫 번째는 2003년 11월에 발견된 크기 약 1,000km의 90377세드나^{Sedna}입니다.[23] 이 천체는 아직 공인되지는 않았지만 왜행성일 가능성이 높습니다. 그 궤도가 얼마나 찌그러졌는지 원일점에 이르면 태양으로부터 무려 937AU(1,400억 km)나 떨어진 곳에 있게 됩니다. 이는 태양에서 가장 먼 행성인 해왕성의 궤도 거리의 무려 32배나 됩니다. 빛으로 5일 반을 가야 하는 거리이지요. 그래서 태양을 한 번 공전하는 데 11,400년이나 걸립니다.

두 번째 흥미로운 천체는 2006년 9월 발견된 2006SQ$_{372}$입니다.[24] 이 천체는 더욱 찌그러진 타원의 공전궤도를 가지고 있습니다. 근일점일 때는 태양으로부터의 거리가 24AU에 불과해 해왕성의 궤도 안쪽으로 들어오지만 원일점은 무려 1,670AU에 이릅니다! 태양을 한 바퀴 공전하는 데 22,466년이나 걸리는 기다란 궤도이지요. 천체의 크기는 60~140km로 추정됩니다. 일부에서는 이 천체의 궤도가 지난 2억 년 동안 불안정했던 점을 들어 장주기 혜성일 가능성도 제기하고 있습니다.[25] 일반적으로 TNO는 해왕성의 중력에 영향을 받는 천체입니다. 그런데 세드나와 2006SQ$_{372}$처럼 900~1,600AU의 먼 궤도를 가졌다면 아득히 떨어진 해왕성(공전궤도 30AU)의 중력이 영향을 미칠 것 같지는 않습니다. 이런 이유로 일부 과학자들은 산란분포대 바깥쪽을 '확장산란분포대Extended Scattered Disc'라는 또 다른 이름의 영역으로 지칭할 것을 제안하고 있습니다.

한편, 일부 천문학자들은 지구 질량의 10배가 넘는, 소위 말하는 '행성 X'가 수백 AU의 궤도를 돌고 있다고 추정합니다. 2016년 몇 팀의 과학자들은 시뮬레이션 연구를 통해 지구 질량의 15배에 달하는 대형 행성 최소 2개가 카이퍼대 밖에 존재할 것이라고 추산했습니다.[25] 물론 아직 확신할 수 없어 미발표 되었지만, 이들은 태양계 생성 초기에 목성, 토성, 천왕성, 해왕성 이외에 또 다른 대형 기체행성이 있었는데, 이들이 궤도 조정의 과정에서 바깥 궤도, 혹은 외계로 밀려나갔다고 추정했습니다.

아무튼 최외곽 행성인 해왕성의 궤도 너머에 카이퍼대, 산란분포대 혹은 확장산란분포대가 있으며, 이곳에 조그만 크기에서 2,000km 급에 이르는 수많은 천체들이 태양을 공전하고 있다는 사실은 분명해졌습니다. 거의 모두가 21세기 들어 밝혀진 천체들이지요. 그렇다면 그 너머에는 또 다시 무엇이 있을까요? 1950년 네델란드의 천문학자 얀 오르트Jan Hendrik Oort는 장주기 혜성들이 2만 AU(1~1.5광년)나 떨어진 아주 먼 곳에서 오며, 그 일대는 작은 얼음 조각들이 구름처럼 퍼져 있다는 가설을 제안한 바 있습니다. 이 공간을 오르트 구름Oort cloud이라 부릅니다. 대다수의 천문학자들은 여러 간접적인 증거로 미루어 오르트 구름대의 존재를 의심치 않고 있습니다. 그러나 너무 멀어 관측된 천체가 아직 없습니다.

오르트 구름대의 크기는 연구마다 다르지만 태양으로부터 약 2,000AU에서 50,000AU 사이의 공간으로 보고 있습니다.[26] 지구에서 빛의 속도로 간다면 약 1년이 걸리는 광대한 공간이지요. 일부 학자들은 오르트 구름대의 경계를 10만 AU까지 멀리 봅니다. 〈그림 1-3〉에서 보듯이 카이퍼대와는 비교가 안 되는 큰 공간입니다. 학자에 따라서는 오르트 구름대를 다시 '안쪽 오르트 구름^Innner Oort Cloud'과 '바깥쪽 오르트 구름^Outer Ort Cloud'의 두 구역으로 나눕니다. 안쪽 것은 태양으로부터 2,000~20,000AU 사이 공간에서 도너츠 형태를 하고 있으며, 바깥 것은 태양에서 20,000~50,000AU 사이 공간을 구형으로 둘러싸고 있다고 추정합니다.

오르트 구름대의 천체들은 카이퍼대에서처럼 아이스로 불리는 고체 상태의 암모니아, 얼음 등의 가벼운 물질과 암석의 혼합체로 구성되었다고 보고 있습니다. 이들은 태양의 인력이 미약하게 미치기 때문에 매우 천천히 공전하며, 특히 중력의 작은 변화에도 민감하게 반응할 것으로 예상됩니다. 가령 태양계 인근을 통과하는 별이나 우리은하의 어떤 요인에 의해 중력에 작은 변화가 생기면 이곳 천체들은 쉽게

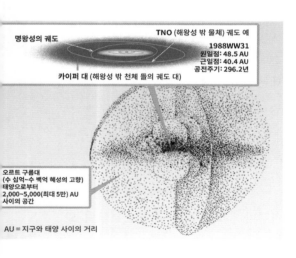

그림 1-3

태양계의 카이퍼대(박스 그림의 가운뎃점)와 오르트 구름대. 행성(수성~해왕성)과 카이퍼대의 궤도는 오르트 구름대에 비해 너무 작아 확대해야 표시할 수 있다.

교란되어 움직인다고 예상합니다. 그중 태양 쪽으로 들어오는 물체들이 장주기 혜성이라고 추정합니다.

최근의 연구에 의하면 바깥쪽 오르트대에는 1km 미만의 천체가 수조 개나 있지만 그 질량은 모두 합쳐도 지구의 5배에 불과하다고 추산했습니다. [26,27] 이처럼 엄청난 숫자가 있지만 오르트 구름의 공간이 워낙 광대해서 서로의 거리는 수천만 킬로미터에 이른다고 보았습니다.

이제 지금까지 밝혀진 태양계 가족의 현황을 요약해 보겠습니다. 총 '태양 1개, 행성 8개, 왜행성 5개(미확인 수백 개 추정), 자연위성 575개(행성의 위성 185, 기타 천체의 위성 390), 소형 태양계 물체(SSSB) 796,354개, 혜성 4,143개'입니다(2019년 8월 말 기준).

보이저 탐사선과 태양권 계면

2012년 6월 NASA의 과학자들은 보이저(Voyager) 1호가 35년 동안의 여행 끝에 지구로부터 120AU(180억 km) 떨어진 태양권 계면(Heliopause)에 돌입한다고 발표했다. [28] 각국 언론들도 인간의 탐사선이 태양계를 벗어나 성간공간(interstellar space)에 진입한다고 대서특필했다. 실제로 보이저 1호는 그해 8월 25일, 보이저 2호는 2018년 11월 5일 태양권 계면을 통과했다.

태양권 계면이란 태양풍의 영향이 끝나는 우주 공간의 경계이니 그렇게 말할 수도 있다. 태양풍이란 태양 표면의 코로나 층에서 분출되는 플라즈마 입자의 바람을 말한다. 태양은 초당 10~15억 kg이나 되는 막대한 양의 물질을 태양풍의 형태로 우주 공간에 방출하고 있다. 지구에도 태양풍 입자가 초속 약 450km의 속도로 도달하고 있다. 이 보이지 않는 입자들의 바람인 태양풍은 우주 공간의 가스나 다른 우주선(cosmic ray)들과 부딪히면서 점차 약해진다. 급기야 태양에서 매우 멀어지면 태양풍이 매우 약해진 헬리오시즈(Heliosheath)라는 구역에 이른다. 이 구역의 앞쪽은 태양의 은하계 내 진행방향으로 둥글고 얇으며, 후방은 혜성의 꼬리처럼 긴 모습을 하고 있다. 그 바깥 경계가 태양권 계면이다. 여기에 이르면 태양풍이 더 이상 성간매질을 밀쳐내지 못한다. 태양풍의 영향이 끝나는 경계인 셈이다. 보이저 1호가 통과했다는 태양권 계면은 이를 말한다.

그러나 태양권 계면을 태양계의 끝이라 부를 수 있을까? 본문의 설명대로, 태양으로부터 1,000~10만 AU(75조 km) 사이 공간에도 태양을 공전하는 혜성 등의 천체들이 있으며, 아직 확인되지는 않았지만 오르트 구름대도 있다고 추정된다. 보이저 탐사선들이 진정한 태양계의 끝인 오르트 구름대를 벗어나려면 앞으로 수만 년은 더 걸릴 것이다. 그리고 아득히 먼 훗날 우리은하의 다른 항성계에 사는 외계인에 의해 발견될지도 모른다. 그런 경우를 대비해 보이저에는 지구의 정보를 담은 30cm 크기의 디스크를 탑재하고 있다. 그 안에는 한국어 '안녕하세요'를 비롯한 54개 언어의 인사말, 지구와 지구인의 다양한 모습이 담긴 사진, 개 짖는 소리, 피그미족 소녀의 성년식 음악, 모차르트의 오페라, 베토벤의 5번 교향곡 등이 담겨 있다.

보이저 1, 2호는 원래 목성과 토성의 근접 탐사를 주목적으로 NASA가 1977년 9월 5일과 8월 20일 발사한 무인탐사선이다(고장 때문에 1호가 보름 늦게 발사되었다). 두 탐사선은 원래 임무인 목성, 토성, 천왕성, 해왕성 등의 외행성 탐사를 마치고 1호는 1980년 11월, 2호는 1989년 8월부터 우리와 멀어지고 있다. 하지만 남은 전원으로 주변 정보를 수집해 지구로 송신하는 성간탐사임무(Voyager Interstellar Mission, VIM)는 계속 수행하고 있다.

보이저 1호의 경우 플루토늄 에너지원이 바닥나는 2025년쯤 연락이 두절

되며 임무를 마칠 것이다. 이들은 진공의 공간을 비행하므로 별도의 추진 연료 없이 관성력으로 비행하고 있다. 발사 후 42년이 지난 2020년 2월 시점에서 1호는 지구로부터 148AU(222억 km), 2호는 123AU(185억 km) 떨어져 있다(이들의 실시간 거리는 NASA의 홈페이지에서 확인할 수 있다).[29]

인간이 만든 물체 중 가장 멀리 있는 보이저 1호의 경우, 서울-부산을 30초 만에 주파하는 시속 6만 km의 엄청난 속도로 비행하고 있다. 이 빠른 속도로 42년 넘게 날아간 거리가 222억 km(빛으로 약 20시간)이다. 그러나 이처럼 빠른 속도로 오랜 세월 질주했음에도 해왕성 밖 공전 물체[TNO]인 세드나의 태양 공전궤도 원일점인 937AU의 16%밖에 가지 못했다.

영원하지 않은 이웃 | 가까운 항성들

지금까지 우리는 태양계 가족의 구성원을 알아봤습니다. 그렇다면 태양계 경계 너머에는 어떤 이웃들이 있을까요? 태양계를 벗어나 이웃을 방문해 보도록 하겠습니다. 우리의 태양계(혹은 지구)에서 가장 가까운 별은 센타우루스자리에 있는 3개의 별입니다. 약 4광년 떨어져 있지요. 시속 6만 km으로 날아가고 있는 보이저 1호를 타고 간다면 약 7만 6,000년이 걸릴 거리입니다. 우리와 가장 가까운 별이 겨우 4광년 정도 떨어져 있다고 하니, 수백억 광년 규모의 우주 공간에 비하면 보잘것없는 거리로 느껴질 수 있습니다.

과연 그런지 비유를 들어 보겠습니다. 태양을 광화문의 이순신 장군 동상 아래 놓인 100원짜리 동전(지름 2.4cm)이라 가정해 볼까요?

그러면 지구는 약 4걸음(2.6m) 앞에 샤프심의 절반 크기로 살짝 찍은 0.2mm의 점에 해당됩니다. 한편 태양의 가장 바깥 궤도 행성인 해왕성은 동상에서 78m 떨어진 세종로 네거리 비각(고종 즉위 40년 칭경비) 위치에 굵은 볼펜으로 찍은 점(0.9 mm)이 됩니다. 이제 태양계를 벗어나 가장 가까운 이웃 별 프록시마 센타우리를 그려보지요. 이 별을 표시하려면 동해를 건너 689km를 가야 합니다. 직선 거리로 간다면 일본 중북부의 동해 연안 돗토리鳥取시 중앙에 놓인 포도씨에 해당합니다. 가장 가까운 이웃 별에 가려 해도 이처럼 텅 빈 공간을 가야 합니다. 그것도 별들이 북적댄다는 은하 내에서 말입니다.

그렇다고 그 사이에 천체가 전혀 없는 것은 아닙니다. 천문학자들은 다수의 '떠돌이 행성rogue planet'들이 있다고 추정합니다. 위의 비유로 말하자면, 세종로의 동전과 돗토리시의 포도씨 사이에 깨알이 몇 개 더 흩어져 있는 셈입니다. 떠돌이 행성은 원래 행성이었지만 여러 원인에 의해 별의 중력을 벗어나 성간으로 방출된 천체들입니다. 이들은 별(항성)처럼 스스로 빛을 내지 않고 작기 때문에 그동안 존재만 추정했습니다. 그런데 2017년 미국과 캐나다의 천문학자들이 고성능 전파망원경을 이용해 SIMP0136라는 떠돌이 행성을 처음 확인했습니다.[30] 2006년 발견 당시에는 갈색왜성brown dwarf으로 분류되었으나, 정밀 분석을 통해 질량이 목성의 12.7배인 떠돌이 행성으로 밝혀진 것이지요. 질량이 목성의 13배보다 크면 갈색왜성, 작으면 떠돌이 행성으로 분류되기 때문입니다.

갈색왜성은 통상의 별보다 질량이 작아(목성 질량의 13~80배) 충분한 축압縮壓(중력으로 압축하는 힘)을 내지 못합니다. 따라서 별의 내부 핵에서 수소 핵융합 반응이 일어나지 못하는 가장 작은 형태의 항성을 말합니다. 그러나 중수소나 리튬 등은 연소하므로 완전히 불이 꺼진 별은 아닙니다. 희미하게나마 빛을 내므로 분명히 별이지요. 시뮬레이션 결과에 따르면, 우리은하에는 갈색왜성이나 떠돌이 행성이 일반 별 못지않게 상당수 있을 것으로 추정됩니다. 당연히 태양과 가장 가까운 이웃 별 사이에도 이런 천체들이 여럿 있을 것입니다.

빛을 제대로 발하는 항성 중에서 태양계와 가장 가까운 별이 앞서 말한 센타우루스자리에 있는 3개의 별입니다. 프록시마 센타우리Proxima Centauri와 알파 센타우리 A 및 BAlpha Centauri A, B이지요(〈그림1-4〉 참조). 그중 프록시마 센타우리는 우리와 가장 가까운 4.22광년, 나머지 두 별은 4.37광년의 거리에 있습니다. 센타우루스자리는 북반구에 위치한 우리나라에서는 볼 수 없지만 남반구 하늘에서는 남십자자리 부근에 있어 쉽게 눈에 띄는 별자리입니다. 특히 4.37광년 떨어진 이 별자리의 알파A별은 밤하늘에서 세 번째로 밝은 별입니다. 원래 쌍성 중의 하나인 알파A별은 4번째로 밝은 별인데 21번째로 밝은 알파B별이 빛을 보태 주어 세 번째가 된 것이지요.

그림 1-4

지구에서 가장 가까운 세 별. 알파 센타우리 A와 B(4.37광년)는 실제로는 쌍성이며, 최근접 별인 그 밑의 프록시마 센타우리(4.22광년)는 겉보기 등급 11의 어두운 별이다. 오른쪽의 베타 센타우리(일명 하다르)는 390광년 떨어진 별이다. 이들 별이 속한 센타우리 자리는 남반구에서 볼 수 있다.

쌍성을 이루는 이 두 별은 우리와 2, 3등으로 가까운데 1등은 바로 옆의 프록시마 센타우리입니다. 하지만 초라한 이웃이지요. 크기도 작고 겉보기 밝기가 11등급인 어두운 적색왜성^{red dwarf star}이어서 고성능 망원경으로 겨우 볼 수 있습니다. 적색왜성은 우주에서 가장 흔한 형태의 별입니다. 대략 전체 별의 85~90% 정도를 차지할 것으로 추정하고 있습니다. 이들은 갈색왜성보다는 크지만 태양 질량의 8~50%에 불과한 작은 별들입니다. 일반적으로 별의 질량이 작으면 중력이 약해 별 내부로 수축하는 압력도 약해집니다. 따라서 큰 별과 달리 수소의 핵융합으로 생긴 헬륨 등의 무거운 원자가 별의 중심부에 있지 않고 열적 대류작용에 의해 고루 퍼져 있게 됩니다.

이처럼 수소가 헬륨과 섞여 희석되어 있기 때문에 핵융합반응이 더디게 일어납니다. 그 결과 별의 표면 온도가 4,000도 이하로 낮습니다. 실제로 가장 밝은 적색왜성도 밝기가 태양의 1/10 밖에 안 되며, 어두운 것은 1만 분의 1에 불과합니다. 그 대신 수소를 완전히 소진할 때까지 핵융합반응을 서서히 진행하므로 별의 수명이 엄청나게 깁니다. 태양질량의 14%인 적색왜성의 수명은 3조 년, 9%인 천체는 6조 년 이상입니다! 심지어 질량이 가장 큰 적색왜성도 900억 년 이상의 수명을 가집니다. 우주의 현재 나이보다 무려 6~7배를 더 생존하는 것입니다.

가령 태양에서 4번째로 가까운(5.9광년) 이웃인 바나드 별^{Barnard's Star}만해도 70~120억 살의 지긋한 나이의 적색왜성입니다. 우리은하 내에서도 가장 나이가 많은 별 중의 하나인데, 아마도 은하의 생성 초기에 태어났을 겁니다. 이 별은 오랜 세월 회전한 탓에 기력을 잃고 힘없이 자전하고 있습니다. 그럼에도 불구하고 질량이 태양의 14%인 점으로 미루어 앞으로 3조 년은 더 생존할 것입니다. 가늘고 길게 사는 셈이지요.

　이제 이웃의 범위를 약간 더 멀리 잡아 태양으로부터 반경 16.3광년(5파섹^{parsec}) 이내의 공간까지 확장해 보겠습니다. 현재까지 이 공간에서 발견된 항성계는 모두 51개입니다. 이중에는 쌍성과 삼중성도 포함되어 있기 때문에 실제로는 61개의 별을 확인한 셈입니다. 그중 51개는 적색왜성이며, 맨눈으로 볼 수 있는 것은 태양을 포함해 10개뿐입니다. 이처럼 작고 어두운 천체들이 추산에서 쉽게 누락된다는 사실은 관측거리에 따른 별의 밀도를 비교해 보아도 쉽게 확인할 수 있습니다. 예를 들어 태양으로부터 반경 49광년(15파섹)의 공간에서 확인된 절대등급 8.5 이상 밝기의 별은 208개입니다. 이것은 1입방광년의 공간에 약 0.00042개의 별이 있음을 뜻합니다. 그런데 보다 가까운 16광년 반경 안에서는 61개의 별을 확인했으므로, 별의 밀도는 입방광년당 0.0036개쯤 됩니다. 가까운 거리를 조사하니 별들이 거의 10배나 많이 관측된 것입니다. 이는 태양 주변에 별들이 특별히 더 많기 때문이 아니라 먼 거리의 적색왜성이나 갈색왜성이 관측에서 누락되었기 때문입니다.

　그렇다고는 해도 태양계 주변 공간에서의 별의 밀도는 매우 희박하다고 할 수 있습니다. 하지만 태양이 처음 생성되었을 무렵에는 달랐지요. 지금보다 훨씬 많은 수의 별들이 주변에 있었습니다. 현재는 태양 주위 10광년 내에 센타우리, 시리우스 등 10여 개의 별들이 있을 뿐이지만, 태양계가 생성되던 46억 년 전 무렵에는 약 1,000여 개의 별들이 동그란 공 모양의 별무리, 즉 구상성단^{球狀星團}을 이루며 모여 있었다고 추정됩니다. 지금보다 별들이 100배쯤 더 밀집되어 있었지요.

이는 은하계 안에 있던 어떤 초신성이 폭발한 여파로 가스와 물질들이 한 곳에 모아지며 무더기로 별들을 생성한 결과였습니다.

하지만 생성된 별들은 은하의 중앙부를 기준으로 초속 220km로 회전하는 원심력 때문에 점차 흩어졌습니다. 그 결과 태양이 생성된 지 2억 년이 지났을 무렵에는 별무리를 이루던 별들이 약 100광년의 공간으로 분산되었습니다. 그리고 46억 년이 지난 오늘날, 당시 구상 성단을 이루었던 옛 형제들은 은하를 18회나 공전한 끝에 뿔뿔이 흩어 졌지요. 그 결과 태양 주변 300광년 거리에는 그중 몇 %인 일부 별들 만 남게 되었습니다.[31]

이처럼 은하계 안의 별들은 초속 수백 킬로미터의 속도로 움직이 며 서로의 위치를 끊임없이 바꾸고 있기 때문에 영원한 이웃이란 없습 니다. 프록시마 센타우리는 지난 3만 2,000년 동안 태양의 가장 가까 운 이웃이었고 앞으로도 3만 1,000년 동안 그럴 겁니다. 하지만 그 후 에는 로스248[Ross 248]이라는 별이, 4만 년 후에는 글리제445[Gliese 445]라는 별이 태양의 가장 가까운 이웃이 될 것입니다.

다시 한번 강조하고 싶은 점은, 은하처럼 별들이 많이 몰려 있는 공간이라 할지라도, 실제로는 천체나 물질의 밀도가 극도로 희박하다 는 사실입니다. 만약 태양 주변의 별들이 현재보다 30배 더 밀집되어 있다고 가정해도, 별의 밀도는 10입방광년 당 1개에 불과합니다. 앞서 광화문 동상 앞 동전의 비유에서 보듯이 별들 사이의 공간은 수백 킬 로미터에 모래알이 하나 있을 정도입니다.

용이 사는 개울 | 새로 밝혀진 우리은하의 구조

이제 더 큰 구조인 우리의 은하계로 가 보겠습니다. 은하수는 북반구의 카시오페이아자리에서 남반구의 남십자자리에 이르기까지 30여 개의 별자리를 가로지르는 큰 원으로 하늘을 양분하고 있습니다. 옛사람들은 이 뿌연 띠가 무엇인지 몰랐습니다. 동양에서는 은빛 강이라는 의미의 은하수銀河水, 우리 말로는 승천한 용(미리)이 사는 개울(내)이라는 뜻의 '미리내'라고 불렀습니다. 영어나 불어로는 '우유 길Milky Way, La Voie Lacté'이라고 하지요. 갤럭시Galaxy는 그리스어의 '우유 같은 것Galaxias'에서 유래한 이름입니다. 이것이 별들의 집합체라는 사실은 17세기 초 갈릴레오가, 우리가 은하수에 속해 있으며 다른 은하들도 있다는 사실은 20세기 초 에드윈 허블Edwin Hubble이 처음 밝혔지요.

우리은하는 2,000억~4,000억 개의 별들을 품고 있습니다. 형태상으로는 막대나선은하로 분류되지요. 위에서 보면 바람개비를 눌러 놓은 듯한 모습입니다. 이 납작한 부분을 은하 원반부galactic disk라 부릅니다. 얼마나 납작한지 원반부의 지름은 약 10만 광년이나 되지만 두께는 1,000광년에 불과합니다. 은하수가 뿌연 띠로 보이는 이유는 바로 이 때문입니다. 태양계(지구)가 은하 원반부의 납작한 면 안에 박혀 있으므로 지구에서 바라보면 단면 방향으로만 별들이 밀집되어 있습니다. 더구나 단면의 원반 끝까지는 수만 광년이나 뻗어 있기 때문에 매우 많은 별들이 시야에 들어옵니다. 하지만 별들을 개별적으로 식별할 수 있는 거리는 통상 수백 광년이므로 그저 뿌옇게만 보이는 것이지요. 반면, 은하수가 없는 하늘의 나머지 부분, 즉 은하 원반면의 위 아래 방향으로는 두께가 1,000광년에 불과하기 때문에 밀집된 별의 효과가 나타나지 않는 겁니다. 바꾸어 말하면, 은하수가 없는 모든 하늘의 방향에서 보이는 별들은 1,000광년 이내의 가까운 거리에 있다고 할 수 있습니다.

〈밝은 별 예일 목록Yale Bright Star Catalog〉에 의하면 맨눈으로 볼 수 있는 천체의 수는 9,110개입니다.[32] 이중에서 별이 아닌 천체는 14개뿐으로, 폭발한 별의 잔해인 신성新星 및 초신성超新星, supernova 10개, 그리고 수천~수십만 개의 별들이 공처럼 밀집되어 하나의 별처럼 보이는 구상성단 4개가 전부입니다. 나머지는 모두 별(항성)인데, 대부분이 1,000광년 이내에 있습니다. 그보다 먼 거리에 있는 별은 극소수입니다. 여름철에 견우성, 직녀성과 함께 큰 삼각형을 이루는 백조자리의 데네브Denebe(2,600광년), 오리온자리 삼태성三台星의 하나인 알닐람Alnilam(1,300광년), 큰개자리의 위젠Wezen(1,600광년) 등이 그들입니다.

이제 우리은하의 구조를 조금 자세히 들여다보겠습니다(〈그림 1-5〉참조). 먼저 은하 원반의 중앙부입니다. 은하 내에서 별들이 다른 곳보다 특별히 더 밀집되어 있어 공 모양으로 볼록하게 돌출되어 있는 부분이지요. 지름이 약 1만 광년인데, 팽대부膨大部, Bulge 라고 부르고 있습니다. 팽대부 중심에 있는 궁수자리A*라는 곳에서는 강력한 라디오파가 나오고 있습니다. 그 주변 천체들의 움직임을 분석해 볼 때 거대한 블랙홀이 가운데 박혀 있음이 거의 확실합니다.[33] 이 블랙홀에는 태양의 약 410만~450만 배나 되는 질량이 응축되어 있다고 추산됩니다.

다음은 팽대부에 붙어 있는 은하 막대galactic bar라는 구조입니다. 눌러 놓은 바람개비 팔의 밑동에 해당되는 부위이지요. 마치 짧은 막대를 팽대부에 끼워 넣은 모습인데, 〈그림 1-5〉의 상상도에는 뚜렷하게 표시되어 있지 않습니다. 그도 그럴 것이 이러한 막대 구조가 우리은

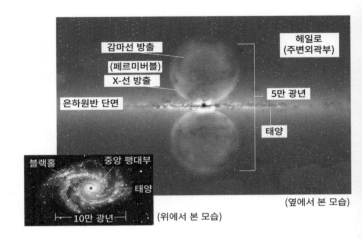

그림 1-5

우리은하의 대략적인 구조단면의 상상도 2010년 발견된 거대한 거품구조 페르미 버블이 은하원반의 은하 상하에 있다.

하에도 있는지 여부가 논란이 되었을 만큼 분명하지 않았기 때문입니다. 그러나 2005년 스피처Spitzer 우주망원경으로 정밀하게 조사한 결과 우리은하에도 은하 막대가 존재한다는 사실이 확인되었습니다.

막대는 한쪽의 길이가 3,300~1만 6,000광년으로 그리 길지 않은 편입니다. 은하 막대는 약 70%의 나선은하에서 관측됩니다. 이러한 구조는 나선은하가 나이를 먹어 안정기에 접어들 때 나타나는 것으로 알려졌습니다. 따라서 그 안에는 통상적으로 붉고 오래된 별들이 밀집되어 있다고 믿어 왔지요. 그런데 수소가 풍부히 분포된 5-kpc고리5-kpc Ring라는 구역이 그 주변에서 발견되었습니다.[34] 별들은 수소가 많은 곳에서 생성됩니다. 즉, 은하 막대 주변은 은하 내에서 별들의 생성활동이 가장 활발한 곳으로 추정됩니다. 만약 멀리서 우리은하를 바라보면 막대 부분이 가장 밝게 보일 것입니다.

또 다른 중요 구조는 나선 팔spiral arm입니다. 원반부에서 별들이 길게 늘어선 부분이지요. 과학자들은 나선 팔이 은하 막대의 끝과 연결되어 있다고 보지만, 그 세부구조에 대해서는 아직도 명확치 않은 점들이 있습니다. 가령, 나선 팔의 두께만 해도 기존에는 약 1,000광년이라고 여겼지만, 이는 어디까지나 별들이 밀집된 부분이며 가스와 성간물질까지 포함시키면 약 1만 2,000광년에 달한다는 최근의 관측 결과도 있습니다. 또한 나선 팔의 개수도 그동안 네 개라고 여겼으나, 위스콘신대학 팀은 2개만이 은하 막대와 연결된 진짜 나선 팔이며, 나머지는 별보다 가스가 더 많은 곁가지임을 제안한 바 있습니다.[35]

우리 태양계의 경우, 은하의 중심에서 약 27,200±1,100광년 떨어진 오리온 팔이라는 곳에 위치하고 있다고 보고 있습니다. 하지만 수많은 별들과 성간물질을 거느리고 있는 은하의 나선 팔들은 고정적이지 않으며, 은하의 중심을 축으로 공전하면서 끊임없이 변하고 있습니다. 나선 팔 안에 들어 있는 태양은 지구를 비롯한 태양계 가족들을 거느리고 시속 80만 km의 속도로 은하 중심 주위를 공전하고 있습니다. 서울-부산 사이의 거리를 2초에 주파하는 엄청난 속도이지요.[36] 이렇게 빠른 속도임에도 태양계가 은하를 한 바퀴 도는 데는 2억 2,250만 년~2억 5,000만 년이라는 긴 세월이 걸립니다. 이 주기를 1은하년galactic year라 합니다. 태양은 생성 이래 지금까지 18번 공전했다고 추정하고 있습니다.

마지막으로 은하 원반부를 비롯해 은하 전체를 가장 바깥쪽에서 공처럼 크게 감싸고 있는 방대한 공간이 헤일로Halo입니다. 이곳은 상대적으로 천체가 희박하고 성간물질도 거의 없는 공간입니다. 대략적으로 은하 내 별들은 중앙 팽대부에 약 20%, 원반부에 약 80%가 분포되어 있는데, 헤일로에는 겨우 1%밖에 없지요. 하지만 헤일로는 구상성단들의 보금자리입니다. 통상적으로 멀리 있기 때문에 하나의 별처럼 보이지요. 추산에 의하면 구상성단의 내부 공간에는 1입방광년에 수백 개의 별이 분포되어 있다고 합니다. 태양 주변 1입방광년에 대략 0.01개의 별이 있는 것에 비하면 상당히 높은 밀집도이지요.

현재까지 우리은하의 헤일로에서 확인된 구상성단의 수는 158개입니다. 그렇다면 헤일로 공간의 크기는 얼마나 될까요? 얼마 전까지만 해도 구상성단의 90% 이상이 은하 중심으로부터 10만 광년 이내에서 발견되었기 때문에 이를 헤일로의 반지름으로 생각했습니다. 그러나 최근에 PAL4, AM1 등의 구상성단이 은하 중심에서 20만 광년이나 떨어진 곳에서도 발견되었습니다. 따라서 은하를 둘러싼 헤일로의 지름은 당초 생각보다 훨씬 큰 최소 40만 광년 이상이라 보고 있습니다.

과학자들은 얼마 전만 해도 헤일로 공간은 성간물질도 희박하고 구상성단의 별들도 대부분 늙었기 때문에 별의 생성 활동이 거의 멈춘 무기력한 공간으로 생각했습니다. 그런데 최근의 관측 결과, 젊거나 중년 나이의 별들이 있는 구상성단이 헤일로에 꽤 있음이 밝혀졌습니다. 그 원인이 무엇일까요? 은하의 충돌입니다. 은하들이 서로 합쳐질 때는 별들이 많이 생성되며 이로 인해 구상성단도 쉽게 형성됩니다. 헤일로 구상성단의 40% 정도가 은하 안의 다른 별들과는 반대 방향으로 공전하고 있다는 사실도 은하들의 충돌을 뒷받침하는 또 다른 증거입니다. 다시 말해, 헤일로에 있는 구상성단의 상당수는 다른 은하가 우리은하에 합쳐질 때 만들어진 흔적일 가능성이 높습니다. 은하들의 합체에 대해서는 다음 절에서 상세히 살펴볼 것입니다.

은하에서 헤일로가 중요한 또 다른 이유는 아직 정체가 밝혀지지 않은 암흑물질의 보금자리로 추정되기 때문입니다. 암흑물질이란 보이지 않는 물질인데, 상세한 내용은 나중에 다시 알아보겠으나 결론만 먼저 말하자면 은하 질량의 대부분은 이 암흑물질의 형태로 헤일로에 고루 퍼져 존재한다고 추정됩니다. 보통물질이 별들이 있는 은하 원반부에 편재되어 있는 것과 다르지요. 최근의 계산에 의하면 암흑물질까지 고려한 경우 우리은하의 헤일로 직경은 60만 광년 이상이 됩니다.

우리은하와 관련하여 새롭게 알게 된 특이한 구조가 있습니다. 바로 2010년 11월 하버드대학 연구팀이 발견한 페르미 버블Fermi Bubble이라는 놀라운 구조입니다.[37] 이는 지름이 무려 2만 5,000광년이나 되는 거대한 거품 방울 모양의 구조입니다. 〈그림 1-3〉에 나와 있듯이 페르미 버블은 은하 원반 중앙부의 블랙홀 위, 아래에 각기 하나씩 붙어 있습니다. 원반을 기준으로 큰 풍선 2개가 위 아래로 붙어 있는 모습이지요. 버블(거품)이라는 이름은 비누방울처럼 뚜렷한 경계막을 가졌기 때문에 붙여졌습니다. 거품의 내부에는 고에너지 파장인 감마선이, 그리고 경계막에서는 X-선이 강하게 검출되고 있습니다.

우리의 태양계는 은하 중심에서 약 2만 8,000 광년 떨어진 원반 속에 있으므로 페르미 버블에서 벗어난 위치에 있습니다. 버블은 크기가 얼마나 방대한지 북반구의 처녀자리에서 남반구의 두루미 자리에 이르기까지 하늘의 절반 이상을 덮고 있습니다.[38] 이처럼 엄청난 구조를 이제야 발견한 이유는 감마선이 지구 대기를 통과하지 못하기 때문입니다. 지상에서 관측할 수 없었던 것이지요. 페르미 버블은 우리은하 중심에 있는 거대 블랙홀이 과거에 에너지를 토해낸 흔적입니다.

흔히들 블랙홀은 모든 물질을 빨아들이는 괴물로만 생각하고 있지요. 하지만 블랙홀이 주변 물질을 빨아들일 때는 역설적으로 물질과 에너지의 일부를 방출도 합니다. 좁은 하수도 구멍으로 물이 빨려 들어갈 때 굉음을 내며 음파의 형태로 에너지를 방출하는 것과 비슷한 이치이지요. 페르미 버블 안의 강한 감마선은 우리은하 중심부의 블랙홀이 약 10만 년 전 어떤 큰 천체나 물질을 강하게 집어삼키면서 방출되었다고 보고 있습니다. 그런 일은 반복적으로 일어났을 것입니다.

그런데 이 같은 강한 감마선은 DNA 등의 유기분자들을 변형 혹은 파괴시키기 때문에 생명체에게는 치명적입니다. 다행히 태양계를 비롯한 나선 팔 지역의 별들은 페르미 버블 밖에 위치하고 있어서 그런 피해를 받지 않았을 것입니다. 그러나 버블이 없더라도 은하 중심부의 블랙홀들은 간헐천처럼 때때로 복사에너지와 물질을 방출하므로 생명체에 큰 영향을 미칠 수 있습니다. 이런 면을 고려해 볼 때, 생명이 존재하려면 은하 중심부 블랙홀의 활동성이 적당할 필요가 있습니다.

가령 블랙홀의 활동이 너무 뜸한 은하에서는 새로운 별의 생성과 초신성의 폭발이 빈번하기 때문에 생명이 출현하기 어렵지요. 반면 블랙홀의 활동이 너무 큰 은하에서는 별의 생성과 초신성의 출현이 뜸해집니다. 따라서 초신성에서 만들어지는 산소, 규소, 철 등의 무거운 원소가 부족합니다. 즉, 생명체를 이루는 유기분자는 물론 암석형 행성을 만드는 원료가 부족하지요. 다행히 우리은하는 중심부 블랙홀의 활동이 적당한 이른바 '녹색계곡green valley'의 은하여서 태양의 질량을 기준으로 연간 3개 정도의 별을 생성하고 있습니다.

그렇다면 인간이 직립 보행한 이후 약 1,000만 개의 새로운 별이 우리은하에서 탄생했을 것입니다. 일반적으로 우리은하처럼 녹색계곡의 범주에 속하는 대형 나선은하들은 중앙 팽대부와 블랙홀이 적당한 크기를 가지고 있다고 합니다. 따라서 별들이 적당한 속도로 생성되므로 무거운 원소들도 충분히 있어 생명체 출현에 좋은 조건을 가지고 있는 셈이지요.

약육강식의 세계 | 은하들의 상호작용

우리은하를 둘러보았으니 다음은 이웃의 은하들을 살펴보겠습니다. 은하계를 벗어나면 별들이 거의 없는 텅 빈 공간을 만나게 됩니다. 물론 가스나 플라즈마 형태의 원자들은 조금 있지만, 은하 안보다는 훨씬 희박한 밀도를 가집니다. 그럼에도 불구하고 은하 사이의 공간은 워낙 방대하기 때문에 그곳에 있는 물질의 총량은 무시할 수가 없습니다. 추산에 의하면 은하 사이에 퍼져 있는 물질의 총량은 은하 안의 별, 가스 등의 물질을 모두 합친 것보다 8~10배는 더 많다고 합니다.[39]

아무튼 우리은하에서 가장 가까운 은하를 만나려면 별이 없는 텅 빈 공간을 한참 가야합니다. 이렇게 멀리 떨어져 있음에도 불구하고 은하들은 서로 중력을 미치며 무리 짓고 있습니다. 수십 개의 은하가 무리 지은 것을 은하군銀河群, galaxy group이라고 부릅니다. 우리은하도 주변 약 1,000만 광년 이내에 있는 이웃 은하들과 함께 '국부은하군局部 銀河群, Local Group'이라는 이름의 은하군을 이루고 있지요. 국부은하군 안에는 현재까지 54개의 은하가 확인되어 있습니다.

이중에서 가장 크고 중요한 은하가 우리은하계와 안드로메다은하입니다. 이 두 은하는 쌍둥이처럼 비슷합니다. 서로 맞물려 회전하고 있으며, 국부은하군의 중력의 중심도 이들 사이에 놓여 있지요. 그 중력 작용 때문에 우리은하의 원반부는 약 7,500광년 두께로 가장자리가 살짝 비틀어져 있습니다.[40] 마치 휘어진 카우보이 모자의 챙과 흡사하지요. 이 두 은하와 삼각형자리 은하를 제외한 국부은하군의 나머지 모든 은하들은 왜소은하dwarf galaxy입니다. 동시에 안드로메다나 우리은하의 위성은하이기도 합니다.

먼저, 국부은하군에서 가장 큰 안드로메다은하부터 알아보겠습니다. 이 은하는 워낙 커서 지구에서 254만 광년이나 떨어져 있는데도 맨눈으로 볼 수 있지요. 가을철 밤하늘에서 유명한 페가수스 사각형과 W자 모양의 카시오페이아 사이에 뿌연 별처럼 보입니다. 특히 쌍안경으로 보기에 최적인 은하입니다. 지금 보는 이 빛은 우리 조상들의 뇌용량이 현재의 절반이었던 호모 에렉투스 시절에서부터 출발했습니다.

안드로메다은하가 밤하늘에서 차지하는 실제 크기는 보름달 폭의 무려 6배에 달합니다. 맨눈이나 쌍안경으로 보는 모습은 중심부의 밝은 일부에 불과하지요. 그 지름은 얼마 전만 해도 우리은하보다 약간 큰 약 12만 광년으로 추정했습니다. 그러나 2005년에 정밀 관측을 통해서 원반부만 최소 22만 광년임이 밝혀졌습니다.[41] 우리은하의 10만 광년에 비해 2배나 더 큰 셈이지요. 뿐만 아니라 품고 있는 별의 수도 우리은하보다 2~5배나 많은 1조 개 이상이며, 총 밝기는 1.25배입니다. 또한 중앙 팽대부와 블랙홀도 우리은하보다 훨씬 큽니다. 그러나 기이하게도 전체 질량은 우리은하보다 약 25% 작습니다. 이는 보이지 않는 암흑물질의 양이 상대적으로 적기 때문으로 보입니다.

한편, 은하 내 별의 생성 활동은 뜸한 편이어서, 우리은하의 1/3에 불과한 연간 1개 정도(태양 질량 기준)의 별만 새로이 만들어 낸다고 추정됩니다. 특이하게도 안드로메다는 중심핵이 두 개나 있습니다. 이는 과거에 다른 은하와 충돌해 합쳐진 흔적으로 보입니다. 2010년 발표된 여러 연구팀의 관측 증거를 종합하면, 안드로메다은하는 약 90억 년 전에 어떤 은하와 충돌을 시작한 이래 40억 년에 걸쳐 서서히 하나의 은하로 합쳐졌다고 합니다.[42]

그뿐 아닙니다. 과학자들은 안드로메다가 향후 우리은하와 충돌해 미코메다^{Mikomeda}(Milky Way + Andromeda)라는 거대한 타원형 은하를 이룰 것으로 예상합니다. 실제로 두 은하는 초속 130km의 속도로 가까워지고 있습니다. 서울−청주를 1초 만에 가는 속도이지요. 충돌은 37.5억 년 후 시작되는데, 만약 그때까지 인간이 지구에 살아 남아 있다면 밤하늘이 온통 안드로메다로 뒤덮인 빛의 향연을 볼 것입니다. 그렇다고는 해도 두 은하의 충돌이 별들 간의 직접적인 접촉으로 이어지는 불상사는 거의 없을 겁니다. 은하라는 장소가 다른 우주 공간에 비해 별들이 많이 밀집된 곳이기는 하지만 그 안에 있는 별의 밀도는 여전히 초진공에 가까울 정도로 희박하기 때문이지요.

국부은하군에서 세 번째로 큰 은하는 삼각형자리은하^{M33}입니다. 이 나선은하는 지름이 약 5만 광년으로 우리은하의 반쯤 되며, 품고 있는 별의 수도 1/10 정도인 약 400억 개로 추산합니다. 지구로부터 약 300만 광년 떨어져 있는데 안드로메다보다 조금 먼 거리이지요. 특히 이 은하는 지구상에서 맨눈으로 볼 수 있는 가장 먼 천체로 유명합니다. 단, 칠흑 같은 밤에만 보이므로 밤하늘의 빛 공해 정도를 가늠하거나 천체 관측 장소로 적합한지 테스트할 때 이용합니다. 안타깝게도 북반구의 우리나라에서는 볼 수 없지요. 이 은하는 70만 광년 떨어진 안드로메다의 중력에 이끌려 28억 년 전부터 수소 가스와 별들이 몇 개의 흐름을 통해 빨려 들어가고 있는 중입니다. 이러한 물질 유출 현상은 앞으로 25억 년 후에 최고조에 달하며, 궁극적으로는 안드로메다에 모두 흡수될 것으로 예상합니다.

사실 은하들의 약육강식과 합체는 흔한 현상입니다. 우리은하도 위성은하들을 집어 삼키고 있지요. 대·소마젤란은하가 그 대표적인 먹이입니다. 남반구 밤하늘에서 맨눈으로 보이는 이 두 은하는 인근의 은하수에서 일부 조각이 떨어져 나온 듯이 뿌연 모습입니다. 얼핏 보면 구름 조각 같기 때문에 대항해시대 이래 마젤란 구름, 혹은 마젤란 성운으로 불려왔지요. 둘 다 왜소은하이며, 우리은하의 위성은하입니다.

이중 대마젤란은하는 지구에서 불과 16만 광년 거리에 있습니다. 지름이 1만 4,000광년으로 우리은하의 1/6에도 못 미치지만 국부은하군 안에서는 그래도 4번째로 큰 은하입니다. 특히 성간가스와 먼지가 풍부해 별들의 생성이 활발한 은하로 유명합니다. 초신성, 거성, 성단, 성운 등 다양한 천체를 가지고 있어 천문학자들의 보물창고라고 합니다.

한편, 조금 더 먼 거리인 20만 광년 밖 소마젤란은하는 지름이 7,000광년에 불과한 작은 은하입니다. 그래도 수억 개의 별을 품고 있지요. 대·소마젤란은하는 위성처럼 우리은하 주위를 수십억 년 주기로 돌고 있습니다. 최근 예일대학 팀의 허블 망원경 관측 결과에 의하면 그 주기가 최소 40억 년이라고 합니다. 그렇다면 이들은 생성 이후 단한 번 우리은하 주위를 돌았을 것입니다.[43]

한편, 두 은하는 모두 불규칙 형상의 은하인데, 이상하게도 나선은하에서 볼 수 있는 막대 구조의 흔적이 은하 중심부에는 남아 있습니다. 과학자들은 이러한 구조가 나선은하가 해체되는 모습이라고 보고 있습니다. 두 은하 모두 마젤란 흐름Magelanic Stream이라는 띠 모양의 통로로 우리은하와 연결되어 있는데, 이곳을 통해 수소 가스와 별들이 우리은하 쪽으로 빨려 들어오고 있는 중입니다. 특히, 소마젤란은하는 이러한 해체 과정이 보다 뚜렷합니다. 마젤란은하들은 결국에는 우리은하에 합병될 운명을 가지고 있습니다.

그 밖에도 많은 수의 왜소은하들이 국부은하군 안에 있는데 그중 24개는 우리은하의 위성은하로 밝혀졌습니다. 15개는 새천년 이후 발견되었습니다. 시뮬레이션 결과에 의하면 100광년 이내에 최소 500여 개의 위성은하가 있다고 합니다. 이들을 모두 다 언급할 필요는 없을 듯하고 특이한 것 2~3개만 간단히 소개하지요.

먼저, 가장 가까운 위성은하는 2003년 유럽과 호주 과학자들이 발견한 큰개자리 은하입니다. 우리은하 중심에서 4만 2,000광년, 태양계로부터는 불과 2만 5,000광년의 거리에 있지요. 약 10억 개의 별을 거느리고 있는데, 4,000억 개 별을 품고 있는 우리은하에 비하면 매우 초라한 규모입니다. 위성은하 중 가장 작은 것은 용골자리 은하와 용자리 은하인데, 둘 다 지름이 500광년에 불과합니다.

당연한 이야기지만 국부은하군에서 가장 큰 안드로메다은하도 우리은하에 못지 않은 수의 위성은하를 거느리고 있습니다. 현재 알려진 것만 23개입니다. 대부분이 최근 10년 사이 발견되었지요. 관측 정밀도가 그만큼 높아졌다는 반증입니다. 안드로메다의 위성은하 중 가장 잘 알려진 것은 왜소은하 M32와 M110입니다. 과학책에 자주 실리는 안드로메다은하의 멋진 사진 위쪽과 아래쪽에 보이는 조그만 은하가 바로 그들이지요. 두 은하는 한때 규모가 꽤 큰 나선은하였다고 추정되는데, 지금은 안드로메다에 흡수되어 중심핵의 몰골만 남았습니다.

기왕 이야기가 나왔으니 은하들의 약육강식에 대해 조금 더 알아보겠습니다. 사실, 국부은하군에서 주인처럼 다른 은하들을 압도하며 위용^{偉容}을 뽐내고 있는 우리은하와 안드로메다는 주변에 있던 가엾은 왜소위성들을 잡아먹은 결과입니다. 완전범죄는 없지요. 특히 과학의 세계에서는 더 그렇습니다. 첫 번째 증거는 두 은하에서는 발견되는 성류星流, stellar stream입니다. 성류란 별 무리들의 희미한 흐름을 말합니다. 이 흐름은 은하 중심부를 기준으로 공전하는 다른 별들의 운동과는 다른 모습을 보여줍니다. 사실, 성류는 지난 20세기 말에도 몇 개가 알려졌었습니다. 그러나 왜 그런 흐름이 있는지 원인은 잘 몰랐습니다. 가령 북반구 하늘에서 두 번째로 밝은 별인 아르크투루스Arcturus는 50여 개의 이웃 별과 함께 이상하게 움직이고 있는데, 천문학자들은 이 움직임을 두고 논쟁을 해 왔습니다.

그러나 새천년 이후 제2차 세계대전 때 적의 항공기 식별을 위해 사용했던 기술matched-filer technique을 여러 정밀 첨단 장치와 접목하면서 베일이 벗겨졌습니다. 잡아 먹힌 왜소은하의 흔적이 성류라는 사실이 분명해진 것입니다. 궁수자리 성류도 마찬가지입니다. 이 성류는 왜소은하에서 길게 뻗어 나온 꼬리가 우리은하를 둥글게 둘러싸고 있습니다. 이는 20~30억 년 전부터 우리은하의 중력에 이끌려 궁수자리 왜소은하에서 이탈한 약 1억 개의 별들이 은하의 공전 운동 때문에 큰 원을 그리는 모습임이 밝혀졌습니다.[44] 그 길이는 무려 100만 광년이나 됩니다. 모양이 길게 늘어진 이유는 대형 은하의 중력 때문에 발생하는 2차 효과인 조력潮力때문입니다. 마치 바닷물이 달의 조력에 의해 빠져나가는 것과 같은 원리이지요.

예측에 의하면 궁수자리 왜소은하의 별들은 장차 이 성류를 통해 우리은하에 모두 흡수된다고 합니다. 더 비극적인 예는 2010년 발견된 물병자리 성류입니다. 이 성류는 7억 년 전 우리은하에 합병된 어떤 왜소은하가 남긴 별들의 흔적입니다. 이 잡아 먹힌 은하는 원래 모습을 거의 잃고 겨우 3만 개의 별들만 성류의 형태로 흔적을 남기고 있습니다. 아무리 왜소은하라고 해도 통상 수억~수백억 개의 별들로 이루어졌다는 점에 비추어 보면 거의 재만 남은 셈이지요.

물론 먹히는 은하가 클수록 소화되는 데 시간은 조금 더 걸립니다. 대표적인 예가 수천만~1억 개의 별들이 무리 지어 복잡한 궤도를 그리고 있는 우리은하 안의 헬미Helmi성류입니다. 이 성류의 복잡한 흐름은 60~90억 년 전에 잡아먹히기 시작한 어떤 은하의 별들이 아직도 의리를 지키고 옛 궤도운동을 고집하는 흔적으로 이해하고 있습니다.

여러 시뮬레이션 결과에 따르면 우리은하의 현재 모습은 주변에 있었던 수천 개의 원시 왜소은하들을 흡수한 결과라고 합니다.[45] 지금까지 알려진 성류는 약 20개에 불과합니다. 그러나 유럽우주국이 2013년 발사한 가이아Gaia 탐사선이 우리은하 별의 0.2~1%에 해당되는 10억 개 별의 3차원 지도를 수년 후 완성하면 훨씬 많은 성류의 흔적이 드러날 것입니다. 또한 우리은하 8,000만 개 별에 대한 3차원 지도 작업을 진행 중인 슬로안 디지털 하늘탐사 프로젝트도 우리은하 안에 있는 별들의 상당수가 옛 왜소은하의 소화된 흔적임을 보다 분명히 밝혀 줄 것입니다.

은하들이 약육강식한다는 다른 증거는 앞서 은하계의 구조에서 알아본 헤일로 안의 구상성단, 즉 공처럼 뭉친 별무리에서 찾을 수 있습니다. 현재까지 알려진 헤일로의 구상성단 200여 개 중 적어도 40%는 잡아먹힌 왜소은하가 해체되고 남은 중심핵이라고 추정됩니다.

어떻게 그것을 알 수 있을까요? 최신 우주물리학 이론에 의하면, 약 100억 년 전 무렵의 초창기 우주에서는 소형 원시은하들만 생성되었으며, 대형 은하들은 훨씬 나중에 이들이 합쳐져 형성되었습니다. 실제로 대형 은하 안의 별들을 조사하면 그것이 우주 초창기에 생성된 소형 원시은하의 잔재인지를 알 수 있습니다. 그런데 MIT 연구팀이 우리은하의 헤일로에 있는 구상성단의 빛 스펙트럼을 조사한 결과 이곳 별들의 조성은 가벼운 원소가 주를 이루었습니다. 철 등의 무거운 원소는 거의 없었지요. 이론 예측에 의하면 초기 우주의 소형 원시은하들도 대부분 가벼운 원소로 이루어져 있었습니다. 무거운 원소들은 별의 오랜 진화 과정 중에 초신성 폭발 등으로 생성되므로 우주가 어느 정도 나이를 먹은 후에야 풍부해집니다. 이는 헤일로에 있는 구상성단의 별들이 우주 초창기에 생성된 소형 원시은하의 잔재임을 시사합니다. 원시은하들이 합쳐져 큰 은하를 이룬 것이지요.

기왕 은하의 통합에 대한 이야기가 나왔으니 오메가 센타우리^{Omega} $_{Centauri}$를 언급하지 않을 수 없습니다. 이 천체는 맨눈으로 관찰할 수 있는 몇 안 되는 우리은하의 구상성단, 즉 공 모양의 별무리입니다. 매우 크고 밝기 때문이지요. 얼마나 큰지 밤하늘에서 원래 차지하는 면적이 보름달만합니다. 물론, 맨 눈으로는 별들이 0.1광년 간격으로 빽빽이 들어 찬 중심부만 점으로 보이지요.

그런데 2008년 허블 우주망원경으로 이 구상성단을 관측한 결과 성단의 중심부에 있는 별들이 무언가에 흡입되는 듯 빠르게 움직이는 현상을 발견했습니다.[46] 이는 중급 규모의 블랙홀이 존재할 때 주변 별들이 보여 주는 현상입니다. 만약 이 관측이 정확하다면 (최근 일부 반론이 있지만) 구상성단은 과거에 잡아먹힌 은하의 흔적일 뿐만 아니라, 원시은하 시절 갖고 있던 블랙홀까지도 유지하고 있는 셈입니다.

떠돌며 무리 지으며 | 은하군과 은하단

우리은하가 속해 있는 국부은하군을 벗어나면 또 다른 은하군들이 있는 우주 공간을 만나게 됩니다. 근처의 1,100만~6,500만 광년 사이의 공간만 보더라도 조각가 자리^{Sculptor} 은하군, M81 은하군, 마페이$^{Maffei-I, II}$ 은하군, NGC5128 은하군 등이 있지요. 일반적으로 은하들은 고정적으로 은하군에 속해 있지 않고 이합집산한다는 사실이 밝혀졌습니다. 대표적인 예가 적외선 관측을 통해 새로이 존재가 확인된 마페이 I, II 은하군입니다. 두 은하군는 원래 우리의 국부은하군에 속해 있었지만 지금은 다른 은하군을 향해 옮겨가고 있습니다(《그림 1-6》 참조).

은하군보다 큰 규모로 은하들이 무리 지은 구조가 은하단$^{銀河團, galaxy}$ ^{cluster}입니다. 그렇다고 해서 은하군이 은하단의 하부 구조는 아닙니다. 가령 우리은하는 국부은하군에 속해 있지만 다른 은하단의 구성원은 아니지요. 규모의 차이이지 주종관계는 아니라는 의미입니다. 대략적으로 은하군은 수십~수백 개, 은하단은 1,000개 안팎의 은하로 구성된 것이 보통입니다. 그러나 명확한 기준이 있는 것은 아닙니다. 일반적으로 은하군은 은하단보다 규모가 작기 때문에 중력에 의한 밀집도가 느슨해서 불규칙한 형상이 많은 편입니다. 우리의 국부은하군이 바로 그런 모습이지요. 원래 우주 역사의 초창기에는 은하군이나 은하단이 존재하지 않았습니다. 단지 원시별들로 구성된 작은 원시은하들만 있었지요. 오늘날의 은하군이나 은하단은 수십억 년에 걸쳐 은하들이 이합집산한 결과입니다.

별들이 밀집된 공간인 은하군이나 은하단의 질량은 어마어마합니다. 통상적으로 태양의 수조~수십경^京 배의 질량을 가지고 있지요.
예를 들어, 우리에게 가장 가까운 은하단인 처녀자리 은하단^{Virgo Cluster}
만해도 1,300~2,000개의 은하가 있으며, 그 안에 있는 별의 수는 무
려 1경 2,000조 개로 추산됩니다. 가장 가깝다고는 했지만 이 은하단
은 지구에서 5,400만 광년 떨어져 있습니다. 이처럼 먼 거리임에도 주
변의 독립은하나 은하군들은 은하단의 거대한 질량이 만드는 중력에
이끌려 움직이고 있습니다. 이 움직임을 '처녀자리 중심 흐름^{Virgo-Centric}
^{Flow}'이라고 부릅니다. 비록 주종^{主從}관계는 아니지만 주변의 은하군이
나 은하단들은 처녀자리 은하단과 합쳐질 것으로 예상합니다. 이처럼
은하와 그 무리들은 끊임없이 흘러가며 이합집산하지요.

여기서 잠시 천체들의 역동적인 흐름을 우리의 위치에서 살펴보
면 다음과 같습니다.[47] 먼저, 지구는 초속 약 30km의 속도로 태양 주
위를 공전하고 있지요. 한편, 태양계는 명확한 궤도 운동은 아니지만
우리은하의 중심을 기준으로 초속 220km로 공전하고 있습니다. 우리

그림 1-6

처녀자리 은하단
지구에서 5,400만 광년 떨어진 우리의 인접 은하
군으로 1,300~2,000개의 은하로 구성되어 있다.
같은 이름의 초은하단의 중심부이기도 하다. 사
진은 슬로안 디지털 하늘탐사(SDSS)로 얻은 사
진을 재구성한 것이다.

은하는 다시 인근의 안드로메다은하 방향으로 초속 100km의 속도로 이동하고 있지요. 이 둘이 속해 있는 국부은하군의 은하들 역시 처녀자리와 센타우루스 은하단의 중력 중심을 향해 무려 초속 600km의 엄청난 속도로 달려가고 있습니다. 고요한 듯 빛나고 있는 밤하늘의 천체들이 이처럼 빠른 속도로 서로 얽혀 역동적으로 움직인다는 사실은 참으로 경이롭습니다.

그뿐 아닙니다. 은하들의 거대 집단인 은하단의 내부 역시 매우 역동적입니다. 그 흥미로운 과정을 살펴보겠습니다. X−선 망원경으로 관측한 최근의 연구결과에 따르면, 은하단 안에 있는 은하들 사이 공간은 고요하게 텅 비어 있지 않습니다. 미약하지만 X−선을 방출하는 은하단내 매질intracluster medium, ICM이라 불리는 물질이 희박하게 분포되어 있음이 밝혀졌습니다.[48]

이들의 주성분은 다름아닌 우주에서 가장 흔한 원소인 수소와 헬륨입니다. 다만, 통상적인 가스가 아니지요. 10만~수천만 도로 가열되어 원자핵과 전자가 분리된 채 플라즈마 상태로 날뛰고 있습니다. 그런데 앞서 설명했듯이 우주 공간은 극초진공이어서 1입방미터에 겨우 몇 개의 원자가 있을 뿐이라고 했습니다. 이처럼 극도로 희박한 밀도이지만 은하단의 공간은 워낙 방대하기 때문에 그 속에 담긴 물질인 ICM의 총량은 엄청납니다. 추산하기로는 ICM의 양이 은하 안에 있는 별이나 성간가스 등의 천체 물질보다 최소 5배 이상이라고 합니다. 은하 사이의 공간에는 이처럼 막대한 양의 물질이 있는 것입니다.

여기서 한 가지 의문이 생깁니다. 왜 은하 사이의 원자들이 뜨거운 플라즈마 상태인 ICM으로 존재할까요? 상식적으로 생각할 때 별이 없는 은하 사이의 공간에 있는 물질은 차가워야 하겠지요. 힌트는 우리은하계의 구조에서 찾을 수 있습니다. 앞서 우리은하의 구조를 설명하면서 중앙의 블랙홀 위와 아래에 페르미 버블이라는 2개의 거대한 거품 구조가 최근 발견되었다고 했습니다. 또한 그것은 화장실의 물이 빠져나갈 때 내는 꿍음처럼 은하 중심부의 블랙홀이 물질을 격하게 빨아들일 때 방출되는 에너지 때문에 생성되었다고 했지요. 은하단에서도 비슷한 현상이 벌어지는 것입니다.

차이점이라면, 수천 개의 은하를 거느리고 있는 은하단 중심의 블랙홀은 규모면에서 개별 은하의 것과는 비교가 안 된다는 사실입니다. 이곳의 초대형 블랙홀(들)은 은하단 내에 있는 성간물질이나 별, 혹은 은하들을 반복적으로 잡아먹고 있습니다. 그런데 잡아먹을 때마다 물질을 빨아들이는 엄청난 중력에너지의 일부가 복사輻射에너지의 형태로 방출됩니다. 바로 이때 방출되는 강력한 복사에너지가 은하단 주변 공간에 있는 원자들을 뜨겁게 달구는 것입니다. 이 설명이 맞으려면 초대형 블랙홀이 은하단 중심부에 존재해야 합니다. 그런데 미국과 유럽의 과학자들은 X-선 망원경을 이용해 거대한 크기의 버블들을 페르세우스, 헤라클레스, 아벨 등의 여러 은하단의 중심부에서 실제로 발견했습니다.

이들의 존재는 은하단 중심부에 있는 초대형 블랙홀이 내뿜는 에너지가 아니면 달리 설명할 수가 없습니다. 관측된 버블의 내부에서는 높은 자기장과 고에너지의 파장들이 나오고 있습니다. 규모는 훨씬 작지만 우리은하의 페르미 버블에서 고에너지의 X-선과 감마선이 나오는 것과 유사한 현상이지요. 은하단의 경우, 버블이 만들어질 때 방출되는 에너지는 초신성 1억 개가 폭발할 때 생기는 양과 맞먹을 정도라고 합니다. 이 엄청난 에너지가 은하 사이에 희박하게 분포된 원자들을 뜨겁게 달구어 ICM으로 만들어 놓는 것입니다.

그런데 바로 이 은하단내 매질[ICM]이 별의 생성과 물질의 순환에 중요한 역할을 한다는 사실이 최근의 연구로 밝혀졌습니다.[49] 방금 전의 설명대로 초대형 블랙홀이 물질을 빨아들일 때 내뿜는 고에너지의 전자기파들이 주변 공간의 매질(원자)들을 뜨겁게 가열합니다. 그런데 이 과정은 물질을 삼킨 블랙홀이 포만감에 빠져 안정기에 들어가면 한동안 중단됩니다. 그렇게 되면 복사로 가열되었던 은하 사이 공간의 ICM들은 서서히 식으며 은하 안으로 향합니다. 그 결과 공간에 흩어졌던 물질들이 은하 안으로 모여들면서 일부가 서로 뭉치기 시작합니다. 별들이 왕성하게 생성되는 시기에 접어드는 것이지요.

하지만 이러한 안정기가 끝나면 배가 고파진 블랙홀은 다시 천체들을 흡입하면서 이전 상황이 됩니다. 모아졌던 물질들은 또 다시 뜨거워지면서 은하 사이의 공간으로 흩어지게 됩니다(뜨겁다는 것은 입자의 운동에너지가 크다는 의미로, 따라서 입자들은 멀리 날아가게 됩니다). 이같은 은하의 물질 순환 과정 중에서 별들은 블랙홀 안정기에 집중적으로 생성됩니다. 아울러 생성된 별의 내부에서는 무거운 원소들이 합성되지요. 일부는 초신성의 형태로 폭발해 원소들을 은하 공간에 흩뜨리며, 이들은 새로운 별의 원료가 됩니다. 우리의 태양계도 그렇게 생성되었지요.

은하 공간 안팎의 물질 이동, 그리고 그로 인한 별들의 생성과 소멸을 거치면서 은하와 은하단의 모습은 끊임없이 변합니다. 과학자들은 오늘날 우주에 존재하는 보통물질의 적어도 50% 이상이 은하 공간의 안과 밖을 여러 차례 왕복했다고 추정하고 있습니다. 그 구체적 과정은 최근에야 비로소 파악되었습니다. 지금 이 순간 우리 몸을 이루는 원자 대부분은 은하의 안과 밖 공간을 여러 차례 들락거렸을 것입니다. 우리의 육체는 장대한 우주 공간을 끊임없이 순환하며 이합집산하는 원자들이 잠시 머문 상태에 불과합니다. 우주적 시간이나 공간의 규모에서 볼 때 물질적으로 '너'와 '나'의 구분이 없는 셈입니다. 그런 견지에서 본다면, 우리가 짧은 삶을 사는 동안 서로 갈등하고 다투는 일들이 부질없다는 생각이 듭니다.

장대함의 끝 | 필라멘트, 장성 그리고 보이드

한편, 은하단보다 더 큰 천체구조도 있습니다. 여러 개의 은하군과 은하단을 아우르는 초은하단超銀河團, supercluster입니다. 불과 얼마 전만 해도 우리의 국부은하군은 특정 은하단에는 속해 있지 않지만 큰 범주에서 '처녀자리 초은하단Virgo Supercluster'에 속해 있다고 생각했습니다. 1억 1,000만 광년의 공간에 전개된 이 초은하단이 우리의 국부은하군과 이웃의 100여 개 은하군 및 은하단들, 그리고 일부 독립 은하들을 망라한다고 믿었지요.

그런데 2014년 9월 하와이대학와 프랑스의 리옹Lyon대학 연구진이 기존의 믿음을 뒤집는 새로운 분석결과를 내놓았습니다.[50] 그들에 의하면 우리의 국부은하군과 처녀자리 초은하단은 물론, 주변의 수많은 은하군과 은하단들이 모두 라니아케아Laniakea라고 새로이 이름 붙인 대형 초은하단에 속합니다. 이 초은하단은 폭이 무려 5억 2,000만 광년입니다! 그 안에는 밝은 은하만 10만 개 이상이 있으며, 전체 질량도 태양의 100경 배에 달합니다. 라니아케아는 하와이 원주민어로 '끝없는 하늘'이란 뜻인데, 정말 이름에 걸맞은 크기입니다.

이와 비슷한 규모의 초은하단으로는 지구에서 7억 광년 떨어진 시계자리-그물자리 초은하단Horologium-Reticulum Supercluster이 있습니다. 하지만 이런 경우는 흔치 않아서 초은하단들은 통상 평균 크기 1억 5,000만 광년에 수십 개의 은하군 및 은하단을 포함하는 것이 일반적입니다. 시뮬레이션 예측에 따르면 관측 가능한 우주 안에는 약 1,000만 개의 초은하단이 있다고 합니다. 그들을 구성하는 은하군과 은하단은 약 250억 개로 추산합니다. 또한 그 안에 들어 있는 은하들의 총수는 약 3,500억 개라 봅니다. 이는 밝고 큰 것만 추산한 것으로 관측이 어려운 작은 은하까지 고려하면 무려 7조 개쯤 될 것입니다. 이 장의 초반부에서 첨단 관측기술로 추산한 관측 가능한 우주 안의 은하 총수가 약 1,300억 개라고 했는데, 이를 훨씬 능가하는 숫자입니다.

그런데 초은하단보다 더 큰 구조는 없을까요? 과학자들은 지난 세기 말부터 은하들의 3차원 공간 분포를 연구해 왔습니다. 그 결과 은하들은 우주 공간에 아무렇게 분포되어 있지 않고 거미줄 망 모양으로 배열되어 있음을 알게 되었습니다. 은하군과 은하단이 줄지어 늘어선 이러한 거대구조를 '은하 필라멘트Glaxy filaments'라고 부릅니다. 예전에는 초은하단 복합체Supercluster complexes라는 이름으로도 불렸지요. 필라멘트의 통상적인 길이는 수억 광년이나 됩니다. 그 존재는 1987년 하버드 대학의 CfA Center for Astrophysics팀이 최초로 발견했습니다. 물고기자리-고래자리 필라멘트Pisces-Cetus Filament였는데, 폭이 1.6억 광년, 길이가 약 10억 광년이었습니다. 우리와 가장 가까운 처녀자리 초은하단은 이 필라멘트의 일부로 보입니다.

2년 후에는 그레이트 월Great Walll, 즉 장성長城이라 명명된 우주의 또 다른 거대구조가 발견되었지요. 장성은 필라멘트의 변형된 형태입니다. 길지만 납작한 모양을 하고 있지요. 예를 들어, 2억 광년 밖의 코마 장성Coma Wall은 길이가 6억 광년인데 폭 2.6광년에 두께가 1,600만 광년인 긴 띠 모양입니다.

2003년 10월에는 슬로안 디지털 하늘탐사 프로젝트를 통해 슬로안 장성Sloan Great Wall이라는 더 큰 구조가 발견되었지요.[51] 약 10억 광년 너머에 있는 이 장성의 길이는 무려 13억 8,000만 광년이었습니다. 이 장성은 발견 이래 10년 동안 가장 큰 우주의 구조라는 기록을 유지했습니다.

그런데 2013년 헝가리와 미국의 연구진이 이보다 더 큰 구조가 있다는 주장을 펼쳤습니다.[52] 헤라클레스자리-북쪽 왕관자리 장성Hercules-Corona Borealis Great Wall이지요. 그 길이가 무려 100억 광년이라고 합니다! 짧은 쪽도 72억 광년이고 폭은 9억 광년이나 된다고 했지요. 긴 쪽의 길이가 관측 가능한 우주의 무려 1/9에 이르는 거대한 규모입니다. 사실이라면 알려진 것 중 가장 큰 우주 구조입니다.

그런데 이처럼 거대한 구조는 현재의 우주이론과 잘 맞지 않기 때문에 반론이 제기되었습니다. 이번 장의 후반부에서 설명할 표준빅뱅 우주모형ΛCDM에 의하면, 2억 5,000만~3억 광년보다 큰 규모에서는 더 이상 눈에 띄는 우주구조가 나타나지 않아야 합니다. 이 크기 이상에서는 우주가 전체적으로 균질하며 등방성等方性(어느 방향으로나 같은 성질)을 가진다고 봅니다.

가령, 별은 온도가 매우 높지만 그 사이 공간은 차갑지요. 또한 은하와 그 사이 공간의 물질 밀도도 큰 차이가 납니다. 하지만 2~3억 광년의 큰 규모에서 보면 우주는 어느 곳이나 비슷해 보입니다. 즉, 은

하나 은하단에서 보았던 세부적인 불규칙성이 큰 규모에서는 무작위적이고 평균적인 모습으로 변한다는 설명이지요. 이 크기, 즉 서로 달랐던 공간의 성질이 평균적으로 같게 보이는 규모를 '장대함의 끝End of Greatness'이라 부릅니다.

실제로 우주배경복사파에 나타난 초기 우주의 모습이 그렇습니다. 전체적으로 균질하고 등방적이지요(이번 장 후반부 참조). 일부 우주과학자들은 헤라클레스자리-북쪽 왕관자리 장성처럼 큰 우주 구조는 은하나 은하단의 늘어선 모습이 우연히 그렇게 보일 뿐 물리학적인 현상과는 특별한 연관성이 없다고 반박합니다. 또 다른 학자들은 장성의 발견자들이 주장하는 거리를 문제 삼습니다. 헤라클레스자리-북쪽 왕관자리 장성에서 지구까지 빛이 달려온 거리는 96억~105억 광년이며, 공변거리(우주의 팽창을 고려한 현재의 실제 거리)는 150억~176억 광년이라고 합니다. 그렇다면 이 장성의 현재 모습은 빅뱅 후 30억~40억 년이 지난 100억 년 전의 모습일 겁니다. 그런데 우주 안에 있는 물질들의 분포 상태를 고려해볼 때 40억 년도 안 되는 짧은(?) 기간 사이에는 그처럼 큰 구조를 중력 작용으로 만들 수 없다는 주장입니다. 장성의 구조 해석에 무언가 오류가 있다는 반론이지요.

여기서 논란과 관련하여 중요한 점은 초은하단 이상의 크기는 은하나 은하단들이 중력작용을 해서 형성한 구조가 아니라는 사실입니다. 천체 사이의 중력에 의해 이루어진 가장 큰 구조는 은하단이라는 것이 현재의 정설입니다.* 이를 이해하려면 은하들이 왜 이런 배열로 분포하게 되었는지 살펴볼 필요가 있습니다. 우주물리학자들의 설명은 다음과 같습니다.

---

* 물론, 소수이지만 이견도 있다. 가령, 처녀자리 초은하단의 경우, 은하들의 숫자가 중심부에서 멀어질수록 대략 거리의 제곱에 반비례해 작아지는데, 이를 중력의 작용으로 해석하는 학자도 있다.

이 장의 후반부에서 살펴보겠지만, 우주 전체의 에너지와 질량 중 물질은 약 30%에 불과하고 나머지 70%는 암흑에너지입니다. 그런데 이 30%의 물질조차도 25%는 암흑물질이며, 5%만이 우리가 알고 있는 보통물질, 즉 원자로 이루어진 물질이지요. '암흑'이라는 용어는 빛으로 관측되지 않아 아직 정체를 모른다는 의미일 뿐 신비의 물질은 아닙니다. 과학자들은 그들이 나타내는 효과를 비교적 잘 알고 있습니다.

가령, 암흑물질은 빅뱅 후 오랜 시간이 지나지 않은 우주 초창기부터 중력으로 서로 뭉쳤습니다. 이들도 엄연한 물질이므로 중력작용을 한 것입니다. 그런데 암흑물질의 공간적 분포는 빅뱅 우주의 양자적 요동 때문에 미세한 편차가 있었습니다. 그 결과 밀도가 약간 높았던 곳에서 암흑물질들이 중력작용으로 뭉치기 시작했지요. 3차원 공간에서 유체와 같은 물질이 중력 수축으로 뭉칠 때는 밀도가 커짐에 따라 면→선→점 형태로 바뀝니다. 암흑물질의 분포도 이런 모습을 그대로 답습했습니다. 큰 규모에서 보면 면(장성)이나 선(필라멘트) 모양이지만, 확대해 보면 끊어진 실처럼 불연속적인 덩어리였지요. 바로 이 작은 덩어리 공간들이 나중에 나타날 은하의 보금자리가 되었습니다.

한편, 보통물질의 재료인 원자핵과 전자는 당시 온도가 너무 높아 원자로 결합하지 못한 채 날뛰는 플라즈마 상태였습니다. 따라서 중력으로 뭉칠 수 없었지요. 다시 말해, 초창기 우주에서는 암흑물질만 중력작용을 했습니다. 그런데 빅뱅 38만 년 후 우주의 온도가 충분히 식자, 날뛰던 전자와 원자핵들이 서로 결합해 원자를 형성하기 시작했습니다. 이들은 암흑물질이 이미 자리잡고 있던 곳으로 중력에 이끌려 서서히 모여들었습니다. 그 결과 빅뱅 후 수억 년이 지나자 은하들이 띠 모양으로 배열하며 생성되었으며, 그 안에서 별들이 탄생했지요.

초기 우주의 암흑물질 분포는 앞서 언급한 현대의 우주이론인 표준빅뱅우주모형으로 시뮬레이션하여 예측할 수 있습니다. 그 모습은 현재 관측되는 은하 무리들의 필라멘트 구조와 잘 일치합니다(〈그림 1-7〉 참조). 사진에서 개별 은하는 점으로 표시되어 있습니다. 이들의 집합체인 은하군이나 은하단이 선 혹은 면 모양으로 이어진 것이 필라멘트와 장성이지요.

특히 필라멘트 중에서 은하단들이 밀집된 곳이 초은하단입니다. 여러 개의 필라멘트들이 모여 굵은 마디를 이룬 밝은 부분이지요. 한편, 필라멘트를 구성하는 은하군이나 은하단 내에서도 작은 실 모양의 하부 구조가 있는 듯합니다. 최근의 연구에 따르면, 우리은하계 주변의 왜소 위성은하들은 기존의 추정과 달리 구형으로 분포되어 있지 않고 선 혹은 면의 형태로 늘어서 있다고 합니다.[53] 우리은하나 안드로메다처럼 큰 은하들은 선들의 마디에 위치한다는 추정입니다(다음 박스글 참조).

이처럼 우주의 거대 구조인 필라멘트나 초은하단은 보통물질이 암흑물질의 분포를 따라 모여들어 만든 작품인 셈입니다. 보통물질들이 중력에 이끌려 암흑물질에 들어 붙으며 은하와 은하단을 형성한 것

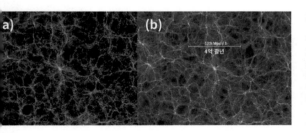

그림 1-7

약 20억 광년의 공간 안에 있는 100억 개 은하의 분포를 시뮬레이션한 결과 (왼쪽)
은하는 밝은 점으로 표시했으며, 이들이 밀집해 선처럼 보이는 구조가 필라멘트다. 필라멘트들이 얽혀 더욱 밝게 보이는 마디 부분들이 은하단이나 초은하단이다. 오른쪽은 암흑물질의 예상 분포도. 은하들이 암흑물질이 있는 곳에 있음을 알 수 있다.

이지요. 크게 보아 우주의 거대 구조인 필라멘트는 암흑물질의 분포라고 바꾸어 해석할 수 있습니다. 엄밀히 말해 은하나 은하단이 서로 중력작용을 하여 만든 결과는 아니라고 볼 수 있지요. 은하들이 필라멘트 배열을 하기 시작한 시기는 빅뱅 후 약 13억 년으로 추산합니다. 한편, 은하단보다 작은 구조의 형성에는 보통물질도 중력의 작용면에서 암흑물질만큼 중요한 역할을 했다고 추정됩니다.

필라멘트와 관련하여 중요한 또 다른 우주 구조는 보이드[Void]라고 부르는 거대한 공간입니다. 실 모양의 필라멘트들이 감싸고 있는 밀도가 낮은 공간이지요(《그림 1-7》의 빈 공간). 맥주 거품으로 비유하자면, 필라멘트들은 거품막 위에 조밀하게 분포하며, 거품 안 공간이 보이드에 해당됩니다. 보이드는 물질이 거의 없는 텅 빈 공간입니다(그러나 극소수의 소형 독립 은하와 약간의 성간가스는 있다고 추정합니다). 그 형상은 불규칙한 구형에 가까우며 크기는 1억~4억 광년으로 추정합니다. 2015년에는 크기가 약 18억 광년에 이르는 초대형 보이드도 보고되었습니다.[54] 이같은 슈퍼 보이드는 극히 예외적입니다. 보이드가 우주 공간에서 차지하는 부피는 90~95%로 추산합니다. 은하나 은하 무리들은 매우 제한된 공간에만 있는 셈이지요.

그런데 여기에 중요한 사실 하나가 숨어 있습니다. 나중에 다시 살펴보겠지만 우주는 팽창하고 있지요. 그 결과 은하단보다 작은 하부 구조 천체들은 중력으로 서로 끌어당기기 때문에 우주의 팽창의 효과가 뚜렷이 나타나지 않게 됩니다. 천체 사이에 인력(중력)과 우주팽창력이 상당 부분 상쇄하기 때문이지요. 반면에 속이 텅 빈 보이드 안에는 물질이 거의 없으므로 중력작용이 미약할 것입니다. 그렇다면 보이드 공간은 걸림이 없이 팽창을 계속할 것입니다. 바꾸어 말하면, 우주

팽창은 보이드에서 주로 일어나고 있다고 볼 수 있습니다. 실제로 여러 은하들의 움직임을 분석한 네덜란드 흐로닝언^{Groningen}대학 연구팀 주도의 국제공동연구가 그러한 결과를 제시했습니다.[55] 2008년 발표된 결과에 의하면, 그들이 조사한 모든 은하들은 보이드 안의 중심점을 기준으로 멀어지고 있었습니다. 천체가 없이 황량하게 텅 빈 공간이 역설적으로 우주의 팽창을 주도하는 셈입니다.

보통물질의 분포 수수께끼

우주 안에 있는 보통물질의 분포 상황은 지난 십수 년 이래 우주물리학자들에게 던져진 큰 숙제였다. 본문의 설명대로, 원자로 이루어진 가시물질, 즉 보통물질은 우주 구성 물질과 에너지의 5%만을 차지할 뿐이다. 게다가 별이나 블랙홀 등의 천체를 이루는 보통물질은 다시 그중의 10%에 불과하다. 즉, 우리가 밤하늘에서 보는 (실제 관측되거나 예상되는) 천체 물질은 모두 합해도 우주의 에너지와 물질 총량의 0.5%밖에 안된다. 나머지 보통물질이 어디 있는지에 대한 의문은 최근 몇 년 사이 상당부분이 밝혀졌다. 연구결과에 따르면, 보통물질의 약 60%는 은하 안이 아니라 그 바깥쪽, 즉 은하 사이 공간에 희석된 고온의 플라즈마 상태, 즉 앞 절에서 설명한 '은하단 내 매질^{ICM}'로 존재한다. 그래도 나머지 30%는 여전히 수수께끼였다.

실마리는 2018년 이탈리아의 연구진이 주축이 된 국제공동연구가 풀었다.[56] 이들은 은하(혹은 은하무리)사이에 있는 '중고온 은하간 매질(warm-hot intergalactic medium, WHIM)이라는 가늘고 긴 고온의 띠가 있음을 발견했다. ICM과 마찬가지로 WHIM도 극도로 희박한 물질로 이루어졌다. 또한 블랙홀에서 나오는 강력한 빛 다발(전자기파)에 의해 수십만~수천만 도로 가열된 상태인 점도 같았다. 차이가 있다면 ICM이 은하단 내 은하 사이 공간에서 은하 주변을 둘러싸고 분포하고 있다면, WHIM은 훨씬 먼 거리에 걸쳐 은하나 은하 무리 사이를 실 모양으로 연결하고 있다는 점이다.

WHIM의 존재는 극도로 희박한 성간물질의 밀도 때문에 그동안 관측할 수 없었다. 연구진은 1ES 1553라는 먼 퀘이사(옛 활동성 은하의 블랙홀)에서 나오는 강한 전자기파가 WHIM의 입자와 충돌할 때 발생하는 전리 산소의 파장을 관측함으로써 그 존재를 확인했다. 그들이 관측한 것은 그 퀘이사와 태양계 사이 한 방향을 잇는 가늘고 긴 WHIM 띠였다. 이런 띠가 모든 방향의 우주 공간에 있다면, 보통물질의 나머지 30%를 차지하기에 충분한 양이라는 계산이 나왔다.

결국, 보통물질의 60%는 은하단 사이 공간의 ICM이며, 30%는 은하군이나 은하단 사이를 실 모양으로 연결하고 있는 WHIM, 그리고 나머지 10%만이 은하 안에서 천체 물질의 형태로 존재하는 셈이다.

천체가 거대한 이유 | 우주팽창의 발견 과정

이처럼 은하와 은하 무리들의 규모는 거대하며 거리도 매우 멀리 떨어져 있습니다. 그럼에도 불구하고 그들 사이에는 서로 끌어당기는 만유인력$^{universal\ gravitation}$, 즉 중력^{gravity}이 작용합니다. 2장에서 알아보겠지만, 중력은 이 세상의 물질 사이에 작용하는 4가지의 근본적인 힘 중에서 가장 약합니다. 나머지 세 힘은 전자기력, 강한 핵력, 그리고 약한 핵력이지요. 얼마나 미약한지 강한 핵력의 10^{38}분의 1, 전자기력의 10^{36}분의 1에 불과합니다. 중력의 세기가 극히 작다는 사실은 막대자석에 붙은 쇠조각이 땅에 떨어지지 않는 것만 보아도 알 수 있습니다. 6×10^{21}(6조×10만)톤의 거대한 질량을 가진 지구가 끌어당기는 중력이 불과 몇 십 그램짜리 자석의 전자기력만도 못한 셈이지요.

그 대신 다른 세 힘과 달리 중력은 매우 먼 거리에까지 작용합니다. 원칙적으로 무한대 거리까지 작용하지요. 나머지 힘들은 매우 강하지만 짧은 거리에서만 뚜렷합니다. 가령, 강한 핵력과 약한 핵력은 원자핵 안의 극히 짧은 거리에서만 유효합니다. 전자기력은 원칙적으로 무한 거리까지 작용하지만 끌어당기는 인력^{引力}과 서로 밀치는 척력^{斥力}이 동시에 있기 때문에 실제로는 복잡하게 상쇄됩니다. 그래서 자석에서 한 뼘만 떨어져도 쇠붙이는 붙지 않습니다. 이와 달리 인력만 있는 중력은 수백만 광년 떨어진 은하들 사이에도 작용하지요. 또한 매우 미약하기 때문에 많은 물질이 모여 거대한 크기가 되어야 비로소 모습을 드러냅니다. 결국, 별과 은하들이 거대하고 멀리 떨어져 있는 까닭은 미약하지만 먼 거리까지 작용하는 중력의 특성 때문입니다.

그런데 중력이 그처럼 먼 거리에 작용한다면 한 가지 의문이 생깁니다. 인력이 있는데 왜 물체들은 한 곳으로 몰리지 않을까요? 허를 찌르는 단순한 질문입니다. 우주에는 수많은 별들과 은하들이 있지요. 이들은 아무리 먼 거리라도 중력으로 서로를 끌어당깁니다. 그렇다면 모든 천체들은 종국에는 한 곳으로 뭉쳐져야 할 것입니다. 위대한 과학자 뉴턴도 이 문제는 간과했습니다.

이 단순한 의문을 처음 제기한 인물은 리처드 벤틀리$^{Richard\ Bentley}$라는 성직자였습니다. 그는 만유인력이 발표된 지 5년 후인 1692년 뉴턴에게 서신을 보냈습니다.[57] 만유인력이 정말로 있다면 왜 우주의 모든 별들은 한 곳으로 쏠려 붕괴되지 않느냐고 질문했지요. 이를 '벤틀리의 역설'이라 부릅니다. 난처해진 뉴턴은 답신에서 자신의 이론이 완벽하지 못함을 시인하고, 이것이야말로 자연법칙의 불완전한 부분을 가끔씩 보정補正해주시는 하느님의 존재를 증거한다고 얼버무렸습니다. 그러나 문제의 중요성을 깨달은 그는 『프린키피아^{Principia}』 개정판에서 이에 대한 설명을 추가했습니다. 즉, 하느님이 별들을 중력이 미치지 못할 만한 먼 거리의 우주 구석들에 고루 배치했으며, 그로 인해 중력이 상쇄되어 한 곳으로 쏠리지 않는다고 설명했습니다.

잊혀졌던 이 문제는 300여 년 후 아인슈타인도 다시 만났습니다. 그는 일반상대성이론을 발표한 지 2년 후인 1917년 이를 우주에 적용시킨 논문을 썼는데, 자신의 장場방정식이 중력 붕괴의 문제를 안고 있음을 인정했지요.[58] 따라서 이 문제를 해결하기 위해 원래의 방정식에 없던 '우주 항$^{Cosmological\ term}$'이라는 척력의 항을 추가해 중력(인력)과 균형을 이루도록 짜맞추었습니다(〈가속페달을 밟은 우주〉 절 참조). 아인슈타인이 당시 생각했던 우주는 정적靜的우주였습니다. 물론, 정적인 우주라고 해서 천체들이 운동하지 않는다는 의미는 아닙니다. 끊임없이 운동하고 이합집산하지만 천체들의 평균적인 분포나 형태가 과거, 현재, 미래에 변치 않는 우주를 뜻했지요. 즉, 시작도 끝도 없는 영원한 우주입니다. 결론적으로 벤틀리의 역설에 대해 뉴턴은 틀린 설명을 했고 아인슈타인은 임시방편으로 봉합했지요.

중력붕괴의 문제 이외에, 정적인 우주관으로 설명이 안 되는 또 다른 역설이 있었습니다. 1823년 독일의 천문가 올버스^{Heinrich Wilhelm Olbers}가 정리해 발표한 어두운 밤하늘에 대한 논리적 모순입니다. 즉, 별들의 수는 엄청나게 많은데 왜 밤하늘은 대낮처럼 밝지 않고 어둡냐는 역설이었지요. 잘 아시다시피 빛의 밝기는 거리의 제곱에 비례해 약해집니다. 별의 거리가 2배, 3배 멀어지면 밝기는 1/4, 1/9로 어두워지지요. 그런데 거리가 멀어지면 정해진 관측 각도 안에 들어오는 천구상의 면적은 거꾸로 거리가 멀어질수록 제곱에 비례해 커집니다. 다시 말해, 별의 거리가 멀어지면 별빛이 약해지는 정도와 관측 구역이 넓어져 증가하는 별의 수가 상쇄되므로, 결국 별 전체의 밝기는 변함없어야 합니다.

그런데 별의 수는 엄청나게 많지요. 따라서 이 빛들이 모두 모인 밤하늘은 대낮처럼 밝아야 합니다. 올버스는 우주 공간에 있는 가스들이 별빛을 가려 밤하늘이 어두워졌을 것이라고 추측했습니다. 그러나 오늘날의 천문학 지식에 의하면 성간가스는 별빛을 차단하지 않고 오히려 산란시키므로 고온이라면 밝아져야 합니다. 그의 설명은 그럴듯했기 때문에 당시의 많은 사람이 받아들였지요. 20세기 후반까지도 많은 수의 책들(1980년대 말 조사된 천문학 책의 70% 이상)이 이를 해답의 일부로 소개했습니다.[57]

올바른 힌트를 처음 제시한 사람은 미국의 시인 에드가 앨런 포

Edgar Allan Poe였습니다. 천문학에 관심이 많았던 그는 1848년 독일의 과학자 훔볼트에게 헌정된 〈유레카Eureka〉라는 장문의 논픽션 산문시에서 이를 언급했습니다. 그는 별의 수는 무한하지 않으며, 먼 거리의 별빛이 아직 우리에게 도달하지 않아 밤하늘이 어둡다고 했지요.[59] 그러나 유레카는 과학자는커녕 문학 애호가들의 주목도 끌지 못했습니다.[60] 과학자로는 캘빈 경Lord Kelvin이 50여 년 후인 1901년 처음 동조했습니다. 그는 포우의 설명에 덧붙여, 별들은 수명이 있기 때문에 밤하늘 별의 수는 시간적으로 제한되어 있을 것이라고 그런대로 올바른 답을 제시했습니다.[61] 그러나 증거는 대지 못했지요.

벤틀리와 올버스의 두 역설은 1920년대 이후 점차 해답을 찾았습니다. 당시 20세기 초의 과학자들은 은하수의 크기가 약 10만 광년이며 우리 우주의 일부라고 믿었습니다. 또한 뿌옇게 보이는 밤하늘 천체인 별 구름, 즉 성운星雲, nebula도 성간가스나 별 무리이지만 모두 우리 은하 안에 있다고 생각했습니다. 하지만 일부 학자들은 성운이 은하수 밖에 있는 별들의 집합체일지 모른다고 생각했습니다. 이런 와중에서 양쪽의 의견을 대표하는 저명한 두 천문학자가 1920년 4월 26일 스미소니언 자연사 박물관에서 '큰 논쟁The Great Debate'이라 불리는 유명한 사건으로 맞붙었습니다. 성운이 우리은하 안에 있다는 하버드대학 천문대장 샤플리Harlow Shapley와 이를 반박하는 미시간대학의 커티스Heber Curtis 사이의 논쟁이었지요. 가장 큰 쟁점은 당시 성운으로 알려져 있던 안드로메다가 우리은하에 속하는지에 대한 것이었습니다.[62]

이런 배경에서 당시 세계 최대의 100인치 망원경을 가지고 있었던 미국의 윌슨산천문대Mount Wilson Observatory의 에드윈 허블Edwin Hubble은 1922년부터 2년에 걸쳐 성운들을 조사했습니다. 그는 M33(삼각형)성운과

M31(안드로메다)성운 속에 있는 케페이드^{Cepheid} 변광성이라는 별들을 표준촛불로 이용해 거리를 측정했습니다. 이들 변광성은 밝기가 규칙으로 변하는 밝은 거성들로, 이들의 겉보기 및 절대 밝기를 비교하면 거리를 비교적 정확히 측정할 수 있습니다. 조사 결과 두 성운 모두 우리은하의 크기라고 생각했던 10만 광년보다 먼 거리에 있다는 결론에 도달했습니다. 안드로메다의 경우 90만 광년 떨어진 곳에 있다는 측정값을 얻었는데[*], 이는 성운이 아니라 우리은하 바깥의 다른 은하라는 의미였지요. 허블은 동료들이 만류했지만 관측 결과를 1924년 11월 23일자 뉴욕타임즈에 먼저 알리고, 미국천문학회에는 다음해 발표했습니다. 이어 46개의 다른 은하도 조사했습니다. 이번에는 변광성 표준촛불뿐 아니라 성운의 빛 스펙트럼도 함께 분석했지요. 그 결과 또 다른 중요한 사실, 즉 먼 은하일수록 빠르게 멀어진다는 결과를 얻었습니다.

사실, 빛 스펙트럼을 이용한 성운들의 거리 측정은 허블보다 12년이나 앞선 1912년 로웰천문대의 베스토 슬리퍼^{Vesto Slipher}가 이미 발표한 바 있었습니다. 15개의 나선형 성운을 조사한 결과 상당수가 우리에게서 멀어지고 있다는 내용이었습니다. 슬라이퍼가 사용한 방법은 물리학에서 잘 알려진 도플러 효과^{Doffler effect}였습니다. 이 효과에 의하면 멀어지고 있는 물체에서 나온 빛이나 소리의 파장은 긴 쪽, 즉 스펙트럼이 붉은색 쪽으로 치우치는 적색이동^{赤色移動, red shift}이라는 현상을 보여줍니다. 즉, 멀어지는 물체에서 나온 파장은 정지해 있는 물체에 비해 길게 늘어납니다. 반면, 다가오는 물체의 파장은 원래보다 눌려져서 짧아지는 청색이동 현상^{靑色移動, blue shift}이 나타나지요. 다가오는 기차

---

[*] 안드로메다까지의 보다 정확한 거리는 90만 광년이 아니라 254만 광년이다. 허블이 표준촛불로 이용한 케페이드 변광성은 2종류가 있는데, 당시에는 이를 몰라 생긴 오차였다.

의 기적소리가 파장이 짧은 쪽(높은 음)으로 들리고, 멀어지는 소리가 낮게 들리는 이유는 이 때문입니다. 교통경찰의 스피드건$^{speed\,gun}$ 중 일부도 이 효과를 이용한 장치입니다. 슬라이퍼는 대부분의 성운들이 초속 700km의 평균속도로 멀어지고 있다고 발표했습니다.[63] 그러나 당시의 과학자들은 이를 흥미로운 주장이라고는 여겼지만 믿지는 않았습니다. 무엇보다도 그가 관측한 성운 15개 중 11개에서만 적색이동이 관측되었고, 안드로메다는 오히려 가까워지는 청색이동이 있었기 때문이지요(〈약육강식의 세계〉 절에서 보았듯이, 안드로메다은하는 중력 작용으로 실제로 우리은하 쪽으로 다가오고 있습니다).

이런 들쑥날쑥한 결과 때문에 슬라이퍼는 자신의 획기적인 연구가 의미하는 바를 놓쳐버렸습니다. 반면, 허블은 자신과 슬라이퍼의 관측 결과를 종합적으로 검토해 '먼 은하일수록 거리에 비례해 더 멀어지고 있다'라는 이른바 '허블의 법칙'을 발견했습니다. 하지만 슬라이퍼의 공로를 인정한 허블은 그에게 보낸 편지에서 '당신의 속도와 나의 거리'란 표현을 썼다고 합니다. 1929년에 논문으로 발표된 허블의 법칙은 우주가 팽창하고 있음을 말해 주는 역사적 발견이었습니다.

이를 계기로 천문학은 본격적으로 물리학에 접목되었습니다. 또한 허블의 발견으로 아인슈타인의 정적우주, 즉 인력과 척력이 균형을 이루며 정해진 크기를 가지는 우주는 잘못된 생각임이 분명해졌습니다. 아울러 벤틀리와 올버스의 역설도 해결되었지요. 팽창하는 우주에서는 천체들이 멀어지므로 중력 때문에 한 곳으로 몰리지 않을 것입니다. 또한 멀어지는 은하들의 빛은 우리에게 도달하지 못하므로 밤하늘은 대낮처럼 밝지 않을 것입니다.

과학적 업적은 발견자보다 그 의미를 처음 알아차린 사람에게 돌아가는 경우가 많습니다. 슬라이퍼는 큰 발견을 놓쳤습니다. 허블은 어떨까요? 그는 먼 은하일수록 빠르게 멀어진다고만 했지 그것이 우주팽창이라고 말하지는 않았습니다. 이에 대해 이상하리만큼 침묵하다 나중에 슬그머니 받아들인 여러 정황이 있다고 합니다.[64]

사실, 허블보다 앞서 우주팽창을 예측했던 두 인물이 있었습니다. 바로 러시아의 알렉산더 프리드먼Alexander Friedmann과 벨기에의 조르쥬 르메트르Georges Lemaitre였습니다. 먼저, 프리드먼은 1922년 아인슈타인 장場방정식의 특수해解를 구했습니다. 프리드먼의 식으로 알려진 이 식은 기하학적 공간이 어떻게 휘어졌는가에 따라 우주가 수축 혹은 팽창할 수 있음을 제안했습니다. 하지만 그는 자신이 유도한 수학식의 물리학적 의미를 놓쳐버린 채 37세의 나이에 병으로 요절했습니다.

이와 달리 물리학적 관점에서 우주팽창을 최초로 정확히 간파한 인물은 벨기에 루뱅Louvain대학의 물리학자이자 예수회 신부였던 르메트르였습니다. 그는 프리드먼과는 다른 방식으로 아인슈타인 식의 해를 구했을 뿐 아니라, 로웰천문대의 슬라이퍼와 윌슨산천문대의 허블을 방문해 관측 결과를 접하고 그것들이 의미하는 바를 정확히 파악했습니다. 특히 자신의 계산결과를 두 천문대의 관측자료와 연계하여 우주가 팽창하고 있다는 내용을 논문으로 발표까지 했습니다. 허블보다 2년 앞선 1927년의 일이었지요.[65]

그런데 이 역사적인 논문은 『브뤼셀 과학학회연보Annales de la Société Scientifique de Bruxelles』라는 지역 학회지에 불어로 발표되어 주목을 받지 못했습니다. 허블의 발견 4년 후인 1931년에야 영국의 에딩턴경Sir Eddington이 이를 영어로 번역해 세상에 알려졌지요. 그는 논문만 발표한 것이 아니었습니다. 1927년 브뤼셀에서 열린 유명한 솔베이 학회Solvay Conference

에서 아인슈타인을 만나 자신의 계산을 소개하고 우주팽창을 설명했습니다. 아인슈타인은 이름없는 젊은 강사였던 그에게 (물론 후일에는 극찬을 했지만) '당신의 수학은 훌륭하지만, 물리학은 형편없다'고 혹평했습니다.[66] 그만큼 우주팽창은 아인슈타인도 예상치 못한 놀라운 사실이었습니다.

르메트르가 계산한 우주의 팽창속도는 관측으로 얻은 허블상수 Hubble constant 값과 거의 같습니다. 이런 이유로 이를 르메트르의 법칙으로 불러야 마땅하다는 논란이 오래전부터 있었지요. 2019년 10월 29일 국제천문연맹은 4,060명이 참여한 투표에서 78%의 찬성으로 '허블의 법칙'을 '허블–르메트르의 법칙'으로 개명했습니다.

기이한 팽창 | 우주팽창에 대한 오해들

많은 과학서적들이 우주팽창 cosmic expansion 을 설명하면서 이를 부풀고 있는 풍선에 비유하고 있습니다. 풍선을 불면 그 위에 그려 놓은 점들이 점차 서로 멀어지는데, 팽창하는 우주의 은하들도 이와 비슷하다는 설명입니다. 어느 정도는 맞지만 정확한 비유는 아닙니다. 우주과학의 대중화에 힘써 온 영국의 물리학자 폴 데이비스 Pual Davies 는 천문학자, 심지어 저명한 과학자조차도 우주팽창을 잘못 이해하고 있는 경우가 많다고 지적했습니다. 『사이언티픽 아메리칸 Scientific American』 2005년 3월호에는 우주팽창에 대해 흔히 오해하고 있는 대표적인 설명들을 소개했는데, 여기에 요약해 봅니다.[67]

첫째, 팽창이라는 단어에서 비롯되는 오해입니다. 일상적으로 우리가 아는 팽창에는 경계가 있습니다. 팽창된 곳과 그렇지 않은 영역 사이의 경계이지요. 가령, 어떤 강대국의 영토 확장은 2차원적 면적의 팽창입니다. 이 경우 팽창을 알 수 있는 1차원적 경계, 즉 국경선이 있습니다. 한편, 풍선을 불면 3차원적으로 부피가 팽창합니다. 그 경계는 2차원의 면, 즉 팽창한 풍선의 면이지요. 이 경우 풍선의 안쪽 공간에는 팽창의 중심점이 있습니다. 그런데 팽창하는 우주는 다릅니다. 팽창의 중심점이 없지요. 또한 팽창된 부분과 그렇지 않은 공간을 구분하는 경계도 없습니다. 우주의 팽창은 바탕인 공간 그 자체의 팽창입니다. 공간 안에서 팽창하는 풍선의 경우와 다릅니다. 게다가 일반상대성원리에 의하면 우주 공간은 늘거나 줄고 휘어질 수도 있습니다. 3차원 공간에 적응해 진화한 인간은 그러한 공간이나 팽창을 머릿속에 떠올릴 수 없습니다. 그러니 적합한 비유를 찾는 것이 무리일 수도 있습니다.

둘째, 많은 과학서적들이 팽창하는 우주에서는 은하들이 멀리 '달아나고 있다'는 표현을 사용하고 있습니다. 이 말은 은하들이 '능동적'으로 운동하고 있다는 인상을 줍니다. 그러나 은하들은 '피동적'으로 서로 멀어지고 있을 뿐, 운동을 하고 있지 않습니다. '운동하는 은하'는 빛보다 빠른 속도로 멀어질 수 없습니다. 아인슈타인의 특수상대성원리에 의하면 물체의 속도는 빛보다 빠를 수 없기 때문입니다. 이 원리는 공간에는 적용되지 않습니다. 공간은 빛보다 빠르게 팽창할 수 있지요. 따라서 매우 먼 은하라면 광속보다 큰 속도로 멀어질 수 있습니다. 허블—르메트르의 법칙에 따르면 은하들이 멀어지는 속도는 우리와 떨어진 거리에 비례해 커집니다. 따라서 어느 거리에서는 광속과 같아지게 되는데, 이를 '허블 거리Hubble distance'라고 합니다. 이 거리는 현재 약 140억 광년입니다. 이보다 먼 은하들은 광속보다 빠르게 멀어지고 있습니다.

셋째, 많은 과학서적들이 팽창하는 우주의 은하들이 보여 주는 파장의 적색이동을 도플러 효과라고 잘못 설명하고 있습니다. 이는 과학자들이 가장 많이 오해하고 있는 점입니다. 도플러 효과는 운동하는 물체에서 관측되는 현상입니다. 운동하는 물체의 빛이나 소리의 파장이 관측자로부터 멀어지거나 가까워질 때, 적색 혹은 청색 쪽으로 이동하는 현상이지요. 파장의 이동을 이용해 은하의 거리를 처음 측정한 슬라이퍼나 그 후의 허블도 자신들이 관측한 현상이 도플러 효과라고 생각했습니다. 은하들이 운동한다고 생각한 겁니다. 이 책의 앞에서도 도플러 효과를 설명할 때 멀어지는 기차와 경찰의 스피드건이라는 예시를 들었지만, 이는 이해를 위한 방편이었습니다.

그러나 먼 은하에서 관측되는 적색이동은 도플러 효과가 아닙니다. 물체의 운동이 아닌, 공간이 팽창해서 빛 파장이 늘어나는 현상입니다. 따라서 도플러 효과와 달리, 파장의 이동은 물체가 멀어지는 방향으로만 일어나지 않으며 멀어지는 은하의 상하좌우 3차원 공간의 모든 방향으로 일어납니다. 더 중요한 사실은 멀어지는 속도가 광속에 이르러서도 적색이동이 무한대의 값이 되지 않는다는 점입니다. 도플러 효과에서는 물체의 속도가 광속에 가깝게 되면 적색이동이 무한 값에 접근하며, 그런 파장은 존재하지 않으므로 관측이 무의미해집니다.

반면, 팽창하는 우주에서는 광속에 도달한 은하의 빛의 적색이동 값이 1.5라는 명확한 값을 가집니다. 이 값을 z로 표시하며, 1.5라는 값은 은하에서 나온 빛의 파장이 150% 늘어났다는 것을 의미합니다. 현재까지 관측된 1,000개 이상의 은하가 1.5보다 큰 z값을 가지고 있습니다. 이중 가장 먼 은하의 하나인 UDFy−38135539의 경우 z값이 무려 8.55입니다. 여기서 나온 빛이 우리에게 오는 데 131억 년이 걸렸으며, 현재 위치는 약 300억 광년 떨어진 곳에 있습니다. 또한 이 장의 나중에 설명할 우주배경복사의 빛은 적색이동 값이 1,091으로 광속의 50배 속도에 해당합니다. 빅뱅 38만 년 후에 나온 이 빛(전자기파)은 우리가 빛으로 볼 수 있는 가장 먼 거리이지요. 그 거리는 약 457억 광년입니다(관측 가능한 우주 지평선 거리 465억 광년보다 작은 이유는 빅뱅 38만 년 후에 나온 빛이기 때문입니다).

넷째, 그렇다면 광속보다 더 빠르게 멀어지는 은하들을 어떻게 관측하고 적색이동을 측정할 수 있을까요? 가령, 허블 거리보다 먼 곳에 있는 은하는 광속보다 빠르게 멀어지므로 그 빛이 우리에게 도달할 수 없어야 할 것입니다. 정적인 우주에서는 이것이 사실입니다. 우주가 팽창하지 않았다면 우리가 볼 수 있는 최대 거리는 138억 광년일 것입니다. 그러나 팽창하는 우주에서는 다르지요. 빛이 우리에게 날아오고 있는 동안 공간이 늘어났기 때문에 관측 가능한 거리는 약 3배가 늘었습니다.

다섯째, 우주가 팽창하는데 왜 지구와 태양, 그리고 주변의 은하계 공간은 팽창하지 않는 듯 보일까요? 앞서 안드로메다은하를 소개할 때 이 은하는 멀어지기는커녕 가까워지고 있다고 했습니다. 오스카상을 3개 수상한 우디 앨런Woody Allen의 1977년 코미디 영화 〈애니 홀Annie Hall〉에서는 의사와 어머니가 어린 시절의 앨비(우디 앨런 역)에게 왜 숙제를 안 하느냐고 묻는 장면이 나옵니다. 앨비는 우주는 팽창하고 있으며, 결국 모든 것은 다 흩어질텐데 숙제는 해서 뭐하냐고 대꾸합니다. 어머니는 '너는 브루클린에 있고, 브루클린은 팽창하지 않는다'

고 응수하지요. 앨비의 어머니 말이 옳습니다. 물론 우주 공간은 팽창하고 있습니다.

그러나 큰 천체 인근의 공간에서는 중력의 작용이 훨씬 더 중요합니다. 우리가 자리잡은 땅덩어리도 원자로 이루어졌으므로 중력작용의 영향을 더 받고 있습니다. 계산에 따르면, 지구 주변에서 우주팽창 때문에 멀어지는 공간은 중력에 의해 당겨지는 효과의 10^{30}(1조의 1조의 100만)분의 1에 불과합니다. 은하단을 구성하는 은하들 사이에도 효과는 덜하지만 상황은 비슷하지요. 은하들은 우주의 팽창으로 서로의 사이는 조금 벌어지겠지만 중력이 이를 상쇄하고 끌어당기는 작용력이 더 크므로 무리 짓는 겁니다.

그러나 은하단 사이의 광활한 빈 공간으로 나아가면 우주팽창의 효과는 뚜렷하게 나타납니다. 특히 우주의 필라멘트 구조에서 설명한 보이드 공간에서는 팽창이 압도하지요. 이런 점을 고려한다면, 풍선 위에 그린 점을 팽창하는 우주의 은하들에 비유하는 것은 적절치 않습니다. 풍선이 팽창하면 점도 커지기 때문이지요. 오히려 작은 스티커를 붙인 풍선이 사실에 더 가깝습니다.

태초의 열은 어디로 갔을까 | 빅뱅의 증거들

그런데 우주가 팽창하고 있다면 과거 어떤 순간에는 조그마한 크기였을 것입니다. 그렇습니다. 이제 빅뱅을 이야기할 시간입니다. 이를 과학이론으로 처음 제안한 사람은 앞서 허블—르메트르 법칙의 주인공으로 등장했던 조르쥬 르메트르였습니다. 그는 우주의 팽창을 허블보다 먼저 예측했을 뿐 아니라 장 방정식을 계산하여 우주의 초기 상태를 처음으로 제시했습니다. 빅뱅이론의 창시자라고 할 수 있지요. 그는 1931년 『네이처Nature』에 발표한 논문에서 우주가 태초의 작고 뜨거운 '원시원자primeval atom'에서 폭발, 팽창했다고 제안했습니다. 쾌활한 성격에 위스키 온더락을 즐겼던 가톨릭 사제 르메트르의 빅뱅 아이디어를 구체화한 주요 인물이 조지 가모프George Gamow입니다. 러시아에서 도피해 미국에 정착한 그는 창의적인 연구자면서 훌륭한 대중 과학서들을 집필한 작가였지요. 가모프는 빅뱅의 근거로 2가지 중요한 예측을 내놓았습니다.

첫째, 그는 우주에 존재하는 수소 이외의 모든 원소가 빅뱅 때 생성되었다고 주장했습니다. 잘 알려진 대로 수소는 세상에서 가장 간단하고 가벼운 원소이지요. 흔히 말하는 수소는 양성자와 전자가 각기 1개인 경輕수소(1H)입니다. 그런데 자연의 모든 원소는 수소의 확장판으로 볼 수 있습니다. 즉, 원소의 종류는 수소의 원자핵에 양성자를 하나씩 추가하며 다르게 되었다고 볼 수 있지요(원소를 구별하는 원자 번호가 양성자의 개수인 이유는 이 때문입니다. 이와 달리 그러나 전자의 수는 원소의 종류를 결정짓지 않습니다. 중성자의 경우 동일 원자라도 추가되는 숫자가 다를 수 있으며, 이들이 동위원소입니다).

가령, 수소의 원자핵에 핵자核子(양성자와 중성자)를 하나씩 추가해 넣으면 차례로 무거운 원자와 그 동위원소들이 되지요. 수를 추가함에 따라 중수소(2H), 3중 수소(3H), 원자번호 2번 헬륨(4He), 3번 리튬(Li), 4번 베릴륨(Be) 등이 됩니다(화학부호 앞의 숫자는 양성자와 중성자의 총 수입니다. 화학기호 오른쪽 위에 첨자로 표기하기도 합니다). 이런 방식으로 계속하면 자연상태에서 가장 무거운 원자번호 92번의 우라늄(238U)은 양성자 92개, 중성자 146개로, 핵자가 모두 238개가 되지요. 그런데 원자핵 속의 양성자와 중성자는 극히 짧은 거리에서만 작용하는 '강한 핵력'으로 묶여 있습니다. 이 힘은 작용 범위가 수fm(펨토미터: 1,000조분의 1m)에 불과합니다. 더구나 중성자는 전기적으로 중성이고 양성자들은 같은 부호여서 강한 반발력이 작용하므로 이들을 원자핵의 극미한 공간 속에 묶어 두기 어렵습니다. 한 가지 방법은 이들을 높은 운동에너지 상태로 만든 후 강하게 충돌시켜 순간적으로 가깝게 하는 것입니다. 초고온이 바로 그런 상태여서 양성자와 중성자는 높은 운동에너지로 충돌해 순간적으로 서로 융합하게 됩니다. 태양에서 일어나는 핵융합이 바로 그 반응입니다. 그러나 별이 없었던 초기 우주에서는 불가능한 반응이지요. 가모프는 바로 빅뱅의 초고온 상태가 이것을 가능케 하여 다양한 원자핵을 만들었다고 보았습니다.

둘째, 가모프는 빅뱅 초기의 우주가 뜨거웠다면 지금의 온도는 크게 식은 상태일 것이라고 보았습니다. 그는 팽창으로 식은 우주 공간의 현재 온도를 (비록 오차는 있었지만) 여러 차례에 걸쳐 계산했습니다. 즉, 빅뱅의 잔열인 '우주배경복사' 개념을 제시함으로써 빅뱅이론의 진위를 검증할 수 있는 토대를 마련했습니다.

하지만 가모프의 훌륭한 예측들은 당시의 과학자들에게 큰 신뢰를 받지 못했습니다. 여기에는 그의 스타일도 한 몫을 했지요.[68] 창의적 아이디어가 넘쳤던 가모프는 다양한 과학 분야에서 기발한 주장들을 펼쳤습니다. 그중에는 DNA에 대한 예측과 같은 선견지명도 있었지만 틀린 것도 많았습니다. 그러다 자신의 주장을 뒤집는 결과가 나오면 없었던 일로 가볍게 철회하곤 했습니다. 게다가 지나친 익살이 신뢰성을 깎아 먹는 면도 있었지요.

가령 '빅뱅 핵융합' 개념을 처음 소개한 1948년의 소위 '알퍼-베테-가모프Alpher-Bethe-Gamow 논문'만해도 그렇습니다. [69] 얼핏 보기에 이 논문의 별칭은 저자들의 이름을 나열한 듯 보입니다. 그러나 사실은 가모프가 그리스어 알파벳의 첫 3자인 알파, 베타, 감마를 만들기 위해 장난으로 동료인 한스 베테Hans Bethe를 끼워 넣은 것이지요. 독일 출신의 베테는 태양 등 항성의 핵융합 과정을 밝힌 공로로 1967년에 노벨 물리학상까지 수상한 학자입니다. 하지만 그가 알퍼-베테-가모프 논문에 기여한 바는 전혀 없었습니다. 이중 딱한 사람은 논문의 주저자이자 지도교수 가모프의 아이디어를 수학적 틀로 이론화시켰던 박사과정생 랠프 알퍼Ralph Alper였습니다. 그는 자랑스러운 자신의 논문에 제3자가 장난으로 포함된 데 대해 평생 섭섭하게 생각했다고 합니다.

사실 20세기 중반 무렵, 빅뱅우주론은 가모프의 주장보다 더 중요한 다른 문제로 곤경에 빠져 있었습니다. 허블이 관측한 우주팽창 속도 데이터로부터 계산한 빅뱅의 발생 시점은 18억 년 전이었습니다. 그런데 20세기 중반의 지질학자들은 지구의 나이가 40억 년 이상이라는 사실을 여러 증거로 알고 있었습니다. 결론부터 말하자면, 허블의 관측 데이터는 우주의 팽창을 확인하기에는 충분했으나 빅뱅의 나이 계산에는 부적합했습니다. 그가 은하의 거리 측정을 위해 표준촛불로 사용한 케페이드 변광성은 두 종류가 있는데, 당시에는 이를 몰랐던 것이지요.

빅뱅이론을 곤경에 빠뜨리며 수십 년간 경쟁한 이론이 정상상태定常狀態우주론Steady State Theory입니다. 이 이론은 1920년대에 캠브리지대학의 제임스 진스 경Sir James Jeans이 제안한 이래 많은 과학자들의 지지를 받고 있던 터였습니다. 특히 1948년 프레드 호일Fred Hoyle, 토마스 골드Thomas

Gold, 허만 본디 경$^{\text{Sir Hermann Bondi}}$ 등 명망 있는 과학자들이 이 이론을 보다 정밀하게 다듬었지요. 그들은 가톨릭 사제 르메트르가 제창한 빅뱅 우주론을 성경의 창세기 설화쯤으로 폄하했습니다. 갈릴레오 사건 이래 과학 때문에 궁지에 몰려 있던 교황청은 세상에 시작점이 있었다는 빅뱅이론에 고무되어 르메트르를 교황청 과학아카데미$^{\text{Pontifical Academy of Science}}$의 의장으로 임명하기까지 했습니다.[*] 정상상태우주론의 대표 주자로, 과학에 종교적 색채가 깃드는 것을 강하게 혐오했던 캠브리지 대학의 호일은 가톨릭 신부의 빅뱅이론을 사이비과학으로 간주했습니다. 그렇다면 정상상태우주론은 어떤 내용을 담고 있었을까요?

정상상태우주론은 여러 버전이 있지만 기본 입장은 유사합니다. 우주는 시작도 끝도 없으며, 시간을 초월해 영원히 그냥 존재한다고 봅니다. 그렇다고 관측으로 명백히 밝혀진 우주의 팽창을 부정할 수는 없었습니다. 다만 그 해석이 달랐지요. 즉, 우주 공간의 물질의 밀도는 우주가 팽창해도 희박해지지 않으며 항상 일정한 상태로 유지된다고 보았습니다. 그러기 위해 우주의 어딘가에서는 끊임없이 물질이 생성되고 있으며, 이것이 팽창을 유도한다고 보았지요. 그런데 없던 물질이 생성된다면 에너지불변법칙에 위배됩니다. 따라서 정상상태우주론의 이론가들은 여러 가지 대안을 내놓았습니다. 가령 호일은 음과 양의 에너지를 가진 창조장$^{\text{場, creation field 혹은 C-field}}$이라는 새로운 개념을 우주 공간에 도입했습니다. 그는 음과 양의 에너지 장이 상쇄될 때 에너지가 나오며, 이것이 우주 공간에 물질을 창조한다고 주장했습니다. 전체 에너지는 ±0이므로 에너지 불변법칙은 유지되지요.

---

[*] 르메트르는 종교와 과학의 조화를 강조했지만, 자신의 빅뱅이론을 창조론과 결부시키는데 분명하게 반대했다. 교황 비오 12세는 1951년 11월 22일 교황청 과학아카데미에서 빅뱅우주론이 성경의 천지창조와 상반되지 않는다고 연설했다. 르메트르는 다시는 이런 발언을 하지 말도록 설득했으며, 교황은 다음해 로마에서 열린 세계천문연맹 기념연설에서 이런 언급을 하지 않았다. 이론의 또 다른 선구자 가모프는 철저한 무신론자였다.

그의 계산에 의하면 새로 생성되는 물질의 양이 10억 년에 1m³ 공간마다 수소원자 1개 정도로 미미해도 우주팽창을 일으키기에 충분했습니다. 우주의 크기가 워낙 장대하므로 공간당 극소량의 원자가 생겼다 해도 총량은 엄청나다는 계산이었지요. 1951년 맥크레[William H. McCrea]는 호일의 이론을 더욱 개선하여 에너지보존법칙과 아인슈타인의 일반상대성이론을 접목시킨 훌륭한 이론을 발표했습니다. 그가 도입한 음의 우주압력[negative cosmic pressure]은 (정상상태이론의 진위와 관계없이) 21세기의 우주론의 중요한 개념의 하나로 발전했습니다(3장 참조).

호일은 또한 가모프가 주장한 '빅뱅 핵합성[Big Bang nucleosynthesis]'도 반박했습니다. 우주의 원소들은 빅뱅 직후가 아니라 별의 내부에서 생성되었다고 주장했지요. 오늘날 '항성 핵합성[stellar nucleosynthesis]'으로 불리는 별 내부의 반응은 아서 에딩턴[Sir Arthur Stanley Eddington]이 처음 제안한 이래 앞서 언급한 한스 베테가 발전시켰는데, 1946년 호일이 더욱 체계화했지요. 그는 자신의 학설을 3명의 이론 및 실험 물리학자들과 함께 수정, 보완하여 1957년 한편의 유명한 논문[70]으로 발표했습니다. 저자들의 이름 이니셜을 따 'B²FH'라는 별칭이 붙은 이 논문은 별의 내부에서 일어나는 핵융합에 의한 원소 생성 과정을 잘 설명하고 있지요. 특히 호일은 생명체 구성에 필수적인 탄소가 별 내부에서 생성되는 과정을 상세하게 규명한 인물로 유명합니다. 또한 더욱 무거운 원소들은 '초신성 핵생성[Supernova nucleosynthesis]'으로 생성된다고 예측했지요.

30여 년 동안 팽팽히 맞섰던 두 우주론 중 누가 승리했을까요? 처음에는 정상상태이론이 우세했지만 1960년대에 들어서면서 빅뱅이론의 승리로 기울어졌습니다. 그러나 호일 측이 완전히 패배한 것은 아니라고 생각합니다. 그 이유는 첫째, 별의 활동으로 우주의 원소들이 생성되었다는 호일의 주장은 무거운 원소들의 경우에는 맞습니다. 가령, 우리 몸의 주요 구성성분인 탄소 원자의 50%는 60억 년 전 어떤 별에서 핵합성으로 생성되었으며, 나머지 50%도 평균 6개의 별에서 비롯되었다고 추정합니다.[71] 더 무거운 원소들은 초신성 폭발로 생겨났지요.[*] 반면, 헬륨 등 가벼운 원소의 경우 가모프의 빅뱅 핵합성이 옳습니다. 하지만 베릴륨(원자번호 4)보다 무거운 원소들은 빅뱅 핵융합으로 생성될 수 없었습니다. 초기 우주는 금방 식었기 때문에 빅뱅 20분 후에는 무거운 원소들이 합성될 수 없었지요.

둘째, 호일과 맥크레의 창조장이나 음의 압력 개념은 매우 훌륭한 아이디어였음이 최근 밝혀졌습니다. 이것이 이 장의 후반에 설명할 암흑에너지, 인플레이션 우주 등 현대물리학에서 우주의 기원을 설명하는 중요한 개념으로 되살아났기 때문입니다.

셋째, 우주는 시작도 끝도 없이 영원히 존재한다는 생각이 옳을 수도 있을 가능성이 최근 다시 제기되고 있습니다. 물론 관측 가능한 우주만 놓고 보면 정상상태우주론은 분명히 틀렸습니다. 하지만 관측 가능한 우주가 영원히 계속되는 다중 우주의 일부일지 모른다는 가설을 진지하게 다루는 물리학자들이 점차 늘고 있습니다(3장 참조).

승부 여부를 떠나 빅뱅우주론과 정상상태우주론의 치열한 경쟁은 과학 발전에 큰 기여를 했습니다. 여기에는 두 이론의 대표 주자였던 가모프와 호일의 역할이 컸지요. 역설적이게도 두 라이벌은 비슷한 면이 많은 과학자였습니다. 두 사람 다 풍부한 과학적 상상력으로 넘쳐 있었으며, 많은 대중 과학서를 썼지요. 또한 과학 발전에 큰 기여를

---

[*] 항성 핵융합으로 생성될 수 있는 가장 무거운 원자핵은 안정된 핵력을 가진 철(56Fe)까지이며, 그나마 매우 큰 별에서만 가능하다. 산소보다 무거운 원소들 대부분은 초신성 폭발 때 생성되었다. 초신성이 폭발하면 항성 핵합성 때보다 훨씬 큰 에너지가 발생하므로 무거운 원소를 생성할 수 있다.

했지만 당대의 학계에서 인정을 받지 못했다는 공통점도 있습니다.

가령, 빅뱅 핵융합과 배경복사를 예측했던 가모프만 해도 그렇습니다. 현재까지 배경복사로 노벨 물리학상을 수상한 과학자가 4명이나 되는데 정작 선구자인 가모프와 그의 제자 알퍼는 수상에서 제외됐습니다. 물리학만큼 술도 사랑했던 가모프는 안타깝게도 간질환으로 64세에 세상을 떠났습니다. 그는 어릴 적 부모가 사준 현미경으로 가장 먼저 미사[missa]용 성찬 빵이 일반 빵과 무엇이 다른지 조사해 볼 만큼 호기심 많은 과학자였습니다.[71]

호일도 이에 뒤지지 않았지요. 초등학교 시절 담임선생님이 잎이 5개인 어떤 꽃을 설명한 후 숙제로 그 꽃을 채집해오라 했다고 합니다.[72] 다음날 호일은 6개의 꽃잎이 달린 그 꽃을 채집해 와 선생님을 당황케 했습니다. 그는 사실을 인정하지 않는 선생님에게 4개의 꽃잎은 잎을 떼어내면 조작이 가능하지만 5개의 잎을 6개로 만드는 일은 불가능하다고 항의했습니다. 선생님은 크게 분개하여 그의 뺨을 때렸고, 호일은 허락을 구한 후 곧바로 귀가했습니다. 이후 등교를 거부하는 호일과 잘못을 인정하지 않는 선생님을 중재한 교장 선생님이 그가 졸업 때까지 자택수업을 하도록 허락했다고 합니다.

에디슨처럼 호일도 이 일로 인해 한쪽 귀의 청력을 잃었습니다. 자신의 신념을 굽히지 않는 그의 이런 자세는 평생 계속되어 학계나 동료 사이에서 자주 알력을 일으켰습니다. 1983년도의 노벨 물리학상이 '우주의 원소생성에 대한 항성 핵합성 반응의 이론적, 실험적 규명의 공로'로 파울러[William A. Fowler]에게 주어졌을 때, 실제 이 이론의 최대 공로자이자 B^2FH 논문의 교신 저자였던 호일은 제외되었습니다. 당연하다고 예상되었던 퇴임교수의 후임 자리에서 탈락된 그는 캠브리지

대학을 사직했고, 이후 학계의 아웃사이더로 30여 년 동안 활동했습니다. 그는 자신의 전공이 아닌 여러 주제, 예컨대 생명의 외계유입설, 독감과 태양 흑점의 연관설, 석유의 무생물 기원설 등도 주장했지요.

사실 빅뱅이란 명칭도 호일이 1949년 3월 28일 BBC의 교양채널인 〈제3프로그램Third Programme〉의 라디오 방송에서 천문학을 설명하던 중 나온 말입니다. 그는 '우주의 모든 물질이 먼 과거의 어떤 때에 '크게 뻥big bang' 터지며 생겨났다는 가설들은…'이라 이야기하며 비난 투로 말했습니다. 훗날 그는 시청자의 이해를 돕기 위해 자극적인 표현을 사용했을 뿐 비아냥의 의도는 없었다고 해명했습니다.[72] 하지만 선의도 아니었지요.

1993년 아마추어 천문잡지 『스카이 & 텔레스코프Sky & Telescope』는 라이벌 이론의 대표학자가 빈정대며 지은 빅뱅 명칭의 불명예를 씻어주고자 새로운 이름을 공모했습니다. 41개국에서 무려 13,099개의 명칭이 제안되었지만, 딱히 더 나은 이름을 찾지 못했다고 합니다.

우주의 불꽃놀이? | 빅뱅에 대한 오해들

21세기의 물리학자들은 우주에 빅뱅이 일어났다는 사실을 거의 의심치 않습니다. 그 확신의 근거는 무엇일까요? 빅뱅이 아니면 설명할 수 없는 여러 증거들이 있기 때문입니다. 이들 중 중요한 세 가지만 열거해 보겠습니다.

첫째, 천문학적 관측 증거입니다. 무엇보다도 허블이 밝힌 우주의 팽창이 빅뱅의 가장 강력한 증거이겠지요. 팽창의 시간을 거슬러 올라

가면 과거의 어떤 때에는 우주가 조그마한 상태였을 것이기 때문입니다. 또 다른 천문학적 증거는 퀘이사quasar입니다. 퀘이사란 항성(별)처럼 점으로 보이지만 강력한 전자기파를 발산하는 천체입니다(전파망원경으로 발견했습니다). 그 내뿜는 에너지가 얼마나 강한지 거리를 무시한 밝기(절대등급)가 천체의 종류 중 단연 1등입니다. 수십 년의 연구 끝에 이들은 젊은 활동성 은하로, 거리가 너무 멀어 중심부만 점으로 관측된다는 사실이 밝혀졌습니다.[73]

이들은 지구에서 멀리 떨어진 우주 공간에서 주로 발견됩니다. 빛이 먼 거리를 여행했다는 것은 초기 은하들이라는 의미이지요. 만약, 정상상태우주론이 옳다면 우주는 시간이 지나도 크게 변하지 않으므로 퀘이사들은 거리에 상관없이 우주 공간 어디서나 고루 관측되어야 합니다. 그러나 이들은 우리와 가까운 공간에서는 거의 발견되지 않습니다. 퀘이사들은 특히 새천년 이후 엄청난 수가 발견되었습니다. 슬로안 디지털 하늘탐사 프로젝트를 통해 2000년~2008년 사이에만 약 100만 개를 찾아냈지요. 심지어 2007년에는 오스트리아의 아마추어 천문가도 127억 년 전의 활동은하(CFHQS 1641+3755)를 찾아냈습니다.[74] 2013년 텍사스대학 팀이 발견한 퀘이사(z8_GND_5296)는 빅뱅 후 겨우 7억 년이 지난 131억 년 전의 은하였습니다.[75]

빅뱅의 두 번째 증거는 우주에 존재하는 가벼운 원소들의 양과 비율입니다. 현재 우주에 있는 원소는 그 비율이 수소가 74%, 헬륨이 24%, 나머지 원자들은 다 합쳐도 2%가 안 됩니다(이는 질량 기준이며 원자의 개수로 환산하면 수소 약 92%, 헬륨 8%입니다. 기타 원자들의 경우 그 수가 극미합니다). 가모프의 '빅뱅 핵융합' 이론은 가장 가벼운 두 원소인 수소($1H$)와 헬륨($4He$)이 왜 그토록 우주에 많으며, 그 양도

3:1인지 명쾌하게 설명합니다. 원래 빅뱅 직후에 생성된 양성자와 중성자의 비율은 7:1이었습니다(자유 상태의 중성자들은 15~20분 이내에 붕괴해 질량이 작고 보다 안정한 양자로 변환됩니다). 그런데 빅뱅 후 3분이 되자 뜨거웠던 초기 우주는 온도가 약 10억도로 식었으며 밀도는 지금의 지구 대기 수준이 되었습니다. 무섭게 날뛰던 양성자와 중성자들은 알맞게 줄어든 운동에너지 덕분에 서로 충돌, 결합하며 중수소($2H$)와 헬륨($4He$) 원자핵을 생성했지요. 그러나 중수소는 불안정하기 때문에 곧바로 자기들끼리 재융합해 헬륨 원자핵이 되었습니다.

이 반응은 우주의 온도가 더 이상 핵융합 반응을 할 수 없을 만큼 식었던 빅뱅 후 약 20분 동안 진행되었습니다. 이 시점에 이르자 우주에 있던 자유 중성자들은 모두 양성자와 결합해 헬륨 원자핵을 만드는 데 소진되었습니다. 반면 상대적으로 양이 많았던 양성자의 상당수는 중성자와 결합하지 못한 채 그대로 남았지요. 이들 과잉의 양성자들은 다름 아닌 수소($1H$)의 원자핵입니다. 빅뱅 핵합성이 끝나자 수소와 헬륨은 각기 약 75%와 25% 존재하게 되었습니다(빅뱅 핵합성에 의해 생성된 원소들은 정확히 말해 원자가 아닌 원자핵입니다. 이들과 전자가 결합해 중성 원자를 형성한 시기는 온도가 더 내려간 빅뱅 38만 년 후였죠. 한편, 항성 내에서도 많은 양의 수소가 헬륨으로 변환되고 있지만, 우주 전체에서 차지하는 양이 작기 때문에 3:1이라는 비율은 지금도 크게 변하지 않았습니다).

이처럼 우주에 가장 많이 존재하는 수소와 헬륨의 존재와 그 비율까지 정확히 설명할 수 있는 물리학 이론은 빅뱅밖에 없습니다.[76] 빅뱅 핵합성 이론의 강점은 초기 우주의 열역학적 변수 몇 개로부터 쉽게 이를 계산할 수 있다는 데 있습니다. 더구나 온도와 밀도 등 초기 우주의 조건에 어느 정도의 오차를 허용해도 예측값이 관측 결과에서 크게 벗어나지 않습니다.

빅뱅의 세 번째 증거는 가모프가 예측했던 우주배경복사의 존재입니다. 이에 대해서는 다음 절에서 별도로 살펴보기로 하고, 잠시 빅뱅에 대해 사람들이 잘못 오해하고 있는 몇 가지 사항을 이야기한 후 이어가겠습니다.

많은 책들이 빅뱅을 초고온·고밀도의 한 점이 '폭발'해 '물질을 공간으로 퍼뜨린 사건'으로 묘사하고 있습니다. 어떤 책은 이 점의 크기가 0이며 밀도가 극히 높은 특이점이었다고 소개합니다. 심지어 빅뱅을 시간의 시작이라고 하는 경우도 있습니다. 이는 전혀 사실이 아닙니다. 이와 같은 서술은 20세기 말까지의 관점입니다. 실제로 빅뱅이론의 개척자들과 이에 반대한 과학자들도 비슷한 개념의 '불꽃놀이 이론Fireworks theory'의 빅뱅을 떠올렸을 것입니다. 빅뱅이론의 창시자 르메트르도 양자적 상태의 작고 뜨거운 '원시 원자'가 폭발, 팽창해 오늘에 이르렀다고 설명했지요. 반대론자인 호일은 우주가 '크게 뻥big bang'터지며 시작했냐고 비아냥거렸으며, 아이러니하게도 이 말이 이론의 명칭이 되었습니다. 하지만 지금은 21세기입니다. 물론, 지금도 빅뱅의 순간이 무엇이라고 정확히 말할 수는 없지만 과학자들은 지난 수십 년 사이 우주에 대해 놀랄 만한 사실들을 밝혔습니다. 따라서 빅뱅에 대한 서술도 이에 맞게 수정되어야 할 것입니다.

현재의 지식으로 우리가 빅뱅에 대해 확실히 말할 수 있는 것은 세 가지 사실입니다. 빅뱅 초기의 우주는 극히 작았고, 초고온·고밀도였으며, 아직도 팽창하고 있다는 사실이지요. 아마도 최초의 크기는 원자보다 엄청나게 작은, 플랑크 길이(1.6×10^{-35}m) 수준이었을 것입니다. 그러나 분명히 크기가 있었지요. 많은 책에서 소개하듯이 특이점은 아니었습니다. 아인슈타인의 일반상대성이론에서 유래하는 특이점은 빅뱅의 양자적 크기에는 적용할 수 없는 개념입니다(3장 참조).

더 중요한 사실은 빅뱅이 폭발이 아니었다는 점입니다. 불꽃놀이의 폭죽이 아니었지요. 물질이 폭발해 공간으로 퍼진 것도 아닙니다. 폭발하는 입자나 공간에는 폭발한 부분과 아닌 곳의 경계가 있지요. 그러나 빅뱅의 개념에는 그런 경계가 있을 수 없습니다. 빅뱅은 그저 공간의 단순한 확장이었습니다. 물론 이를 머리에 떠올리기는 쉽지 않지요. (〈기이한 팽창〉 절에서도 설명했듯이) 이 확장에는 중심도 없었습니다. 어느 곳이나 중심이며, 특별한 곳이 없지요. 또 빅뱅이 시간과 세상의 시작이라는 일부의 주장도 증거가 없습니다. 현재의 주류적 해석은 양자거품의 요동이 미세우주의 결합력을 능가하면서 빅뱅이 시작되었다고 봅니다. 아마도 빅뱅이 시간의 시작을 의미하지는 않겠지만, 우리가 빅뱅이 무엇인지 확신하고 있는 것은 아닙니다. 다만 과학적 추론에 바탕을 둔 아이디어들은 있지요(3장 참조).

빛으로 이루어진 화석 | 우주배경복사

스티븐 호킹은 우주배경복사의 발견을 두고 '정상상태이론의 관뚜껑에 박은 마지막 대못'이라고 했습니다.[77] '우주 마이크로파 배경cosmic microwave background, CMB'이라고도 불리는 우주배경복사파는 빅뱅의 가장 강력한 증거입니다. 복사輻射, radiation란 물질에서 파동이나 입자의 형태로 에너지가 방출되는 현상입니다. 가령, 뜨거운 물체는 에너지를 밖으로 내보내며 온도를 낮추려고 하지요. 이때 전자기파의 형태로 방출되는 에너지가 복사파입니다. 전자기파는 다른 말로 빛입니다. 파장이 짧은 순서대로 감마선, X-선, 자외선, 가시광선, 적외선, 마이크로파, 라디오파(전파) 등으로 구분하지요. 마이크로파는 그중에서 방송에 필요한 라디오파보다 파장이 짧아 붙인 이름인데, 적외선보다는 긴 1mm~30cm 파장의 빛입니다.

아무튼 온도가 있는 물체는 복사파를 방출합니다. 가령, 사람의 몸도 온기가 있으므로 전자기파(대부분 적외선)를 체외로 내뿜고 있지요. 그런데 복사파는 물체의 온도에 따라 고유한 스펙트럼(파장) 분포를 가집니다. 따라서 이 분포를 조사하면 물체의 온도를 알 수 있지요. 일반적으로 온도가 낮은 물체일수록 파장분포는 긴 쪽으로 치우칩니다. 가모프는 이 사실을 이용해 빅뱅이론과 정상상태우주론 중 어느 쪽이 맞는지도 검증할 수 있다고 제안했습니다. 만약 정상상태이론이 옳다면 우주 공간에 특별한 바탕 온도가 있을 이유가 없겠지요. 반면, 우주가 빅뱅의 뜨거운 상태에서 팽창해 식고 있다면 현재의 공간에 온기가 남아 있을 것입니다. 물론 정상상태이론에서 말하는 우주 공간에도 별에서 나온 온기가 있을 수 있지요. 그러나 하나의 물체나 공간에서 방출되는 복사파는 별처럼 분산된 물체에서 나오는 것과 다른 독특한 파장분포를 갖습니다. 이 둘의 차이는 쉽게 구별할 수 있습니다.

이 명쾌한 아이디어를 제시했던 가모프는 '(빅뱅 때) 그 강했던 빛은 어디로 갔을까?'라는 유명한 질문을 던졌습니다. 하지만 그의 선구적 연구는 학계의 관심을 끌지 못한 채 묻혀버렸지요. 당시만 해도 우주론은 다소 형이상학적인 측면이 있는, 물리학의 변방으로 여겨지는 분위기였습니다. 그러나 10여 년이 흐른 1960년대 초 러시아의 과학자들과[78] 프린스턴대학의 로버트 디키Robert Dicke가 가모프의 예전 연구를 전혀 모른 채 각기 독자적으로 우주배경복사의 존재를 예측했습니다. 특히, 디키의 팀은 이를 관측으로 확인하기 위해 1964년부터 정밀한 장치를 제작하던 중이었습니다.

그러나 정작 우주배경복사를 발견한 주인공은 디키의 대학에서 60km 떨어진, 같은 뉴저지주에 있는 벨 연구소Bell Labs의 두 연구원이었습니다. 아르노 펜지어스Arno Penzias와 로버트 윌슨Robert Wilson은 직경 6m의 위성통신용 안테나를 개조해 전파망원경으로 활용하는 실험을 하고 있었습니다. 우주배경복사와는 전혀 관계없는 실험이었지요. 그런데 그들의 테스트용 안테나에서 원인 모를 전파잡음이 계속 흘러나왔습니다. 미약한 잡음이었지만 모든 방향에서 나왔지요. 두 사람은 안테나의 열 효과를 의심해 극저온 냉각 등 온갖 시도를 했으며, 오염물질 때문일지도 모른다고 생각해 안테나에 묻은 새똥까지 청소했습니다.

골머리를 앓고 있던 차에 마침 한 친구가 디키 팀의 미발표 논문에 대해 말해 주었습니다. 이를 계기로 두 팀은 서로 방문해 상대방의 연구를 알게 되었지요. 또한 얼마 후 성과에 대한 논란을 피하기 위해 각자의 연구결과를 같은 학회지에 동시 발표하기로 합의했습니다. 벨 연구소팀의 실험은 우주배경복사와 원래 무관했으므로 이를 언급하지 않고 관측 결과만 싣기로 합의했지요. 이듬해인 1965년 5월호『천체물리학 저널The Astrophysical Journal』은 디키 팀의 우주배경복사 논문을 앞에, 그리고 펜지어스-윌슨 팀의 관측 결과를 뒤에 나란히 실었습니다.[79]

케임브리지대학의 마틴 리스Martin Rees에 의하면[80], 펜지어스와 윌슨은 자신들의 발견을 톱뉴스로 보도한 1965년 5월 21일자 뉴욕타임즈 기사를 읽고 나서 배경복사의 중요성을 제대로 이해했다고 합니다. 마틴 리스는 전공 이외의 다른 과학 분야에 대한 공부의 중요성을 강조하는 글에서 이 예를 들었습니다. 하지만 중요한 것은 결과이지요. 두 연구원은 1978년 노벨 물리학상을 받았습니다. 벨 연구소 상사의 농담대로 새똥을 치우다 황금을 찾은 셈입니다. 윌슨은 노벨상 수상 강연에서 이 황금을 '도시인들에게 익숙한 흰 물질'이라고 점잖게 표현했지요.[81] 어찌되었든 우주배경복사의 발견은 빅뱅의 결정적인 증거였습니다. 또한 코페르니쿠스의 천동설에 비견될 만큼 인류의 우주에 대한 지식이 한 단계 도약하는 큰 사건이었습니다.

사실, 우주배경복사는 펜지어스와 윌슨의 안테나와 같은 복잡한 장치 없이도 일상생활에서 쉽게 접할 수 있습니다. 아날로그 TV에서 나오는 지지직하는 화면 잡상의 약 1%, 그리고 휴대폰의 백색잡음 일부도 우주배경복사입니다. 이 배경복사파(빛 알갱이)들은 우리 눈앞이나 안드로메다은하, 100억 광년 떨어진 우주 공간 어디에서나 같은 숫자로 발견됩니다. 지금 순간에도 1입방미터에 약 4억 개의 광자가 날아다니고 있습니다.[82] 우주에는 전자나 쿼크 등 물질을 구성하는 입자보다 10억 배 많은 약 10^{89}개의 광자가 날아다니고 있지요. 이들 대부분은 우주배경복사의 광자들이며, 태양 등 천체에서 나온 빛 알갱이는 극히 작은 일부만 차지합니다.

우주배경복사파는 빅뱅 후 약 38만 년 전, 즉 거의 138억 년 전의 옛 공간인 '우주의 최후산란면surface of last scattering'에서 나온 빛입니다. 그것이 무엇인지 잠시 알아보지요. 우리는 구름이 모양이 있다고 생각합니다. 그러나 구름 속에서는 아무것도 구분할 수 없습니다. 빛이 물방울처럼 작은 입자들을 만나 산란散亂, 즉 부딪혀 모든 방향으로 흩어지기 때문입니다. 우리의 눈은 이렇게 불규칙하게 산란된 빛을 구분할 수 없습니다. '최후산란면'이란 산란되던 공간을 벗어난 빛이 직진하기 시작하는 경계면입니다. 즉, 불투명 상태를 끝내고 투명하게 보이기 시작하는 면이지요. 가령, 우리가 보는 구름은 최후산란면의 모습입니다. 산란하던 빛이 구름을 뚫고 나와 직진을 시작하며 투명해지는 공간의 경계면이지요. 둥근 태양도 물체의 형상이라기보다는 최후산란면의 모습입니다. 태양의 내부는 고온 때문에 원자핵과 전자가 결합하지 못하고 플라즈마 상태로 날뛰기 때문에 빛이 산란되는 불투명한 공간입니다.

우주배경복사도 비슷한 이치로 설명할 수 있습니다. 빅뱅 후 38만 년 이전의 우주는 너무 뜨거워 태양의 내부처럼 원자의 구성 입자들이 플라즈마 상태로 날뛰었습니다. 따라서 당시의 우주는 불투명했지요. 그런데 빅뱅 후 38만 년에 이르자 우주의 온도가 약 3,000도의 온도로 충분히 식었으며, 따라서 전자와 원자핵들이 서로 결합해 원자를 형성하기 시작했습니다. 이때를 '재결합 시대recombination epoch'라고 부릅니다. 그 결과 빛은 더 이상 플라즈마 입자의 방해를 받지 않고 사방으로 직진해 퍼져 나갈 수 있었습니다. 빅뱅 후 38만 년, 빛이 직진을 시작한 이 공간의 경계가 우주의 최후산란면입니다.

아무튼 우주배경복사파는 138억 년 전 초기 우주의 모습입니다(38만 년을 빼야 하지만 138억 년이나 그게 그 값이라 할 수 있지요). 우주배경복사가 나온 최후산란면은 관측 가능한 우주의 반경(우주 지평선) 465억 광년보다 약 2% 작습니다. 왜냐하면 빅뱅 직후부터 38만 년 사이에도 우주는 팽창했기 때문이지요.

또 관측 가능한 우주처럼 최후산란면도 우주의 어느 곳에 있건 관측자가 중심이 됩니다. 세월에 따라 달라지는 우주 공간의 경계면을 비유로 알아보겠습니다(《그림 1-8》 참조). 사방 수십 킬로미터가 시끄럽게 우는 귀뚜라미들로 뒤덮여 있다고 가정해 보지요. 그리고 어느 순간 귀뚜라미들이 동시에 울음을 그쳤다고 합시다. 그러면 바로 옆 귀뚜라미들의 울음소리는 즉각 들리지 않을 것입니다. 그런데 소리는 상온에서 초속 340m의 속도로 전달됩니다. 따라서 1초 후에는 340m 밖에 있는 귀뚜라미들의 울음소리가 들릴 것입니다. 마찬가지로 2초 후에는 680m 밖에 있었던 귀뚜라미들의 2초 전 울음소리를 듣게 되겠지요. 100초 후에 들리는 소리는 1분 40초 전에 우리를 중심으로 34km 반지름의 원을 그리는 위치에 있었던 귀뚜라미들의 소리일 것입니다. 현재의 울음소리가 아니지요. 물론 그 정도 거리라면 특수한 보청기가 필요할 것입니다. 펜지어스와 윌슨은 미약한 파장을 감지하기 위해 위성 안테나라는 보청기를 사용했습니다. 최후산란면의 거리는 우주가 팽창함에 따라 계속 멀어지고 우주배경복사파를 감지하기는 더욱 어려워질 것입니다.

그런데 빅뱅 후 38만 년에 출발한 우주 빛인 우주배경복사의 빛 알갱이(광자)들은 138억 년 동안 쉬지 않고 달려왔습니다. 광속은 변치 않기 때문에 계속 달려왔지요. 그 때문에 기력을 잃고 파장이 길게 늘어졌습니다. 힘을 잃고 늘어진 그 파장의 길이를 알면 많은 정보를 알 수 있습니다. 빅뱅 후 38만 년 당시의 우주 온도는 약 3,000K였기 때문에 빛 파장은 0.002mm의 적외선이 주를 이루었습니다.

그런데 펜지어스와 윌슨이 발견한 배경복사의 빛 파장은 약 2mm의 마이크로파가 주를 이루고 있었습니다. 이는 우주의 현재 온도가 그때의 약 1,000분의 1로 식었으며 평균온도는 약 3.5K, 즉 섭씨 영하 270도라는 결과를 보여 주었습니다(보다 정확한 현재 값은 2.725K이며 1/1,100배 식었습니다). 뜨거웠던 우주는 138억 년 동안의 팽창으로 식어

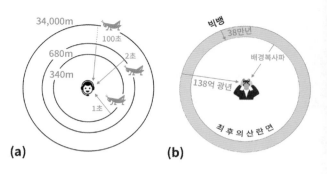

그림 1-8

우주배경복사와 우주의 최후산란면
(a) 메뚜기 울음 소리의 비유: 벌판의 메뚜기들이 동시에 울음을 그쳐도 소리는 한동안 지속된다. 1초 후에는 340m 밖의 메뚜기, 100초 후에는 34km 밖에 있던 메뚜기의 울음 소리가 들릴 것이다.
(b) 배경복사파가 나오는 '우주의 최후산란면'은 빅뱅 후 38만 년, 대략 138억 년 전 공간의 모습을 담은 빛이다.

버려 이제는 매우 미약한 온기만 남은 것입니다. 100W 전구의 1,000만 분의 1에 불과한 잔열이지요. 앞으로 우주가 팽창을 계속해 온도가 더 내려가면 우주배경복사는 보다 긴 파장의 라디오파 영역으로 들어가며 점점 더 약해질 것입니다.

펜지어스와 윌슨의 발견 이래 우주배경복사를 보다 정밀히 측정하기 위한 많은 노력들이 이어졌습니다. 그중 가장 먼저 이뤄진 대표적 프로젝트는 NASA에서 1989년 11월 발사해 1996년까지 임무를 수행한 우주배경복사 탐사선 코비Cosmic Background Explorer, COBE였습니다. 〈그림 1-9〉는 코비탐사선 관측 데이터로부터 얻어진 우주배경복사의 파장분포곡선입니다.[83] 그림이 보여 주는 파장 분포는 온도가 2.725K인 물체(흑체)가 방출하는 곡선입니다. 이 관측 곡선의 데이터값을 플랑크의 흑체복사 이론값과 비교해 보면(2장 참조) 오차막대를 표시하기도 어려울 만큼 정확히 일치합니다. 이는 코비가 측정한 빛 파장이 별 등의 여러 천체에서 나온 것이 아니라, 우주 공간의 바탕에서 비롯된 배경복사임을 말해 주는 명백한 증거입니다. 2006년도 노벨 물리학상은 코비 프로젝트에 참여한 과학자들을 대표한 두 사람이 받았습니다. 노벨상 위원회는 '정밀한 과학으로 우주론을 시작한 공로'라고 시사했습니다.[84] 가설이나 추론에 많이 의존했던 우주론이 새로운 시대에 접어들었다는 의미입니다. 한편, 우주배경복사는 초기 우주의 빛 화석이지만 빅뱅의 빛은 아닙니다. 빅뱅 후 38만 년이 지났을 때의 빛이지요. 물론, 38만 년은 우주 역사 전체에서 0.003%에 불과한 짧은 시간이므로 대략 빅뱅 때라고도 말할 수도 있지요. 그러나 초^{秒}를 다투며 급변했던 초기 우주에서 38만 년은 결코 짧은 시간이 아닙니다.

그렇다면 38만 년을 거슬러 올라가 빅뱅 바로 직후 우주의 모습을 볼 수 있을까요? 가능합니다. 그 대신 빛이 아니라 중력파^{重力波}나 중성미자$^{中性微子, neutrino}$의 흔적으로 보아야 합니다. 이들은 빛과 달리 물질과 거의 반응하지 않으므로 빅뱅 직후부터 산란이 없이 자유롭게 공간으로 퍼져 나갔습니다. 따라서 빅뱅 후 각기 10^{-43}초와 0.2~1초에 퍼져 나간 중력파나 중성미자를 조사하면 당시의 우주를 유추할 수 있을 것입니다.[85]

중성미자는 별에서도 핵융합반응 때 생성되지만, 대부분은 빅뱅 직후 생겼습니다. 문제는 초기 우주에서 생성된 중성미자는 양은 많지만 그 에너지가 별에서 생긴 것의 10억 분의 1에 불과할 정도로 미약합니다. 더구나 물질, 즉 검출장비와 거의 반응하지 않으므로 관측이 매우 어렵지요. 중력파는 더합니다. 중력파의 파장은 원자핵을 구성하는 양성자의 1/1,000에 불과해서 직접 감지할 기술적 수단이 마땅치 않습니다. 다행히 중력파는 2016년 레이저 간섭계 중력파 관측소^{LIGO}에서 존재를 확인했지만, 우주의 초기 상태를 파악하기에는 정밀도 등에서 아직 기술적 어려움이 있습니다.

그림 1-9

COBE 위성에 설치된 FIRAS 장치로 측정한 우주배경복사선의 파동분포곡선[88] 지금까지 자연계에서 측정된 것 중 가장 정밀한 흑체복사 스펙트럼이다. 도표를 웬만큼 확대해도 측정값(붉은 십자가)이 일반적인 흑체의 복사파로부터 예측된 이론 값(실선)과 구분하기 힘들 정도로 정확히 일치하고 있다.

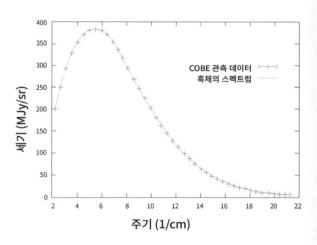

COBE 관측 데이터 ┼┼┼┤
흑체의 스펙트럼 ──

세기 (MJy/sr)

주기 (1/cm)

7년 동안의 코비 탐사는 우주배경복사의 존재만 확인해 준 것이 아닙니다. 다른 귀중한 정보들도 밝혀 주었지요. 그중의 하나가 우주의 등방성等方性, isotropy입니다. 등방성이란 물체의 성질이 어느 방향으로나 같음을 나타내는 과학용어입니다. 코비에서 얻어진 배경복사의 분포를 분석한 결과, 초기 우주의 온도와 물질의 밀도는 모든 공간이 거의 균일했습니다. 평균 온도는 2.725K(섭씨 영하 207.425도)였는데, 가장 뜨거운 곳과 가장 차가운 곳의 온도 차이는 불과 1만 분의 1도 수준이었지요. 이는 직경 100m의 연못에 1mm 이내의 굴곡만 있는, 거의 거울 같은 수면에 비교할 수 있습니다.

NASA는 이 우주배경복사의 등방성을 보다 더 정밀히 측정하기 위해 2001년 6월 우주배경복사탐사위성Wilkinson Microwave Anisotropy Probe, WMAP을 발사했습니다. 탐사선은 2010년 10월까지 무려 9년 동안 지구에서 평균 150만 km 떨어진 먼 궤도를 홀로 돌며 하늘 모든 방향의 온도를 정밀 측정했지요. WMAP가 지구로 보낸 데이터의 최종 분석결과는 2012년 12월 20일에 발표되었습니다.[86] 그 성과는 실로 대단했습니다.

원래의 주 임무였던 우주의 등방성을 정밀하게 측정했을 뿐만 아니라 우주의 나이, 최초로 별이 생성된 시기, 우주를 구성하는 에너지와 물질의 종류와 양을 상세히 알려주었지요.

그 결과 중, 먼저 WMAP의 원래 탐사 목적이었던 초기 우주의 등방성부터 살펴보지요. 〈그림 1-10〉의 왼쪽 두 그림은 코비와 WMAP가 측정한 우주배경복사의 온도 분포도입니다. 그림에서 보듯이 왼쪽 6,000화소의 코비의 것에 비해 오른쪽 300만 화소의 WMAP지도는 500배나 더 높은 해상도를 보여 주고 있습니다(세 번째 그림은 유럽의 항공우주국 ESA에서 발사해 2009~2013년 활동한 플랑크탐사선의 결과인데 더욱 높은 해상도를 보여 주고 있습니다. 이 탐사선의 결과에 대해서는 뒤에 다시 소개하겠습니다).[87]

그림에서 붉은 부분은 우주 공간에서 온도가 높은 곳이며 파란색은 저온인 곳입니다. 얼핏 보아서는 큰 온도 분포를 가진 듯한 인상을 주지만, 사실은 시각적 편의를 위해 색을 과장되게 처리한 것입니다. WMAP가 밝힌 현 우주의 온도는 영하 약 270도(2.725K)인데 지도에서 온도가 가장 높은 곳과 낮은 곳의 차이는 200마이크로K, 즉 0.0002도에 불과합니다. 이를 당시의 값으로 환산해 보면, 평균 온도

COBE(1992)

WMAP(2003)

Planck(2013)

그림 1-10

우주배경복사의 해상도 비교 왼쪽부터 NASA의 COBE, WMAP, 유럽 ESA의 Planck 탐사선으로 얻은 결과
적색 부분은 고온, 청색은 저온 공간을 나타내지만 이들의 차이는 1만분의 1도에 불과할 만큼 우주의 온도는 균일하다.

가 3,000도였던 38만 살 아기 우주에서 가장 뜨거웠던 곳과 차가웠던 곳의 온도 차이는 겨우 0.2도였습니다! 모든 공간의 온도가 거의 균일했음을 재확인한 것입니다. 당시의 고온 우주는 현재 1,100배로 팽창해 평균 온도가 영하 약 270도(2.725K)의 극저온으로 식었지요. 그럼에도 불구하고 당시 공간의 균일한 온도 물질분포를 그대로 유지하고 있습니다.

여기서 한 가지 의문이 생깁니다. 과거에는 우주의 온도가 그토록 균일했는데, 왜 지금의 우주는 장소에 따라 온도가 크게 다를까요? 가령, 별들의 내부온도는 수억 도에 이르지만 별들 사이의 우주 공간은 섭씨 영하 270도(2.725K)의 극저온입니다. WMAP 탐사는 우주가 팽창함에 따라 온도 편차가 커진 사실도 훌륭하게 설명해 주었습니다. 앞서 보았듯이 빅뱅 후 37만 5,000년 된 우주에서도 비록 수만 분의 1의 극히 작은 편차이지만 분명히 온도의 얼룩이 존재했지요. 온도 얼룩은 빅뱅 직후의 급속한 팽창 때문에 발생한 음파가 진동하며 만들어진 것입니다. 그 결과 공간의 물질의 밀도는 미소하게 달라졌으며, 물질이 많은 곳은 빛을 더 발했지요. 추산에 의하면 빅뱅 후 37만 5,000년 무렵의 우주 평균밀도는 1m³의 공간에 약 50억 개의 원자(대부분 수소와 리튬)가 있는 수준이었습니다(그러나 현대 기술로 구현할 수 있는 극초진공보다 훨씬 희박한 물질 밀도입니다).

이 상황에서도 평균값보다 매우 미소하게 높은 밀도를 가진 곳이 있었습니다. 〈그림 1-10〉 WMAP 지도의 붉은색 부분들입니다. 그런데 이런 곳에서는 물질이 약간 더 많았으므로 우주가 팽창함에 따라 중력이 더 효과적으로 작용했습니다. 당연히 그런 곳의 밀도는 점점 더 커졌지요. 그 결과 중력으로 뭉친 최초의 물체들이 생겨났고 이어 우주의 첫 별들도 그곳에서 생성되었습니다. 별들이 탄생했다는 사실은 우주 공간의 온도와 물질의 분포에 큰 차이가 생겼음을 의미합니다. WMAP 데이터에 의하면, 이 시기는 빅뱅 후 약 4억 년입니다.

그렇다면 별, 은하 등 물질이 몰려 있는 공간과 텅 빈 공간이 뚜렷이 존재하는 현재의 우주는 등방성을 잃었다고 말할 수 있을까요? 그렇지 않습니다. 앞서 우주의 거대 구조에서 알아보았듯이 현재의 우주도 큰 규모에서 보면 초기 우주의 등방성을 그대로 유지하고 있습니다. 더구나 별, 은하, 은하군 등이 차지하고 있는 부피는 우주 전체 공간에 비해 극히 미미하므로 우주의 평균 온도에 큰 영향이 거의 없다고 보아도 무방합니다.

보이진 않지만 존재하는 | 암흑물질의 존재 근거

WMAP이 밝혀준 또 다른 중요한 사실은 우주의 구성성분과 그 양입니다. 그러나 여기서는 보다 나중인 2009년 발사되어 정밀도가 더 높은, 유럽우주국의 플랑크탐사선의 결과로 소개하겠습니다. 이를 2015년에 분석한 최근의 결과에 따르면, 현 우주에서 물질이 차지하는 질량은 약 31.7%입니다(《그림 1-11》 참조).[88] 나머지 68.3%는 뒤의 절에서 설명할 암흑에너지입니다. 중성미자와 빛은 모두 합해도 0.1%에도 못 미칩니다. 이 31.7%의 물질 중에서 보이지 않는 암흑물질은 보통물질의 5배가 넘는 26.8%나 됩니다. 우리가 알고 있는 보통물질은 4.9%에 불과하지요. 그중 우리가 세상 물질의 전부라고 생각했던 별, 은하 등의 물질은 다시 10%입니다. 즉 우주 전체 질량의 약 0.5%에 불과합니다(다음 박스 글 참조. 〈그림 1-11〉의 빅뱅 후 38만 년의 구성비는 표준모형의 문제점에서 설명할 예정입니다).

사실 2013년 이전만해도 과학자들은 우주의 물질 분포에 대해 몇 가지 설명 못 하는 문제가 있었습니다. 첫째, 우리가 알고 있는 우주 내 물질만으로는 별과 은하가 138억 년 동안에 생성될 수가 없습니다. 관측으로 추정한 우주 물질의 양은 너무 희박해서($1m^3$ 공간에 평균 0.25개의 원자) 조그만 별 하나를 생성하는 데도 우주의 역사보다 긴 세월을 필요로 합니다. 무언가 우리가 모르는 물질이 상당량 있어야 중력이 제대로 작용하고 별과 은하도 생성할 수 있다는 계산이 나왔습니다.

둘째, 은하의 회전운동에 이해할 수 없는 점이 있었습니다. 별들은 은하를 공전하는데 기이하게도 은하 중심으로부터 거리에 상관없이 모든 별들이 거의 동일한 속도로 움직이고 있습니다. 이는 운동법칙을 무시하는 충격적인 현상이었지요.

이를 처음으로 주목한 사람은 불가리아 태생의 스위스 천문학자 츠비키$^{Fritz Zwicky}$였습니다. 1933년 그는 지구에서 3억 3,000만 광년 떨어진 코마^{Coma}은하단을 관측했는데, 그 안의 1,000여 개 은하들이 상식적으로는 이해가 안 되는 빠른 속도로 움직인다는 사실에 주목했습니

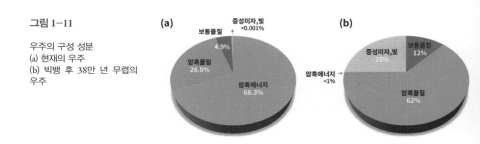

그림 1-11

우주의 구성 성분
(a) 현재의 우주
(b) 빅뱅 후 38만 년 무렵의
우주

(a)
중성미자, 빛
<0.001%
보통물질
4.9%
암흑물질
26.8%
암흑에너지
68.3%

(b)
보통물질
12%
중성미자, 빛
25%
암흑에너지
<1%
암흑물질
62%

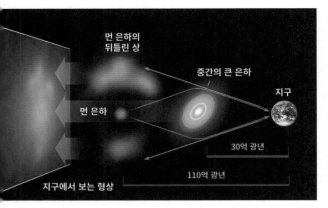

그림 1-12

중력렌즈효과: 지구에서 먼 천체(예: 붉은 색의 110억 광년 은하)를 관측할 때 중간에 질량이 큰 천체(예: 푸른 색의 30억 광년 은하)가 있으면 이 천체의 중력이 빛을 휘게 만든다. 그 결과 천체의 상이 뒤틀리고 왜곡되게 보인다.

다. 그처럼 빠른 속도라면 은하들이 원심력 때문에 밖으로 튀어나가 은하단을 이룰 수 없어야 했습니다. 츠비키는 어떤 보이지 않는 물질이 은하단 내에 있어 은하들을 중력으로 잡아 두고 있다고 추정했습니다. 그리고 이를 '암흑물질(독일어로 dunkle Materie)'이라고 이름 붙였습니다. 그의 계산에 의하면 코마은하단에는 관측되는 천체물질보다 약 400배 많은 암흑물질이 있어야 했습니다.

따뜻한 인간미를 가졌으나 동료들과는 심한 언쟁을 일삼아 스스로를 '외로운 늑대'라고 불렀던 이 과학자는 당시 학계가 이해하지 못했던 많은 선구적 이론을 내놓았습니다.[89] 대표적인 것이 은하단의 중력렌즈효과 예측입니다. 중력렌즈효과란 먼 곳에서 오는 천체의 빛이 중간에 있는 큰 천체의 질량 때문에 렌즈의 상⊛처럼 뒤틀려 보이는 현상입니다. 아인슈타인은 중력렌즈효과가 너무 미미해 천체에는 적용하기 어렵다는 계산을 1936년에 논문으로 발표한 바 있었습니다.[90] 츠비키는 이를 비꼬듯이 2달 후에 별이 아닌 은하단에서는 중력렌즈효과를 뚜렷이 관측할 수 있다는 논문으로 반박했습니다.[91] 이 논문은 오늘날 천체물리학자들이 은하단의 질량을 계산하는 데 중요한 길잡이로 활용하고 있습니다(〈그림 1-12〉 참조).

　이 밖에도 츠비키는 초신성과 중성자별의 존재를 예측하고 용어까지 만든 장본인입니다. 하지만 암흑물질, 중력렌즈효과, 초신성, 중성자별 등 그의 이론적 예측들은 너무 선구적이어서 당시에는 인정받지 못했습니다. 그러나 수십 년이 지나면서 하나씩 모두 사실로 입증되었지요. 그는 이론뿐 아니라 슈미트망원경을 최초로 사용한 탁월한 관측 천문가이기도 했습니다. 특히, 자신이 처음 제안한 초신성을 120여 개나 찾아내 2009년까지만 해도 이 분야의 최다 발견 기록 보유자였습니다. 미국 켈리포니아공과대학Caltech으로 옮겨 교수로 있었지만 국적을 버리지 않았던 이 걸출한 천체물리학자는 당대에 큰 평가를 받지 못하다 고국 스위스에 잠들었습니다.

　시대에 너무 앞서 과학자들 사이에서 잊혀진 암흑물질의 존재 가능성을 부활시킨 사람은 카네기과학연구소의 베라 루빈Vera Rubin이었습니다. 그녀는 여성에게 천문학과 입학을 허용하지 않았던 프린스턴대학의 대학원 입학을 포기하고 대신 코넬대학에서 리처드 파인만과 한스 베테에게 석사를, 그리고 조지워싱턴대학의 가모프 밑에서 박사를 마쳤습니다.

　루빈은 은하단의 은하가 아닌 우리은하계 안에 있는 별들의 움직임을 도플러 효과를 이용해 조사했습니다. 그런데 은하의 별들이 (중앙 팽대부의 일부를 제외하고는) 안쪽이나 바깥쪽이나 거의 비슷한 초속 210~240km로 공전하고 있다는 이상한 관측 결과를 얻었습니다.[92] 그녀는 이를 1970년 초 처음 발표한 후 11개의 다른 은하도 조사했는데 모두 마찬가지였습니다. 뉴턴역학에 따르면 공전하는 천체는 바깥궤도일수록 천천히 운동해야 합니다. 가령, 태양에 가까운 수성은 초속

48km로 빠르게 공전하는데, 바깥궤도의 해왕성은 초속 5.4km로 돌고 있지요. 먼 행성일수록 태양의 중력이 약하게 미치기 때문입니다. 그녀는 200여 개의 다른 은하에서도 같은 결과를 확인함으로써 이것이 은하의 일반적인 현상임을 밝혔습니다. 20여 년에 걸쳐 발표한 루빈의 결과에 대해 과학자들은 해석이 분분했습니다.

이런 배경에서 2012년 12월 WMAP, 그리고 2013년 플랑크 위성의 결과가 발표된 것입니다. 즉, 우리가 알고 있는 보통물질보다 약 5배 많은 암흑물질이 우주에 존재함이 밝혀지면서 그동안 설명할 수 없었던 여러 미스터리들이 일거에 풀리게 되었습니다. 첫째, 관측되는 보통물질이 우주 물질의 전부라면, 그 양이 너무 적어 현재와 같은 별이나 은하가 중력으로 138억 년의 기간에는 뭉쳐질 수 없었습니다. 또한, 보통물질은 최소 10^{54}개의 원자가 모여야 항성(별)의 생성에 필요한 중력이 나타난다고 추산합니다.[93] 그런데 보통물질의 공간 내 밀도가 너무 낮습니다. 가령, 우리은하의 별들을 모래알이라 가정하면 구두상자 한 개에 대략 넣을 수 있는데, 이를 지구와 달 사이에 뿌려 놓은 상태가 보통물질의 밀도입니다.[94] 또한 설사 항성이 생성된다 해도 거기서 나오는 빛이 주변 원자들을 날려보내기 때문에 은하의 형성은 불가능했을 것입니다. 우주 초기에 별과 은하들이 형성된 것은 암흑물질이 흩어져있던 보통물질을 모아주었기 때문입니다.

둘째, 츠비키와 루빈이 관측한 은하와 별들의 비정상적 회전운동을 암흑물질로 설명할 수 있었습니다. 셋째, 우주배경복사파를 각도변경angular fluctuation이라는 방법으로 분석한 결과 암흑물질이 있을 때 나타나는 이론적 예측과 정확히 일치했습니다. 넷째, 츠비키의 중력렌즈 효과로 계산한 은하단의 질량은 X-선 우주망원경 등으로 추정한 보통물질의 질량보다 훨씬 큽니다. 이는 은하단 안에 관측되지 않는 암흑물질이 있다면 설명될 수 있었습니다. 다섯째, 시뮬레이션으로 예측한 암흑물질의 우주 공간내 분포는 은하의 구조, 그리고 은하단들이 줄지어 서있는 필라멘트나 장성 등의 우주 그물망 구조와 잘 일치합니다.[95-97] 이에 대해서는 은하의 구조와 은하단 이상의 우주 구조를 설명한 이 장 전반부에서 소개한 바 있습니다.

암흑물질dark matter이란 명칭은 빛으로 보이지 않기 때문에 붙여졌습니다.* 바꾸어 말해, 보통물질ordinary matter은 보이는 물체입니다. 원자, 분자, 기체, 액체, 플라즈마, 생명체, 별 등 우리가 통상적으로 알고 있는 물질이지요. 이들이 보이는 이유는 빛(전자기파)을 스스로 내거나 반사하기 때문입니다. 보통물질을 구성하는 양성자나 전자는 전하를 띠고 있지요. 그런데 전기를 띤 입자들이 상호작용할 때 매개해주는 입자가 다름 아닌 빛입니다(2장 참조). 즉, 빛은 보통물질을 구성하는 입자들이 전자기력 작용을 하는 과정에서 나오는 입자입니다. 이와 달리 암흑물질은 전자기적 상호 작용을 하지 않으며, 따라서 빛을 내지 않는다고 여겨집니다. 이런 차이점을 고려해 배경복사파를 분석하면 보통물질과 암흑물질의 영향을 구분해서 알 수 있습니다.

WMAP나 플랑크 탐사선을 통해 얻은 관측파는 매우 정밀해서 이를 구분할 수 있었으며, 분석결과 암흑물질이 존재한다는 사실이 명백했지요. 하지만 암흑물질은 전자기력반응은 하지 않지만 질량이 있기 때문에 중력작용은 합니다. 우주 전체로 보면 보통물질보다 질량이 5배 많으므로 중력도 그만큼 크게 작용하지요.

---

* 보통물질은 바리온 물질(baryonic matter)이라고도 부른다. 보통물질의 질량 대부분은 원자핵 속의 중성자와 양성자에서 나온다. 이들처럼 3개의 쿼크로 이루진 입자가 바리온(baryon)이다. 즉, 보통물질의 질량은 거의가 바리온에서 나온다. 전자도 원자를 구성하지만 질량이 매우 작아 무시할 수 있다(2장 참조).

존재하지만 정체를 모르는 | 암흑물질의 후보들

그렇다면 이처럼 분명히 존재하지만 보이지 않는 암흑물질의 정체는 무엇일까요? 가장 먼저 떠오른 암흑물질의 후보는 '큰 질량으로 밀집된 헤일로 물체Massive Compact Halo Objects'란 뜻의 '마초MACHO'였습니다. 마초는 은하의 외곽부인 헤일로에 있다고 추정되지만 관측되지 않는 작은 블랙홀, 중성자별, 갈색왜성 등을 통칭하는 용어입니다. 이들은 관측이 어렵기 때문에 중력렌즈 현상을 이용해 찾는 수밖에 없습니다. 실제로 이 원리를 이용해 1993년에는 마초로 여겨지는 천체를 대마젤란은하에서 발견했습니다.[98] 그러나 이어진 7년의 집중적 탐색에도 불구하고 겨우 몇 개만 발견할 수밖에 없었습니다. 따라서 새천년 이후 마초는 암흑물질의 후보에서 점차 배제되었습니다.

암흑물질의 다음 후보는 중성미자中性微子, neutrino였습니다. 중성미자는 전자기력 작용이 거의 없는 소립자여서 물질을 그대로 투과합니다. 방사선을 효과적으로 막아주는 납(Pb)을 무려 수광년 두께로 만들어도 투과하지요. 그런데 우주에 존재하는 중성미자의 양은 엄청납니다. 가령, 초신성이 폭발해 붕괴될 때는 별의 질량(및 에너지)의 99%가 중성미자의 형태로 방출됩니다. 그럼에도 불구하고 감지할 수 있는 중성미자의 양은 까무러칠 정도로 미미합니다. 1987년 태양계 인근의 대마젤란은하 안에서 SN 1987A라는 초신성이 폭발했습니다. 그때 방출된 중성미자가 사방으로 퍼져 나가며, 지구에도 엄청난 양이 도달했지요. 그런데 첨단 검출장치로 탐지한 개수는 일본에서 11개, 북미 오대호에

서 11개, 러시아 캅카스에서 5개 등 모두 24개에 불과했습니다.[*]

태양도 핵융합 반응을 통해 막대한 양의 중성미자를 방출하고 있습니다. 그중 지구에 도달하는 중성미자는 1초에 $1cm^3$당 600억 개에 이릅니다. 이들은 지금 이 순간에도 우리의 몸과 땅속 지구핵을 관통해 지구 반대편으로 나가고 있지요. 그러나 이는 빅뱅 직후 생성된 양에 비하면 우스운 양입니다.[99] 즉, 우주 공간에는 $1m^3$에 평균 0.25개의 원자밖에 없지만 중성미자는 1억 개나 존재합니다. 물리학자들은 이처럼 막대한 양 때문에 질량이 작아도 우주 전체로 보아서는 총량이 매우 커서 중성미자가 암흑물질일 수도 있다고 추정했습니다.

문제는 질량입니다. 2015년도 노벨 물리학상은 세 종류의 중성미자가 서로 변환되는 것을 관측하고, 이를 통해 질량이 있음을 밝힌 도쿄대학의 다카아키 梶田隆章 와 캐나다 퀸스대학의 아서 맥도널드 Arthur B. McDonald 에게 돌아갔습니다. 중성미자도 실제로 질량을 가지고 있음이 밝혀진 것이지요. 그런데 그 정확한 질량은 아직 모르며, 다만 전자의 10~0.1%에 불과하다는 점은 밝혀졌습니다. 그렇다면 양이 아무리 많다 해도 우주 물질 총량의 0.1%에도 못 미친다는 것입니다. 이런 이유로 중성미자도 새천년 이후 암흑물질의 후보에서 점차 배제되었습니다.

다만, 알려진 3종과 다른 제4의 중성미자가 암흑물질의 후보로 새로이 부상했습니다. 바로 '비활성중성미자 sterile neutrino'입니다. 이 입자는 '중성미자 진동'이라는 반응을 통해 생성되는데, 기존의 중성미자보다 무겁고 운동속도가 느리다고 여겨집니다. 그러나 현재까지의 결과로 볼 때에는 그 존재 가능성이 높다고 합니다.

---

[*] 2002년도 노벨 물리학상은 중성미자를 독창적인 방법으로 탐지한 일본의 고시바 마사토시(小柴昌俊) 등 3인에게 공동으로 주어졌다. 그가 이끈 카미오칸데(Kamiokande) 중성미자 검출장치는 지하 1,000m의 광산에 약 5,000톤의 물을 담은 특수 탱크로 이루어진 대형 입자 검출기이다.

물리학자들이 가장 기대했던 암흑물질의 후보는 윕프Weakly Interacting Massive Particles, WIMP, 즉 '약하게 상호작용하는 무거운 소립자'였습니다. 이 입자는 암흑물질의 후보로 다음과 같은 특징을 가지고 있다고 추정합니다. 첫째는 빛보다 훨씬 느리게 운동하는 무거운 입자라는 추정입니다. 왜냐하면 만약 암흑물질이 빠르고 가볍다면 산산이 흩어져 은하와 은하단을 뭉치게 할 수 없을 것이라고 보기 때문입니다. 둘째는 전자기파(빛)를 주고받지 않아 전기적으로 중성이며, 따라서 볼 수 없다는 추정입니다. 그리고 셋째는 중성자와 양성자를 묶는, 강한 핵력작용이 없는 입자라는 추정입니다. 만약 핵력작용이 있다면 높은 에너지의 우주선宇宙線 등과 충돌해 진작에 관측이 되었을 것입니다. 마지막으로 넷째는 매우 안정한 입자라는 추정입니다. 우주 초창기부터 천체가 뭉쳐졌던 사실로 미루어 볼 때, 암흑물질은 이보다 이전인 빅뱅이 일어난 지 얼마 지난 후부터 생성되어 아직까지 붕괴되지 않고 있는, 안정한 입자라는 것이지요.

사실, 우주과학이 아니더라도 입자물리학에서는 수십년 전부터 초대칭입자의 틀에서 윕프와 같은 입자의 존재를 예측해 왔습니다(2장 참조). 여러 초대칭 입자 중에서도 특히 전기적으로 중성이고 안정한 뉴트랄리노neutralino(초중성입자)라는 입자를 윕프의 가장 유력한 후보로 꼽아 왔습니다. 그러나 암흑물질의 유력한 후보로서 윕프의 입지는 최근 흔들리고 있습니다. 그 이유는 지난 십수 년 동안 탐색을 해 왔는데도 발견되지 않았기 때문이지요.

WIMP 탐색연구

윔프(WIMP)는 전자기력 작용을 하지 않기 때문에 전자기파(빛)로 보이지 않아 관측이 매우 어렵다. 하지만 약한 핵력작용은 있으므로 윔프 입자가 보통 물질과 충돌 시 극히 드물게 반응한다고 보고 있다. 현재 두 가지 방법이 윔프의 존재를 확인하기 위해 시도되고 있다.

첫 번째는 윔프 입자를 직접 관측하는 방법이다. 가령, 미국의 LUX나 일본의 XMASS 프로젝트는 액체 제논(Xe)을 이용해 WIMP가 반응한 흔적을 찾고 있다. 제논은 수소의 약 130배 질량을 가진, 무겁지만 매우 안정한 원소이다. 이렇게 무거운 원소에 비슷한 질량의 윔프입자가 부딪히면 충돌에너지의 극히 일부가 빛으로 변환되어 발광할지도 모른다.

한편, $1m^3$ 당 1초에 10억 개의 윔프 입자가 지구에 충돌하고 있다는 추산에 근거한 연구도 있다. 여기서는 산화 알루미늄(Al_2O_3)나 규소 1kg을 노출시켜 1년에 0.001~10번쯤 일어나는 충돌의 작은 상호작용 흔적을 고감도 광학센서로 탐지하려 한다. 이 검출장치들은 지상의 환경 방사선을 최대한 차단하기 위해 깊은 지하에 설치되어 있다. 우리나라 기초과학연구원팀도 양양의 점봉산 700m 지하에서, 미국 팀은 1,400m, 일본 팀은 1,000m, 심지어 중국은 4,000m 지하에 실험시설이 있다.

윔프의 존재를 확인하기 위한 두 번째 방법은 윔프 입자를 인공적으로 생성시키는 실험이다. 유럽입자물리연구소(European Organization for Nuclear Research, CERN)에서는 대형강입자가속기(Large Hadron Collider, LHC) 안에서 양성자를 충돌시켜 빅뱅 초기와 유사한 높은 에너지를 만들고, 이때 초대칭 윔프 입자들이 생성되는지 조사하고 있다.

이 밖에 액시온axion이라는 입자도 암흑물질의 후보로 연구되고 있습니다. 이 입자는 입자물리학의 대칭성과 관련하여 원자핵 내에 있는 양성자, 중성자의 결합력을 정확히 설명하기 위해 1977년 제안된 입자입니다. 관련 가설에 의하면, 액시온은 빅뱅 초기에 막대한 양이 생성되었다고 합니다. 그러나 곧이어 질량을 얻는 과정에서 운동 에너지의 상당 부분을 마찰력으로 잃었으며, 그 결과 차가운 입자로 변해 우주를 가득 채웠다고 합니다. 속도가 매우 느려 중력으로 응집하는 암흑물질의 후보일 수 있다는 것이지요. 윔프와 마찬가지로 액시온도 우리나라의 과학자들이 활발히 연구하고 있는 입자입니다. 그러나 세계적으로 존재를 증명할 관측이 아직 없는 실정입니다.

이처럼 실험을 통한 암흑물질의 증거 확보에 어려움을 겪자 이론 분야에서 새로운 대안들이 등장하고 있습니다. [100] 그중 대표적인 것이 '복합적 암흑물질 complex dark matter' 가설입니다. 보통물질처럼 암흑물질도 여러 종류의 구성 입자가 있으며, 이들이 상호작용을 한다는 가설입니다. 가령, 전자나 양성자처럼 전하를 가진 보통물질 입자들은 전자기력 작용을 하는 과정에서 빛을 방출합니다. 이와 유사하게 암흑입자들도 음과 양의 암흑전하를 가지고 암흑전자기력 작용을 하며, 그 과정에서 전기적으로 중성인 '암흑광자'를 방출할지도 모른다는 추정입니다.

이 가설을 주장하는 과학자들은 그렇다고 해서 암흑물질이 보통물질의 단순한 복사판은 아니라고 봅니다. 보통물질과 암흑물질의 우주 내에서의 분포 상태가 일치하지 않기 때문이지요. 가령, 토성의 고리, 태양계의 행성의 분포, 은하의 원반 구조 등에서 볼 수 있듯이 보통물질은 납작한 디스크 형태로 모입니다. 보통물질이 천체로 뭉치는 과정에서 전자기력 작용으로 빛을 방출하며 에너지를 잃기 때문입니다. 이와 달리 암흑물질들은 공 모양 분포로 모인다고 추정합니다. 우리은하를 둘러싸고 있는 헤일로도 공 모양 분포이지요.

그런데 예외도 있음이 밝혀졌습니다. 과학자들이 그동안 믿어 왔던 바와 달리 우리은하 주변의 위성은하들은 약간 원반형으로 분포되었음이 밝혀졌습니다. 이는 전자기력 반응을 하는 암흑물질도 일부 있다는 추정을 낳았습니다. 2009년 켈리포니아공과대학의 션 캐롤[Sean Carroll] 연구진은 전하를 갖는 암흑물질의 존재를 제안했습니다. 전하를 가진 암흑물질은 양은 많지 않지만 은하의 생성에는 큰 영향을 미친다는 주장이었습니다.

이를 발전시켜 2013년에는 하버드대학의 리사 랜들[Lisa Randall]팀이 '부분적으로 상호작용하는 암흑물질'이라는 가설을 제안했습니다. 이들은 암흑물질을 두 종류로 분류했습니다. 하나는 은하 물질의 70%를 차지하며 은하를 공 모양으로 감싸고 있는 윔프 혹은 그와 유사한 암흑물질입니다. 나머지 30%는 전자기력 작용을 하며 원반 형태로 은하에 분포하는 물질입니다. 이 원반형으로 분포된 물질 중의 절반, 즉 15%가 우리가 알고 있는 천체물질(보통물질)이며, 나머지 15%는 암흑전자기력이 작용하는 암흑물질이라는 설명이지요. 하버드대학 팀에 의하면, 은하 원반부에 있는 보이지 않는 암흑입자들은 암흑원자를 생성하지만 암흑천체는 생성하지 않다고 추정했습니다.

'복합적 암흑물질 가설'은 여러 버전이 있습니다. 가령 암흑물질을 뜨겁고 차가운 두 종류로 분류하기도 합니다. 이에 따르면, 중성미자는 뜨거운 암흑물질입니다. 뜨겁다는 것은 가볍기 때문에 광속에 가까운 빠른 속도로 운동한다는 뜻이지요. 따라서 뭉치지 못하며 천체를 중력으로 묶는 역할이 없는 암흑물질입니다. 이와 달리 차가운 암흑물질 입자는 무겁기 때문에 느리게 운동하며, 따라서 중력작용으로 뭉칠 수 있다고 봅니다. 이들이 은하의 형성과 은하를 무리 짓게 한다는 추정이지요.

리사 랜들의 가설은 차가운 암흑물질을 다시 두 종류로 세분한 경우입니다. 즉, 하나는 윔프처럼 전자기력 작용이 없는 암흑물질입니다. 다른 하나는 강한 핵력이 있는 차가운 암흑물질이지요. 즉, 암흑양성자와 암흑중성자가 결합해 암흑원자핵, 나아가 암흑원자를 형성한다고 봅니다. 그러나 암흑분자나 암흑천체 등의 물체는 형성하지 않는다는 추정입니다.

그렇다면 '복합적 암흑물질 가설'을 실험적 관측으로 증명할 수 있을까요? 일부 과학자들은 그렇다고 보고 암흑광자를 탐색하는 연구를 하고 있습니다. 입자가속기를 이용한 이탈리아의 KLOE-2, 미국의 HPS^{Heavy Photon Search}프로젝트 등이 그 예이지요. 암흑광자를 천문 관측으로 찾으려는 시도도 있습니다. 가령, 두 은하가 충돌하면 이들을 둘러싼 암흑물질 덩어리가 대규모로 충돌할 것입니다. 이때 암흑전하를 가진 암흑물질 입자들이 있다면 충돌할 때 서로 인력, 척력이 작용하면서 암흑광자를 방출할 것입니다. 유럽 남반구천문대^{European Southern Observatory, ESO} 팀은 2014년까지 72건의 은하충돌을 조사했지만 암흑광자의 존재를 확인하는 데 실패했습니다.

그러나 같은 팀이 2015년 4월 발표한 관측 결과는 조금 희망적이었습니다.[101] 허블 우주망원경과 칠레에 있는 유럽 남반구천문대 소속의 VLT^{Very Large Telescope}로 지구에서 매우 가까운 아벨^{Abell}3827 은하단을 조사한 결과, 그 안에 있는 최소 1개 이상의 충돌 은하에서 암흑광자의 존재를 암시하는 결과가 나온 것입니다. 물론 아직 최종 결론을 내리기에는 이르지만 여러 종류의 암흑물질 가설은 점차 힘을 얻고 있는 듯합니다.

　마지막으로, 소수이지만 암흑물질의 존재를 근본적으로 의심하는 과학자들도 있습니다. 이들은 암흑물질의 근거로 생각하고 있는 은하 및 은하단의 운동이 사실은 우리가 모르는 중력의 특수효과 때문이라고 주장합니다. 가령, 은하 크기 이상에서는 뉴턴의 만유인력과는 다른 방식으로 중력이 작용할지 모른다는 것이지요. 이러한 이론들을 통틀어 수정된 뉴턴역학, 즉 MOND^{Modified Newtonian Dynamics}라 부릅니다. 암흑물질 존재를 뒷받침하는 천문관측 증거를 제공해 주었던 베라 루빈도 MOND 쪽에 기울어져 있지요.

　하지만 이 이론은 설득력 있는 이론적 배경이나 증거가 부족하다는 약점이 있습니다. 게다가 암흑물질의 존재는 별이나 은하 운동의 중력적 증거에만 의존하고 있지 않습니다. 우주배경복사파의 특정한 패턴 등 중력과 직접 관련이 없는 다른 현상들도 암흑물질의 존재를 말해 주고 있습니다. 따라서 MOND가설은 이를 해명해야 합니다. 특히, 아벨 1689 은하단이나 총알^{Bullet}은하단에서 최근 관찰된 중력렌즈 효과는 MOND이론의 입지는 어렵게 만든 반면, 암흑물질의 존재는 강하게 지지하고 있습니다. 더구나 이 은하단의 충돌 후에는 막대한 양의 암흑물질이 떨어져 나와 분리된 듯한 모습을 남기고 있습니다. 이러한 여러 이유 때문에 대부분의 우주물리학자들은 암흑물질의 존재를 부정하기 어려운 사실로 받아들이고 있지요.

가속페달을 밟은 우주 | 암흑에너지

1998년까지만해도 과학자들은 우주가 팽창한다는 사실은 알고 있었지만 어떤 결말을 맞게 될지는 예상할 수 없었습니다. 가령, 우주가 팽창 후 다시 수축하여 빅크런치Big Crunch를 맞을지 아니면 팽창을 계속하여 시공간이 갈갈이 찢어지는 빅립Big Rip을 맞을지에 대해 어떤 정보도 없었습니다. 그 운명은 물질을 끌어 모으는 힘인 중력의 규모가 결정할 것입니다. 당시 적지 않은 물리학자들은 중력 때문에 팽창의 속도는 점점 감소할 것이며 결국 팽창이 멈추리라 막연히 생각했습니다.

이런 배경에서 호주 스트롬로천문대Mount Stromlo Observatory의 초신성탐사팀과 미국 로렌스버클리국립연구소Lawrence Berkeley National Laboratory의 국제공동연구팀은 각기 독립적으로 우주의 팽창속도를 정밀하게 측정하는 실험을 하고 있었습니다. Ia(one-A로 읽음)형 초신성을 표준촛불로 삼아 먼 은하들의 거리를 파장 적색이동법으로 측정하는 연구였지요.

두 그룹 중 먼저 호주 스트롬로천문대 팀이 깜짝 놀랄 결과를 1998년 발표했습니다. 우주가 과거 어느 시점부터 빠르게 가속팽창하고 있다는 내용이었지요. 곧이어 몇 달 후 경쟁관계에 있던 미국 팀도 비슷한 결과를 발표했습니다. 사실, 두 팀은 자신들의 관측 결과를 의심해 논문 제출을 미루다 서로 자료를 교환하면서 자신감을 얻게 되어 이를 발표했던 것입니다. 공표하기에는 내용이 너무 중차대했기 때문이었지요. 실제로 관측 결과를 접한 일부 학자들은 이를 우주의 가속팽창으로 해석하기를 주저했습니다. 그러나 1998년 12월 18일자 『사이언스』는 우주의 가속팽창 발견을 그해 최고의 과학적 성과로 선정하면서, 깜짝 놀란 표정의 아인슈타인 모습을 표지로 실었습니다. 『사이언스』의 판단은 틀리지 않았습니다. 2011년도 노벨 물리학상은 '우주의 가속팽창을 발견한 공로'로 두 팀의 과학자를 대표하는 3인에게 돌아갔습니다.

이들이 발견해 조사한 초신성은 약 60개였습니다. 만약 우주가 일정한 속도로 팽창한다면, 은하 안에 있는 초신성의 밝기는 거리가 멀어짐에 따라 일정한 비율로 어두워질 것입니다. 반대로, 우주의 팽창 속도가 점차 줄고 있다면 예상보다 밝게 보일 것입니다. 두 팀은 뒤의 경우를 예상했습니다. 결과는 정반대였지요. 그들이 관측한 먼 곳의 초신성들은 일정한 속도로 팽창하는 우주를 상정한 경우보다 훨씬 더 어두웠습니다. 예상보다 15% 더 멀리 있다는 결과였지요. 이는 우주가 가속적으로 팽창하고 있다는 의미였습니다.

이들은 초신성의 빛 파장의 적색이동을 분석해 우주가 가속팽창을 시작한 시점도 추산해 보았습니다. 그 결과 우주가 빅뱅 후 80~90억 년 동안은 감속 모드로 팽창하다가, 무슨 이유인지 약 50억 년 전부터 가속 모드로 바뀌었음을 알게 되었습니다. 일부 물리학자들은 두 팀이 데이터로 사용한 초신성이 60여 개에 불과해 처음에는 측정오차를 의심하기도 했습니다. 그러나 발표 이후 허블 우주망원경으로 대상을 확대해 조사했는데도 결과는 같았습니다. 또한 1998년 이후 600개 이상의 새로운 Ia형 초신성들이 발견되었지만 가속팽창을 뒤집을 만한 데이터는 없었습니다. 이제 우주의 가속팽창은 의심의 여지가 없는 사실로 굳어졌습니다.

우주물리학자들이 큰 논란없이 비교적 짧은 기간에 가속팽창을 사실로 받아들인 데는 초신성 관측 결과 말고도 호의적인 배경이 몇 가지 있었기 때문입니다. 그중 첫째는 과학자들은 예상보다 더 늙어 보이는(즉, 더 멀리 있는) 별들이 있다는 일부 관측 결과를 놓고 해석에 부심하고 있던 차였습니다. 또 슬로안 디지털 하늘탐사 등으로 관측한 중입자 음향진동Baryon Acoustic Oscillation, BAO* 분석결과, 몇 십억 년부터 우주가 급속팽창했을 가능성이 제기되고 있었습니다. 마지막으로 아인슈타인이 오래전에 폐기한 우주상수의 개념이 자연스럽게 부활할 수 있었습니다.

초신성과 표준촛불

초신성(supernova)은 폭발하는 큰 별을 말하는데, Ia형 초신성은 그중 한 형태이다. Ia형 초신성을 표준촛불로 삼는 이유는 이 형태의 별들이 모두 동일한 물리적 과정을 밟으며 폭발하기 때문이다. 즉, 큰 별은 일생의 마지막 단계에 백색왜성이 되는데, 별들은 쌍성계를 이루고 있는 경우가 많다. 이러한 백색왜성은 이웃 짝꿍 별의 물질을 빨아들인다. 그러다 질량이 태양의 1.4배에 이르면 중력을 감당치 못하고 폭발하는 별이 Ia형 초신성이다.

폭발 시 방출하는 빛은 통상적인 별빛의 1천억 배에 달할 만큼 어마어마해서 은하 전체의 밝기와 대등하다. 따라서 아주 먼 은하 안에서 폭발한 초신성도 관측이 가능하다. 게다가 Ia형 초신성들은 폭발 직후 빛의 절대밝기가 모두 동일하기 때문에 거리를 측정하는 표준촛불로 사용된다.

다만, Ia형 초신성은 자주 발생하지 않는다. 우리은하의 경우, 지금까지 수십억 년 동안 수천억 개의 별들이 명멸했지만 겨우(?) 2억 번쯤의 초신성 폭발이 있었다(우리 몸과 지구를 구성하는 무거운 원소들 대부분도 이때 합성되었다). 우리은하에서 마지막으로 관찰된 Ia형 초신성은 400여 년 전인 1604년 뱀주인

---

* BAO는 빅뱅의 충격 여파로 우주 내 보통물질(바리온 입자)의 밀도가 4억 9,000만 광년의 규칙적인 주기로 변하는 현상을 말한다. 이 현상은 은하단 등의 큰 규모 우주 구조의 표준거리로도 활용된다.

자리에서 발견된 케플러초신성이다. 케플러(Johannes Kepler)의 상세한 관측 기록으로 잘 알려진 이 초신성은 대낮에도 맨눈으로 3주 동안 보일 정도로 밝았다. 이는 『조선왕조실록』에도 기록되어 있다.

아무튼 Ia형 초신성의 폭발은 한 개의 은하에서 수백 년에 한 번 정도 일어난다. 다행히 우주에는 수천억 개의 은하가 있다. 엄지와 검지로 원을 만든 후 팔을 쭉 뻗은 상태에서 보이는 그 안의 천구면적에는 무려 10만 개의 은하가 있다. 따라서 하늘 전체로 보면 하룻밤에 약 3개의 초신성이 폭발하는 셈이다.[102] 물론 멀리 있는 초신성을 찾기는 쉽지 않지만, 그렇다고 관측 대상이 부족하다고는 할 수는 없다.

아인슈타인의 위대한 실수 | 장 방정식과 우주상수

우주상수cosmological constant는 아인슈타인이 일반상대성이론의 원래 방정식에 추가했다가 몇 년 후 다시 철회한 항이었습니다(〈천체가 거대한 이유〉 절 참조). 잠시 머리도 쉬어 갈 겸 이론이 나오게 된 과정을 소개해 보지요.[103]

대학 졸업 후 2년간의 백수 생활을 끝내고 스위스 특허청에 취업한 아인슈타인은 남는 시간을 이용해 여러 물리학 개념들을 다듬었습니다. 이때가 1905년으로 사람들은 이를 '기적의 해annus mirabilis'라고 부릅니다.[104] 물리학의 역사에 남을 각기 다른 주제의 논문 4편을 『물리학 연보Annalen der Physik』라는 독일 저널에 발표했기 때문입니다. 내친김에 5년 전 퇴짜 맞았던 박사학위 논문도 주제를 바꿔 한 달여 만에 끝냈지요. 그해 3월에는 광전효과 논문, 4월에는 친구와 담소 중 떠오른 주제를 정리해 박사논문으로 5월에 제출하고 7월에 학위를 승인 받았습니다. 8월에는 브라운운동을 분석해 데모크리토스의 원자론이 옳았음을 2,300년 만에 결정적으로 뒷받침한 논문을 제출했지요. 그 사이 6월에는 특수상대성이론을, 9월에는 이로부터 $E=mc^2$식을 유도한 논문을 제출했습니다.

한편, 일반상대성이론은 그가 아직 특허청에 재직하고 있던 1907년 후반 무렵 특수상대성이론의 논평문을 쓰다 떠오른 생각으로 시작되었다고 합니다. 즉, 빈 공간을 사이에 두고 떨어진 두 물체가 접촉하지도 않고 어떻게 인력을 작용시킬 있는지가 의문이었습니다. 공간에 무언가 있어야 할 것입니다. 특히 그는 엘리베이터에 안에 있는 사람의 자유낙하를 가정한, 유명한 생각실험^{Gedankenexperiment*}을 했습니다. 이를 통해 중력과 가속도가 동일한 현상이라는 생각을 가지고 이를 이론으로 발전시키려 했는데 여기에 8년의 세월이 걸렸습니다. 첫 4년은 허송세월이었습니다. 그러다 1911년 체코의 독일어권 대학인 프라하 카를스대학$^{Karls-Universität Prag}$에 교수직을 얻어 옮겨가면서 이 문제를 다시 파고들었습니다.

아인슈타인은 전자기장과 비슷한 개념의 중력장을 기하학적 공간과 연관 지어 수학적으로 표현하고자 했습니다. 그러나 물리학적 의미를 파악하는 데 탁월했던 아인슈타인이지만 수학에는 약했던 그는 곧 어려움에 봉착했습니다. 그는 대학 동창이자 모교 취리히 공대의 수학교수였던 그로스만$^{Marcel Grossmann}$에게 도움을 청했습니다. 그로스만은 대

---

* 사고실험(thought experiment)이란 특수한 상황을 가정해 생각으로 행하는 실험이다. 아인슈타인은 〈달리는 기차에서 쏜 빛〉에서 특수상대성이론을, 〈낙하하는 엘리베이터 안의 상황〉에서 일반상대성이론을, 그리고 양자역학의 EPR(2장 참조) 등의 중요 개념을 사고실험을 통해 연구한 것으로 유명하다.

학시절 수학노트를 빌려주었을 뿐 아니라 아버지에게 부탁해 아인슈타인을 특허청에 취직까지 시켜주었던 절친한 친구였지요.

그로스만에 의하면, 은사였던 민코프스키Hermann Minkowski는 아인슈타인을 수학에 관심 없는 '게으른 개lazy dog'라고 불렀고, 졸업 후에는 취업 추천서도 써주지 않았다고 합니다. 특수상대성이론의 중요 개념의 하나인 4차원 시공간도 사실은 제자가 이론을 발표한 지 2년 후에 민코프스키가 보강한 것입니다. 아인슈타인은 처음에는 이러한 시공간을 이해하지 못했으나 나중에 중요성을 깨달았습니다(특수상대성원리는 일반상대성원리보다 직관으로 이해하기가 더 어렵습니다). 아무튼 아인슈타인은 친구 그로스만의 도움에 힘입어 일반상대성이론을 전개하는 데 민코프스키의 수학을 중요한 개념으로 사용했습니다.

베를린의 훔볼트대학Humboldt University로 옮긴 이듬해인 1915년은 아인슈타인에게 최고이자 최악의 해였습니다. 그는 자신의 생각을 불완전한 수식으로 정리한 후 초안을 괴팅겐대학Göttingen University의 6월 세미나에서 발표했습니다. 그런데 괴팅겐에는 저명한 수학자 다비트 힐베르트David Hilbert가 있었습니다. 세미나를 들은 힐베르트는 아인슈타인이 발표한 식의 결함을 지적하고 자신이 직접 수학식을 발전시켜 10월 무렵이를 거의 완성했습니다. 뜻밖의 경쟁자를 만나 다급해진 아인슈타인은 11월 매주 화요일에 열리는 프러시아아카데미 세미나 때까지 완성된 식을 발표하겠다고 공언했습니다. 그는 생애 중 이 몇 달이 물리학에 가장 집중했던 때였다고 회고한 바 있습니다.

그러나 당시 그의 사생활은 말이 아니었지요. 양육비 문제로 이혼한 아내에게 시달렸고, 가구가 거의 없는 아파트에서 불규칙한 수면과 간헐적인 식사로 힘든 나날을 보냈습니다. 그의 첫 번째 아내였던 밀레바 마리치^{Mileva Marić}는 대학시절의 홍일점 급우였는데, 졸업시험에 연거푸 떨어진 후 스위스에 남아 자녀 양육을 떠맡고 있었습니다. 그러나 아인슈타인이 사촌 여동생과 가까워지자 그와 이혼하고, 두 아들의 양육비 문제로 갈등하던 차였습니다. 아인슈타인은 힐베르트에 쫓기던 11월 15일에도 하루 동안 4통의 편지를 밀레바에게 썼다 합니다. 자신이 약속했던 나흘 전의 세미나에서 진전된 결과를 내놓지 못한 상태였지요. 급기야 18일에는 힐베르트로부터 식을 완성했다는 편지와 함께 식도 받았습니다. 힐베르트는 다음 날 〈물리학의 근간^{Die Grundlagen der Physik}〉이라는 거창한 제목의 논문을 학회에 제출했습니다.

아인슈타인은 일주일 후, 즉 그가 약속했던 11월의 마지막 화요일인 25일의 세미나에서 겨우 맞추어 완성된 식을 발표했습니다. 힐베르트가 편지에 동봉한 방정식을 그가 읽었는지는 분명치 않다고 합니다. 다만 아인슈타인은 후일의 서신에서 '분석하고 싶지 않은 불편한 느낌'이 있었다고 썼습니다. 오늘날 '아인슈타인의 장 방정식^{field equation}'으로 알려진 일반상대성이론 식의 완성자가 누구인지에 대한 논란이 없는 바는 아니지만 힐베르트는 신사였지요. 그는 이 문제를 일체 거론하지 않았을 뿐 아니라, 몇 주 후 아인슈타인을 괴팅겐의 프러시아왕립과학아카데미 회원으로 추천하기까지 했습니다. 두 사람은 서로 존경하는 사이로 남았다고 합니다.

일반상대성원리를 담은 '아인슈타인의 장^場 방정식'은 난해한 것으로 유명합니다. 아인슈타인 자신도 식의 일반해(풀이)를 구하려 했지만 실패했습니다. 다만, 몇몇 특별한 경우(예: 구형의 공간, 물질 없는 우주 등)를 다룬 특수해는 여러 학자가 구했습니다. 첫 번째 특수해는 그가 이론을 발표한 지 한 달 후에 칼 슈바르츠쉴트^{Karl Schwarzschild}가 구했습니다. 공간의 모양이 구^{球}대칭인 경우의 풀이였는데, 그 결과로 나온 괴물이 블랙홀입니다. 아인슈타인은 이를 믿지 않았지요. 이어 1922년 빅뱅이론에서 소개한 대로 프리드먼과 르메트르가 특수해를 구했습니다. 특히 '프리드먼의 방정식'으로 알려진 특수해는 우주 전체를 다루었기 때문에 슈바르츠쉴트의 식보다 훨씬 흥미로웠습니다.

한편, 르메트르는 독자적인 풀이로 우주팽창을 예측했지요. 네덜란드의 드 지터 Willem de Sitter 또한 특수해를 내놓았습니다. 이 식은 물질이 없는 우주를 가정한 풀이였기 때문에 큰 관심을 끌지 못했습니다. 그러나 최근 들어서는 진공의 공간이나 (이 장의 후반과 3장에서 설명할) 인플레이션이라는 사건을 기술하는 중요한 식으로 부각되고 있습니다.

이처럼 아인슈타인의 일반상대성이론을 기술하는 장 방정식은 수학적으로 난해합니다. 하지만 식의 구성이나 의미하는 개념은 의외로 단순합니다. 일반상대성이론에 의하면 중력은 휘어진 시공간 때문에 발생하는 현상입니다. 이를 스펀지 위의 물체나 구슬로 흔히 비유하지요(〈그림 1-9〉 참조). 스펀지는 구슬의 무게 때문에 뒤틀립니다. 큰 구슬일수록 골은 더 깊어질 것입니다. 이런 형태 때문에 인근의 구슬은 눌려진 스펀지의 골을 따라 굴러 내려갑니다. 비슷한 이치로, 질량을 가진 물체들이 중력으로 서로 끌어당기는 이유도 휘어진 시공간 때문이라는 것이 일반상대성이론의 핵심 내용입니다. 아인슈타인은 헤어져 살던 어린 둘째 아들이 아빠가 왜 유명한지 묻는 편지를 받았습니다.[*] '휘어진 나뭇가지를 기어가는 눈 먼 딱정벌레는 어디를 지나왔는지 모르지만, 자신은 그것을 운 좋게 알았기 때문'이라고 그는 답했습

---

[*] 아인슈타인은 이혼한 첫 부인 마리치와의 사이에 세 자녀를 두었다. 혼전에 낳은 첫 딸이 있다는 사실은 그의 사후에 드러났다. 아기는 마리치의 모국인 세르비아에 보내졌으나, 입양 혹은 성홍열로 죽었다는 설만 있을 뿐 행방은 모른다. 마리치와의 약속대로 아인슈타인은 노벨상 상금 전액을 남은 두 아들의 양육비로 주었다. 위의 편지를 썼던 둘째 아들은 20세에 정신분열증으로 입원한 이후 평생 만나지 못했다.

니다.[105] 아인슈타인의 장 방정식을 적어보면 다음과 같습니다(보다 자세한 사항은 〈부록 1〉 참조).

$$R_{\mu v} - \frac{1}{2} g_{\mu v} R = \frac{8\pi G}{c^4} T_{\mu v}$$

얼핏 보기에도 복잡하게 보이는 식입니다. 그러나 식이 의미하는 바는 의외로 단순합니다. 먼저 좌변의 2개 항은 휘어진 우주 공간의 기하학적 상태를 나타냅니다. 즉, 중력장의 상태를 기술하지요. 이는 공간 속에 중력장이 있는 것이 아니라 그 자체가 공간임을 의미합니다. 한편, 우변 항은 공간을 휘게 만드는 원인인 우주 물질의 양(질량 혹은 에너지)을 기술하고 있습니다. 말로서 식을 나타낸다면 〈우주 공간의 기하학적 모양 = 우주의 물질의 양〉으로 요약할 수 있지요. 한마디로 우주에서 물질이 많은 곳일수록 공간이 더 휘어진다는, 단순하지만 그러나 심오한 내용입니다. 이것이 1915년 발표된 일반상대성이론의 원래 식입니다(정확히 말하자면, 특수상대성이론대로 시공간은 하나이므로 휘어지는 것은 시공간입니다).

그런데 우리는 이 장의 앞부분에서 중력(만유인력)이 있으면 우주의 모든 물체가 결국에는 한 곳으로 쏠려 붕괴하게 되는 것이 아니냐는 벤틀리의 역설에 대해 알아보았습니다. 기하학적 시공간과 중력장을 다룬 아인슈타인의 일반상대성이론도 이 문제의 예외는 아니었습니다. 우주가 붕괴를 피하려면 중력에 반대되는 어떤 팽창작용이 있어야 할 것입니다. 아인슈타인은 이론 발표 2년 후에 이 문제를 해결하기 위해 프러시아왕립과학아카데미에 〈일반상대성원리의 우주적 고찰〉이라는 독일어 논문을 발표했습니다.[106] 그는 이 논문에서 원래의 식에는 없던 새로운 항을 추가하며 장 방정식을 수정했습니다.

수정된 내용은 간단합니다. 식의 좌변에 있는 중력 항에 이를 줄여주는 척력, 즉 반중력反重力, anti-gravity항을 한 개 추가했습니다. 그는 이 새로운 항(Λ gμν)을 '우주항'이라 불렀습니다. 이 항의 앞에 그리스어로 표기한 람다(Λ)가 다름 아닌 우주상수입니다. 중력에 반대되는 성질의 항을 추가함으로써 중력붕괴가 일어나지 않도록 식을 짜맞춘 것이지요. 그러나 아인슈타인은 천체를 흩어지게 하는 이 우주상수의 물리적 의미가 무엇인지 설명하지 않았고, 또 알지도 못했습니다.

문제는 식이 발표된 지 10여 년 후 일어났습니다. 허블이 우주의 천체들이 한 곳으로 몰리기는커녕 흩어지며 팽창한다는 사실을 관측으로 밝힌 것입니다. 이에 아인슈타인은 '우주상수는 내 일생 최대의 실수'라고 후회했다고 합니다. 물론 이 유명한 언급은 과장이 심한 조지 가모프의 전언傳言이기 때문에 이에 반신반의하는 사람도 있지만 아인슈타인이 후회했음은 분명합니다. 그의 '최대 실수'는 70여 년 동안

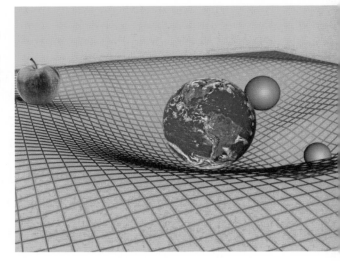

그림 1-13

아인슈타인의 일반상대성이론을 나타낸 개념도
물체의 질량이 공간의 기하학적 휘어짐을 유도하고 그로 인해 중력이 발생함을 비유한 그림이다

진짜 실수로 받아들여져, 과학사의 가십거리로 여러 학자와 서적들이 즐겨 인용했지요.[107]

하지만 아인슈타인의 다른 오류들이 그렇듯이 이 실수도 물리학의 발전에 중요한 개념을 제기했습니다(블랙홀의 부정, 르메트르의 빅뱅이론 부정, 중력렌즈효과의 실제성 무시, 중력파의 계산 오류, 양자역학의 부정과 EPR 역설 등). 일생 최대의 오류였다는 우주상수도 가속팽창을 설명하는 훌륭한 개념으로 부활했습니다.

사실을 말하자면, 아인슈타인은 우주상수를 철회한 실수뿐 아니라 그것이 에너지라는 중요한 점도 놓쳤습니다. 그의 수정된 방정식을 잠시 볼까요? 그는 식의 좌변에 중력에 반대되는 항인 우주상수 람다(Λ)를 추가했습니다. 즉, 〈우주 공간의 기하학적 모양 + Λ = 우주의 물질 및 에너지 상태〉로 수정했지요. 그런데 Λ를 우변으로 옮기면 어떻게 될까요? 아인슈타인은 이 단순한 상황을 미처 생각하지 못했습니다. 우변은 에너지(및 물질)와 관련된 항입니다. 즉, 좌변의 Λ를 우변으로 옮기면 에너지 관련 항이 됩니다! 수학식에서의 이항移項은 단순히 부호만 바꾸어 주는 무미건조한 역할을 하지만, 물리학적으로 보니 전혀 다른 의미가 되었습니다.

이 점을 일찍이 간파한 사람은 빅뱅의 아버지 르메트르였습니다.[108] 그는 람다 항을 우변으로 이항하면 우주를 이루는 에너지의 일부가 됨을 깨닫고, 이것이 우주 도처에 퍼져 있을 것이라고 예측했습니다. 그러나 우주상수에 대한 르메트르의 명철한 해석은 큰 관심을 받지 못했습니다. 이를 증명할 만큼 정밀한 천문학적 측정이 최근까지 불가능했기 때문이지요. 과학자들이 르메트르의 주장에 긍정도 부정도 못 하며 어정쩡하게 70여 년을 보내던 중, 우주의 가속팽창이 1998

년 발견된 것입니다. 르메트르는 아인슈타인이 자신의 장 방정식에 대해 잘못 해석한 오류(빅뱅 및 우주상수의 부정)를 두 번이나 정확히 지적했던 것입니다.

우주상수가 에너지라면 어떤 형태일까요? 대부분의 물리학자들은 이를 암흑에너지$^{dark\ energy}$라고 생각하고 있습니다. 2012년과 2013년 각기 발표된 WMAP과 플랑크 탐사위성의 관측 결과에 의하면 우주의 물질(보통물질+암흑물질)은 약 30%입니다. 나머지 70%(보다 정밀한 플랑크 위성 결과로는 68.3%)를 암흑에너지라고 보는 것이지요. 혼동하기 쉬운 용어이지만, 암흑에너지와 암흑물질은 전혀 다른 우주의 두 구성성분입니다. 전자는 물질이며, 후자는 중력에 반대되는 밀치는 성질의 에너지입니다. 두 경우 모두 '암흑'이라는 용어를 사용한 이유는 보이거나 관측되지 않기 때문입니다.

암흑에너지는 중요한 특성을 하나 가지고 있습니다. 팽창해도 값이 변치 않는 성질이지요. 앞서 암흑에너지는 우주상수의 다른 측면이라고 했습니다. 그런데 수학이나 물리학에서 상수常數란 변치 않는 값을 말합니다. 이러한 측면에서 암흑에너지는 우주가 팽창함에 따라 밀도가 점점 희박해지는 물질과는 전혀 다릅니다. 여기에 중요한 핵심이 들어 있습니다. 즉, 우주가 팽창하는 이유는 어떤 힘 때문이 아니라 단순히 암흑에너지(혹은 우주상수)가 변치 않는 데서 원인을 찾을 수 있습니다. 이는 아인슈타인 장 방정식의 특수해인 프리드먼 방정식으로 예측할 수 있습니다(수학적 설명은 〈부록 2〉 참조). 그렇다면 앞선 설명에서 우주상수를 '척력'이나 '반反중력' 등으로 서술한 것은 정확한 것이 아닙니다. 이는 이해를 돕기 위한 편의상의 표현입니다(박스 글 참조).

암흑에너지에 대한 오해와 논란들

흔히 암흑에너지를 '반중력', '척력', 우주를 팽창시키는 '원동력' 등으로 표현한다. 이 책에서도 이해를 돕기 위해 이런 표현을 사용했지만 이는 정확한 기술이 아니다. 암흑에너지는 무엇을 작용시키는 힘이 아니다. 물질을 비롯한 어떤 것과 영향을 주고받지 않기 때문이다. 또 시간에 따라 변하지 않는 상수이므로 팽창하는 우주에서 어떤 작용도 하지 않는다. 단순히 공간이 늘어나기 때문에 마치 작용한 듯 보일 뿐이다.

한편, 일부 우주과학서에서는 암흑에너지나 우주상수를 음陰의 압력(negative pressure)으로도 설명하고 있다. 이도 틀렸다고는 할 수 없지만 적합한 표현은 아니다. 우주가 팽창하는 이유는 단순히 암흑에너지 값이 변하지 않기 때문이다(수학적 설명은 부록2 참조).

암흑에너지의 밀도가 빅뱅 이래 변치 않았다는 사실은 중요한 의문을 던져준다. 다름 아닌 에너지 보존의 법칙 때문이다. 우주는 빅뱅 이래 팽창했으므로 공간이 엄청나게 커졌다. 그런데 암흑에너지의 밀도는 전혀 변하지 않았다. 따라서 부피가 증가한만큼 우주의 암흑에너지 총량은 과거에 비해 엄청나게 늘었을 것이다. 이는 분명히 에너지 보존의 법칙에 위배된다. 그렇다면 팽창하는 우주에서는 에너지 보존 법칙이 적용되지 않는가? 현대 우주물리학을 최선두에서 이끌고 있는 일부 과학자들의 대답은 '그렇다'이다.[109]

그중 한 사람인 켈리포니아공과대학의 션 캐롤(Sean Carroll)은 아직도 많은 우주물리학자들이 에너지 보존 법칙의 선입관에 사로 잡혀 있다며 다음을 지적한다.[110] 그는 에너지 불변의 법칙이 아인슈타인의 일반상대성이론에서는 적용되지 않음은 1920년대 이래 잘 알려진 사실인데 물리학자들이 이를 잊고 있다고 강조한다. 뉴턴역학에서 물체의 운동과 힘의 바탕인 공간은 시간이 지나도 변하지 않는다. 이 경우에는 에너지가 보존되는 것이 맞다.

그러나 일반상대성이론에서의 시간과 공간은 동적이며, 시간에 따라 변한다. 캐롤은 물체는 시간에 따라 변화하는 공간에서 운동하므로 전체 에너지가 보존될 수 없다고 설명한다(에너지-운동량 보존의 법칙에 의하면 어떤 물체의 운동량과 에너지는 바탕이 되는 시공간에 좌우된다. 따라서 물체가 운동하는 중에 시공간이 변하면 전체 에너지가 보존될 수 없다는 설명이다).

캐롤은 몇 가지 예를 들었다. 우주배경복사에서 보았듯이, 빅뱅 후 38만 년 후부터 오늘날에 이르기까지 퍼져 나간 빛은 현재 기력을 잃고 길게 늘어졌다. 파장이 적색이동된 것이다. 물리학에서 파장이 길어졌음은 에너지가 감소했음을 의미한다. 그런데 우주배경복사의 빛의 속도(광속)와 알갱이(광자)의 총 개수는 전혀 변하지 않았음을 우리는 잘 알고 있다. 빛 입자의 개수와 속도가 변하지 않았는데 파장의 에너지만 줄었다는 사실은 우주 내에 있는 배경복사 빛 에너지의 총량이 감소했음을 말해준다.

또 다른 예도 들고 있다. 앞서 빅뱅 초기 몇 분 동안에 가벼운 원소인 헬륨 등이 빅뱅 핵융합 반응에 의해 합성되었다고 설명했다. 그런데 빅뱅 핵융합이론의 핵심은 첫 몇 분 동안 초기 우주가 얼마나 빨리 팽창했으며, 그 결과 주로 복사의 형태로 있었던 에너지 총량이 어떻게 감소했는가(보존되지 않았나)가 핵심이다. 우주 원소의 관측 결과는 이 이론과 정확히 일치한다. 팽창하는 우주에서는 에너지가 보존되지 않고 증가하며, 암흑에너지에는 음의 압력 같은 물리적 실체가 없다는 주장은 션 캐롤 이외에 여러 학자가 하고 있다.[111] 물론 이에 동의하지 않는 물리학자도 있다.

텅 빈 곳에도 있는 그것 | 진공에너지

　그렇다면 암흑에너지의 정체는 무엇일까요? 21세기의 물리학자들은 이를 진공에너지$^{\text{vacuum energy}}$라고 추정하고 있습니다. 이 진공에너지가 중력에 반대되는 효과를 내고 있다고 보는 것이지요. 이 에너지는 우주 공간 곳곳을 빈틈없이 채우고 있으며, 장소와 시간에 무관하게 일정한 값을 가진다고 여겨집니다. 우주에서 물질과 복사에너지를 모두 제거해도 남는 공간 자체의 에너지라는 설명이지요.

　그런데 어떻게 아무것도 없는 진공에 에너지가 있을까요? 물리학자들은 진공이 텅 비어 있지 않았다는 사실을 지난 세기부터 알고 있습니다. 미시세계를 다루는 양자역학에 의하면 진공은 무^{無}의 공간이 아닙니다. 이미 1920년대에 폴 디랙$^{\text{Paul Dirac}}$과 1960년대에 야콥 젤도비치$^{\text{Yakov Zel'dovich}}$는 양자적으로 요동치고 있는 극미 세계의 진공을 특수상대성이론과 접목해 우주 규모에 적용하면 중요한 의미를 가진다고 제안한 바 있습니다.

　현대의 양자장론^{QFT}(2장 참조)에 의하면, 진공은 결코 조용한 공간이 아닙니다. 극도로 분주한 공간입니다. 만약 진공 공간의 작은 한 구석을 10^{35}배쯤 확대해서 들여다본다면 수많은 입자와 반입자들이 거품처럼 생성되었다 사라지는 출렁거림을 보게 될 것입니다. 디랙의 양자역학 방정식에 의하면 진공은 음의 에너지의 바다입니다. 그 속에서 양의 에너지를 가진 입자들이 끊임없이 출몰합니다.

　그런데 하이젠베르크의 불확정성의 원리에 의하면(2장 참조), 주어진 상태에서 입자의 에너지와 그 존속 시간은 동시에 명확한 값을 가질 수 없습니다. 따라서 극히 짧은 시간 존속하는 소립자는 에너지 값을 일정한 범위 안에서 제멋대로 가질 수 있습니다. 이처럼 순간적으로 임의의 에너지를 가지며 존속하는 입자를 가상입자$^{virtual\ particles}$라고 합니다(다음 박스 글 참조). 진공의 양자 공간에서 쌍생성되었다가 곧 쌍소멸하는 입자와 반입자들의 원형이 바로 가상입자들입니다. 또한 이들이 거품처럼 명멸을 거듭하는 상태를 양자거품$^{quantum\ foam}$이라고 부릅니다.

그런데 이처럼 제멋대로의 에너지를 가지고 끊임없이 생성하고 소멸하며 덧셈 뺄셈을 거듭하다 보니 순간적으로 여분의 에너지가 진공에 남게 됩니다. 극히 짧은 시간이지만 없던 에너지가 '그냥' 생기는 셈이지요. 이는 에너지 보존의 법칙에 위배되는 듯 보입니다. 하지만 가상입자들은 생겨나자마자 찰나의 시간에 사라지므로 전체적으로 보면 공간의 에너지는 아무 일 없었다는 듯 0으로 보입니다. 불확정성의 원리가 만드는 양자적 요술인 것이지요. 가상입자는 현실세계의 입자가 아닙니다. 불확정성 원리의 지배를 받는 과도적 입자들이지요. 따라서 관측이 불가능합니다. 이론예측에 의하면, 가상입자들은 길어야 10^{-11}cm의 거리를 10^{-21}초 동안 움직이다가 소멸된다고 추산합니다.[112] 대부분은 그보다 훨씬 짧은 거리와 시간 동안 존속할 것입니다. 관측할 수 없는 기이한 입자들이지만 그들이 만드는 현실의 소립자(실제 입자)나 흔적은 정확히 예측할 수 있습니다. 가상입자의 존재는 실험으로 명확히 증명되어 있습니다.

가상입자의 실험적 증명

가상입자/가상반입자 쌍은 극히 짧은 시간에 쌍소멸한다. 그러나 외부에서 에너지가 가해지는 등 특별한 조건이 되면 존속기간이 길어지면서 서로 분리되어 현실의 입자 혹은 반입자가 될 수도 있다. 이들은 관측이 가능한 실재實在의 입자/반입자이다. 이와 달리, 가상입자/가상반입자들은 순간적으로 나타나 실재 입자들에게 에너지만 전달하고 자신의 존재는 드러내지 않고 사라진다. 수학적 예측으로만 나타나는 가상입자들은 현실세계의 입자가 아니다. 그렇다고 이름처럼 상상 속의 가짜 입자도 아니다. 가상입자는 직접 관측이 불가능하므로 이들과 반응한 실재입자들의 변화를 조사하는 간접적 방법으로만 존재를 확인할 수 있다. 대표적인 관측 예는 다음과 같다.

첫째, 카시미르 효과(Casimir effect)이다. 이는 대전帶電되지 않는 두 금속판을 수마이크론 거리로 가깝게 할 때 힘이 발생하는 현상이다. 금속판 사이의 거리를 짧게 하면 이보다 긴 파장을 가진 가상입자들은 두 판 사이에 위치할 수 없을 것이다. 당연히 판의 바깥쪽은 판 사이보다 더 많은 수의 가상입자들이 출몰할 것이다. 따라서 가상입자가 실재입자들에게 미치는 효과에도 불균형이 생긴다. 그 결과 두 판을 근접시키는 약한 힘이 생긴다. 가상입자로 설명되는 이 효과는 이론과 관측 값이 정확히 일치한다.

두 번째 증거는 전자의 자력이다. 회전하는 하전 입자나 물체는 자석이 된다. 전자도 정해진 전하와 스핀 값을 가지므로 정해진 자력의 세기를 가진다. 그런데 가상입자의 효과 때문에 이 값에 미소한 변화가 생긴다. 가상입자를 고려해 이론적으로 예측한 전자의 자력 세기는 1.00115965218178인데, 실제 측정값은 1.00115965218073이다. 소수점 아래 11자리가 동일하다. 과학사에서 행한 실험 중 이론과 가장 정확히 일치하는 결과이다.

이 설명이 맞는지는 진공에너지의 밀도가 암흑에너지의 밀도와 일치하는지를 조사해 보면 알 수 있습니다. 먼저, 천문학적 관측으로 얻어진 우주상수의 값은 $10^{-52}/m^2$입니다. 이를 암흑에너지로 환산하면 약 $10^{-29}g/cm^3$, 즉 $1cm^3$에 1조의 1조의 다시 10만 분의 1g의 에너지입니다(그램으로 표시한 이유는 에너지와 질량이 호환되기 때문입니다).[114] 이 값이 얼마나 작은지 비유해 보겠습니다. 북미 5대 호수의 하나인 미시간호는 길이가 500km, 폭이 190km, 깊이가 85m입니다. 이 호수만한 부피에 빅맥 햄버거가 1개 들어간 질량에 해당하는 극히 희박한 에너지 밀도입니다.[115] 그러나 암흑에너지는 장대한 우주 공간 전체에 고루 퍼져 있기 때문에 우주 질량의 69.1%나 차지하고 있습니다.

그렇다면 양자적으로 요동치고 있는 진공에너지의 밀도는 얼마나 될까요? 양자물리학 이론으로 계산한 밀도는 $10^{93}g/m^3$입니다. 어마어마하게 큰 값이지요. 천문 관측으로 얻은 암흑에너지의 밀도보다 무려 10^{122}배나 큽니다! 1에 0이 122개나 붙은 숫자이지요. 이런 거대 수는 일상생활은 물론 과학에서도 경험한 적이 없습니다(계산에 따라 10^{120}배라고도 하는데, 큰 불일치를 말하는 데는 큰 차이가 없습니다).

물리학 역사상 최악으로 빗나간 이 불일치를 '우주상수 문제 Cosmological constant problem'라고 부릅니다. 말할 필요도 없이 진공에너지를 잘못 계산해 너무 크게 잡은 것이지요. 그런데 계산의 어떤 부분이 잘못되었는지 과학자들은 아직 모르고 있습니다. 몇 가지 추론은 가능합니다. 가령, 공간을 연속적이리고 본 데서 온 오류일 수 있습니다. 만약 공간이 불연속적, 혹은 디지털적이라면 진공에너지는 훨씬 작아지겠지요(3장 참조). 그런데 우리는 공간의 근본적 속성에 대해 추론만 할 수 있을 뿐 아직 정확히 모르고 있습니다.

한편, 양자요동을 계산할 때 파동의 파장 길이를 제한없이 다 허용해서 엄청난 값이 나왔을 수 있습니다. 가령, '플랑크 길이$^{Planck\ length}$ (1.6×10^{-35}cm)'라고 불리는 크기보다 작은 파장의 파동은 물리적으로 의미가 없습니다. 따라서 플랑크 길이보다 긴 파장만 고려한다면 우주상수에 근접하는 작은 값을 얻을지도 모릅니다. 아무튼 우주상수 문제는 현대물리학이 풀어야 할 가장 큰 숙제 중 하나입니다(이 문제는 3장 〈인간을 위해 우주가 존재한다고〉 절에서 다시 다룰 예정입니다).

암흑에너지의 대안 가설들

암흑에너지의 밀도와 진공에너지의 밀도가 엄청나게 차이나는 '우수상수의 문제'를 설명하기 위한 몇 가지 대안 가설들이 있다. 첫 번째는 우주가 특별한 유체^{流體}로 채워졌다는 가설이다. 제5원소(quintessence), 갈릴레온(Galileon), 차플리긴 가스(Chaplygin gas) 등이 그 후보들이다.

특히, 1990년대에 제안된 제5원소는 지난 세기 존재가 부정된 에테르(ether)와 유사한 개념이다. 제5원소의 특징은 우주 공간에 골고루 퍼져 있는 일종의 유체로 우주 상수처럼 고정된 값을 가지지 않고 시간에 따라 변한다는 점이다. 즉, 과거 우주의 어떤 시점부터 제5원소가 작용해 가속 팽창되었다는 주장이다. 사실이라면 우주상수 문제를 해결할 수 있다. 그러나 제5원소는 입증되기 위해서 풀어야 할 난제들이 많으며, 현재 암흑에너지보다 더 많은 문제를 안고 있다.

두 번째 대안은 조금 급진적인 가설이다. 아예 암흑에너지가 없고, 관찰된 우주의 가속팽창은 거대 우주규모에서 다르게 작용하는 중력 때문이라는 가설이다. 현재의 우주이론은 기본적으로 아인슈타인의 장 방정식에 기초하고 있다. 그런데 이 방정식 자체에 오류 혹은 미완점이 있어 우주 규모로 적용하기에는 문제가 있을지 모른다는 주장이다. 잘 알다시피 일반상대성이론은 현재도 소립자처럼 미세세계를 설명하는 양자역학과 접목되지 못하고 있다. 따라서 암흑물질과 암흑에너지를 모두 아우를 수 있는 수정된, 혹은 통합된 이론이 필요하다는 관점이다. f(R)이론, 스칼라—텐서 이론 등 여러 가설들이 아인슈타인의 방정식을 수정하여 거시 우주에 적용하고자 시도되고 있다.

세 번째 설명은 우주 가속팽창의 근거가 된 초신성의 관측 결과 해석에 문제가 있다는 주장이다. 일부 학자들은 우리의 은하계가 거대규모 우주구조에서 텅 빈 공간인 보이드 안에 위치하고 있을지 모른다고 의심한다.[116] 즉, 우주가 실제로는 감속팽창하고 있는데 우리은하의 위치가 물질밀도가 낮은 곳에 있기 때문에 가속팽창하는 듯 관측된다는 것이다. 그러나 우주 가속팽창은 초신성 관측 결과에만 바탕을 둔 것이 아니라 BAO 등의 다른 독립적인 분석결과들도 증거하므로 이 주장은 현재로서는 설득력이 부족하다.

기적 같은 우연의 일치 | 표준빅뱅이론의 의문점들

지금까지 살펴본 대로 빅뱅이론은 우주배경복사의 발견으로 확고한 자리를 굳힌 이래, 21세기에 들어서 우주상수와 (물론 아직 정체는 모르지만) 암흑물질의 존재가 밝혀지면서 한층 더 업그레이드되었습니다. 이 새로운 발견들을 모두 수용하는 우주론을 '표준 빅뱅우주모형', 또는 ΛCDM$^{\text{Lambda cold dark matter}}$(람다—CDM) 모형이라 부릅니다.

ΛCDM이라는 명칭은 우주상수$^\Lambda$와 차가운 암흑 물질^{CDM}을 포함하

는 우주론이라는 뜻입니다. '차가운'이란 형용사는 무겁고 천천히 움직이는 암흑물질 입자를 지칭합니다. 중성미자처럼 질량이 작고 빠르게 운동하는 '뜨거운' 암흑물질과 대비한 용어입니다. ΛCDM 모형은 우주의 지나간 과거를 훌륭하게 설명합니다. 첨단 관측으로 얻어진 수많은 데이터들이 이를 뒷받침하고 있지요. 가령, 우주배경복사에 나타나는 빅뱅의 흔적들, 별과 은하, 은하단의 구조에 대한 설명, 가벼운 원소(수소, 헬륨 등)의 우주 내 조성과 그 비율, 먼 은하로부터 측정한 우주의 팽창 사실 등이 그 예입니다.

그런데 이런 대성공에도 불구하고 ΛCDM 모형은 몇 가지 문제를 설명하지 못합니다. 첫째, 우주 공간은 기하학적으로 거의 평평하다는 사실이 밝혀졌는데, 그 이유를 모릅니다. 우주의 이러한 평평함은 기적적 우연처럼 보입니다(우주의 평탄성 문제). 둘째, 우주 곳곳의 온도가 매우 균일하다는 사실입니다. 우주의 어떤 공간들은 서로 너무 멀리 떨어져 있어서 접촉한 적이 없어 보이는데 온도는 거의 같습니다(우주지평선 문제). 셋째, 자극磁極을 하나만 가진 소립자가 우주에서 발견되지 않는 이유입니다. 입자물리학 이론에 의하면, 그런 입자들은 빅뱅 때 엄청난 양이 생성되었는데 관측된 바가 없습니다. 그들은 어디로 갔을까요(자기홀극 문제)? 이 문제들을 하나씩 살펴보겠습니다.

먼저 우주 공간의 기하학적 평탄성 문제입니다. 우주의 운명은 그 안에 있는 물질과 에너지의 양에 달려 있습니다. 만약 공간에 있는 물질과 에너지의 밀도가 크면 끌어당기는 힘인 중력이 지배하게 되어 우주는 결국 수축할 것입니다. 반대로 밀도가 어떤 값보다 작다면 밀어내는 성질이 중력을 앞서므로 우주는 무한정 팽창할 것입니다. 그 문턱 값, 즉 장차 수축과 팽창을 판가름 짓는 우주의 밀도를 '임계우주밀도'라고 부릅니다. 이 값보다 크면 우주가 빅크런치, 작으면 빅립의 운명을 맞을 것입니다. 물리학자들은 이를 보다 쉽게 판단할 수 있는 '밀도인자$^{density\ parameter}$'라는 값을 선호합니다. Ω(오메가)로 표기되는 이 값은 실제로 관측되는 우주밀도와 임계우주밀도의 비율입니다(Ω= 우주의 실제 밀도/임계우주밀도). 즉, Ω가 1보다 크면(Ω>1) 물질과 에너지가 많은 경우이므로 우주는 수축할 것입니다. 반면, 1보다 작으면(Ω<1) 물질이 적으므로 장차 팽창이 지배하는 우주임을 금방 판단할 수 있지요.

그런데 Ω값은 우주의 기하학적 형태와 연관되어 있습니다. 왜냐하면 일반상대성이론에 의하면 물질과 에너지의 양에 따라 우주 공간의 기하학적 모양(곡률)이 달라지기 때문입니다. 이를 나타내는 아인슈타인의 장 방정식으로부터 우주의 팽창을 예측한 인물은 르메트르와 유대계 러시아인 프리드먼이었습니다. 프리드먼은 구소련 시절에 기상학자, 전투기 조종사, 전투기 공장장 등 다양한 분야에서 활약한 다재다능한 사람이었습니다. 그러나 37세의 나이에 장티푸스로 요절했습니다. 밀도인자 Ω도 그가 아인슈타인 장 방정식의 특수해에서 유도해 우주의 팽창과 수축을 설명하기 위해 도입한 개념입니다.

그의 식에 의하면 우주는 Ω값에 따라 세 가지 운명이 가능합니다. 〈그림 1-14〉에 이를 도식적으로 나타냈습니다. 사람은 공간이 휜 모습을 떠올릴 수 없으므로 3차원 공간을 2차원의 면으로 축약한 그림이지요. 첫 번째 경우는 Ω=1인 평평한 우주$^{Flat\ Universe}$입니다. 그림에서 보듯이 이런 우주의 공간에 그린 삼각형은 내각의 합이 180도이지요. 이런 우주에서는 수축과 팽창이 균형을 이룹니다. 따라서 팽창을 하고 있다면 변함없이 그대로 계속될 것입니다.

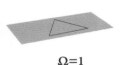

$\Omega=1$
(평탄우주)

$\Omega>1$
(닫힌우주)

$\Omega<1$
(열린우주)

그림 1-14

물질과 에너지의 밀도인자(Ω)에 따라 달라지는 세 가지 형태 우주: 평탄 우주, 닫힌 우주, 열린 우주(공간의 기하학적 모양을 2차원의 면으로 표시함했다).

두 번째 경우는 Ω가 1보다 큰 닫힌 우주Closed Universe입니다. 공간에 그린 삼각형의 내각内角의 합이 180도보다 큰 우주이지요(물론 이를 알아채려면 천문학적 규모의 거대한 삼각형을 그려야 할 것입니다). 또한 한 방향으로 향하는 2개의 선은 지구의 경도선이 극점에서 만나듯 한 곳으로 모아질 겁니다. 닫힌 우주에서는 물질이 많기 때문에 현재는 팽창하고 있더라도 언젠가는 중력이 승리해 수축으로 돌아서게 됩니다. 종국에는 빅뱅 초기상태처럼 우주가 한 점으로 모아지는 빅 크런치Big Crrunch를 맞겠지요. 이것이 영원한 끝인지, 수축과 팽창이 반복되는지는 프리드먼 방정식이 다루지 않습니다.

마지막 세 번째 경우는 Ω가 1보다 작은 열린 우주Open Universe입니다. 말 안장 표면과 같은 곡률을 가진 우주이지요. 이 우주에서 그린 삼각형의 내각의 합은 180도보다 작겠지요. 열린 우주는 물질과 에너지 밀도가 낮기 때문에 영원히 팽창할 운명을 가지고 있습니다. 결국에는 물질과 시공간이 갈기갈기 찢어지는 빅립Big Rip을 맞을 것입니다.

그렇다면 우리의 우주는 위의 세 경우 중 어디에 속할까요? 이를 예측하려면 정확한 Ω값을 알아야 할 것입니다. 이는 우주에 있는 보통물질, 암흑물질, 암흑에너지 및 상대론적 입자(광속으로 움직이는 빛과 중성미자 등)의 Ω를 측정해 모두 더하면 구할 수 있습니다.* 2010년 무렵부터 그 값들이 비교적 정확하게 측정되었습니다. 관측 데이터 중

---

* 현 우주의 Ω는 보통물질의 밀도인자(Ωb), 차가운 암흑 물질의 밀도인자(Ωc), 암흑에너지의 밀도인자($\Omega\Lambda$) 및 상대론적 입자의 에너지 밀도인자(Ωrel)를 합하면 된다. 즉, $\Omega = \Omega b + \Omega c + \Omega\Lambda + \Omega rel$이다.

아마도 가장 정밀한 2015년 유럽 플랑크탐사선의 결과에 의하면,[5] 현 우주의 밀도인자는 $\Omega = 1.0005 \pm 0.006$이었습니다. 즉, 1에 매우 가깝지만 딱 떨어지는 1은 아니었습니다. 다른 관측 결과도 이와 크게 다르지 않습니다. Ω값이 1에 매우 가깝다는 사실은 우리 우주의 공간이 거의 평평하다는 의미입니다. 실제로 WMAP에서 얻은 우주배경복사 스펙트럼을 정밀 분석해 얻은 곡률값도 현 우주의 공간이 0.4% 이내로 평평했습니다.[117] 그런데 우주가 '현 시점'에서 이토록 평평하다는 사실은 기적 혹은 엄청난 우연, 둘 중의 하나처럼 보입니다. 왜냐하면 우주의 밀도를 나타내는 Ω값은 우주가 팽창함에 따라 끊임없이 변해왔기 때문입니다.

우주배경복사가 퍼져 나가기 시작한 시점인 빅뱅 후 38만 년의 우주에서는 물질이 75%(암흑물질 63%, 보통물질 12%), 상대론적 입자 25%(빛 15%와 중성미자 10%)였습니다.[118] 암흑에너지가 차지하는 비율은 명함도 못 내밀 1% 미만이었지요(《그림 1-11》참조). 그런데 지금은 물질이 31%, 빛과 중성미자는 1% 미만이며 암흑에너지는 69%나 차지합니다. 이처럼 우주를 구성하는 물질과 에너지의 분포는 시간에 따라 크게 달랐으며, 그들의 밀도를 모두 더한 Ω값도 변했을 것입니다. 문제는 현 우주의 Ω값이 거의 1이 될 만큼 평평하려면 과거 우주의 Ω값이 믿을 수 없을 만큼 1에 가까웠어야 가능하다는 점입니다.

그 이유에 대한 상세한 계산은 〈부록 3〉에 실었습니다. 여기서는 결과만 보겠습니다. 가령, 현 우주의 Ω값이 0.95와 1.05 사이라고 하지요. 이런 경우라면 빅뱅 후 38만 년 전 배경복사가 퍼져 나갈 무렵의 Ω는 0.99995와 1.00005 사이의 값을 가져야 합니다. 또한 빅뱅 1초 후의 Ω값은 0.9999999999995와 1.0000000000005 사이의 값을 가져야 합니다. 물리적으로 유추할 수 있는 빅뱅 후의 가장 짧은 시간까지 거슬러 올라가면 $\Omega = 1 \pm 0.0000000000 \cdots$(생략)$\cdots 00000000005$가 되어야 합니다.

그 시점을 언제로 잡는가에 따라 계산결과가 달라지지만, 어떤 경우이건 소수점 아래에 0이 무려 40~70개나 이어질 만큼 1에 근접해야 합니다. 만약 그렇지 않았다면 우리가 오늘날 경험하는 우주는 불가능했습니다. 가령, 초기 우주의 Ω가 1보다 조금만 컸다면 우주는 1초도 안 되는 순간에 수축해 붕괴했을 겁니다. 반대로 Ω가 1보다 극히 조금만 작았다면 우주는 급격한 팽창으로 수천억 분의 1초 사이에 3K(영하 270도)로 식은 후 갈기갈기 찢어졌을 것입니다. 오늘날 볼 수 있는 별은커녕 원자 하나도 뭉치지 못했을 것입니다.

이처럼 우주가 현재 매우 평평하다는 사실은 극도로 정교한 초기 우주의 조건을 전제로 합니다. 이것이 얼마나 불안정한 조건인지 세워진 연필에 비유해 보겠습니다.[120] 가령, 어느 곳을 지나가다 뾰족한 연필이 서 있는 것을 보았다고 하지요. 이런 모습은 바로 직전에 누군가가 연필을 세웠던 짧은 순간에만 볼 수 있습니다. 그 순간에서 0.1초만 벗어나도 연필은 쓰러져 있을 것입니다. 현 우주의 평평함은 연필이 서 있는 상황과 비슷합니다. 그런데 우리는 우주의 나이를 잘 알고 있습니다. 연필이 138억 년 동안 서 있다면 믿으시겠습니까? 이를 '오래됨의 문제Oldness problem'라고 부릅니다. 물리학자들은 '우주의 평평도 문제Flatness problem'라고 부르지요. 초기 우주는 정말 믿을 수 없을 만큼 평평하게 미세 조정된 상태에서 출발했을까요?

ΛCDM 모형이 설명하지 못하는 또 하나는 우주 지평선 문제Horizon problem입니다. 우주의 크기 절에서 알아보았지만 지구의 지평선처럼,

관측 가능한 우주도 볼 수 있는 공간의 경계인 '우주 지평선'이 있습니다. '입자 지평선Particle horizon'이라고도 합니다. 우주물리학자들은 뒤의 용어를 더 선호하는데, 모든 물리 현상은 입자들의 상호작용, 혹은 '인과적 접촉causal contact'의 결과이기 때문입니다. 가령, 뜨거운 물체가 차가운 물체나 공간을 만나 식는 열적평형 현상도 따지고 보면 구성 입자들이 상호반응하거나 접촉하기 때문에 일어납니다.

아무튼 입자 지평선보다 멀리 떨어진 공간들은 서로의 인과적 접촉이 불가능합니다. 따라서 우연이 아니라면 온도가 같을 수 없습니다. 앞서 살펴본 대로 현 우주의 입자 지평선(우주 지평선)은 465억 광년 떨어진 거리에 있습니다. 따라서 입자 지평선의 한쪽 끝에서 다른 쪽 끝까지의 거리는 그 2배인 930억 광년이지요. 하지만 빛은 빅뱅 38만 년 후부터 투명하게 직진했으므로 우리가 실제로 볼 수 있는 가장 먼 거리인 우주의 최후산란면(배경복사면)은 그보다 가까운 457억 광년 밖에 있습니다.

이를 염두에 두고 이제 우리의 우주배경복사면 양쪽 끝에 있는 두 공간 A, B를 생각해보겠습니다(《그림 1-15》 참조). 여기서 두 가지 사실이 분명해집니다. 첫째, A, B 사이의 현재 거리는 457억 광년의 2배인 914억 광년입니다. 그리고 지구의 위치는 두 공간의 배경복사면이 만나는 교차점에 있지요. 따라서 상식적으로 생각해볼 때 A와 B는 입자 지평선의 거리인 465억 광년보다 먼 914억 광년 떨어져 있으므로 과거나 현재에 접촉한 적도, 할 수도 없었을 것입니다.

둘째, 그런데 배경복사파가 시작될 당시 A, B 공간은 빅뱅 후 38만 년이 지났으므로 일정한 크기로 팽창해 있었습니다(《그림 1-15b》 참조). 이미 당시에 A, B 공간은 각자의 입자 지평선을 가지고 있었던 것입니다. 계산에 의하면 빅뱅 후 38만 년 무렵의 입자 지평선 거리는 65만 광년(0.2Mpc)이었습니다. 즉, 그림에서 보듯이 A, B 공간은 각자의 위치에서 지름 130만 광년의 원을 그리는 입자 지평선을 가지고 있었습니다. 한편, 당시 우주배경복사면(최후산란면)의 크기는 반지름 4,200만 광년(13Mpc)이었습니다. 따라서 당시 A나 B 공간이 그리는 입자 지평선의 원을 지구에서 바라본다면 각거리가 약 1.8도가 됩니다.[*] 바꾸어 말하면, 빅뱅 후 38만 년의 하늘에서 1.8도 이상 떨어진 구역들은 각기 다른 입자 지평선을 가지고 있었습니다.

또한 천구면天球面 전체로 보면 이런 공간 구역이 약 15,000개 있었을 것입니다. 138억 년이 지난 오늘날에도 두 공간은 그대로 팽창해 확장되었으므로 상황은 마찬가지입니다. 그렇다면 A, B 두 공간의 입자들은 예나 지금이나 접촉한 적이 전혀 없으므로 온도가 같을 수가 없습니다. 15,000개나 되는 구역의 다른 공간들도 마찬가지입니다. 물론, 구역들이 많다 보니 몇 개는 우연히 같을 수도 있겠지요. 그런데 현실은 어떻습니까? 우주배경복사의 온도 분포를 보면 하늘 모든 구역은 평균온도 2.725K에서 겨우 10만 분의 1도의 편차 밖에 없을 정도로 균일합니다. 이는 수만 명의 군중에게 1~10만 사이의 숫자 중 하

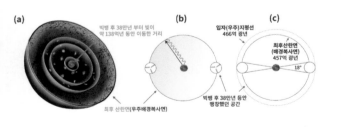

(a) 빅뱅 후 38만년 부터 빛이 약 138억년 동안 이동한 거리
최후 산란면(우주배경복사면)

(b) 입자(우주)지평선 466억 광년
빅뱅 후 38만년 동안 팽창했던 공간

(c) 최후산란면 (배경복사면) 457억 광년 18°

그림 1-15

우주 지평선 문제. (a) 지구로부터 거리에 따라 달라지는 우주의 시간 별 공간면과 우주배경복사면, (b) 우주배경복사면 양끝의 공간 A와 B가 빅뱅 후 38만 년 동안 팽창했던 공간, (c) 지구에서 바라본 A, B 공간의 입자 지평선의 시야각

---

[*] 0.4Mpc/13Mpc=0.03래디언, 즉 약 1.8도이다. 물론, 당시에는 지구가 존재하지 않았으므로 A, B 공간을 관측할 수는 없었다. 현재 지구의 위치에 해당하는 당시 공간의 점에서 보는 각도라는 의미이다.

과학오디세이
유니버스

나를 골라 쓰라고 했더니, 모두가 1 미만의 차이가 있는 같은 수를 적어낸 경우에 해당됩니다. 가령, 모두가 예외없이 64,321 혹은 64,322의 두 숫자만 적은 셈입니다. 서로의 숫자를 보거나 상의하지 않았다면 (즉 인과적 접촉이 없었다면) 불가능한 일이지요. 이것이 '우주 지평선 문제'입니다.

상상을 초월하는 팽창 | 인플레이션

'인플레이션inflation' 이론은 평탄성 문제나 지평선 문제처럼 우주가 기가 막히게 미세 조정된 듯 특별하게 보이는 이유를 설명해주는 가설입니다. 인플레이션이라는 용어는 경제학에서 통화팽창으로 물가가 오르는 현상으로 잘 알려져 있지요. 이 경우 물가 상승율은 통상적으로 기껏해야 연간 수~수십 %에 불과합니다. 물론, 베네수엘라처럼 음식점에서 식사하는 동안 메뉴값이 오르는 경우도 있긴 합니다(2018년 170만 %). 그러나 우주론에서 말하는 인플레이션은 이와는 차원이 다른 규모의 팽창으로 빅뱅 직후 우주에서 극히 짧은 기간 동안 일어났다고 추정하는 사건입니다. 다만 이는 상당한 근거와 간접증거가 있지만 아직 관측으로 확증되지는 않았습니다(3장 참조).

우주 인플레이션의 아이디어는 (비슷한 주장이 간혹 있었지만) 미국의 앨런 구스 Allan Guth 가 1981년 처음으로 이론화해 제창했습니다. [121] 원래 그는 입자물리학자였습니다. 1972년 MIT에서 박사학위를 마치고 9년 동안 박사후 연구원 postdoc 으로 4개 대학을 옮겨 다니는 중이었지요. 박사후 연구원은 교수직을 얻기 위해 대학이나 연구소에서 경력을 쌓는 임시 계약직인데, 아무리 그래도 9년은 긴 기간입니다. 게다가 연구 실적이 신통치 않아 여러 대학을 전전하다 보니 연구 주제도 산만했습니다. 당시 구스는 진로 문제를 심각히 고민해야 할 처지였습니다.

그러던 1978년, 그가 코넬대학에서 박사후 연구원으로 있을 때 인근 스탠포드대학 선형가속기센터[SLAC]에서 '아인슈타인의 날' 기념행사의 일환으로 열린 세미나에 우연히 참석했습니다. 우주배경복사의 발견을 아깝게 놓쳤던 로버트 디키(《빛으로 이루어진 화석》 절 참조)의 세미나였지요. 강연은 당시 우주물리학자들이 간과했던 이른바 '디키의 우연성[Dicke's coincidence]', 즉 우주의 평탄성 문제에 대한 내용이었습니다. 구스는 현 우주의 물질밀도가 기적에 가깝다는 디키의 세부 계산은 잘 이해하지 못했으나(《부록 3》 참조), 결론에는 큰 인상을 받았습니다.

우연이 겹쳤던지, 3일 후 같은 박사후 과정의 동료가 가벼운 담소를 나누다가 불현듯 떠오른 아이디어를 함께 연구해보자고 즉석 제안을 했습니다. 구스가 예전에 잠시 연구했던 자기홀극[magnetic monopole]이라는 소립자를 빅뱅과 접목시켜 보자는 제안이었습니다. 1주 사이에 있었던 이 두 사건을 계기로 구스는 우주론에 큰 흥미를 느끼고 자기홀극과 빅뱅을 연관 짓는 문제에 뛰어들었습니다. 2년을 씨름하던 어느 날 밤 모든 난제를 풀 수 있는 아이디어가 번뜩 떠올랐다고 합니다.[118] 그는 공상과학소설 같은 자신의 생각을 1980년 1월부터 구두로 발표하기 시작했고, 8월에는 논문으로 제출했습니다.[119] 확실한 연구실적이 필요한 박사후 연구원 신분으로서는 매우 위험한 주제였지요. 다행히 논문은 심사를 통과해 게재되었고, 이것이 큰 반향을 일으켜 MIT의 교수직도 얻었습니다. 구스의 인생을 바꿔 준 아이디어는 다음과 같습니다(인플레이션의 세부 사항은 모형에 따라 일어난 시점, 지속 시간, 팽창의 규모 등의 수치가 약간씩 다릅니다. 그러나 큰 그림은 비슷하므로 여기에서는 표준적 수치로 소개했습니다). 빅뱅 직후 초고온의 우주에서는 자연의 네 가지 힘이 하나로 통합되어 있었습니다. 그러나 곧이어 중력이 분리되었고 나머지 강한 핵력, 약한 핵력, 전자기력의 세 힘은 여전히 통합된 상태였지요. 그러던 중 우주의 온도가 10^{27}도로 식자 인플레이션이 시작되었습니다. 우주의 나이가 겨우 1조의 1조의 100억 분의 1초(10^{-34}초)쯤 되었을 때입니다.

팽창의 규모는 엄청났습니다. 이것이 얼마나 대단한 팽창인지 볼까요? 인플레이션의 규모는 통상적으로 자연상수인 e(=2.718⋯)의 지수로 나타내는데, 모든 이론모형이 최소 e^{60}(약 10^{26})배 이상 부풀었다고 추정합니다(길이 기준). 일부 모형에서는 e^{100}(약 10^{43})배 이상으로도 봅니다. 인플레이션 직전 10^{-25}m 크기(양성자의 100억 분의 1)였던 우주가 10^{18}m(100광년)로 커진 것입니다. 그런데 이 엄청난 팽창이 일어난 기간은 겨우 10^{-34}~10^{-32}초에 불과합니다.[123] 1조의 1조의 수억 분의 1초보다 짧은 순간이지요. 인플레이션 이론에 의하면 이후의 우주 역사는 기존의 표준 빅뱅이론과 동일합니다.

중요한 점은 이러한 인플레이션이 표준빅뱅이론의 여러 난제들을 한 방에 해결한다는 사실입니다. 첫째, 평평도 문제를 간단히 해결합니다. 인플레이션의 어마어마한 뻥튀기 팽창이 우주를 평평하게 보이도록 만들었다는 설명이지요. 즉, 초기 우주가 처음에 어떤 기하학적 우주이건(열린 우주, 닫힌 우주, 평평한 우주, 혹은 도너츠 형의 복잡한 우주), 또 어떤 곡률을 가졌든 거대한 팽창이 공간을 쭉 펴지게 만들었다는 것입니다. 가령, 곰보 모양의 골프공을 지구만한 크기로 팽창시켰다면 그 위에 있던 개미는 세상이 완전 평평해졌다고 생각할 것입니다. 인플레이션은 골프공에서 지구 크기로의 확대와는 비교조차 안 되는 규모의 팽창입니다. 한마디로, 오늘날 우리가 관측하는 Ω가 1에 근접한 값을 가진 이유는 초기 우주의 공간 곡률이 어떠했든 인플레이션이 공간을 엄청나게 펼친 결과라는 설명입니다. 인플레이션이 있었는데 현 우주가 평평하지 않게 보인다면 오히려 비정상적일 것입니다.

둘째, 인플레이션은 지평선 문제도 쉽게 설명합니다. 인플레이션이 일어나기 전의 우주는 양성자의 수억~수십억 분의 1 크기였습니다. 즉, 극히 작았습니다. 이처럼 작았다면 우주 구석구석의 공간들이 인과적으로 충분히 서로 영향을 미칠 수 있었을 것입니다. 즉, 오늘날 하늘 공간에서 보는 모든 구석들은 인플레이션이 있기 전에 이미 극도로 작은 공간 안에서 열적 평형 상태를 거쳤을 것입니다. 그러니 급속 팽창 후 우주의 여러 구석들이 아무리 서로 멀어졌다 해도 온도가 같을 수밖에 없지요. 하늘 구석구석의 온도가 다르다면 오히려 이상할 것입니다. 인플레이션은 우주 지평선 문제를 이렇게 싱겁게 해결합니다.

셋째, 인플레이션은 자기홀극의 문제도 간단히 설명합니다. 원래 입자물리학을 전공했던 구스가 우주론에 발을 디디게 된 계기도 이 문제였지요. 잘 아시다시피 자석은 N극과 S극을 동시에 가지고 있습니다. 따라서 아무리 쪼개고 쪼개도 자석 조각들은 다시 두 극으로 분리됩니다. 이와 달리 자기단극자라고도 불리는 자기홀극은 방향성 없는 1개의 극만 있으며 전하와 비슷한 자하磁荷를 가졌다고 예상되는 이론상의 입자입니다. 또한 크기가 거의 없는 작은 입자이지만 질량은 매우 크다고 추정합니다.

원래 이 입자는 입자물리학의 대통일이론Grand Unification Theory, GUT에서 예측되었습니다(2장 참조). 입자물리학은 20세기 과학이 이룬 큰 성과 중의 하나로, 이론이 예측한 대부분의 값들이 관측 결과와 매우 높은 정밀도로 들어맞아 왔습니다. 따라서 자기홀극도 분명히 존재한다고 예측되어 왔습니다. 이론에 의하면 이런 입자들은 빅뱅 직후 엄청난 양이 생성되었다고 합니다. 우주에 있는 양성자 전체 개수보다 최소한 같거나 많았다고 추정합니다. 그런데 현재까지 관측된 자기홀극 입자는 단 한 개도 없었습니다.

도대체 그 많은 자기홀극 입자들은 어디로 갔을까요? 이것이 '자기홀극 문제'입니다. 구스는 대통일이론의 예측대로 자기홀극이 우주 초기에 다량 생성된 것은 맞다고 보았습니다. 그런데 그 직후 어마어마한 공간의 팽창이 일어나 자기홀극 입자들이 극도로 희박하게 퍼지게 되었다고 설명했습니다. 계산에 의하면 반경 100억 광년의 공간에 겨우 1개의 자기홀극 입자가 있을 만큼 흩어졌다고 합니다! 이처럼 희박하게 흩어졌다면 지구상에서 자기홀극 입자를 관측하는 것이 오히려 확률적으로 기적일 겁니다. 구스는 이 황당해 보이는 인플레이션의 아이디어를 당초에는 자신의 전공분야인 자기홀극 문제와 디키의 세미나에서 들었던 우주 평탄성 문제에만 적용했습니다. 그러나 1년 뒤 우주의 지평선 문제를 알게 되었고, 이 또한 인플레이션으로 해결할 수 있음을 깨달았지요.

모든 물질의 기원 | 우주에 물질이 있는 이유

인플레이션 이론은 이처럼 우주의 평탄성, 지평선, 자기홀극의 문제 등 표준빅뱅우주 이론의 난제들을 (아직 확증되지는 않았지만) 일거에 해결해 줍니다. 그런데 알고 보니 보너스도 있었습니다. 물질이 어떻게 우주에 생겨났으며, 또 그들은 왜 특정 공간에 몰려 별이나 은하 등의 천체를 이루는지도 말해 줍니다. 즉, 인플레이션은 물질 생성의기원과 그 밀도에 차이가 생긴 이유도 설명합니다.

먼저, 우주의 밀도에 차이(요동)가 있는 원인입니다. 알아본 대로 우주배경복사면은 높은 등방성을 보여줍니다. 즉, 큰 규모에서는 온도와 물질의 밀도 분포가 매우 균일합니다. 그러나 작은 규모로 내려가면 별들로 가득한 은하와 은하단 공간이 있는가 하면 그 사이는 텅 비어 있습니다. 더욱 내려가면 물질이 극단적으로 응축되어 빛을 내는 별들도 있지요.

이처럼 오늘날의 우주 공간에는 뚜렷한 밀도 차이가 존재합니다. 이러한 밀도요동은 어떻게 생겨났을까요? 최초의 초미니 우주는 양자거품으로 불리는 양자요동 상태에 있었습니다. 양자요동을 다룬다는 점에서는 인플레이션 이론은 우주물리학과 입자물리학을 접목한 입자우주학Particle cosmology 이론이라 할 수 있습니다. 양자역학에 의하면 극미세계에서는 입자나 파동이 불확정성의 원리로 인해 정해진 값의 에너지를 가지지 않고 확률적으로 요동치게 됩니다. 한편, 일반상대성이론에 의하면 빈 공간도 휘어지면 곡률 때문에 질량과 에너지를 가지게 됩니다. 이 두 이론을 접목해 나온 현상이 진공의 양자요동입니다. 아무튼 양자적 크기였던 초기 우주도 양자요동 상태에 있었을 것입니다. 하지만 미미한 요동이었지요.

그런데 우주가 급팽창하자 요동도 함께 커졌습니다. 미소한 주름이 순식간에 엄청나게 증폭한 것입니다. 이로 인해 우주 곳곳에는 물질이 다른 곳보다 조금 많은 공간들이 생겨났습니다. 〈그림 1-10〉의 배경복사파에 나타난 붉은색 영역들이지요. 이런 공간은 주변의 물질들을 중력으로 끌어 모았습니다. 그리고 시간이 갈수록 물질 분포의 빈익빈 부익부 현상이 일어났지요. 그 결과 우주배경복사지도의 붉은색 공간 안 곳곳에서 은하들이 생성되고, 이어 은하단 같은 우주의 거대구조가 형성되었습니다. 즉, 그 단초인 배경복사의 주름을 만드는데 인플레이션이 큰 기여를 한 것입니다.

21세기의 물리학자들은 우주배경복사가 시작되기 이전(빛이 투명해진 빅뱅 38만 년 이전) 주름이 형성되었던 과정을 정확히 파악하고 있습니다. 인플레이션 직후의 당시 초기 우주에서는 양자요동 때문에 군데군데 물질의 밀도가 약간 높은 공간들이 있었습니다. 이들 공간은 중력의 작용으로 주변의 물질, 즉 암흑물질과 보통물질을 끌어 모으기 시작했지요. 이중 보통물질(양성자, 중성자 등의 바리온 입자)은 빛과 함께 '바리온-광자 유체baryon-photen fluid'라는 고온의 플라즈마를 이루고 있었습니다.

그런데 이들의 반응으로 생긴 빛과 열이 물질을 바깥쪽으로 분산시켰습니다. 이 광압光壓은 매우 강해서 바리온-광자 플라즈마들을 광속의 거의 절반에 가까운 빠른 속도로 날려보냈습니다. 이처럼 중력과 광압이 서로 반대 방향으로 작용하자 강력한 음향진동acoustic oscillation이 발생했습니다. 공기 중에서 압력차이로 발생하는 음파와 같은 원리입니다.

한편, 빛과 반응하지 않는 암흑물질은 음파의 중심부 공간에 그대로 남아 있었습니다. 이들은 달아나는 보통물질을 중력으로 붙잡으려 했지요. 결국 달아나던 보통물질은 얼마 후 광자와의 짝풀림decoulping이 일어나며 속박에서 풀려 그 자리에 남았습니다. 음파는 더 이상 퍼져나가지 못했지요. 현 우주의 공간에 새겨진 이 음향파의 지름은 약 4

억 9,000만 광년(150MPc)입니다. 은하들의 무리는 대략 이 거리만큼 떨어져 있습니다. 그러나 음향파들의 실제 모습은 여러 개가 간섭을 일으켜 만든 복잡 형상의 작은 주름들입니다. 마치 호수에 던진 동심원이 여러 개 겹쳐 나타나는 잔물결과 유사하지요. 음향파의 중심부에 모여 있던 암흑물질들은 이렇게 생성된 조그만 주름 공간에 남게 되었습니다. 흩어졌던 보통물질들은 중력 작용으로 이들 암흑물질이 있는 공간으로 서서히 모여들었고, 빅뱅 후 수억 년이 되자 그런 곳에서 은하들이 탄생했습니다.

한편, 인플레이션 이론은 오늘날 우주의 물질이 어떻게 생성되었는지도 설명합니다. 이와 관련된 중요한 사건이 인플레이션 직후에 일어났다고 추정되는 '재가열^{Reheating}'입니다. 이론에 의하면 인플레이션 직후 엄청난 에너지가 방출되었습니다. 이 에너지는 인플레이션을 촉발시킨 인플라톤^{inflaton}이라고 불리는 진공의 에너지 장^{場}에서 비롯되었을 수도 있고(3장 참조), 급속팽창 때문에 생긴 '가짜 진공$^{false\ vacuum}$'에서 나왔을 수도 있습니다.* 가짜 진공이란 임시 진공이라는 뜻입니다. 즉, 너무 급작스러운 팽창이 일어나자 공간은 순간적으로 지니고 있던 에너지 밀도를 줄일 틈이 없었습니다. 이처럼 부피는 늘었는데 에너지 밀도는 그대로 유지되자 공간의 전체 에너지는 순간적으로 높은 상태가 되었는데, 이것이 가짜 진공입니다(《부록 4》 참조).

그러나 이는 불안정한 상태이므로 곧 정상적인 상태, 즉 안정한 상태의 진짜 진공으로 회복되었습니다. 그 과정에서 공간이 임시로 머

---

* 인플레이션 이론에서는 초기우주 진공 공간의 에너지 상태를 인플레이션 장이라는 스칼라 장으로 기술한다. 스칼라 장은 전기장, 자기장 등과 유사한 물리 장이지만, 크기만 있고 방향이 없는 장이다. 한 개의 시공간 점에 하나의 값만 가진다. 이 개념은 일반상대성이론과 입자물리학을 접목하는 과정에서 나왔다. 일반상대성이론에서는 뉴턴상수 G가 불변이다. 그러나 물질은 시공간의 곡률에 반응하므로 G는 변할 수 있다. 이를 포함시키기 위해 1961년 브란스-디키(Brans-Dicke)가 스칼라장의 개념을 도입했다.

금었던 '가짜 진공'의 에너지가 방출되었다고 합니다. 일부 모형에 의하면 가짜 진공 $1cm^3$ 안에는 약 10^{67}톤의 질량에 해당하는 에너지가 담겨 있었다고 추산했습니다. 이 어마어마한 에너지가 인플레이션 후 재가열의 형태로 방출되어 물질과 반물질, 그리고 그들이 만나 만든 복사에너지의 뜨거운 수프를 만들었다고 합니다.[118] 즉, 오늘날 우리가 우주에서 보는 물질과 복사에너지(빛)는 모두 재가열을 통해 생겨났다는 설명입니다.[119] 인플레이션이 일어나기 직전의 우주는 원래 물질이 없는 극미한 양자적 공간이었습니다. 우주는 이처럼 물질이 없었던 무無로부터 구조와 형태를 만들었다는 설명입니다.

재가열 사건은 온도의 측면에서도 설명할 수 있습니다. 인플레이션은 우주의 상태가 변한 사건이므로 고체 물리학이나 재료과학에서 다루는 상전이相轉移, phase transition와 유사합니다. 상전이란 온도에 따라 물질이 고체, 액체, 기체 등으로 상태가 바뀌는 현상입니다. 가령, 물이 냉각되어 0도에서 어는 현상도 상전이입니다. 그런데 물을 급속히 냉각시키면 상전이를 잠시 건너뛰게 됩니다. 즉, 물의 온도는 0도보다 훨씬 낮아지지만(1기압에서 약 −48도까지 가능) 얼지 않은 액체 상태를 얼마간 유지합니다. 이를 과냉supercooling이라 하지요. 열역학적으로는 준準안정metastable상태라고 부릅니다.

이처럼 과냉된 준안정한 상태의 물은 0도의 안정한 에너지 상태로 돌아가려고 합니다. 그 결과 과냉으로 낮아진 온도가 0도로 올라가며 스스로 열을 발산하지요. 이것이 재가열입니다. 금속도 마찬가지여서 녹은 금속을 거푸집에 붓게 되면 응고점보다 낮은 온도로 내려갔다가 잠시 후 열을 방출하여 평형온도(응고점)로 높아진 후 굳습니다. 인플레이션 우주에서도 매우 비슷한 일이 벌어졌습니다. 급격한 공간의 팽창 때문에 인플레이션 직후의 우주 온도는 급락했습니다. 모형에 따라 10^{27}도에서 10^{22}도로 과냉되었다고도 하고, 심지어 4K까지 순간적으로 내려갔다는 추산도 있습니다. 어떤 온도이건 순간적으로 과냉된 우주는 안정한 고온 상태로 돌아가기 위해 에너지를 방출하며 재가열되었습니다. 이때 방출된 에너지가 물질을 만들었다는 것이지요. 인플레이션이 없는 기존의 표준빅뱅이론은 물질의 기원을 설명하지 못합니다.

2019년에는 인플레이션에 대한 기존의 생각을 완전히 뒤집는 새로운 주장이 제기되었습니다. MIT의 데이비드 카이저$^{David Kaiser}$와 국제 연구진은 우리의 관측 가능한 우주에서는 인플레이션이 먼저 일어나고 빅뱅은 그 다음에 일어났다는 깜짝 놀랄 시뮬레이션 결과를 발표했습니다.[120] 연구진에 의하면 초기의 우주는 물질이 없는 차갑고 균일한 상태였습니다. 그러나 인플레이션과 곧 이은 재가열 사건이 일어나며 초고온의 복잡한 물질의 스프가 탄생했다고 합니다. 즉, 인플레이션 직후 일어난 순간적인 재가열이 우주를 뜨겁게 달구며 빅뱅이 일어날 조건과 원동력을 제공했다는 설명입니다. 인플레이션 이론의 창시자인 구스도 이 연구를 급팽창 전후의 역동적 과정에 대한 흥미로운 결과로 평가했습니다. 향후 이에 대한 보다 상세한 연구들이 있을 것으로 예상됩니다. 사실, 인플레이션이 우리가 아는 현 우주에만 국한된 사건이 아니라는 가설들은 그동안 여러 이론물리학자들이 펼쳐왔습니다. 이에 대해서는 3장에서 다룰 것입니다.

인플레이션 이론은 아직 확증은 없으나 논리적 타당성과 여러 방증이 있어 대부분의 우주물리학자들이 믿고 있습니다. 이들은 초기 우주에 급속팽창이 있었다면 배경복사파에 음향파와 중력파의 흔적이 남아 있으며, 이를 찾아내 인플레이션 이론을 검증할 수 있다 보고 있습니다. WMAP, BOOMERANG 등 현재까지의 관측 결과는 인플레이션의 가능성을 강하게 시시하고 있습니다.[125] 그러나 아직까지 확실한 증거는 찾지 못했지요. 과학자들은 멀지 않은 미래에 측정이 더욱 정밀해지면 검증이 가능하다고 믿고 있습니다.

우주물리학자들이 쓴 시나리오 | 우주의 과거사

물리학자들이 밝힌 우주의 운명 이야기를 한 편의 드라마에 비유한다면 시나리오는 3막으로 구성되었을 것입니다(표 참조).[125] 제1막은 빅뱅 후 대략 10^{-32}초(1조의 1조의 1억 분의 1초) 이전에 일어난 사건을 다룹니다. 인플레이션은 1막의 이야기에 포함되지요. 제2막은 빅뱅 후 10^{-32}초부터 현재에 이르기까지 138억 년 동안 일어난 사건에 대한 이야기입니다. 마지막 제3막은 우주가 앞으로 어떻게 될 것인가에 대한 이야기이지요.

현 시점에서 볼 때 우주물리학자들이 작성한 제1막과 3막의 시나리오는 불완전합니다. 과학에 근거한 훌륭한 가설들이 여럿 제시되어 있지만 확증적인 것이 많지 않기 때문이지요. 반면, 빅뱅 10^{-32}초 무렵부터 현재까지 138억 년 동안의 이야기를 다룬 제2막의 내용은 대단히 훌륭합니다. 비교적 상세한 부분까지 파악하고 있지요. 이제 이 장을 마무리하기에 앞서 우주의 설명에서 누락되었거나 미흡했던 부분을 보충하면서 우주의 지난 과거를 시간 순으로 정리해 보겠습니다.

이 책이 출판된 시점에서 말할 수 있는 가장 정확한 우주의 나이는 아마도 유럽의 플랑크탐사위성 측정으로 얻은 137.99 ± 0.21억 년일 것입니다.[5] 이 시간을 거슬러 올라가면 결국에는 시작점 0의 시간이 나오겠지요. 그러나 우리가 현재 알고 있는 물리법칙으로는 빅뱅 후 10^{-43}초가 과거 시간의 한계입니다. '플랑크 시간Planck time'이라고 부르는 이 값보다 작은 시간은 물리적 의미를 잃어버리기 때문입니다. 따라서 우리가 관측하는 우주의 의미 있는 가장 오래된 시간인 빅뱅 후 0초부터 10^{-43}초까지의 기간을 '플랑크 시대Planck Epoch'라고 부릅니다. 그러나 구체적으로 이 때의 우주가 어떤 상태였는지는 추론만 있을 뿐입니다. 다만, 우주에 존재하는 네 가지 작용력인 중력, 강한 핵력, 약한 핵력 및 전자기력이 하나로 통일되어 있었을 것입니다.

이어진 빅뱅 후 $10^{-43} \sim 10^{-36}$초 사이는 '대통일 시대Grand Unification Epoch'로 부르고 있습니다. 2장에서 다룰 입자물리학의 대통일이론GUT에 근거해 붙인 이름이지요. 대통일이라고 하지만, 이 시대에는 중력만 분리되었고 나머지 세 힘은 하나로 통합되어 있었습니다. 당시의 우주는 질량이나 전하 같은 물리적 성질이 모습을 드러낼 수 없었던 초고온이었습니다. 이어 대통일 시대가 끝날 무렵인 빅뱅 후 10^{-36}초에 우주의 온도가 약 10^{27}도로 떨어지자 통합되었던 세 힘에서 강한 핵력이 분리되었습니다. 바로 그즈음인 빅뱅 후 $10^{-36} \sim 10^{-32}$초 사이에 인플레이션이 일어났을 것입니다. 또한 그 결과로 직후에 물질도 생겨났다고 봅니다. 인플레이션 이후는 기존 표준 빅뱅 모형의 설명과 동일합니다.

빅뱅 후 10^{-32}초부터 현재에 이르는 우주의 제2막에서는 그 이전과 달리 추측성 이야기가 크게 없어지고 실증적 예측이 힘을 발휘합니다. 특히, 이 시기의 첫 부분인 빅뱅 후 약 10초까지는 온갖 어려운 이름의 소립자들이 등장합니다. 주로 입자물리학으로 설명되는 시기이기 때문이지요. 그 첫 기간인 빅뱅 후 10^{-32}초~10^{-12}초 사이는 '전기·

관측 가능한 우리 우주의 연표

빅뱅 후 시간	사 건	빅뱅 후 시간	사 건
$0 \sim 10^{-43}$초	플랑크 시대. 자연의 4힘 통합. 우주의 크기 10^{-35}m (플랑크 크기) 온도 : $>10^{32}$K (플랑크 온도)	10초~7만 년 (혹은 24만 년)	빛의 지배 시대. 원자핵/전자 플라즈마 상태. 불투명한 우주. 온도 : $10^9 \sim 4,000$K
$10^{-43} \sim 10^{-36}$초	대통일 시대. 대통일이론으로 설명 시대. 온도 : $>10^{29}$K. 통합 4힘에서 중력이 분리됨.	38만 년	재결합 시대. 원자핵과 전자가 결합해 경량 원자 생성. 온도 : 4,000K 빛이 투명해지며 배경복사빛 출발
$10^{-36} \sim 10^{-32}$초	인플레이션. $10^{26} \sim 10^{46}$배 공간 팽창 (양자 상태에서 최대 100광년 크기 우주로 커짐)	38만 년 ~1억 5,000만 년	암흑시대. 천체가 없어 어두운 시대. 암흑물질이 헤일로 형성. 온도 : 4,000~60K
$10^{-32} \sim 10^{-12}$초	전기·약력 시대. 강한 핵력이 분리됨. 온도 : $10^{28} \sim 10^{22}$K. 힉스입자, W 및 Z보손, 쿼크스프 등 입자 생성	1억 5,000만 년 ~8억 년	재이온화 시대. 거대 원시별과 활동성은하의 빛이 수소원자를 이온화시킨 불투명한 우주. 온도 : 60~19K
$10^{-12} \sim 10^{-6}$초	쿼크 시대. 쿼크, 렙톤(전자, 중성미자) 생성. 쿼크/반쿼크 쌍소멸반응. 온도 : $>10^{12}$K	30억 년 ~50억 년	별과 은하 생성의 전성기. 은하군, 은하단 형성시작
$10^{-6} \sim 1$초	강입자 시대.강입자 중 바리온(양성자, 중성자) 생성 온도 : $>10^{10}$K	85억 년~90억 년	태양계 형성. 왜소은하 통폐합으로 거대은하 형성
1~10초	렙톤 시대. 전자/양전자 쌍소멸. 온도 : $>10^9$K	80억~현재	암흑에너지 지배시대 우주가속팽창
3분~30분	빅뱅핵융합. 가벼운 원소의 원자핵 생성. 온도 : $10^9 \sim 10^7$K	138억 년	인간 출현 온도 : 2.7K

약력의 시대Electroweak Epoch'입니다. 전기·약력이란 이름에서 알 수 있듯이 자연의 네 힘 중 전자기력과 약한 핵력만 통합되어 있었던 시기입니다. 이 시기에는 우주의 온도가 10^{15}(1,000조)도 이상으로 여전히 높았기 때문에 모든 물질 입자들이 뜨거운 우주 공간에서 날뛰었습니다. 쿼크

와 글루온이라는 입자들이 '쿼크-글루온 플라즈마(쿼크 스프)'의 형태로 분주히 날아다녔으며, 그 외에도 W보손, Z보손, 그리고 소립자들에게 질량을 부여해주는 힉스[Higgs]입자 등이 있었지요(2장 참조). 입자물리학 이론으로 잘 설명되는 이 시대의 상황은 실험적으로도 증명되고 있습니다. 가령, 2015년 6월 유럽의 대형강입자가속기[LHC]는 이론이 예측한 그대로 쿼크-글루온 플라즈마를 생성함으로써 당시 상황을 재현까지 했지요.

하지만 전기·약력 시대는 빅뱅 후 10^{-12}초 무렵 끝났습니다. 그리고 중력, 강한 핵력, 약한 핵력, 전자자기력의 4작용력이 완전히 분리되어 현재의 모습을 갖추었습니다. 이 시기를 '쿼크의 시대'라고 합니다. 빅뱅 후 10^{-12}초~100만 분의 1초 사이의 기간이지요. 날뛰던 쿼크들은 이 시기의 끝 무렵 우주의 온도가 충분히 떨어지자 운동에너지가 줄어들었습니다. 그 결과 쿼크들이 서로 결합해 강입자[强粒子, hardron]를 형성하기 시작했지요. 강입자 중 가장 중요한 것은 쿼크 3개가 결합한 바리온(양성자와 중성자)입니다. 이들이 우주를 지배한 빅뱅 후 1마이크로초~1초 사이를 '강입자의 시대'라고 부릅니다. 이 시기에는 바리온/반[反]바리온 입자쌍들이 평형을 이루며 생성, 소멸을 거듭했습니다.

그러나 온도가 10^{16}도로 떨어지자 입자쌍의 생성은 중지되고, 남아 있던 쌍들도 반대 전하의 입자와 상쇄하며 소멸했습니다. 그 결과 강입자(주로 바리온)가 거의 없어졌습니다. 다행히 바리온이 반바리온 입자보다 10억 개 당 1개의 비율로 숫자가 약간 많았습니다. 따라서 이들 극소수의 바리온 입자들은 상쇄반응을 할 짝이 없어 살아남았습니다. 이 생존한 바리온 입자들이 다름 아닌 오늘날의 원자핵의 재료인 양성자와 중성자, 즉 보통물질입니다. 이와 달리, 반물질인 반바리온 입자들은 강입자 시대가 끝나던 빅뱅 후 1초 무렵 상쇄반응으로 모두 소멸했으며, 따라서 오늘날 거의 볼 수 없게 되었습니다.

강입자들이 극소수만 남고 거의 사라지자, 그동안 명함을 못 내밀던 렙톤^{lepton}들이 대신 우주를 지배하게 되었습니다. 렙톤 중 중요한 것은 전자와 중성미자(뉴트리노)입니다. 빅뱅 후 1초~10초 사이의 '렙톤의 시대$^{Lepton Epoch}$'에 접어든 것이지요. 하지만 이들도 결국에는 강입자와 같은 운명을 맞았습니다. 우주의 온도가 10^{12}도로 떨어지자 렙톤/반^{反}렙톤의 쌍들이 더 이상 만들어지지 않았으며, 남아 있던 쌍들도 대부분 쌍소멸하고 극히 일부만 생존했지요. 이들이 오늘날의 전자와 중성미자입니다. 이때 해방된 중성미자들은 전 우주 공간으로 퍼져 나가 오늘날까지 날뛰고 있습니다. 곧이어 빅뱅 10초 후 일어난 전자/양전자^{positron}쌍의 상쇄반응에서 살아남은 10억 분의 1의 극소수가 오늘날 원자의 구성 입자인 전자입니다.

이처럼 중입자/반^{反}중입자, 렙톤/반^{反}렙톤 등의 물질/반물질 입자가 차례로 쌍소멸하자 우주 공간에는 막대한 양의 복사에너지가 쏟아져 나왔습니다. 소멸된 입자의 질량이 복사^{輻射}에너지, 즉 빛으로 변환되었기 때문이지요. 그로 인해 복사에너지가 물질입자의 밀도를 압도하며 우주를 지배하게 되었습니다. 이때가 빅뱅 후 약 10초였습니다. 빛의 시대$^{Photon Epoch}$가 시작된 것입니다. 빛 알갱이(전자기파)들은 우주 공간을 미친 듯이 뛰어다니면서 그 후 약 7만 년 (일부 연구에서는 24만 년) 동안 우주를 지배했습니다.

그러나 우주가 계속 팽창함에 따라 빛이 뛰어노는 마당이 커졌고 그에 따라 점차 힘을 잃게 되었습니다. 빛 파장이 길게 늘어져 에너지를 잃게 되자 대신 물질이 우주를 지배하는 시대가 찾아왔습니다. 빛의 지배시대 동안에도 물질입자들은 얌전히 있지 않았습니다. 그중 중요한 것은 암흑물질이었습니다. 이들은 보통물질보다 5배나 많은데다 빛과 반응하지 않으므로 서서히 중력 작용으로 뭉치기 시작했지요.

보통물질들은 어떠했을까요? 이들은 앞서의 물질/반물질 쌍 소멸반응 때 극소 비율로 살아남았던 바리온(중성자, 양성자)과 전자들이었습니다. 이중 쌍소멸에서 살아남은 바리온 입자들, 즉 중성자와 양성자는 빅뱅 3분 후 우주의 온도가 10억 도로 떨어지자 '빅뱅 핵융합' 반응으로 서로 결합했습니다. 그 결과 헬륨, 리튬 등 가벼운 원소의 원자핵들이 형성되었지요. 이러한 빅뱅 핵융합반응은 빅뱅 후 20분쯤에 끝났습니다. 융합반응을 하기에는 온도가 너무 낮아진 것이지요. 한편, 전자는 당시 우주의 온도가 너무 높아 생성된 원자핵과 결합하지 못했습니다. 이들은 서로 분리된 형태, 즉 플라즈마 입자로 날뛰었지요. 빛도 플라즈마 때문에 신나게 달리지 못하고 산란되었습니다. 따라서 당시의 우주는 안개 속처럼 불투명했습니다.

빅뱅 후 약 38만 년 무렵, 우주의 온도가 3,000K로 떨어지자 속도가 줄어든 원자핵과 전자들이 서로 결합해 전기적으로 중성인 원자를 처음으로 형성하기 시작했습니다. 우주가 '재결합 시대Recombination Epoch'에 돌입한 것이지요. 사실, 재결합이라는 용어는 혼란을 줄 수 있습니다. 전자와 원자핵은 평생 이때 처음 전자기력으로 결합했기 때문입니다. 아무튼 플라즈마가 사라지자 투명해진 빛은 자유로이 우주 공간으로 퍼져 나갔습니다. 이때 퍼져 나간 빛이 오늘날 우리가 보는 우주배경복사파입니다.

그렇다고 해서 투명해진 빛이 우주를 즉각 밝게 하지는 않았습니다. 오히려 재결합 직후부터 우주의 첫 별들이 생성되기까지 약 1억

5,000만 년 동안 '암흑시대$^{Dark Age}$'가 이어졌습니다. 우주배경복사의 투명한 빛은 있었지만 어떠한 물체나 천체도 존재하지 않았기 때문입니다. 볼 수 있는 대상이 없으니 찍을 사진이 없었지요. 우주 앨범의 공백기입니다. 그러나 현대과학은 첨단 측정장비와 정교한 이론에 바탕을 둔 시뮬레이션을 통해 암흑시대가 은하 생성을 준비한 중요한 시기였음을 밝혔습니다.[125]

그 내용을 볼까요? 우주에는 암흑물질이 보통물질인 원자보다 약 5배 더 많다고 했습니다. 그런데 암흑물질은 이미 빅뱅 후 47,000년부터 중력으로 뭉치기 시작해 장차 은하의 씨앗을 준비했습니다. 반면, 보통물질은 빅뱅 시의 강력한 음향진동 때문에 희박하게 흩어져 있었습니다. 재결합이 일어난 빅뱅 후 38만 년이 지나서야 원자를 형성했지만 보통물질들은 여전히 분산되어 있었습니다. 이들을 끌어 모은 것이 바로 태양질량의 수십만~수백만 배에 이르며 구형^{球形}으로 뭉쳐 있었던 암흑물질이었지요. 이 부분이 오늘날 은하의 헤일로 부분입니다.

아무튼 은하가 될 공간에 모여든 원자(대부분 수소)들이 점차 밀집되자 빅뱅 후 1억 5,000만 년 무렵 중력으로 뭉친 첫 물체가 나타났습니다. 그런데 암흑물질과 달리 보통물질인 원자들은 전자기력 작용을 하므로 그 과정에서 빛(전자기파)을 발산하며 에너지를 잃습니다. 그 때문에 뭉쳐진 물체는 중심부를 향해 쉽게 붕괴되지요. 둥글게 뭉친 초고밀도의 물체, 즉 우주의 첫 별들은 이렇게 탄생했습니다. 별의 분류상 '집단III 별$^{Population\ III\ stars}$'에 속하는 이 원시별들은 가벼운 원소인 수소나 헬륨으로만 이루어져 있었습니다. 당시 우주에는 금속 등의 무거운 원소가 전혀 없었기 때문이지요.

이렇듯 가벼운 원소로만 이루어진 별들은 핵융합이 원활치 않아

계속 물질을 끌어 모으기 때문에 태양 질량의 100~1,000배까지 커집니다. 잘 알려진 대로 별은 크기가 클수록 수명이 짧지요. 따라서 거대한 원시별들은 평균 300만 년의 화끈한 일생을 살다 폭발했습니다. 우주의 불꽃놀이가 시작된 것이지요. 그런데 초신성에서 알 수 있듯이 별들이 폭발할 때는 무거운 원소들이 합성됩니다. 무거운 원자들이 생기자 중력은 더욱 힘을 발휘해 새로운 형태의 별들이 탄생하기 시작했습니다. 은하의 중심부는 점점 더 많은 물질로 북적거렸고, 드디어 블랙홀도 형성되었습니다.

은하는 거대 원시별들이 폭발한 잔해들로 새롭게 단장했습니다. 당시의 원시 은하는 모두 왜소했지만 별의 생성과 블랙홀의 활동은 대단했습니다. 지구에서 오늘날 관측하는 당시의 활동성 은하가 바로 퀘이사입니다. 현재까지 알려진 약 20만 개의 퀘이사 중 약 50여 개는 빅뱅 후 6~9억 년 사이에 존재했던 매우 초창기의 은하로 확인되었습니다. 이처럼 별과 은하의 활발한 생성활동은 빅뱅 후 40억 년 즈음 절정에 달했습니다. 그래서 이때를 '우주의 정오Cosmic Highnoon'라고 부릅니다. 당시에는 우주의 크기가 현재의 약 1/3로 작았기 때문에 가스의 밀도가 높아 별의 원료 공급도 원활했습니다. 따라서 활동은하의 숫자도 지금보다 100여 배는 더 많았다고 추정합니다.

그렇다면 별들이 왕성히 생성된 이 시기의 우주는 밝았을까요? 빅뱅 후 38만 년의 재결합시대부터 첫 별이 탄생한 1억 5,000만 년까지의 암흑시대보다 크게 나을 것이 없었습니다. 이때 형성된 원시별(집단III별)들은 태양보다 100만~3,000만 배 밝기는 했습니다. 그러나 그 때문에 엄청난 양의 자외선 등의 강한 전자기파를 주변에 방출했습니다. 게다가 활동성 은하인 퀘이사에서 나오는 강한 자외선도 있었지요. 이들은 주변 우주 공간에 있던 원자들을 강하게 때리며 이온화 상태로 만들었습니다. 이온화란 원자핵과 전자를 갈라놓은 상태인데, 결국 빅뱅 38만 년 이전과 비슷한 상황이 된 것입니다. 따라서 우주는 또다시 불투명해졌습니다. 그러나 예전처럼 완전히 불투명하지는 않았지요. 우주가 크게 팽창해 물질의 밀도가 희석되어 예전보다는 빛이 덜 산란되었기 때문입니다. 빅뱅 후 8억 년을 기준으로 본다면 불투명도가 약 10%였을 것입니다. 빅뱅 후 1.5억~8억 년 사이의 이 시기를 '재이온화 시대Ep'Ch od Reionization'라고 합니다. 재이온화의 흔적은 오늘날에도 남아 있어, 은하 안의 수소는 중성 원자 상태로도 존재하지만, 은하 사이 공간에는 이온화된 수소밖에 없습니다(다음 박스 글 참조).

아무튼 별들의 생성과 불꽃놀이는 빅뱅 후 20~50억 년 사이에 절정을 이룬 후 점차 둔화되었습니다. 그리고 이처럼 수많은 별들을 생성시킨 은하들은 중력의 작용으로 은하군, 은하단으로 서서히 무리를 이루었습니다. 은하단은 빅뱅 후 약 30억 년부터 형성되기 시작했다고 추정됩니다. 우리은하와 같은 대형은하들은 우주 초창기의 왜소은하들이 합체를 거듭하여 비교적 근래인 30~40억 년 전, 즉 빅뱅 후 100억 년 무렵부터 지금의 체구와 비슷하게 되었습니다. 우리의 태양계도 그 무렵 형성되었지요. 우주가 약 90억 살 때였습니다.

그즈음 우주는 큰 전환점을 맞았습니다. 오랜 기간의 팽창으로 물질의 밀도가 희석되자 암흑에너지가 질량의 69%를 차지하며 우주의 중요한 구성성분이 된 것입니다. 밀도가 변치 않았던(우주상수) 암흑에너지가 지배하는 세상이 찾아온 것입니다. 그 결과 약 50억 년 전부터 우주는 감속에서 가속 모드로 팽창의 엑셀레이터를 밟았습니다. 결국 우주는 138억 년 동안 세 번 지배자를 바꾸었습니다. 첫 번째 지배자는 복사에너지였지요. 두 번째는 빅뱅 후 7만 년쯤 바톤을 이어받은 물질이었습니다. 특히 암흑물질이 주도적 역할을 하며 우주의 천체 골격을 이루는 데 큰 기여를 했지요. 세 번째 지배자는 빅뱅 후 80~90억 년 이래 현재에 이르는 암흑에너지입니다.

그렇다면 우주는 앞으로 어떻게 될까요? 아마도 해답은 빅뱅 그 자체가 무엇이냐는 보다 근원적인 질문과 연관되어 있을 것입니다. 이에 대해 현대물리학은 매우 추론적이기는 하지만 흥미로운 시나리오들을 제시하고 있습니다. 그 내용을 이해하기 위해서는 극미한 세계, 즉 물질이 무엇인지부터 살펴볼 필요가 있습니다. 따라서 다음 장에서는 양자역학의 작은 세계를 알아보고, 이어 3장에서 시간과 공간, 빅뱅 이전 등 보다 근원적인 세상의 구조를 다루겠습니다.

허블이 우주팽창을 처음 관측했던 1920년대 무렵의 과학자들은 은하수가 우주의 전부이며 크기도 10만 광년쯤 된다고 생각했습니다. 호모에렉투스 이래 200만 년 동안 인간은 밤하늘에 경외심을 가졌지만 우주에 대한 지식은 20세기 초까지도 매우 빈약했습니다. 오늘날 우리는 관측 가능한 우주의 직경이 약 930억 광년이며, 빅뱅 직후의 극히 짧은 시간(수십조 분의 1초)을 제외한 138억 년 이래 지금까지 우주에서 벌어진 일들을 비교적 소상히 알고 있습니다. 작가 조앤 빈지 Joan Vinge는 『높은 곳에서 보기 View from a Height』에서 다음과 같이 말했습니다.

마치 우주 자체가 나를 만지기 위해 손가락을 뻗은 것 같았습니다. 그리고 나를 만지고 나를 불러내어 내 자신이 대단치 않다는 자각을 일깨워 주었습니다. 그것은 왠지 위안이 되었지요. 당신이 압도적인 규모와 풍경의 절대적인 무심함에 직면한다면, 스스로 중요하다고 생각하는 고통의 부풀려진 자기중심적 생각이 줄어들 수밖에 없을 것입니다.

암흑시대와 재이온화 시대의 흔적인 21cm 수소 파장

재결합 시대에 이어진 암흑시대에 대한 정보는 우주에서 관측되는 수소 스펙트럼을 분석해 알 수 있다. 빅뱅 후 38만 년경에 일어난 재결합 반응은 빠르게 일어나 짧은 기간에 모든 양성자가 전자와 결합해 중성 원자를 형성했다. 따라서 당시의 수소는 거의가 전기적 중성원자였다.

이들 수소는 같은 시기에 퍼져 나간 우주배경복사 빛과 반응해 파장 21cm의 독특한 전자기파를 이루었다. 매우 미약해서 그동안 관측이 어려웠던 이 수소파는 우주배경복사파에서 얻을 수 없는 유용한 정보를 알려준다. 무엇보다도 우주배경복사는 흐릿한 반면, 21cm파는 뚜렷해서 우주의 가스층을 잘 통과한다. 게다가 2차원 정보만을 제공하는 우주배경복사파와 달리 수소파의 공간 분포를 분석하면 3차원 정보도 얻을 수 있었다. 특히, 우주가 팽창함에 따라 점차 길어지는 수소의 21cm파를 추적하면 암흑시대의 시기별 변화도 추정할 수 있다.[126,127]

먼저 빅뱅 후 38만 년 재결합 시대가 끝나자 아무 천체도 없는 암흑시대가 찾아왔다. 이어 빅뱅 2.1억 년 후(21cm파가 4m로 길어진 시기) 은하의 헤일로 공간 곳곳에 수소가 뭉치기 시작했다. 빅뱅 후 2.9억 년~3.7억 년, 이곳에서 원시

별이 생성되고, 또 폭발도 거듭했다. 바로 이 시기 수소파장에 중요한 변화가 나타났다.

원시별들은 거대하고 태양보다 엄청나게 밝았기 때문에 여기서 나온 강한 빛이 주변 공간의 수소원자들을 이온화 시키기 시작했다. 게다가 빅뱅 후 4.6억 년 무렵에는 블랙홀을 가진 활동성 은하(퀘이사)들도 생성되기 시작하며 강한 자외선을 내뿜었다. 그 결과 수소들이 이온화되어 거대한 거품처럼 은하들을 감쌌다. 빅뱅 후 5.4억 년 후에는 거품들이 서로 연결되었고, 급기야 7.1억 년에는(21cm파가 1.8m로 변한 시기) 이온화된 거품이 전 우주 공간을 뒤덮었다. 원시별과 퀘이사의 강한 빛이 수소를 이온화시킨 재이온화 시대는 약 7억 년 지속되었다.

2장

물질은 어떻게 구성되어 있는가?

양자이론에 충격을 받지 않은 사람은 그것을 이해하지 못했다.[1]

닐스 보어 Niels Bohr

세상의 근원을 묻는 질문은 거시세계인 우주, 그리고 미시세계인 물질이 무엇이냐는 두 가지로 축약될 수 있을 것입니다. 그래서 지난 세기 이래 현대물리학의 양대 기둥을 이루고 있는 상대성이론과 양자역학도 이 두 주제를 다루고 있습니다. 우주를 비롯해 눈에 보이는 큰 세계를 다룬 상대성이론과 달리 양자역학은 극미세계를 설명하고자 했습니다.

　사실, 오랜 옛날부터 사람들은 물질이 무엇으로 이루어졌는지 궁금해했습니다. 동양에서는 나무^{木}, 불^{火}, 흙^{土}, 금속^{金}, 물^{水}의 다섯 가지 성질로 세상을 설명하는 음양오행설陰陽五行說이 있었지요. 서양에서도 2,500년 전의 그리스 철학자 엠페도클레스^{Empeocles}가 세상은 불, 공기, 흙, 물로 구성되었다는 4원소설을 주장했으며, 이는 오랫동안 서양인의 물질관으로 자리잡아 왔습니다.

　한편, 비슷한 시기의 데모크리토스^{Demokritos}는 허공 이외의 만물은 단 한 종류의 기본 입자가 모양과 배열, 조합을 달리 하며 이루어졌다는 주장을 했습니다. 그는 이 입자를 '쪼갤^{tomon} 수 없다^{a}'라는 뜻에서 '아토모스$^{ατομοσ, atomos}$', 즉 원자^{atom}라고 이름 붙였지요. 하지만 원자의 개념은 이후 오랫동안 큰 관심을 끌지 못했습니다. 원자의 개념은

18세기 후반 근대 화학의 아버지로 불리는 프랑스의 앙투안 라부와지에^{Antoine L. Lavoisier}가 기체가 원소로 이루어졌음을 밝히면서 부활했습니다. 이어 영국의 존 돌턴^{John Dalton}이 근대적 관점의 원자 가설을 내놓았으며, 20세기 초에는 원자의 구성입자인 전자와 원자핵, 그리고 중성자가 발견되었습니다. 그후 1960년대에는 양성자와 중성자도 더 작은 쿼크^{quark}라는 입자로 이루어져 있음이 밝혀졌지요.

그렇다면 어디까지 물질을 계속 쪼갤 수 있을까요? 현재까지의 지식으로는 쿼크와 전자가 물질 원자를 이루는 가장 작은 '기본입자^{elementary particle}'입니다. 그러나 우리는 물질을 구성하지는 않지만 이들과 관련이 있거나 유사한 많은 종류의 입자들이 있음을 알고 있습니다. 이들 소립자^{素粒子}를 연구하는 분야가 입자물리학입니다. 실험적으로 이들을 연구하려면 높은 에너지가 필요하므로 고에너지 물리학이라고도 하지요. 그런데 소립자들은 일상적인 입자나 물질과는 전혀 다른 성질을 띠고 있습니다. 이들의 기이한 거동을 연구하는 분야가 양자역학^{量子力學}입니다.

이번 장에서는 물질이 어떻게 구성되어 있으며, 또 소립자들이 어떤 기이한 성질을 가지고 있는지 알아볼 것입니다. 먼저, 앞부분에서는 지난 세기에 있었던 양자이론의 여러 발견 과정을 되돌아보면서 미시세계가 보여 주는 기묘한 성질에 대해 살펴보려고 합니다. 이어지는 후반부에서는 기본입자들에 대해 현시점에서 알고 있는 최상의 이론인 표준모형의 내용을 소개하고, 앞으로의 숙제에 대해서도 알아볼 것입니다.

원자는 실체인가? | 원자의 실제 모습

물질을 구성하고 있는 원자가 대략 어떤 모습을 하고 있는지 먼저 살펴보고 본격적인 이야기에 들어가 보겠습니다. 통상적으로 우리가 떠올리는 원자는 조그만 전자들이 원자핵 주위를 돌고 있는 모습입니다. 하지만 원자의 실제 모습은 이와 너무 다릅니다. 무엇보다도 원자핵은 (수소 원자를 예로 들면) 원자 전체 크기의 약 6만 분의 1에 불과합니다. 만약 원자핵을 1mm 크기의 점으로 표시한다면 전자는 지름 6km의 공전궤도를 도는 셈입니다. 게다가 전자의 크기는 원자핵의 1만 분의 1에 불과하므로 극히 작은 크기로 그려야 합니다. 광학현미경으로도 보이지 않을 크기이지요. 원자의 크기는 원소의 종류에 따라 다르지만 대략 $1 \sim 5\text{Å}$(1옹스트롬=1 분의 1cm)입니다. 그 안에 있는 원자핵은 수소의 경우 1.75fm(1펨토미터=10^{-15}m=1조 분의 1mm), 자연 상태 원소 중 가장 큰 우라늄도 15fm에 불과합니다.[2] 따라서 원자핵과 전자 사이의 공간은 텅 비어 있다고 볼 수 있습니다.

뿐만 아니라 원자핵의 내부 공간도 비어 있기는 마찬가지입니다. 원자핵은 양성자와 중성자로 이루어져 있지요. 그런데 이들의 구성 입자인 쿼크의 지름은 10^{-16}cm보다 작습니다. 즉, 원자핵의 지름보다 1,000분의 1이니 그 사이의 공간도 텅 비어 있는 셈입니다. 사실, 쿼크와 전자는 너무 작아서 지름이 10^{-16}cm 이하라는 사실만 알 뿐 정확한 크기는 모르고 있습니다. 한마디로 원자가 차지하는 부피의 99.999999999999%가 빈 공간입니다. 이처럼 원자의 내부 공간은 황량할 정도로 텅 비어 있는데, 우리는 그들이 모여 이룬 몸, 물, 바위, 산, 바다, 별이 연속적이고 꽉 차 있다고 인식합니다.

기이한 점은 그뿐만이 아닙니다. 우리가 통상적으로 떠올리는 원자의 모습과 달리 전자는 원자핵 주변을 실제로 돌지는 않습니다. 그저 주변에 있을 뿐입니다. 그렇다고 가만히 있는 것은 아닙니다. 끊임없이 움직이지만 확률적으로 어떤 궤도의 위치에 있을 가능성이 클 뿐 '어느 곳'에나 존재할 수 있습니다. 심지어 내 몸을 이루는 원자의 어떤 전자는 천왕성, 아니 수십억 광년 떨어진 다른 은하에 있을 수도 있습니다. 다만 그 확률이 극히 낮을 뿐이지요. 나중에 다시 알아보겠지만, 전자의 상태는 '전자구름모형electron cloud model'으로 그나마 비슷하게 나타낼 수 있습니다(〈그림 2-1〉 참조). 구름은 전자가 발견될 확률이 높은 원자핵 주변의 공간을 나타낼 뿐입니다. 정확한 위치를 나타낼 수 없다는 뜻이지요.

그렇다면 전자가 원자핵 주변을 돈다는 말은 틀렸을까요? 꼭 그렇지만은 않습니다. 전자가 정해진 궤도로 원자핵을 공전한다는 가정은 계산과 관측 값에 의해 얻은 결과입니다. 원자 거동의 어떤 측면을 이해하는 데는 편리한 모형model이지요. 특히 물질의 화학반응을 훌륭하게 설명해주는 모형입니다. 물리학자들은 지난 세기 이래 이와 유사한 많은 이론 모형들을 만들어 냈습니다. 태양계 모습의 원자모형도 그중

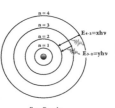

$E_{n'} - E_n = hv$

보어(Bohr)의 고전 모형

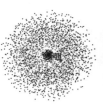

(점: 전자의 확률적 위치)
전자구름 모형

(수소원자)
양자현미경 사진

그림 2-1

원자모형
(a) 보어의 고전 모형
(b) 전자구름모형
(c) 실제

하나입니다. 어떤 현상은 옛 모형으로 설명하는 것이 훨씬 간편하고 이해하기 쉽지요. 일반적으로 나중에 나온 모형일수록 정교하지만 상식으로는 이해가 안 되는 경우가 많습니다. 특히, 물질을 구성하는 소립자의 경우는 더욱 그렇지요. 물질의 기본입자에 대한 이론이 새로운 단계로 발전할 때마다 어떻게 기묘하게 모형들이 변했는지 지난 세기의 발견을 중심으로 살펴보겠습니다.

인간지식의 금자탑 | 양자와 양자역학

상대성이론과 양자과학을 20세기 이후 현대물리학의 양대 기둥이라고 말합니다. 두 이론 모두 20세기 초반의 30여 년 사이에 급격히 발전하며 기본 뼈대를 세웠습니다. 상대성이론이 아인슈타인 한 사람에 의해 거의 독보적으로 수립되었다면 양자과학은 수많은 과학자들의 협동과 경쟁, 축적된 연구를 바탕으로 쌓아 올린 인간 지식의 금자탑이라 할 수 있습니다. 그중에서도 소립자들의 운동과 상호작용을 연구하는 분야가 양자역학quantum mechanics입니다.

먼저 그 이름의 의미부터 알아보지요. 양자量子라는 용어는 에너지나 질량 등의 물리량이 근본적으로 불연속적인 작은 덩어리라는 뜻입니다. 바꾸어 말해 물질은 무한정 작게 자르거나 나눌 수 없으며, 그렇게 할 수 있는 크기에 한계가 있다는 의미입니다. 그와 같은 작은 크기 혹은 그 부근의 영역이 양자의 세계입니다. 다음, 역학力學이란 용어는 힘을 다루는 학문을 말합니다. 힘이란 물체를 움직이게 하는 운동의 원인이지요. 특히 원자처럼 작은 물질은 한 순간도 정지해 있지 않고 움직이며, 서로 영향을 미치며 작용하고 있습니다. 즉, 양자역학은 불연속적인 덩어리 상태의 소립자들이 어떻게 움직이며 상호작용하는 지를 연구하는 분야라고 정의할 수 있습니다.

양자과학은 20세기의 첫 해인 1900년 12월 14일 막스 플랑크Max Planck가 독일 물리학회에서 흑체복사black body radiation에 대한 연구결과를 발표하면서 문을 열었습니다. 복사란 물체가 빛(전자기파)을 흡수 또는 방출하면서 온도가 높아지거나 낮아지는 현상입니다. 난로 옆이 따뜻하고 물체가 식는 이유도 바로 복사현상 때문이지요. 한편, 흑체란 복사파를 반사하지 않고 모두 흡수하는 이상적인 물체입니다. 그런데 대부분의 물체는 들어오는 빛의 일부는 반사하기 마련이므로 완전한 흑체란 없습니다. 다만, 일반적으로 검은 물체는 빛을 대부분 흡수하고 반사는 덜하므로 흑체에 가깝습니다. 가령, 한여름 땡볕에 숯 덩어리를 놓아두면 연소하지는 않지만 반사가 거의 없이 대부분의 햇빛을 흡수하므로 쉽게 뜨거워집니다. 또 이렇게 뜨거워진 숯은 높아진 온도를 낮추기 위해 흡수했던 에너지를 복사파의 형태로 다시 방출합니다. 즉, 들어오고 방출되는 빛(전자기파)의 관계를 잘 파악할 수 있는 물체가 흑체입니다.

이러한 흑체복사 현상을 본격적으로 연구한 과학자가 플랑크의 스승이었던 키르히호프Gustav Kirchhoff였습니다. 1859년 무렵이었지요. 당시 막 태동하던 금속공업계는 제철소 용광로 안의 용융된 철이 온도에 따라 색이 달라지는 현상을 알고자 했습니다. 이를 연구한 키르히호프는 물체에서 방출되는 에너지의 세기(에너지 밀도)는 물체의 종류에 상관없이 온도와 복사파의 파장에만 관계된다는 사실을 발견했습니다. 또한, 방출되는 빛 파장의 스펙트럼이 온도에 따라 각기 다른 세기 분포를 가진다는 사실도 밝혔지요. 하지만 당시의 기술로는 파장의 세기를 정확히 측정하기가 어려웠습니다.

다행히 적외선의 강도를 정밀히 측정할 수 있는 장치가 개발되자, 1893년 베를린대학의 빌헬름 빈$^{Wilhelm\ Wien}$은 복사파에서 나오는 스펙트럼의 분포를 대략 그릴 수 있었습니다. 그가 제시한 '빈의 복사 법칙'에 의하면, 온도가 높을수록 흑체가 내는 가장 밝은 빛의 파장은 짧아집니다. 가령, 장작불은 붉은데 풀무질한 숯불의 색이 푸른 이유는 이 때문입니다. 하지만 몇 년 뒤 보다 정밀한 실험을 해 보니 빈의 복사 법칙은 긴 파장영역에서는 맞지 않음이 밝혀졌습니다.

이런 배경에서 플랑크는 흑체의 복사파 분포를 예측하는 문제와 6년 동안 씨름했습니다. 그러던 중 1900년 겨울 드디어 측정값과 잘 일치하는 관계식을 찾아냈습니다. '플랑크의 식'으로 알려진 이 기념비적인 식에 의하면, 흑체에서 나오는 복사파 에너지는 진동수^{v}를 어떤 특정한 수로 곱한 값의 정수배를 가집니다. 이 수를 '플랑크 상수' h라고 부릅니다.*

플랑크의 식은 중요한 의미를 가지고 있습니다. 즉, 에너지^{E}는 연속적으로 아무 값이나 가지지 않고 hv라는 작은 덩어리를 기본 단위로 한다는 점입니다. 즉, 플랑크 상수 h는 에너지의 최소단위와 관련된 중요한 수입니다. 실제로 현대물리학에서 플랑크 상수는 중력상수 및 광속과 함께 우주의 시간이 흘러도 변치 않는 중요한 숫자입니다. 그래서 우주나 물질의 근본적인 현상을 설명하는 여러 물리식에는 이 세

---

* 식으로 나타내면 E=nh$v$이며, 여기서 n=1, 2, 3…의 정수이다. 진동수(v)는 파동이 1초에 진동한 횟수로 주파수라고도 부르며, 파동의 길이인 파장과는 반비례 관계를 가진다. 즉, 진동수(v)가 큰 짧은 파장일수록 에너지가 큼을 알 수 있다. 플랑크 상수의 값은 h=$6.62607015 \times 10^{-34}$ J·s이다. 단위는 에너지의 단위인 줄(J)과 시간의 단위인 초(s)의 곱이다. 양자역학의 계산에서는 편의상 플랑크 상수 h보다는 이를 원주율의 2배로 나눈 상수를 더 많이 사용한다. 이를 환산 플랑크상수(reduced Planck constant) 혹은 디랙 상수(Dirac constant)라고 부르며, ℏ(h bar로 읽음)로 표시한다. 즉, ℏ=h / 2π 이다.

개의 상수가 일부 혹은 모두 포함됩니다. 이처럼 중요한데도 플랑크 상수가 뒤늦게 발견된 이유는 실생활에서 실감하지 못할 만큼 극히 작은 값이기 때문입니다.

에너지가 불연속적인 작은 덩어리 값으로만 존재한다는 플랑크 식의 결과는 당시 물리학자들의 일반적인 생각과 크게 달랐습니다. 에너지는 연속적인 흐름이라는 것이 일반적인 생각이었지요. 예외적으로 오스트리아의 볼츠만Ludwig Boltzmann은 열이 연속적 흐름이 아니라 수많은 분자나 원자의 운동에서 비롯된다고 보았습니다. 그는 통계역학적 방법으로 열역학을 설명했습니다. 원래 열역학을 전공했던 플랑크도 당시의 대부분 과학자들처럼 볼츠만의 이론에 강한 거부감을 가지고 있었지요.

그래서인지 오늘날의 시각에서 보면 그가 식을 유도한 과정은 심각한 결함을 내포하고 있었습니다. 일설에 의하면 빈 공식의 분모에서 1을 빼 보라는 제자의 조언을 듣고 이리저리 해보다가 우연히 식을 알아냈다고 합니다. 실험값과 일치하는 식을 찾아낸 후에는 2달에 걸쳐 설명을 끼워 맞추었는데, 그 과정에서 원치 않았던 볼츠만의 접근법을 사용했습니다. 아무튼 때려 맞춰 찾아낸 식은 측정결과와 완벽히 일치했습니다. 하지만 자신의 신념과 다른 결과를 얻어 곤란에 처한 플랑크는 이후 5년 동안 식에 함축된 에너지의 불연속성에 대해 모호한 태도를 취했습니다. 자신의 식을 흑체복사라는 특별한 상황에만 예외적으로 적용되는 수학적 트릭 정도로 여기고 물리적 해석은 피했던 것이지요. 당시 대부분의 다른 학자들도 플랑크 식의 혁명적 의미에 대해 1908년까지 심각히 생각하지 않았습니다.

이런 분위기에서 1900년과 1905년 영국의 두 과학자가 흑체복사

현상을 고전물리학 개념으로 유도한 식을 발표했습니다. 이들이 내놓은 레일리–진스Rayleigh-Jeans 식은 빈의 법칙의 약점인 긴 파장 영역(작은 진동수)에서는 실험값과 비슷했습니다. 그러나 짧은 영역에서는 전혀 맞지 않았습니다. 특히 자외선보다 짧은 파장에서 복사에너지가 무한대가 되는 터무니없는 결과가 나왔습니다. 이 모순을 '자외선 파탄ultraviolet catastrophe'이라 불렀습니다.

플랑크 식이 의미하는 바를 처음으로 정확히 깨달은 인물은 아인슈타인이었습니다. '기적의 해'로 불리는 1905년 그는 독일 『물리학 연보Annalen der Physik』에 특수상대성이론을 비롯해 물리학사에 남을 각기 다른 주제의 논문을 4편이나 발표했습니다. 그중 첫 번째가 광전光電효과에 관한 논문입니다. 1887년에 발견되어 이미 알려져 있던 광전효과는 금속판에 빛을 쬐면 전자가 튀어나오는 (혹은 전기가 발생하는) 현상입니다. 빛을 받아 전기를 발생시키는 태양전지, 자동문의 광센서, 레이저 복사기가 이 원리를 이용한 기술이지요.

그런데 광전효과는 당시 대부분의 과학자들이 지지했던 빛의 파동설로는 설명할 수가 없었습니다. 빛이 파동이라는 생각은 17세기 말에 회절 현상을 설명한 네덜란드 하위헌스Christiaan Huygens(예전의 잘못된 발음표기로는 호이겐스) 덕분에 처음에는 지지를 받았지만, 18세기에 가서는 뉴턴의 입자설로 기울어졌습니다. 그러나 토마스 영Thomas Young의 간섭실험과 맥스웰이 빛이 전자기파임을 밝혀내자 19세기와 20세기 초에는 다시 파동설이 힘을 얻고 있었습니다.

그런데 광전효과는 특정 조건에서만 일어났습니다. 우리는 경험으로 파동의 에너지가 진폭(파동의 높이)이 클수록 크다는 사실을 압니다. 그래서 태풍 때 발생하는 파도는 파고가 클수록 위력이 세지요.

그런데 기이하게도 빛의 세기가 커도 광전효과가 일어나지 않는 경우가 있었습니다. 광전효과가 일어날지의 여부는 빛의 세기가 아니라 색(빛의 파장)이 결정했습니다. 즉, 진동수가 어떤 문턱값$^{threshold\ frequency}$에 못 미치면 광전효과가 나타나지 않았습니다(대부분의 금속은 큰 진동수, 즉 짧은 파장 영역에서만 광전효과가 나타납니다. 다만, 일부 화합물은 가시광선을 쪼여도 나타납니다). 또한 튀어나오는 전자의 에너지도 쪼여준 빛의 밝기가 아니라 진동수가 커질수록 증가했습니다. 다만 빛의 세기가 크면 튀어나오는 전자의 숫자는 증가했지요.

이에 아인슈타인은 위의 1905년 논문에서 빛은 불연속적인 덩어리 성질을 띠고 있다고 제안했습니다. 즉, 금속 표면에 도달하는 빛은 플랑크 식에 나타난 값^{hv}의 정수배의 에너지를 가지는 덩어리 형태로 금속판을 때리며, 그 때문에 알갱이의 전자가 튀어나온다고 보았습니다. 마치 많은 양의 보슬비가 내려도 끄떡없던 비닐하우스가 큰 에너지를 가진 몇 개의 우박에 의해 망가지는 것과 같은 이치입니다. 앞서 언급했던 레일리-진스 식에서 복사파의 값이 무한대가 된 이유는 빛의 파장이 연속적으로 모든 값을 가진다고 보았기 때문이었습니다. 그 경우 에너지의 총량은 무한대가 될 것입니다.

하지만 빛의 에너지가 불연속적인 뭉치값으로 존재한다면 무한대의 문제가 해결됩니다. 결국, 흑체복사를 설명하는 수학적 트릭 정도로만 여겼던 플랑크의 식이 사실은 빛과 에너지와 관련된 근본적 물리 현상임을 아인슈타인이 밝힌 것입니다. 여기에는 자연을 무한소로 쪼갤 수 없다는 심오한 원리가 숨어 있습니다. 아인슈타인은 상대성이론이 아니라 바로 이 광전효과를 규명한 공로로 16년 후인 1921년 노벨 물리학상을 받았습니다. 그리고 양자역학의 진정한 시작은 1905년의 그의 광전효과 설명부터라 볼 수 있습니다.

하지만 아인슈타인의 광양자 光量子 가설도 처음부터 지지를 받지는 않았습니다. 발표 후 오랫동안 대부분의 과학자들이 수용하지 않았지요. 무엇보다도 그의 가설은 빛의 파동적 특성인 회절과 간섭현상을 설명할 수 없었습니다. 공격에 시달린 아인슈타인은 1911년 무렵 광양자 가설에 대한 변론을 잠시 접어두고 대신 일반상대성이론의 연구에 매진했습니다. 특히 반대자 중 한 사람인 시카고대학의 밀리컨 Robert Milikan 은 아인슈타인의 잘못을 밝히기 위해 광전효과에 대한 정밀한 실험을 반복했습니다. 그런데 역설적이게도 그는 광전효과를 입증하는 결정적인 실험 결과를 1916년에 얻었습니다. 밀리컨은 (끝까지 반신반의했던) 광전효과 실험과 기름방울 실험을 통해 전자의 전하를 정확히 잰 공로로 1923년 미국인으로는 두 번째 노벨 물리학상을 받았습니다.

그러나 누구보다도 식의 발견자인 플랑크 자신이 빛이 덩어리 값의 에너지를 가진다는 양자성을 받아들이지 않았습니다. 그는 아인슈타인을 프러시아과학아카데미 회원으로 추천하는 글에서도, '가끔 광양자 가설처럼 엉뚱한 논리를 펴는 오류를 범하지만…'이라는 토를 달았다고 합니다.[3] 플랑크는 매우 근면하고 신중한 과학자였습니다. 나치 정권에 유대인 과학자들에 대한 배려를 건의했으며, 그의 아들 중한 명은 히틀러 암살 사건에 연루되어 처형되었지요. 가족의 불행이 이어졌지만 종전 후 피폐한 독일 과학계의 재건과 후배 학자들을 위한 많은 헌신으로 존경을 받았습니다. 독일의 86개 연구소와 대학연구소의 연합체로 2018년 기준 세계 최고의 32개 노벨 과학상(전신인 카이저 빌헬름연구소 포함)을 배출한 막스플랑크연구소도 그를 기리기 위해 명명했지요.

하지만 아이러니하게도 양자과학의 문을 연 플랑크, 그리고 이를 결정적으로 뒷받침해 준 아인슈타인은 이후 전개된 양자역학의 핵심 개념을 가장 반대하는 선봉에 서게 되었습니다. 두 사람 모두 죽을 때까지 생각을 바꾸지 않았지요.

원자보다 작은 것들 | 전자와 원자핵의 발견 이야기

플랑크의 식이 발표되기 5년 전인 1895년, 독일의 뢴트겐^{Wilhlem Röntgen}이 X-선을 발견한 사건도 양자론의 시대를 여는 데 큰 기여를 했습니다. 사실 X-선도 빛, 즉 전자기파의 일부분입니다. 어머니의 나라 네덜란드에서 청소년기를 보낸 뢴트겐은 지금 기준으로 볼 때는 이해하기 힘든 사소한 사건으로 퇴학을 당했습니다. 교사를 불경하게 그린 급우의 이름을 알면서도 말하지 않았다는 이유였지요. 퇴학은 물론 네덜란드의 다른 학교에도 진학할 수 없는 처벌이었기 때문에 그는 스위스로 건너가 취리히 연방 공과대학에서 기계공학을 전공했습니다.

학위를 마친 후에는 유리관 방전 실험 연구를 했습니다. 유리관을 이용해 방전을 하는 실험은 원래 영국의 화학자 패러데이^{Michael Faraday}가 1838년에 처음 행했습니다. 18세기 말 피뢰침을 발견한 벤자민 프랭클린의 실험으로, 번개를 여러 대기 조건에서 재현하기 위해 유리관 안에서 시행되었습니다. 그 후 많은 과학자들이 유리관 안에 음극과 양극 금속막대를 넣고 다양한 방전 실험을 했습니다. 그런데 유리관 안이 진공이면 방전 시 음극에서 알 수 없는 광선이 나왔습니다. 과학자들은 정체 모를 이 광선을 음극선^{cathode ray}이라 불렀지요.

어느 날 뢴트겐은 방전실험 중 특이한 현상을 발견했습니다. 유리관 안에서만 보이는 음극선과 달리 이를 뚫고 나오는, 보이지 않는 빛이었지요. 뢴트겐은 이를 미지의 광선이라는 의미에서 X-선이라 명명했습니다. 이 광선은 여러 물질을 투과하며 사진판도 감광했습니다. 인류 역사상 처음으로 살아 있는 신체 내부의 뼈가 드러난 모습을 본 사람들은 아연실색했습니다. 반지 낀 손의 X-선 뼈 사진을 본 그의 아내는 죽음을 보았다고 했고, 빌헬름 2세는 독일 과학에 승리를 안겨 준 하느님을 찬양한다며 축전까지 보냈습니다. 1901년의 제1회 노벨 물리학상은 당연히 뢴트겐의 몫이었지요.

그의 발견이 도화선이 되어 1896년 프랑스의 앙리 베크렐Henri Becquerel이 방사선을, 그리고 1898년에는 퀴리 부부가 라듐을 발견했습니다. 특히, X-선 발견으로부터 2년이 지난 1897년, 영국의 톰슨Joseph J. Thomson이 전자의 존재를 증명했습니다. 사실, 19세기 중반 이후 과학자들은 수십 년 동안 유리관 진공방전 실험을 했지만 음극선의 정체가 무엇인지는 여전히 모르고 있었습니다. 톰슨은 음극선이 전기장에서 휘는 현상을 정밀 분석하여 그 정체가 음전하를 띤 입자임을 증명했습니다. 뿐만 아니라 휘는 정도를 측정해 '입자의 전하(e)와 질량(m)의 비'(e/m)도 비교적 정확하게 구했지요. 이로부터 추산한 음극선 입자의 질량은 가장 가벼운 원자인 수소의 1,000분의 1에도 못 미쳤습니다. 또한 이 입자가 진공 속을 초속 3만 2,000km(빛의 약 1/10)의 빠른 속도로 움직인다는 사실도 밝혔습니다. 그는 이를 미립자라고 이름 붙였지만 다른 학자들이 전자로 고쳐 불렀습니다.

전자의 발견은 세 가지 이유에서 중요한 진전이었습니다. 첫째, 원자의 존재를 강하게 시사했습니다. 당시만 해도 물질을 구성하는 소립자가 발견된 적이 없기 때문에 원자의 존재를 반신반의하는 과학자들이 여전히 많았습니다. 전자의 발견은 데모크리토스 이래 2,000여 년 동안 철학적 가설에 불과했던 원자의 존재를 강하게 시사했습니다. 둘째, 원자가 가장 작은 물질 입자가 아니라는 사실도 시사했지요. 관측된 전자의 질량은 화학실험으로 추정했던 원자보다 훨씬 작았으며, 따라서 그 일부임이 분명했습니다. 셋째, 전자는 음전하를 가지므로 원자 안에는 양전하를 띤 또 다른 무엇이 있어야 했습니다. 원자는 전기적으로 중성이기 때문입니다.

톰슨은 이를 '건포도 푸딩 모형Plum pudding model'으로 설명했습니다. 즉, 건포도가 박혀 있는 푸딩처럼 전자들도 양전기를 띤 원자 속에 여기저기에 분포되어 있다고 제안했습니다. 케임브리지대학의 캐번디시연구소를 이끌었던 톰슨은 만지는 장치마다 고장 내 별명이 '마법의 손'이었다고 합니다. 하지만 그 자신을 포함하여, 그의 제자와 연구원까지 총 7명이 노벨상을 받을 만큼 그는 훌륭한 학자이자 스승이었습니다. 그의 아들도 빛의 파동성을 입증한 공로로 훗날 노벨 물리학상을 받았습니다.

과학의 빛나는 강점 중 하나는 도그마에 빠지지 않기 위해 노력한다는 점이지요. 과학에서는 제자가 스승의 학설을 대폭 수정하거나 뒤집을 수 있고, 또 이를 기꺼이 받아들이는 것을 지향합니다. 물론, 제자의 학설은 스승과 그 이전의 학자들이 쌓아 올린 토대 덕분이지요. 톰슨의 건포도 푸딩 원자모형도 제자인 어니스트 러더포드Ernest Rutherford가 폐기했습니다. 핵물리학의 아버지로 불리는 러더포드는 원자핵과 방사성 연구에 큰 업적을 남긴 인물입니다. 뉴질랜드 시골에서 12자녀 중 4번째로 태어나 어렵게 석사까지 마친 그는 영국 장학생에 선발

되어 케임브리지대학에서 학생 연구원으로 일할 기회를 얻었습니다. 케임브리지대학에서 타교 출신자에게 연구가 허용된 첫 사례여서 그는 '외계인'으로 불렸지만 톰슨이 따뜻하게 지도했다고 합니다. 그 덕분에 3년 후 우라늄에서 나오는 방사성인 알파선과 베타선을 발견했습니다(두 입자는 나중에 헬륨원자와 전자로 밝혀졌습니다). 이 공로로 노벨화학상을 받았지요.

러더포드는 톰슨의 후임으로 대학 내 캐번디시연구소를 맡았는데, 스승이 그랬듯이 우수한 젊은 과학자들을 많이 길러내 당시 이 연구소는 입자물리학 연구의 메카로 자리잡았습니다. 노벨상 수상 이듬해인 1909년, 그의 연구원과 20세 학부생 연구조원은 중요한 사실을 관측했습니다. 두 연구원은 방사성 물질에서 나오는 알파입자를 금박에 쏘아보았습니다. 그런데 대부분의 알파입자는 금박을 투과했지만, 8,000개당 약 90개가 90도 이상의 각도로 튕겨 나갔습니다. 물리법칙에 의하면, 충돌하는 입자가 얻어맞는 물체보다 작아야 90도 이상의 산란각으로 튕겨 나갑니다. 이는 알파입자(헬륨원자)보다 질량이 큰 어떤 입자가 금 원자 안에 있음을 의미했지요. 톰슨의 건포도 푸딩 모형으로는 설명이 안 되는 현상이었습니다. 톰슨의 모형이 옳다면 알파입자의 대부분은 금박을 투과하거나 작은 각도로 산란되어야 했습니다.

러더포드는 이후 수년에 걸친 산란실험과 분석을 거듭한 끝에 원자의 질량 대부분이 중심부에 있는 매우 작은 영역에 몰려 있다고 결론지었습니다. 즉, 질량이 작은 음전하의 전자들이 양전하를 띤 무거운 원자핵의 주위를 돌고 있다고 보았습니다. 나아가 러더포드는 원자핵 안에 양성자 이외에 전기적으로 중성인 입자도 있을 것이라고 예측했습니다. 실제로 그의 제자 채드윅James Chadwick은 중성입자를 발견하고 이를 중성자라고 했습니다. 채드윅은 원래 수학을 전공하려 했으나 입시 때에 잘못 선 줄을 바꾸기가 쑥스러워 그냥 물리학을 택했다는 인물입니다.[4]

건포도 푸딩에서 행성으로 | 보어의 원자모형

사실, 톰슨의 '건포도 푸딩 모형'이 나오기 전인 1903년 5월 일본의 물리학자 나가오카 한타로長岡半太郎가 '토성 원자모형'을 발표한 바가 있었습니다. 토성의 띠처럼 전자들이 원자핵 주위를 돌고 있다는 원자모형이었지요. 나가오카는 메이지유신 때 일본 정부가 유럽의 과학기술을 배우기 위해 보낸 수백 명의 유학생 중 한 명이었습니다. 오스트리아의 빈Wien대학에서 3년간 유학하며 볼츠만의 지도를 받았으므로 당대 물리학의 최전선을 접한 인물이었지요(일본의 첫 노벨 물리학상 수상자인 유카와 히데키의 스승의 스승입니다.)

그가 제안한 토성 원자모형은 당시로서는 매우 첨단적인 가설이었습니다. 하지만 전자기파 이론에 의하면 전하를 띤 입자가 움직이면 빛을 방출하며 낮은 에너지 상태가 되어야 합니다. 즉, 토성 모형대로 전자가 공전하면 에너지를 즉각 잃고 원자핵으로 떨어져야 합니다. 톰슨의 건포도 푸딩 모형도 이 문제를 피하려 내놓은 가설이었습니다. 결국, 러더포드가 원자핵을 발견함으로써 토성 모형은 태양계 모형으로 형태를 바꿔 부활한 셈입니다.

태양계 모형을 더욱 발전시켜 구체화한 물리학자가 덴마크의 닐스 보어Niels Bohr입니다. 코펜하겐대학에서 전자이론으로 1911년 박사학위를 마친 보어는 연구장학금을 받아 영국의 톰슨 그룹에서 연구할 기회를 얻었습니다. 하지만 서툰 영어 등으로 적응을 못해 고전했습니다. 그러던 중 당시 맨체스터대학에 있던 러더포드를 방문한 것이 계기가 되어 3달 만에 자리를 옮겼습니다. 그곳에서 러더포드의 태양계 모형을 접한 보어는 새로운 원자모형을 구상했습니다. 1913년에 내놓은 그의 원자모형은 양자론뿐만 아니라 화학반응의 이해에도 큰 기여를 했습니다.

지저분한 외모에 열차의 3등칸만 탔던 러시아의 과학자 멘델레예프Dmitri Mendeleev는 원자를 무게, 즉 원자량의 순서대로 배열하면 유사한 화학적 성질이 주기적으로 반복된다는 사실을 발견했습니다. 이에 착안한 보어는 원자의 구성입자들이 연속적이지 않고 무언가 하나씩 추가되는 방식으로 되어 있다는 발상을 했습니다. 그는 이 아이디어에 플랑크의 복사파와 에너지가 덩어리 값으로 존재한다는 아인슈타인의 광양자설을 접목했습니다.

뿐만 아니라 당시 분광학 분야에서 알려졌던 원소의 스펙트럼에도 열쇠가 숨어있다고 생각했습니다. 스펙트럼이란 색, 즉 빛 파장의 집합을 말합니다. 그런데 가열 혹은 방전된 단일물질에서 나오는 빛을 프리즘으로 조사하면 백색광처럼 스펙트럼이 연속적이지 않고 원소마다 다른 독특한 띠들이 나타납니다(〈그림 2-2〉 참조). 태양계 모형은 이를 설명하지 못했지요. 마침, 스위스의 여학교 수학교사였던 발머J. J. Balmer가 수소의 스펙트럼에 나타나는 선들의 위치를 알아맞히는 간단한 수학식을 찾아냈습니다.[*] 즉, 이론 없이 우연히 발견한 이 식의 n이

---

[*] 수소의 가시영역 스펙트럼에 나타나는 선의 파장(λ)은 410, 434, 486 및 656nm이다. 발머는 이 값에 역수를 취해 $1/\lambda = R (1/2^2 - 1/n^2)$의 식으로 만들면 선들의 위치와 일치함을 발견했다. 이 식에서 R은 0.0110의 값을 가지는 상수이며, n은 2보다 큰 정수 3, 4, 5, 6이다. 후에 스웨덴의 리드베리(Johannes R. Rydberg)는 수소 방출선의 적외선 및 자외선 영역에도 적용할 수 있는 보다 개선된 일반식을 내놓았다.

라는 값에 정수 3, 4, 5를 대입하면 정확히 수소의 스펙트럼선의 파장 값이 됩니다.

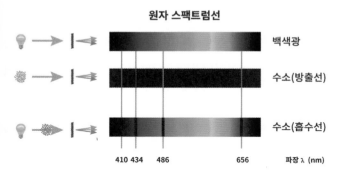

원자 스팩트럼선

백색광

수소(방출선)

수소(흡수선)

410 434   486   656   파장 λ (nm)

그림 2-2

수소의 스펙트럼: 백색광의 연속선, 수소원자의 방출선 및 흡수선.

보어는 원소의 스펙트럼이 연속적이지 않고 선이 나타나는 이유를 원자 속에 있는 전자가 불연속적인 에너지를 가졌기 때문이라고 추정했습니다. 그는 이 추론을 러더포드의 태양계 원자모형에 적용하면서 두 가지 혁신적인 생각을 했습니다. 첫째, 전자가 원자핵으로부터 특정한 거리에 있는 궤도만 돌고 있다고 보았습니다. 마치 수성, 금성 지구 등 행성이 태양으로부터 일정한 거리에 있는 궤도만 돌고 있는 것과 같은 이치입니다. 즉, 발머 계열식에 나오는 정수 n은 원자핵 주위를 공전하는 전자가 에너지적으로 허용되는 특정한 궤도에 있음을 나타내는 숫자라고 보았습니다.

여기서 말하는 전자가 취할 수 있는 궤도, 즉 에너지 값이 '에너지 준위^{準位}'입니다. 보어는 이 덩어리 값을 결정하는 정수(n)를 양자수 quantum number라고 불렀습니다. 원자핵에 가장 가까운 순서대로 이름 붙인 K, L, M, N 궤도는 각기 양자수 n=1, 2, 3, 4에 해당됩니다. 이런 방식이라면, n=1일때의 궤도거리인 1/2억 cm(보어반경)보다 가까운 거리에서는 전자가 공전할 수 없습니다.

둘째, 보어는 양자도약quantum leap의 개념을 도입했습니다. 즉, 바깥쪽 궤도에 있는 전자일수록 에너지 준위가 높기 때문에 불안정하다고 생각했지요. 또한 전자가 에너지를 받거나 잃으면 빛을 방출하거나 흡수하면서 궤도를 오르락내리락 한다고 보았습니다. 가령, 수소 기체를 가열하거나 방전하면 에너지를 흡수하므로 안쪽 궤도를 돌던 전자가 높은 에너지 준위의 바깥 궤도로 도약합니다. 반면, 높은 에너지 상태는 불안정하므로 위로 도약한 전자는 안쪽 궤도로 다시 내려오려고 할 것입니다. 이 과정에서 방출하는 에너지가 복사파라는 설명이지요.

옳은 해석이었습니다. 이때 방출되는 복사파는 정확히 궤도의 에너지 준위 차이만한 덩어리 값($E=nh\lambda$)을 가집니다(《그림 2-1》 참조). 물론, 반대 과정도 일어납니다. 1913년 보어가 발표한 원자모형은 이듬해에 두 명의 과학자가 전자를 수은 증기에 충돌시키는 실험으로 증명했습니다. 그들은 수은 원자가 4.9eV의 에너지 덩어리를 단계적으로 흡수함을 밝혔습니다. 이 공로로 두 사람은 훗날 노벨 물리학상을 수상했지요.

양자도약 개념을 토대로 한 보어의 원자모형은 이처럼 당시까지 알려졌던 여러 현상들을 통합하는 논리적 설명이었습니다. 그런데 수소 원자의 스펙트럼선이 당초 생각했던 것보다 훨씬 복잡하다는 사실이 이어진 정밀 측정으로 드러났습니다. 즉, 한 가닥인 줄 알았던 선이 알고 보니 미세하게 인접한 여러 개였습니다.

이 현상을 설명하기 위해 뮌헨대학의 아르놀트 좀머펠트Arnold Sommerfeld는 양자수의 개념을 확장해 생각했습니다. 보어는 전자가 평면 상의 원형 궤도를 돈다고 생각했지요. 따라서 원자핵에서 궤도까지의 거리만 고려한 1개의 에너지 기준, 즉 주^主양자수만 생각했습니다. 반면, 좀머펠트는 전자의 궤도는 타원인 데다 3차원적이며, 이를 기술하려면 2개의 양자수가 더 필요하다고 보았습니다. 즉, 궤도의 타원 모양을 나타내는 부^副양자수(l), 그리고 3차원적 회전에 따른 각운동량의 방향을 나타내는 자기^{磁氣}양자수(m)를 추가했습니다. 전자가 돌 수 있는 궤도는 3개 양자수로 나타낼 수 있다는 설명이었지요. 다시 말해, 수소의 스펙트럼선이 여러 개로 쪼개지는 이유는 전자가 동일한 주양자수의 궤도라 해도 공전하는 모양이 타원이거나 각도가 서로 다르기 때문이라고 생각했습니다(후에 좀머펠트의 제자 파울리가 4번째 양자수인 스핀을 추가했습니다). 참고로, 좀머펠트는 파울리, 하이젠베르크, 디바이, 베테 등 물리학의 거목들을 제자로 배출했으나, 정작 본인은 노벨상 후보로 거론만 되다 노년에 교통사고로 세상을 떠났습니다.

아무튼 좀머펠트가 보강한 보어의 원자모형은 화학반응이 일어나는 원인을 훌륭하게 설명하는 등 매우 성공적이었습니다. 그러나 10여 년 동안만 풍미한 과도기적 이론이었지요. 무엇보다도 이 모형은 가장 간단한 원소인 수소의 전자 상태는 잘 설명했지만, 그다음 원소인 헬륨의 스펙트럼선에는 무용지물이었습니다. 또한, 이 장의 첫 절에서 살펴보았듯이 전자들은 보어-좀머펠트의 원자모형처럼 실제로는 공전하지 않지요. 원자 내 전자들의 움직임은 파동성 때문에 훨씬 난해한 양상을 띱니다. 보어·좀머펠트 모형은 에너지를 덩어리인 양자로 보았다는 점에서는 현대적이었으나 전자를 고전적 입자로 인식한 한계가 있었지요. 더구나 태양계 모형은 전자의 안정성에 관한 치명적인 결함을 가지고 있었습니다.

식당 테이블 보에 적은 수식 | 물질파

보어의 모형대로라면 전자는 원자핵 주위를 안정하게 돌 수 없습니다. 전자처럼 전하를 띤 물체가 회전할 때는 전자기파(빛)를 방출하며 에너지를 잃기 때문이지요. 전자가 만약 그 같은 고전적 입자라면 불과 10억 분의 1초 사이에 빛을 방출하고 원자핵 쪽으로 빨려 들어가야 합니다. 한편, 당시의 물리학자들은 플랑크의 양자가설이나 아인슈타인의 광양자 이론이 발표된 지 여러 해가 지났지만 여전히 빛의 입자성을 받아들이지 않는 분위기였습니다. 맥스웰의 전자기파 이론이나 회절 간섭현상으로 미루어 볼 때 전자나 빛이 파동이라는 믿음이 워낙 강했기 때문입니다. 파동으로 여겨지는 빛이 왜 입자적 성질을 띠는지 설명할 마땅한 이론이 없었던 것입니다.

프랑스 귀족(공작) 가문의 루이 드 브로이^{Louis de Broglie}는 원래 소르본 대학에서 역사학으로 학위까지 받은 인문계 전공자였습니다. 그러나 물리학자인 친형의 영향과 제1차 세계대전에 무선통신병으로 참전한 경험이 계기가 되어 물리학에 흥미를 느끼고 있었습니다. 특히 아인슈타인의 광양자이론과 특수상대성이론, 그리고 닐스 보어의 원자이론에 큰 관심을 가지고 있었지요. 조지 가모프에 의하면, 드 브로이는 어느 날 저녁 식사 때 친구들과 포도주에 취해 토론하다 한 가지 생각이 퍼뜩 떠올라 관련 수식을 테이블 보에 대충 적었다고 합니다. 아침에 술이 깨어 되돌아보니 전날 밤의 아이디어가 괜찮다는 생각이 들어 즉시 식당으로 달려가 테이블 보를 찾았다고 합니다.

그의 아이디어를 요약하면 다음과 같습니다. 첫째, 전자가 통상적인 파동처럼 균등하게 퍼져 있지 않고 '파동의 묶음' 형태로 밀집되어 있다면 입자처럼 보일 수 있다는 생각입니다. 둘째, 플랑크 식에 나오는 파동의 에너지를 특수상대성이론의 식과 묶는 발상입니다. 플랑크의 복사파 에너지는 진동수와 플랑크 상수의 곱($E=h\nu$)이지요. 한편, 특수상대성이론에 의하면 에너지는 질량에 광속의 제곱을 곱한 값($E=mc^2$)입니다. 그런데 둘을 같다고 보면 $h\nu=mc^2$가 됩니다. 여기서 왼쪽 항은 파동, 오른쪽 항은 입자에 관한 식입니다. 이렇게 하면 파동이 입자와 같아집니다.

전자뿐 아니라 모든 물질이 파동이라고 본, 드 브로이의 아이디어는 혁명적입니다 이를 물질파$^{matter wave}$라고 부릅니다. 그렇다면 야구공이나 지구도 파동이라는 이야기이지요. 하지만 우리는 야구공이 파동이라고 생각하지 않습니다. 그 이유는 플랑크 상수가 워낙 작은 값이기 때문입니다.* 가령, 초속 30m로 던진 야구공(150g)의 파장은 1.5×10^{-34}m에 불과합니다. 상상이 안 될 정도의 짧은 파장이니 당연히 관측이 어렵지요. 반면, 같은 속도로 움직이는 전자(9.1×10^{-31}kg)의 파장은 2.4×10^{-10}m여서 소립자의 크기와 비슷합니다. 다시 말해, 일상적 물체의 파장은 너무 작아 파동임을 느끼지 못하지만 전자처럼 극미한 소립자들은 파동의 성질을 충분히 나타낼 수 있다는 것이지요. 이처럼 드 브로이의 물질파는 왜 소립자들이 입자와 파동의 양면성을 띠는지를 명쾌히 설명합니다.

한편, 드 브로이의 물질파는 전자가 원자핵에 빨려가지 않는 이유도 말해 줍니다. 파동이 가지는 성질의 하나인 위상$^{位相, phase}$으로 간단히 설명되지요. 〈그림 2-3〉에서 보듯이, 2개의 파동을 마루와 골이 일치

---

* 물질파의 파장(λ)은 플랑크 상수(h)를 운동량(p)으로 나눈 값으로 표시된다. 즉, $\lambda = h/p$ 이다. 그런데 물체의 운동량은 질량(m)에 속도(v)를 곱한 값이다. 따라서 $\lambda = h/mv$가 된다. 이 식에서 보듯이 분자 항의 플랑크 상수(h)는 극히 작은 값이기 때문에 분모 항의 물체의 질량이 극히 작아야 비로소 관측 가능한 파장의 길이가 된다.

하도록 합치면 파장은 같지만 진폭이 커진 새로운 파동이 됩니다. 파동들이 시간적으로 맞으면 이런 일이 발생하지요. 마치 축구장의 파도타기 응원과 흡사합니다. 이런 상태를 '위상 맞음in-phase'이라 합니다. 파동들이 건설적으로 간섭을 일으키는 경우이지요. 반면, 결이 맞지 않는 2개의 파동이 합쳐지면 '위상 어긋남out-of-phase'이 일어나 파동이 쪼그라드는 파괴적 간섭이 일어납니다. 특히, 마루와 골의 위치가 정반대인 경우 파동이 소멸해 버리지요(〈그림 2-3 c〉 참조).

위상 맞음의 좋은 예가 현악기나 관악기의 음입니다. 가령, 기타줄의 한가운데를 튕기면 파동이 양끝으로 전파됩니다(〈그림 2-4 a〉 참조). 그러나 파동이 줄의 양끝에 이르면 더 이상 전진하지 못하고 반사되어 튕겨 나오며 서로 마주치게 됩니다. 이때 마주치는 두 파장의 위상이 서로 맞으면 정상파standing wave를 형성합니다. 이름 그대로 파동이 '멈춰 선' 듯한 안정된 모습이 됩니다. 이러한 정상파는 파동의 양끝이 마디에 있는 경우에만 형성되지요. 이에 따라 기본음부터 2, 3, 4배음 등의 여러 배음이 가능합니다. 우리가 듣는 관악기나 현악기의 음은

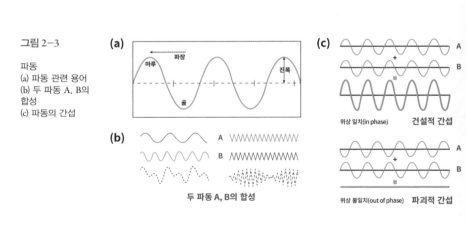

그림 2-3

파동
(a) 파동 관련 용어
(b) 두 파동 A, B의 합성
(c) 파동의 간섭

(a) 파장 / 마루 / 진폭 / 골

(b) 두 파동 A, B의 합성

(c) 위상 일치(in phase) 건설적 간섭

위상 불일치(out of phase) 파괴적 간섭

모두 정상파입니다. 다만 악기마다 음색이 다른데, 이는 진동수는 같지만 배음의 조합이 다르기 때문입니다.

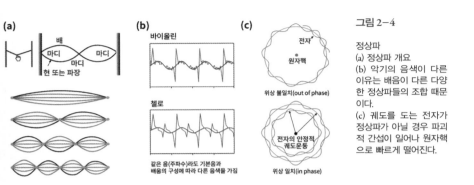

그림 2-4

정상파
(a) 정상파 개요
(b) 악기의 음색이 다른 이유는 배음이 다른 다양한 정상파들의 조합 때문이다.
(c) 궤도를 도는 전자가 정상파가 아닐 경우 파괴적 간섭이 일어나 원자핵으로 빠르게 떨어진다.

드 브로이는 비슷한 일이 원자핵의 주위를 공전하는 전자에게도 일어난다고 보았습니다. 즉, 파동인 전자가 궤도를 따라 돌 때 정상파를 형성해야 안정적이 된다고 생각했지요(〈그림 2-4 c〉 참조). 전자의 파동이 원자핵 주위를 한 바퀴 돌아 제자리에 왔을 때 위상이 일치한다면 파동의 소멸간섭이 없으므로 안정적으로 계속 공전할 수 있다는 설명입니다. 그렇게 되려면 전자궤도의 둘레 길이가 물질파 파장의 정수배가 되어야 할 것입니다. 이는 다름 아닌 플랑크의 복사파가 덩어리 값(hν의 정수배)을 가지는 경우입니다.

드 브로이는 이 내용을 3편의 논문으로 나누어 프랑스 과학아카데미의 회보인 『꽁뜨 랑뒤Comptes Rendus』에 제출했습니다. 지금은 영어권의 『네이처』나 『사이언스』에 밀려 명성이 바랬으나 300년 이상의 역사를 가진 『꽁뜨 랑뒤』는 과학사에 기록될 유명한 연구결과들을 실었거나, 혹은 거부했을 만큼 권위있는 학술지였습니다. 그의 지도교수는 당대의 저명한 학자로 심사위원 중 한 사람이었으나 물질이 파장이라는 주장이 너무 파격적이라고 생각해 심사를 유보했습니다. 대신 친구인 아인슈타인의 의견을 구했지요. 드 브로이의 논문을 읽은 아인슈타인은 '물리학에 드리운 커다란 베일을 벗겨냈다'는 짧은 답장으로 극찬했습니다. 드 브로이는 이듬해인 1924년 이 주제로 학위심사에 통과했으며, 5년 후 노벨 물리학상을 받았습니다. 이는 박사학위 논문으로 노벨 물리학상을 수상한 유일한 사례라고 합니다. 물질파의 존재는 1927년 데이비슨[C. Davisson]과 저머[L. Germer]가 니켈 단결정의 전자산란 실험을 통해 입증했습니다.

　드 브로이의 물질파 이론이 등장하자 전자를 입자로 간주한 보어-좀머펠트의 원자모형은 입지가 흔들렸습니다. 전자와 원자를 파동으로 설명해야 할 필요성에 직면한 것이지요. 그 결과가 다름 아닌 양자역학의 출현이었습니다. 양자역학의 핵심인 전자의 파동방정식과 불확정성의 원리는 물질이 파동이라는 드 브로이의 개념을 바탕으로 세워졌지요. 양자역학을 소개하기에 앞서, 고전 양자론 시대의 종말과 거의 동시에 발견된 배타원리와 스핀에 대해 잠시 살펴보고, 양자역학 이야기를 이어 가기로 하겠습니다.

돌지 않는 이상한 팽이 | 전자의 스핀

알아본 대로 보어의 원자모형을 개선시킨 좀머벨트의 이론은 수소 스펙트럼의 선들이 여러 개로 갈라지는 제만효과$^{Zeeman\ effect}$를 설명하는 과정에서 나왔습니다. 그런데 후에 보다 정밀히 측정해보니 강한 자장을 걸어주어도 스펙트럼의 띠들이 좀머벨트의 예측보다 훨씬 복잡하게 갈라짐이 밝혀졌습니다. 이를 비정상 제만효과라고 하지요. 따라서 이런 현상이 원자의 구조와 어떤 관계에 있는지를 밝히려고 여러 물리학자들이 씨름을 했습니다.

좀머벨트의 제자이자 볼프강 에른스트 파울리$^{Wolfgang\ Ernst\ Pauli}$도 그중 한 명이었지요. 볼프강 에른스트란 이름은 유대교에서 카톨릭으로 개종하며 성을 바꾼 아버지 볼프강이 친구의 부친이었던 빈대학의 에른스트 마흐$^{Ernst\ Mach}$와 자신의 이름에서 각기 따와 지었다고 합니다. 어린 파울리는 대부이자 당대 최고의 물리학자였던 마흐에게 큰 영향을 받았습니다. 음속의 단위 '마하'로 더 잘 알려진 마흐는 물리학에 상대성의 개념을 처음 도입한 인물로 아인슈타인도 큰 영향을 받았지요. 뮌헨대학에 진학한 파울리는 학부 초년생 때부터 스승 좀머벨트의 고급 세미나에 참석했을 만큼 명석했습니다. 21세 때에는 상대성이론의 해설글을 써서 아인슈타인의 칭찬을 받았을 정도였지요.

1924년 파울리는 원소들의 스펙트럼선과 각 궤도에 들어갈 수 있는 전자의 수를 비교한 어떤 영국인 과학자의 논문을 읽고 한 가지 힌트를 얻었습니다. 논문의 저자는 각 궤도에 있는 전자의 수가 그들이 가질 수 있는 에너지 상태보다 2배 더 많을 것이라고 추측했습니다. 파울리는 이를 재해석해 원자 안에 있는 모든 전자는 동일한 양자상태에 중복적으로 있을 수 없다는 유명한 '배타원리exclusion principle'를 1925년 발표했습니다. 문제는 같은 에너지 준위의 궤도에 2개의 전자가 있다는 점인데, 파울리는 이를 설명하려고 제4의 양자수를 제안했습니다. 즉, 이미 알려진 주 양자수(n), 부 양자수(l) 및 자기 양자수(m) 외에 또 다른 양자수를 제안했지요. 하지만 그 양자수가 무엇을 의미하는지는 몰랐습니다.

배타원리의 논문이 인쇄되고 있을 무렵 크로니히R. Del Kronig라는 독일계의 젊은 미국 물리학자가 파울리를 만났습니다. 그는 새로운 양자수가 전자의 자전自轉과 관련 있으며, 그 각운동량이 ħ/2의 값을 가진다는 의견을 피력했지요(ħ는 플랑크 상수 h를 2π로 나눈 값입니다). 파울리는 점잖은 어조이지만 강하게 반박했습니다. 전자를 파동이 아닌 고전적인 입자로 취급해 팽이처럼 자전한다는 개념에 거부감을 가졌기 때문입니다. '물리학의 양심Das Gewissen der Physik'이란 별명이 있을 만큼 예리했던 파울리로부터 부정적 의견을 들은 크로니히는 크게 낙담해 자신의 가설을 접었습니다. 파울리는 괜찮은 논문도 완벽하지 않으면 절대 발표하지 않는 스타일이었습니다. 몇몇 동료들은 자신의 논문을 검증해보기 위해 발표 전에 일부러 그에게 읽어봐 달라고 부탁했을 정도였지요.

하지만 오판이었습니다. 크로니히가 의견을 접은 지 불과 몇 달 뒤인 1925년 11월 네덜란드의 대학원생 호우트스밋Samuel Goudsmit과 울렌벡George Uhlenbeck이 파울리의 4번째 양자수가 스핀spin, 즉 전자의 자전과 관련 있다는 논문을 발표했습니다. 자전하는 전자의 각운동량을 ħ/2으로 산정하면 스펙트럼선들이 정확히 나옴을 확인한 것입니다. 크로니히는 파울리 때문에 스핀 발견의 공로를 잃었습니다.

사실, 전자에 스핀의 성질이 있다는 힌트는 3년 전에 이미 있었습니다. 1922년 독일의 슈테른[O. Stern]과 게를라흐[W. Gerlach]는 기화된 은(Ag) 원자를 불균일한 자기장 속으로 통과시키는 실험을 했습니다. 그 결과 예상과 달리 감광판에 충돌한 은 원자는 연속적인 분포를 보이지 않았습니다. 감광판의 위 아래의 두 곳으로 갈라지며 밀집된 점들로 나타났지요. 원자들이 두 곳으로 갈라진 이유는 자기장의 N, S극의 영향 때문임이 분명했습니다. 즉, 전기적으로 중성인 원자의 내부에 N, S극을 가진 두 개의 작은 자석이 있음을 시사했습니다.

두 자석이란 원자 안에 있는 두 종류의 전자일 것입니다. 왜냐하면 전하를 가진 물체가 서로 반대 방향으로 자전(스핀)을 하면 두 개의 자기 모멘트(N, S)를 만들기 때문입니다. 원자 안에서 전하를 띤 입자는 원자핵(+)과 전자(−)입니다. 그런데 원자핵은 하나뿐이니 여러 개인 전자만이 두 종류의 자석을 만들 수 있을 것입니다. 스핀이란 문자 그대로 자전을 뜻합니다. 팽이에서 보듯이 그런 물체는 각운동량을 가지지요. 하지만 당시의 실험만으로는 그것이 전자의 스핀과 관련된 현상인지 확신할 수 없었던 것입니다.

호우트스밋과 올렌벡이 이 현상과 스펙트럼선의 갈라짐을 전자의 스핀 개념으로 설명하자 보어를 비롯한 물리학자들은 환호했습니다. 그러나 전자를 고전적 입자로 볼 수 없다고 생각한 파울리는 부정적으로 바라보았습니다. 사실, 그의 이러한 생각에는 일리가 있었습니다. 현대적 관점에서 보아도 전자는 크기가 거의 없는 점과 같은 입자이며, 동시에 파동이기도 합니다. 그런 실체가 회전할 수는 없습니다. 한마디로 전자의 스핀은 양자역학과 상대성이론을 결합한 결과로 나온 수학적 물리량입니다. 전자는 자전하지 않지만 기묘하게도 마치 자전하는 것처럼 자기모멘트와 각운동량을 가집니다. 호우트스밋과 울렌벡이 발표할 당시에는 전자의 기묘한 양자적 특성이 알려지지 않았기 때문에 고전 양자론의 언어로 전자가 자전한다고 표현할 수밖에 없었던 것이지요.

전자의 스핀은 팽이의 자전과 근본적으로 다릅니다. 자전하는 고전적 물체는 각운동량이 연속적인 그 어떤 값도 가질 수 있습니다. 반면, 전자의 스핀 각운동량은 불연속적인 덩어리 값, 즉 $\hbar/2$의 배수 값만 가집니다. 이런 점에서 본다면 전자의 에너지는 플랑크 식의 양자 덩어리 값($h\nu$)보다는 스핀이 더 기본적인 양이라고 볼 수 있습니다. 여기에 더해 스핀은 전자가 동시에 같은 양자상태에 있을 수 없다는 파울리의 배타원리를 결정짓는 성질도 가집니다. 배타원리의 핵심이 스핀인 셈입니다.

나중에 밝혀졌지만, 스핀은 단지 전자만이 가지는 물리적 특성이 아니었습니다. 배타원리와 스핀의 개념은 모든 기본 입자들에게 적용되는 보다 근본적인 속성임이 밝혀졌습니다. 즉, 모든 소립자는 스핀 각운동량이 $\hbar/2$의 홀수배인가 짝수배인가에 따라 두 종류로 분류됩니다(통상적으로 스핀 값은 $\hbar$를 생략하고 1/2, 2/2, 3/2… 등으로 표기합니다). 먼저, 스핀 값이 1/2, 3/2처럼 1/2의 홀수배인 입자들을 페르미온^{fermion}이라고 부릅니다. 입자를 통계역학적으로 분석해 이를 밝힌 이탈리아의 엔리코 페르미$^{Enrico Fermi}$에서 따온 명칭입니다. 우리가 알고 있는 물질 구성 입자인 전자, 양성자, 중성자 등은 모두 페르미온이지요. 이들은 절대로 같은 시간, 같은 장소에 함께 있을 수 없습니다. 전자들이 각기 다른 에너지 준위를 가지는 이유도 이들이 페르미온이기 때문입니다.

반면, 스핀 값이 0, 1, 2처럼 1/2의 짝수배, 즉 정수인 입자들을 인도 출신의 물리학자 사티엔드라 보즈Satyendra Bose의 이름을 따서 보손boson이라고 부릅니다. 광자(빛 알갱이)가 대표적인 보손이지요. 보손 입자들은 서로 같은 양자상태에 여러 개가 몰려 있을 수 있습니다. 예컨대, 빛은 한군데 촘촘히 있어도 아무 문제가 없지요. 빛의 초점이나 레이저가 대표적인 예입니다(다만, 페르미온도 집단적으로 모여 보손의 성질을 띠는 경우가 있습니다. 가령, 2개의 전자를 가진 헬륨 원자가 서로 반대방향의 스핀을 가지면 상쇄되어 0이 되므로 보손처럼 행동합니다. 헬륨 원자들이 2K의 극저온에서 점성과 표면장력이 없어지는, 초유동성의 액체 상태가 그런 경우입니다. 또한 극저온에서 전기저항이 사라지는 초전도 현상도 마찬가지입니다).

　　한편, 파울리의 배타원리는 화학반응의 근본 원인도 설명합니다. 주기율표에 나오는 원자들의 화학적 성질은 원자핵이 아니라 맨 바깥 궤도에 있는 전자에 의해 결정됩니다. 그들의 상태는 다시 배타원리에 의해 정해지는데 핵심은 스핀 특성입니다. 만약 전자의 스핀 성질이 없었다면 우리가 알고 있는 화합물은 생성되지 못했을 것입니다. 물질의 자기적 성질 또한 전자의 스핀이 만든 결과이지요.

아이들의 물리학 | 양자역학의 탄생

　　살펴본 대로 물질의 구성입자에 대한 지식은 20세기 초부터 1925년까지의 약 25년 동안 급속히 진전했습니다. 플랑크의 양자가설, 아인슈타인의 광양자설, 전자와 원자핵의 발견, 드 브로이의 물질파, 보어와 좀머벨트의 원자모형, 파울리의 배타원리로 이어졌지요. 이들은 주로 원자의 구조나 전자의 에너지 상태에 대한 내용이었습니다. 그런데 빛이나 전자 등의 소립자들은 가만히 정지해 있지 않습니다. 끊임없이 운동하고 있지요. 따라서 이제 남은 문제는 역학$力學$이었습니다. 즉, 전자를 비롯한 소립자들이 어떻게 움직이고 서로 반응하는지를 알아야 했습니다.

양자역학이라 불리는 이 새로운 분야는 1925년과 1928년 사이의 짧은 기간에 소수의 과학자에 의해 불꽃처럼 타오르며 탄생했습니다. 그 중심에는 고전 양자론의 틀을 세운 닐스 보어가 있었습니다. 개방적이고 열정적이었던 그는 모국 덴마크의 맥주 회사 칼스버그의 지원을 받아 1921년 코펜하겐대학에 이론물리연구소를 설립했습니다. 이 연구소는 단숨에 원자물리학의 세계적 중심지가 되었습니다. 당시 양자역학을 개척했던 인물 대부분이 코펜하겐을 방문해 연구를 하거나 그와 소중한 의견을 나누었지요. 보어는 양자역학의 전개에 직접 나서지는 않았지만 토론과 교류를 통해 주변 학자들이 창의적 아이디어를 가지는 데 결정적으로 일조했습니다.

이를 보여 주는 대표적인 사례가 후일 '보어축제$^{Bohr-Festspiele}$'라고 부르게 된 1922년 6월의 그의 강연이었습니다. 독일 괴팅겐대학에서 며칠간 열린 7차례의 이 강연에서 보어는 양자론에 대한 문제점을 소개하고 토론했습니다. 100여 명의 참석자 중에는 고전 양자론을 세웠던 플랑크와 좀머펠트는 물론, 양자역학을 개척할 주요 인물들이 대부분 포함되었습니다. 막스 보른$^{Max Born}$을 비롯해 그의 제자나 조교였던 20대의 파울리, 베르너 하이젠베르크$^{Werner Heisenberg}$, 파스쿠알 요르단$^{Pascual Jordan}$ 등이 있었지요.

이들 중 막스 보른은 괴팅겐 그룹을 이끌며 양자역학의 출연에 결정적인 역할을 한 인물입니다. 괴팅겐대학은 이미 20세기 초반부터 물리학의 발전에 큰 기여를 한 수학자들의 보금자리였습니다. 보른도 원래는 수학자였지만 원자론에 흥미를 느끼고 전공을 이론물리학으로 바꾼 경우였지요. 당시의 양자론으로는 전자가 1개인 수소의 스펙트럼선은 그런대로 설명이 가능했습니다. 그러나 두 개의 전자를 가진 헬륨 이상의 무거운 원소에 대해서는 속수무책이었지요. 보른은 천체역학에서 다루는 '3체 문제' 수학으로 여러 개의 전자가 있는 원자를 설명하려 시도했지만 진전이 없는 상태였습니다.

여기에 돌파구를 열어준 인물이 자신의 밑에서 사강사^{Privatdozent}(박사학위 다음 단계의 교수 자격시험에는 통과했지만 교수에는 이르지 못한 직위)로 있던 하이젠베르크였습니다. 파울리와 마찬가지로 그도 뮌헨대학의 좀머펠트가 발굴한 학생이었습니다. 나이는 파울리보다 1살 아래이지만 두 사람은 평생을 절친한 동료로 지냈습니다. 또한 좀머펠트의 소개로 보른의 지도를 받은 점이나 덴마크의 보어연구소에서 일한 경력도 비슷했습니다. 하이젠베르크는 명석한 학생이었지만 박사학위 구두시험에서 축전지의 원리나 현미경의 분해능 등 쉬운 문제를 답변하지 못해 좋지 않은 성적으로 가까스로 졸업했습니다.

그러나 그의 재능을 알아본 괴팅겐대학의 보른이 받아주어 1924년 교수 자격시험에 통과했지요. 그 후 장학금으로 보어의 연구소에서 방문연구를 했습니다. 체재 중 그는 연구소 부근의 공원을 밤에 산책하곤 했습니다. 그러던 어느 날 멀리 있는 희미한 가로등 밑을 지나는 사람을 보았는데, 어둠 속에 들어가면 보이지 않다가 다음 번 가로등에서 다시 나타나기를 몇 번 반복하는 것이었습니다. 순간 그는 새로운 아이디어를 떠올렸습니다. 원자 속 전자도 그처럼 특정한 조건에서 잠깐 나타날 뿐 항상 연속적으로 존재하는 것은 아니며, 그것이 양자 도약이라는 생각이었습니다.

괴팅겐으로 복귀한 그는 꽃가루 알레르기가 악화되어 보른의 허가를 받고 북해로 잠시 휴양을 떠났습니다. 이 기간 동안 그는 자신의 아이디어를 논문으로 작성했습니다. 하지만 스스로 생각해도 너무 파격적이라 자신이 없었던지 논문을 친구인 파울리에게 주어 검토를 거친 후 보른에게 보여 주었습니다. 수학자였던 보른은 처음에는 지나쳤으나, 하이젠베르크가 논문에서 사용한 특이한 곱셈이 예전에 접한 행렬식matrix과 같은 형식임을 알아차렸습니다. 가로세로 몇 줄에 배열된 숫자들의 조합인 행렬식은 특별한 규칙으로 계산하는 수학의 한 형식으로, 당시의 물리학자들에게는 생소했습니다. 노벨 물리학상 수상자인 스티븐 와인버그조차도 하이젠베르크의 논문을 몇 차례 읽었지만 이해할 수 없었으며, 왜 그런 식을 유도했는지도 몰랐다고 고백한 적이 있습니다.[5]

양자역학의 문을 연 이 논문은 1925년 7월 발표되었습니다. 그의 방정식은 뉴턴 역학이 다루지 않았던 자연현상, 즉 소립자들의 거동과 화학현상의 원인을 설명하는 중요한 식이었습니다. 이에 의하면, 전자나 소립자는 다른 것과 반응할 때만 물질화되며 그렇지 않을 때는 어느 곳에 존재한다고 할 수 없습니다. 사물의 관계적 측면이 중요하다는 의미입니다. 또한 전자나 소립자는 추상적 수학 공간에서 존재 확률만 계산할 수 있을 뿐 정확한 위치는 없다는 의미이기도 했습니다.

하이젠베르크 논문의 중요성을 간파한 보른은 이를 제대로 된 수학의 행렬식으로 완성할 필요가 있다고 생각해 파울리에게 동참을 권유했습니다. 그러나 보른의 과도한 수학이 하이젠베르크의 이론을 망친다고 생각한 파울리는 이에 참여하지 않았습니다. 따라서 보른은 자신의 학생 파스쿠알 요르단을 대신 참여시켰습니다. 그 결과 이듬해인 1926년 하이젠베르크, 보른, 요르단의 소위 '3인의 논문'이 발표되었습니다. 전자의 운동을 설명하는 최초의 양자역학 이론인 행렬역학^{matrix} $_{dynamics}$은 이렇게 완성되었습니다. 한편, 행렬수학으로 기술하는 양자역학의 중요성을 뒤늦게 깨달은 파울리는 곧바로 '3인의 논문'을 이용해 발머의 스펙트럼선을 보다 완벽히 설명하는 논문을 발표했습니다. 이렇게 되자 보어 등의 학자들은 행렬수학이 양자역학 이론에 유용하다는 사실을 깨닫게 되었습니다.

한편, 바다 건너 영국에는 케임브리지대학원에서 물리학 박사과정을 밟고 있던 폴 디랙 $^{Paul\ A.\ M.\ Dirac}$이라는 학생이 있었습니다. 원래 다른 대학에서 전기공학을 전공했던 그에게 어느 날 지도교수가 참고하라며 하이젠베르크의 최초본 논문을 건네주었습니다. 1주일간 미친 듯 정독하여 내용을 완전하게 파악한 23살의 디랙은 얼마 후 '3인의 논문'과 거의 유사한 결과를 독자적으로 유도했습니다. 무명의 대학원생이 보낸 결과를 편지로 받아본 하이젠베르크는 깜짝 놀랐습니다. 그는 즉시 답신을 보내 자신들의 방식보다 훨씬 간결하고 명료하다며 칭찬했었습니다. 그러나 '3인의 논문'은 이미 인쇄된 때였지요. 디랙은 이듬해인 1926년에 학위를 마친 후 보어의 연구소로 건너가 독자적으로 양자역학 이론을 만들었습니다. 그 내용은 반물질을 다룬 절에서 소개하겠습니다.

디랙의 아버지는 불어권의 스위스인으로 영국에서 교사로 일했습니다. 그는 자녀들이 집에서는 불어로만 말하고 생각하도록 엄격히 다루었다고 합니다. 식사도 디랙과 둘이서만 하고 어머니와 다른 형제들은 주방에서 따로 했다고 합니다. 아무튼 디랙은 사회성이 극도로 부족한 대신 논리적으로만 생각하는 성격의 소유자여서 많은 일화를 남겼습니다. 함께 저녁 식사를 하던 사람이 어색한 침묵을 깨려고 밖에 바람이 분다고 하자 자리에 일어나 창문을 열어보고 '그러네요'라고 답하고 다시 말없이 먹었다고 합니다. 또한 러시아 동료가 도스토예프스키의 『죄와 벌』을 빌려주고 읽은 소감을 묻자, '괜찮은데, 작가가 같은 날 해가 두 번 뜨도록 묘사했다'라고 지적한 적도 있다고 합니다. 강연 중 한 청중이 '그 식을 이해하지 못하겠다'라고 하자 잠시 머뭇거리다 다시 강연을 계속했다고 합니다. 이에 사회자가 왜 질문에 답하지 않느냐 재촉하자, '그것은 의문형의 질문이 아니고 부정문의 문장이었다'고 답했다고 합니다.[6]

그는 30세의 나이에 노벨 물리학상 수상자로 통보 받았는데, 청중 앞에 나서기를 꺼려 거부하려고 했습니다. 러더포드가 그러면 튀는 행동으로 더 유명해진다고 설득해 겨우 번복했다고 합니다. 아인슈타인은 동료에게 보낸 편지에서 디랙에 대해 '천재성과 광기 사이의 어지러운 경계선에서 유지되는 균형이 끔찍하다'고 평했습니다.[7] 인지과학자들은 그가 자폐증 혹은 아스퍼거증후군이 있었다고 봅니다.

사실, 당시 양자역학을 개척한 대부분의 주인공들은 20대 초중반에 주요 성과를 내놓았습니다. 하이젠베르크를 비롯해 파울리, 요르단, 디랙이 그랬지요. 당시 보른과 보어의 나이는 노인 축에 드는 40살 안팎이었습니다. 하지만 보어도 (26세에 특수상대성원리를 발표한 아인슈타인처럼) 20대 중반에 원자모형을 발표했지요. 심지어 법학과 역사학을 하다 뒤늦게 물리학으로 전향한 드 브로이조차 31세에 물질파 이론을 발표했습니다. 당시 사람들은 젊은 과학자들이 주도했던 양자역학을 '아이들의 물리학Kinderphysik'이라고 불렀습니다.

　　요즘은 어떨까요? 2018년 노벨 물리학상 수상자 중 한 사람은 광학집게를 연구한 96세의 여성 과학자였습니다. 20세기 초 물리학의 혁명이 일어나던 격동의 시대에는 고정 관념에 때묻지 않은 젊은 천재들의 참신한 발상이 필요했나 봅니다. 그 '아이들' 중 한 사람인 하이젠베르크가 행렬수학으로 기술한 양자역학 이론을 대부분의 물리학자들은 쉽게 수용하지 못했습니다. 물론, 예외도 있었지요. 하이젠베르크의 발표 몇 달 후 38살의 노인이 보다 쉽게 이해되는 다른 버전의 양자역학 방정식을 발표했습니다.

에로틱한 폭발 | 슈뢰딩거 방정식

　　오에르빈 슈뢰딩거Erwin Schrödinger는 원래 볼츠만에게 물리학을 배우고 싶어 빈대학에 입학했습니다. 그러나 정서적으로 불안정했던 볼츠만이 그해에 스스로 생을 마감하는 바람에 다른 교수 밑에서 전자기학을 전공했습니다. 박사학위를 취득한 후에는 교수 자격 시험에도 통과했지만 여러 대학을 옮겨 다니며 30대 후반까지 특출난 성과가 없었습니다. 전기 작가들의 평에 의하면, 슈뢰딩거는 매우 복잡다단한 성격의 소유자였다고 합니다. 그는 허세를 싫어했지만 상 받는 일은 좋아했고, 모든 사람을 동료라고 생각했지만 협동은 안 했지요. 불의에 분개했지만 정치적 참여는 혐오했고, 무신론자라면서 종교적 상징은 애용했습니다.

　　무엇보다도 연애와 과학이 그의 삶의 원동력이었습니다. 말이 연애이지 그는 패륜^{悖倫}에 가까운 애정 행각을 벌였습니다. 그와 아내는 공공연히 각자의 애인이 있었습니다. 아내의 애인은 자신의 절친이자 게이지 요소이론을 만든 수학자 헤르만 바일이었습니다. 스위스 취리히공과대학에 있을 때는 네덜란드의 피터 디바이까지 합세해 밤의 세계를 누볐다고 합니다. 부부 사이에 자녀는 없었지만 친구의 아내와 또 다른 여자 사이에 낳은 딸들이 있었습니다. 항상 하대했던 아내에게 자신은 까다로운 카나리아 대신 경주마를 선택해 살고 있다고 말하곤 했답니다. 두 사람은 자주 다투었지만 이혼이나 별거를 하지 않고 평생 해로(?)했습니다.

양자역학을 서술하는 중요한 식인 슈뢰딩거 파동방정식도 불륜 속에서 태어났습니다. 1925년 크리스마스 직전 슈뢰딩거는 (누구인지 끝까지 밝혀지지 않은) 애인과 함께 알프스 아로자에 있는 산장으로 떠났습니다. 드 브로이의 논문과 노트만 들고 떠난 이 몇 주의 불륜 여행에서 역사적인 파동방정식이 탄생했습니다. 친구인 바일은 이를 두고 '뒤늦게 터진 에로틱한 폭발' 때 대단한 일을 했다고 추켜세웠지요.[8] 휴가에서 돌아온 슈뢰딩거는 내용을 정리하여 1926년 1월부터 반년에 걸쳐 6편의 논문으로 발표했습니다.

슈뢰딩거는 자신의 파동방정식이 수학적 형식은 전혀 다르지만 하이젠베르크의 행렬역학과 동일한 내용이라고 후속 논문에서 언급했습니다. 실제로 그의 파동방정식은 하이젠베르크의 행렬역학과 함께 전자의 운동을 설명하는 양자역학의 양대 이론식입니다. 비록 행렬역학보다 몇 달 늦게 발표되었지만, 과학자들은 익숙한 미분방정식의 수학으로 기술한 그의 식을 훨씬 더 선호했습니다. 오늘날에도 슈뢰딩거의 파동방정식은 양자화학, 고체물리학, 양자광학 등에서 광범위하게 사용되고 있습니다. 더구나 전자의 거동을 가시화할 수 있었기 때문에 추상적 수학으로 표현한 하이젠베르크의 행렬역학식에 비해 훨씬 유용했지요. 물리현상을 마음에 떠올리지 못하는 지나친 수학적 형식주의를 혐오했던 슈뢰딩거의 스타일에 맞는 식이었습니다.

슈뢰딩거는 전자를 입자가 아닌 파동으로 보았습니다. 따라서 그는 전자의 움직임(혹은 변화)을 고전물리학에 나오는 파동의 식으로 기술한 후, 여기에다 아인슈타인의 광양자설에 나오는 파동과 에너지의 관계식, 그리고 드 브로이의 물질파 식을 포함시켰습니다. 아울러 이식들을 고전물리학의 에너지 보존 법칙을 이용해 방정식으로 유도했습니다(《부록 5》참조). 이렇게 만든 슈뢰딩거의 식은 미분微分방정식으로 기술되어 있습니다. 미분방정식이란 알고자 하는 미지의 값(혹은 함수)을 찾는 식에 미분이 들어 있는 방정식을 말합니다. 미분이란 어떤 변화하는 상태를 매우 미세하게 쪼갠 짧은 구간의 변화속도, 즉 순간변화율을 말합니다. 이 순간변화율을 모두 모으면 변화하는 물리현상의 전체적인 모습을 알 수 있지요.

슈뢰딩거의 미분방정식은 해解(풀이)를 구하면 전자의 상태를 나타내는 파동함수를 얻을 수 있습니다. 즉, 전자의 상태를 직접 기술하는 대신, 그 상태를 나타내는 파동함수를 구할 수 있지요. 이 함수를 슈뢰딩거는 Ψ(프사이)라는 그리스 대문자로 표시했습니다. 그런데 한 가지 문제가 있었습니다. 뉴턴의 역학이나 맥스웰의 전자기파 이론 등 많은 물리현상이 미분방정식으로 표시되지만, 이를 풀면 단 한 개의 해가 나옵니다. 이는 물체의 운동이나 전자기파 방정식이 하나의 방식만으로 변화한다는 뜻이지요. 바꾸어 말해, 원인이 있으면 그에 따르는 한 가지 예정된 결과가 나온다는 것입니다.

물론, 운동이 복잡해 수학적으로 해를 구하기가 어려운 경우는 있습니다. 하지만 해는 분명히 하나뿐입니다. 그런데 슈뢰딩거의 파동방정식을 풀면 하나가 아닌 여러 개의 해가 나옵니다. 즉, 통상적인 물리현상과 달리 전자의 상태가 여러 개의 파동함수로 나타납니다. 전자가 실체라면 여러 개가 아니라 하나의 상태에 있어야 마땅하지요. 따라서 슈뢰딩거의 파동방정식은 해를 구하는 일보다 나온 결과를 어떻게 해석하느냐가 더 중요한 문제로 떠오르게 되었습니다.

이에 대해 방정식을 만든 당사자인 슈뢰딩거는 여러 개의 파동함수 하나하나가 파동적 성질을 가진 전자의 실제 상태를 나타낸다고 보았지요. 그는 드 브로이가 생각했던 대로 전자의 파동들이 여러 개 밀집되면 입자적인 성질을 띤다고 본 것입니다. 아인슈타인도 같은 생각이었지요. 예를 들어 각기 다른 속도로 이동하는 여러 개의 파동들이 적절한 조건에서 서로 합성되면 일종의 맥놀이 현상이 일어나면서 파동묶음^wave packet이 출현합니다(〈그림 2-5〉 참조). 즉, 이 파동묶음이 좁은 공간에 몰려 있으면 착시효과가 나타나 입자처럼 보인다고 해석했지요. 따라서 전자를 여러 개의 파동함수로 나타내는 것이 이상한 일이 전혀 아니라고 보았습니다.

그림 2-5

파동묶음의 모습. 여러 개의 파동이 조건에 맞게 합성되면 입자처럼 거동할 수 있다.

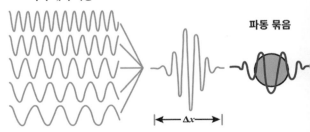

여러 개의 파동

파동 묶음

Δx

반면, 막스 보른은 슈뢰딩거의 논문이 발표된 직후인 1926년 6월 전혀 다른 해석을 내놓았습니다. 파동함수는 전자의 실재實在가 아니라 발견될 확률을 나타낼 뿐이라는 설명이었지요. 파동방정식을 풀어서 Ψ_1, Ψ_2, Ψ_3라는 각기 다른 파동함수가 나왔다고 합시다. 또한 이 함수에 해당되는 전자의 에너지를 계산하니 각기 E_1, E_2, E_3가 나왔다고 하고요. 슈뢰딩거의 해석에 의하면, 각 파동함수는 E_1, E_2, E_3의 에너지를 가지는 3개의 다른 파동을 나타냅니다. 반면, 보른에 의하면, 파동함수Ψ_1의 제곱은 전자가 주어진 시간(t_1)과 지점(x_1)에서 발견될 확률입니다(식으로 표현하면 $|\Psi(x,t)|^2$ 혹은 $\Psi\Psi^* = |\Psi|^2$입니다. 절대값 부호를 사용한 이유는 허수 i가 들어 있는 켤레 복소수 Ψ^*가 있기 때문입니다. 파동함수가 실수이면 단순히 Ψ^2입니다. 〈부록 5〉 참조).

마찬가지로 파동함수 Ψ^2 및 Ψ^3의 제곱도 전자가 특정 위치(x_2 혹은 x_3)에서 발견될 확률일 뿐이라고 해석했습니다. 즉, 전자는 어디(x_1, x_2, x_3)에나 있을 수 있다는 설명입니다. 이를 〈그림 2-6〉에 도식적으로 표현했습니다. ⓐ는 전자의 파동함수(Ψ)를 복소평면에 표시한 그래프입니다. 그림에서 전자가 발견될 확률이 가장 높은 위치는 파동함수의 마루나 골처럼 높이나 깊이(진폭)가 큰 곳입니다. ⓑ는 전자가 특정 위치에서 발견될 확률을 나타낸 그래프로, 그 높이는 파동함수의 제곱값(Ψ_2)에 해당합니다. 당연히 전자는 그래프의 높이가 큰 위치에서 발견될 확률이 가장 높지요. ⓒ는 원자 안의 궤도 상에서 전자가 있을 확률적 위치를 파동함수의 제곱 값(Ψ_2)으로 나타낸 그림입니다.

보른의 해석에 대해 식을 만든 슈뢰딩거는 죽을 때까지 동의하지 않았습니다. 아인슈타인도 마찬가지였지요. 전자의 상태가 정확히 예측할 수 없는 확률로 결정된다면 인과율은 부정됩니다. 물리학자인 슈뢰딩거와 아인슈타인은 이를 도저히 받아들일 수 없었습니다. 아무튼 두 상반된 해석을 놓고 이후 수십 년간 논쟁이 이어졌는데, 대부분의 물리학자들은 점차 보른의 편을 들어 주었습니다. 막스 보른은 슈뢰딩거 파동방정식에 대한 확률적 해석 등 양자역학에 기여한 공로로 1954년 노벨 물리상을 수상했습니다(독일인이 아닌 영국인으로 받았습니다. 유대인이었던 그는 나치가 집권했을 때 영국으로 망명했기 때문입니다. 참고로 그의 딸이 결혼해 호주에서 낳은 딸, 즉 외손녀가 팝 가수인 올리비아 뉴턴 존입니다).

덧붙이자면, 원래 수학자였던 보른의 통계·확률적 해석은 전자의 에너지 상태에만 국한된 수학적 개념에 가까웠습니다. 물론, 그의 공적을 무시할 수는 없지만 오늘날 우리가 알고 있는 전자의 확률적 개념은 사실상 파울리가 제안하고 가다듬은 내용입니다. 파울리는 보른의 해석이 심오한 물리적 의미를 내포한다는 점을 간파하고 확률의 개념을 에너지뿐 아니라 전자의 위치와 운동량에도 확대했지요. 파울리는 이 내용을 친구 하이젠베르크에게 보낸 1926년 10월 26일의 편지에서 명확하게 밝힌 바 있습니다. 아울러 같은 편지에서 '사물을 운동

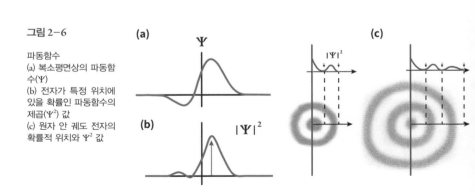

그림 2-6

파동함수
(a) 복소평면상의 파동함수(Ψ)
(b) 전자가 특정 위치에 있을 확률인 파동함수의 제곱(Ψ^2) 값
(c) 원자 안 궤도 전자의 확률적 위치와 Ψ^2 값

량과 위치를 동시에 고려하여 바라보면 잘못이 생긴다'는 점도 지적했지요. 다름 아닌 불확정성의 원리의 핵심을 시사하는 내용이었습니다.

사실, 슈뢰딩거의 파동함수는 시간에 따른 전자의 변화를 나타내므로 매우 유용한 식입니다. 특히 전자의 위치나 그에 따른 존재 확률을 파악하는 데 유용하지요. 그러나 전자는 실제로 존재하는 통상적인 파동이 아니므로 양자역학을 이해하는 데는 부적합합니다. 어찌되었든 전자의 실재성을 믿은 슈뢰딩거는 파동방정식을 내놓은 이후 양자역학의 주류에서 점차 멀어져 갔습니다. 더구나 조국 오스트리아가 나치 정권에 병합되자 독일을 떠난 전력 때문에 귀국할 수도 없었습니다. 영국과 미국으로 이주를 시도했지만, 아내와 다른 여인이 함께 동거하는 사생활이 문제가 되었지요. 여론은 패륜 남녀들에게 정부의 돈으로 보금자리를 만들어 줄 수는 없다고 했습니다. 다행히 아일랜드가 그를 받아주어 거기서 여생을 마쳤습니다. 천성이 바람둥이인 그는 그곳에서도 두 여인과 염문을 뿌려 두 아이를 낳았지요. 양자역학을 한 것을 후회했던 슈뢰딩거는 생명과학으로 연구방향을 바꾸어 그 분야에서 새로운 관점을 제시하는 업적을 남겼습니다. 그 이야기는 생명을 다룬 쌍둥이 책에서 소개했습니다.

펜치로 티눈 빼기 | 하이젠베르크와 불확정성 원리

막스 보른에게 불만을 가진 사람은 슈뢰딩거뿐만이 아니었습니다. 하이젠베르크는 양자역학의 수학 체계로 파동방정식이 행렬식보다 더 각광받자 분개했습니다. 자존심 강했던 그는 파울리에게 보낸 편지에서 슈뢰딩거의 파동방정식을 '쓰레기'에 비유했습니다. 그를 더 화나게 만든 것은, 자신의 행렬역학을 수학적으로 완성해 준 막스 보른마저 슈뢰딩거의 파동식을 극찬하며 그에 대한 해석까지 달아주었다는 것이었습니다. 하이젠베르크는 자신의 논문에 보른의 연구를 인용도 하지 않는 등 두 사람 사이는 한동안 냉랭했습니다. 게다가 절친인 파울리마저 슈뢰딩거의 식이 양자역학을 기술하는 데 더 현실적이라는 쪽으로 기울었습니다.

당시 코펜하겐에서 연구하고 있던 그를 그나마 이해해 준 인물은 닐스 보어였습니다. 보어는 그를 달래기 위해 1926년 9월 슈뢰딩거를 코펜하겐에 초청해 토론의 자리를 만들어 주었습니다. 하지만 세 사람은 기차역에서 서로를 만난 직후부터 격렬히 논쟁했습니다. 그런데 예상과는 달리, 보어와 슈뢰딩거가 더 충돌했습니다. 슈뢰딩거는 전자의 에너지가 불연속적으로 변한다는 양자도약 개념을 공격하며 보어와 논쟁했습니다. 방문 기간 중 감기에 걸려 고열에 시달린 슈뢰딩거는 보어의 집에서 간호를 받았는데, 나머지 두 사람은 침대 옆에서까지 논쟁을 벌이며 환자를 괴롭혔습니다. 그럼에도 불구하고 며칠 동안 이어진 토론에서 세 사람은 예의를 지켰으며, 오히려 서로를 존경하는 계기가 되었습니다. 슈뢰딩거는 처음 만난 보어를 예의 바른 사람으로 평했고, 하이젠베르크의 배려에도 고마워했습니다. 토론은 치열했지요. 그 대신 세 사람은 자신들의 주장에서 부족한 점이 무엇인지를 깨달을 수 있었습니다. 결과적으로 이 3인의 토론은 양자역학의 발전에 밑거름이 되었습니다.

특히, 하이젠베르크는 3인의 토론과 보어와의 많은 의견 교환을 통해 자신의 행렬역학을 시각화할 필요가 있다고 느끼게 되었습니다. 아울러 전자의 '위치'나 '궤적'이 의미하는 바를 근본적으로 다시 생각하게 되었습니다. 코펜하겐에서 이에 대한 생각을 다듬은 그는 이듬해인 1927년 독일에 귀국한 직후 내용을 또다시 논문으로 작성했습니다. 여기서 그가 제시한 것이 다름 아닌 불확정성의 원리 uncertainty principle 였지요. 이 원리는 물체의 위치(x)와 운동량(p)은 동시에 어떤 값 이상으로 정확히 측정할 수 없음을 말해 줍니다(운동량은 질량과 속도의 곱입니다). 그 어떤 값이란 플랑크 상수(h)입니다. 즉, 위치와 운동량의 불확실량을 곱한 값은 $\hbar/2$보다 작을 수 없다는 원리입니다(식으로 쓰면 $\Delta x \cdot \Delta p \geq \hbar/2$ 로, $\hbar$는 플랑크 상수를 원주율 2π로 나눈 값입니다).[*]

즉, 입자의 위치를 정확히 알고자 하면 운동량의 값이 모호해집니다. 반대로, 운동량을 정확히 측정하면 위치가 불확실해집니다. 흔히 이 원리가 소립자 등에만 유효한 것이라 생각하는 경우가 많은데 사실은 모든 물체에 적용됩니다. 가령, 고전역학에 의하면 운동하는 물체의 질량과 속도(운동량)을 알면 그 위치가 어디 있는지 동시에 정확히 예측할 수 있습니다. 즉, 원인으로부터 결과를 정확히 예측할 수 있다는 말이지요. 하지만 그렇게 보일 뿐입니다. 가령, 투수가 던지는 야구공을 불확정성의 원리 식에 적용해 보면 위치의 불확실성은 수조의

---

[*] 2003년 1월에 나고야대학의 오자와 마사나오(小澤正直)는 하이젠베르크의 불확정성의 원리 식($\Delta x \cdot \Delta p \geq \hbar/2$)을 보다 정교하게 다듬은 수정식을 제안했다. 이 식은 측정 행위에 의한 교란과 소립자 자체의 성질 때문에 비롯되는 불확실성을 구분한다(참고문헌: 9). 오자와의 식은 2012년 실험으로 확인되었다.

과학오디세이
유니버스

수조억 분의 1mm(10^{-30}mm)에 불과합니다. 현대의 어떤 첨단 기기로도 알아차릴 수 없는 작은 불확실성이지요. 이는 플랑크 상수(h)의 값이 극히 작기 때문에 나온 결과입니다.

그러나 전자처럼 작은 입자에서는 불확정성의 효과가 뚜렷하게 나타납니다. 한편, 이 원리는 시간과 에너지 사이에도 적용할 수 있습니다(운동량×거리의 물리 차원은 에너지×시간과 같기 때문입니다). 즉, 어떤 물체의 에너지를 정확히 알면 그 지속시간이 모호해집니다. 반대로 입자의 지속시간이 짧아질수록 그 에너지는 불확실해지지요. 극단적인 예가 불확정성의 원리에 의해 과도적으로 출몰하는 진공 속의 가상입자들입니다. 이들은 극히 짧은 순간 동안 에너지 보존 법칙을 무시하며 임의의 에너지 값들을 가질 수 있습니다.

하이젠베르크가 이 불확정성의 원리라는 아이디어를 어디서 얻었을지에 대한 몇 가지 추정이 있습니다. 첫 번째는 앞서 언급한 파울리의 편지입니다. 파울리는 불확정성 원리의 초고가 완성되기 몇 달 전 하이젠베르크에게 보낸 편지에서 '운동량을 보는 눈$^{p\text{-}eye}$ 혹은 위치를 보는 눈$^{q\text{-}eye}$ 중 한쪽만으로 세상을 관찰하면 모든 것이 명확하지만, 두 눈을 동시에 뜨고 바라보면 혼란에 빠진다'고 언급했습니다.

둘째, 하이젠베르크 스스로가 현미경의 분해능^{分解能}에 대한 분석을 통해 깨달았을 가능성입니다. 분해능이란 어떤 기기로 물체를 관찰할 때 가장 작게 식별할 수 있는 크기를 말합니다. 앞서 말했듯이 하이젠베르크는 박사학위 구두시험 때 이를 설명하지 못해 낙제할 뻔했습니다. 지도교수인 좀머펠트가 옹호하지 않았다면 나쁜 성적으로 졸업도 못했을 것입니다. 이 뼈아픈 사건을 잊었을 리 없지요. 실제로 하이젠베르크는 불확정성의 원리를 현미경의 분해능으로 설명했습니다. 우리가 눈이나 현미경으로 사물을 관찰할 수 있는 이유는 빛이 대상 물체를 때린 후 반사된 빛을 감각기관이나 감지장치가 읽기 때문입니다.

그런데 사용한 파장이 대상 물체보다 크면 볼 수 없지요. 가령 가시광선의 파장(0.4~0.7마이크론)보다 작은 물체는 광학현미경이나 눈으로는 볼 수 없습니다. 보다 짧은 파장의 전자를 이용하는 전자현미경이 필요하지요. 몸에 박힌 티눈을 펜치가 아닌 가는 핀셋으로 빼내야 하는 것과 같은 이치이지요. 그렇다고 작은 물체를 보기 위해 무작정 짧은 파장의 파동을 사용할 수는 없습니다. 짧은 빛 파장(예: 감마선)을 사용하면 대상 물체와 반응해 물리적 상태를 변화시키기 때문입니다. 일반적으로 빛(전자기파)의 파장이 짧으면 에너지가 커지므로 다른 물체와 충돌하면서 에너지를 교환하게 됩니다(콤프턴 효과). 관찰을 위해 사용한 빛이 대상 물체의 상태를 변화시키는 겁니다.

하지만 불확정성의 원리를 현미경으로 비유한 하이젠베르크의 설명은 썩 좋은 비유가 아닙니다. 관측 기술상의 어려움 때문에 발생한다는 오해를 줄 수 있기 때문이지요. 또한 현대적 관점에서 보아도 불확실성은 관측에 의한 요소와 더불어 소립자 자체에 의한 근원적 원인이 있기 때문입니다.[9]

하이젠베르크는 이 원리를 논문으로 작성한 후 초안을 친구 파울리에게만 보여 주고 보어에게는 비밀로 했습니다. 그의 반응을 예상했기 때문입니다. 당시 보어는 슈뢰딩거와의 논쟁을 통해 미시세계에서 일어나는 기이한 현상과 거시세계에서 행해지는 관측 행위를 구분할 필요가 있다는 생각을 품게 되었습니다. 그는 소립자의 입자적 거동과 파동적 성질은 서로 모순적이지 않으며, 상보적相補的이라는 관점을 가지게 되었습니다. 하지만 하이젠베르크의 불확정성의 원리 논문 초고는 결국 보어의 손에 들어갔습니다. 보어는 내용에 문제가 있으니 논문을 철회해야 한다고 주장했지요.

두 사람은 1927년 봄, 이 문제로 심하게 논쟁했습니다. 가령, 보어는 현미경의 분해능 설명은 원자 밖의 자유전자에만 적용되므로 적합한 비유가 아니라고 지적했습니다. 또한 관측 행위가 대상 물체를 교란하는 불확정성의 원리는 결국은 소립자가 가지는 입자와 파동의 상보적 성질 때문에 발생하는 현상이라고 주장했습니다. 반면, 하이젠베르크는 불확정성의 원리는 엄밀한 수학체계에서 나온 결과이므로 굳이 고전적 관점을 반쯤 섞은 상보성 개념을 개입시킬 이유가 없다고 반박했지요. 두 사람의 논쟁은 매우 격해서 하이젠베르크는 훗날 이를 '불쾌한 논쟁'이었다고 회고했으며, 한 번은 분을 삭이지 못해 울기까지 했습니다.

이를 중재한 사람은 냉철한 균형감을 가진 파울리였습니다. 그는 1927년 6월 코펜하겐을 방문해 하이젠베르크가 다소 양보하는 선에서 두 사람을 극적으로 화해시켰습니다. 이에 따라 하이젠베르크는 현미경 건에 대한 주장을 접고 보어의 견해를 반영한 수정된 내용의 논문을 발표했습니다. 결국 보어가 이겼지만 치열한 논쟁이었던 만큼 두 사람의 앙금은 한동안 남아 있었다고 합니다(참고로, 하이젠베르크는 나치 정권 초기에 유대인의 과학을 한다는 이유로 핍박을 받았습니다. 그는 보른과 친구 파울리 등 유대인 과학자들을 변호하는 입장이었지요. 그러나 전쟁 말기 고위직을 맡으며 독일의 원자폭탄 개발에 참여하는 등의 여러 전력으로 종전 후 연합군에 체포되어 조사를 받기까지 했습니다. 그의 나치 부역 여부는 아직도 논란의 대상이지만, 전후 폐허가 된 독일의 과학 재건에 공헌하기도 했습니다).

각자 미묘하게 입장이 조금씩 다른 불편한 동맹이기는 했지만, 코펜하겐과 괴팅겐의 과학자들은 1927년의 활발한 토론을 통해 양자역학에 대한 새로운 관점에 합의하는 값진 결실을 얻었습니다. 이들은 배타적으로 패거리를 이루지 않고 경쟁과 협력, 그리고 다른 의견도 토론을 통해 경청하는 열린 자세로 공통된 의견을 도출했습니다. 여기에는 젊은 과학자들과 격의 없이 토론하며 고정관념을 타파했던 닐스 보어의 열정적이며 인간적인 면모가 큰 일조를 했지요. 하이젠베르크는 이를 '코펜하겐 정신'으로 불렀습니다. 또한 이들의 관점을 '코펜하겐 해석Copenhagen interpretation'이라고 부릅니다.

이를 소개하기에 앞서 잠깐만 언급하고 미뤄두었던 폴 디랙의 이야기를 마저 하고 이어가려 합니다. 하이젠베르크의 행렬식과 슈뢰딩거 파동식의 미흡점을 보완해 세 번째이자, 보다 더 완성된 형태의 양자역학 방정식을 만든 주인공이기 때문입니다.

음의 에너지로 가득 찬 세상 | 반물질

학생 시절 '3인의 논문'과 유사한 결과를 독자적으로 유도해 하이젠베르크를 놀라게 했던 디랙은 학위를 마치고 보어의 연구소에 합류했습니다. 디랙은 그곳에서 독자적인 양자역학식을 구상했습니다. 양자역학의 양대 수학인 하이젠베르크의 행렬역학식과 슈뢰딩거의 파동방정식에 빠진 내용을 포함하는 식이었습니다. 다름 아닌 특수상대성원리였지요. 디랙은 이를 반영한 이 새로운 방정식을 1928년에 발표했습니다. 특수상대성이론에 의하면 우리는 3차원의 공간에 시간이 더해진 4차원의 시공간에 살고 있습니다. 그러나 전자의 운동을 기술하는 하이젠베르크나 슈뢰딩거의 방정식은 이를 반영하지 않았지요. 가령, 슈뢰딩거의 방정식은 단순히 시간에 대해서만 미분했지요.

하이젠베르크와 슈뢰딩거가 세웠지만 아직 엉성한 데다 형이상학적 체계에 머물렀던 양자역학을 디랙의 상대론적 방정식은 제대로 된 모습으로 정립했습니다. 첫째, 전자의 각운동량, 즉 스핀을 설명할 수 있었습니다. 앞서 살펴본 대로 파울리는 스핀이 고전적 개념의 자전^{自轉}을 나타내는 전자의 물리량이 아니라고 주장했지요. 디랙의 방정식은 스핀이 특수상대성이론의 시공간 대칭성을 고려해야 비로소 드러나는 개념임을 보여 주었습니다.

둘째, 그의 방정식은 원자 밖에서 광속에 가깝게 빠르게 움직이는 자유전자나 다른 소립자를 나타내는 데 보다 더 완벽했습니다. 슈뢰딩거의 파동방정식이 특수상대성원리를 반영하지 않았는데도 전자의 거동을 그런대로 예측할 수 있었던 이유는 원자 안의 전자가 광속의 몇만 분의 1에 불과한 속도로 운동하기 때문입니다. 하지만 물체의 속도가 광속에 근접하면 특수상대성원리의 효과를 무시할 수 없게 됩니다. 따라서 이를 고려한 디랙의 방정식은 전자의 스핀뿐 아니라 질량, 자기장 등의 운동 상태를 보다 정확히 기술할 수 있었습니다.

셋째, 더욱 중요한 진전은 디랙이 양자역학을 입자나 파동이 아닌 장^場으로 기술했다는 점입니다. 이에 대해서는 이 장 중반의 양자장론을 다룬 절에서 다시 설명하겠습니다.

그런데 한 가지 문제가 있었습니다. 디랙의 방정식을 풀면 전자의 에너지가 양의 값뿐 아니라 음의 값도 가진다는 결과가 나왔기 때문이지요. 음의 에너지는 상식적으로 생각할 수 없는 개념이었습니다. 정지해 있는 전자는 자신의 질량에 광속의 제곱을 곱한 값의 에너지를 가집니다(잘 알려진 $E=mc^2$입니다. 단, 이는 정지질량이지요. 〈부록 7〉 참조). 따라서 운동하는 전자는 이 값에 운동에너지를 더한 에너지를 추가로 갖게 됩니다. 그런데 전자의 정지질량은 변하지 않는 값이므로 마이너스의 에너지를 가졌다 함은 빠르게 운동할수록 에너지가 감소함을 뜻합니다.

디랙은 이 모순과 거의 2년 동안 씨름한 끝에 1929년 12월 마침내 설명을 내놓았습니다. 그는 우주가 음의 에너지를 가진 전자로 가득 찬 바다라고 추정했습니다(디랙의 바다라고 부릅니다). 디랙은 공간이 이처럼 낮고 안정한 에너지 상태여서 움직임이 없으며, 따라서 우리는 진공을 빈 공간으로 인식해 관측한다고 보았습니다. 그런데 어떤 자극에 의해 바탕에 있던 전자 하나가 양의 운동에너지를 가지고 위로 튀어 오르면 비로소 입자로 관측된다고 추론했지요. 즉, 음의 에너지 바다에 생긴 빈 자리에는 음전하의 전자가 빠져나갔으므로 마치 양전하의 전자가 있는 것처럼 보인다는 것입니다. 마치 고요했던 바닷물에 거품이 생겨 이리저리 움직이면 무엇이 진짜 있는 듯한 효과를 내는 것과 같은 이치라는 설명이었지요.

디랙이 빈 구멍에서 관측된다고 말한 이 플러스 에너지의 전자를 물리학자들은 양전자positron라고 불렀습니다. 얼마 후 파울리는 양전자의 질량이 전자와 동일하다는 것을 수학적으로 증명했습니다. 실제로 양전자는 1936년에 칼 앤더슨이 우주에서 날아오는 소립자 중에서 발견함으로써 존재가 확인되었습니다. 오늘날 큰 병원에서 볼 수 있는 PET(양전자방출 단층촬영기)도 방사성 물질이 붕괴될 때 생기는 양전자를 이용한 장치이지요.

이후 양성자와 중성자 등 모든 소립자가 같은 방식으로 짝꿍 특성의 반^{反}입자를 가진다는 사실이 밝혀졌습니다. 입자와 반입자는 전하의 부호가 서로 반대인 짝꿍관계입니다. 전기적으로 중성인 광자 등은 자신이 반입자를 겸합니다. 그러나 중성이지만 복합체 입자인 중성자 등의 경우는 스핀이 반대 방향인 반중성자가 그 대립 짝입니다. 반입자는 전하만 반대일 뿐 나머지 모든 물리적 성질은 입자와 완전히 동일합니다.

폴 디랙의 선견지명은 진공이 텅 비어 있지 않다고 예측했다는 점입니다. 실제로 진공은 에너지의 바다입니다(1장 및 3장 참조). 그러나 음의 에너지로 진공이 채워졌다는 디랙의 원래 버전에 대한 설명은 현대의 양자장론으로 유효하지 않게 되었습니다. 아무튼 폴 디랙이 구축한 양자역학의 세 번째 방정식은 스핀의 의미와 반물질, 그리고 진공 에너지를 예측했습니다. 이제 다시 주제를 양자역학의 주류적 설명인 코펜하겐 해석으로 돌아가겠습니다.

양자역학의 주류적 견해 | 코펜하겐 해석

앞서 언급했듯이 '코펜하겐 해석'은 보어, 하이젠베르크, 파울리, 보른 등 코펜하겐과 괴팅겐의 물리학자들이 주도적으로 정립한 양자역학의 물리적 의미에 대한 설명입니다. 이들뿐 아니라 독자적으로 방정식을 발전시킨 폴 디랙, 그리고 양자역학에 내재된 이론의 수학적 타당성을 제시한 헝가리 출신의 수학자 폰 노이만$^{J. von Neumann}$ 등도 같은 견해였지요. 코펜하겐 해석은 양자역학의 주류적 견해로 오늘날 대부분의 물리학자들이 이를 지지하고 있습니다. 보어는 이 내용을 전지(배터리)를 발명한 알레산드로 볼타의 서거 100주년을 기념해, 1927년 9월 이탈리아 코모에서 열린 학술회의에서 처음 정리해 발표했습니다. 당대의 저명한 물리학자들이 대거 참석한 이 회의에서 그는 자신들이 도출한 양자역학적 세계관을 밝혔습니다. 코펜하겐 해석의 내용을 네 가지로 요약하면 다음과 같습니다.

첫째, 양자계의 현상은 확률적으로 일어난다는 설명입니다. 알아본 바와 같이, 전자 등 소립자의 상태는 슈뢰딩거의 파동방정식에서 나오는 파동함수(Ψ)로 나타낼 수 있지요. 그런데 코펜하겐 해석에 따르면 파동함수 자체는 별 의미가 없습니다. 오직 그 제곱($|\Psi|^2 = \Psi\Psi^*$) 값만이 현실적인 의미가 있습니다. 막스 보른의 해석대로, 이 값은 입자가 어느 시간과 위치에서 관측될 확률입니다. 즉, 전자나 소립자에서 위치라는 개념은 없으며, 다만 관측될 확률만이 의미를 가집니다. 현재와 미래는 과거의 사건에 의해 하나로 결정되지 않습니다. 그저 통계적이고 확률적일 뿐입니다. 모든 것이 가능하지요. 즉, 원인이 있어야 결과가 있다는 인과율因果律은 부정됩니다. 거시세계에서 인과율이 있는 듯 보이는 이유는 우연이 만드는 변화가 작기 때문일 뿐 근본적으로 그런 것은 아닙니다.

그렇다면 미시계의 물리현상이 인과율을 따르지 않고 확률에 의존한다는 믿기 어려운 사실을 입증할 수 있을까요? 그 증거는 넘쳐나게 많습니다. 전자 등의 소립자가 보여 주는 터널tunneling(꿰뚫음) 효과를 예로 들어보지요. 우리가 아는 일상적 물체는 움직이는 경로 중간에 장애물이 가로막고 있으면 통과하지 못합니다. 가령, 굴러가는 공의 중간에 언덕이나 세워진 널빤지가 있다고 하지요. 이 경우 공은 더 이상 굴러가지 못할 것입니다. 그런데 소립자는 통과할 수 있습니다. 다만 항상이 아니라 확률적으로만 그렇습니다. 예를 들어, 전자가 10nm(십만 분의 1mm)의 장벽을 뚫고 통과할 확률은 무려 60%나 됩니다. 작은 두께인 듯 보이지만 전자의 크기에 비해서는 엄청나게 큰 장벽입니다. 그런데 60%는 통계적 평균 값일 뿐 완전히 동일한 조건에서 똑같은 실험을 해도 통과 확률은 매번 달라집니다. 통과 여부는 전적으로 확률에 따르며, 따라서 인과율은 적용되지 않지요.

물론, 벽이 두꺼울수록 통과할 확률은 작아집니다. 터널효과의 예는 많습니다. 고체 표면의 이미지를 원자 수준으로 얻는 첨단 장치인 주사터널링현미경Scanning Tunneling Microscope, STM은 이 효과를 이용하고 있습니다. 이 기기에는 매우 가는 탐침探針이 있어 재료의 표면을 가깝게, 그러나 접촉하지 않고 훑어갑니다. 직접 접촉이 없는데도 전자는 터널효과에 의해 양쪽 사이를 확률적 빈도로 통과하며, 이때 흐르는 미약한 전기신호를 분석해 이미지를 얻습니다. 원자력 발전소에서 무거운 원자핵이 작게 쪼개지는 핵분열 반응도 터널효과가 아니면 설명이 안 됩니다. 가령, 알파 방사성 붕괴는 일부 입자의 확률적 이탈로 발생합니다. 태양이나 별 내부에서 일어나는 핵융합도 마찬가지입니다. 그 덕분에 우리는 따뜻한 지구에 살고 있지요.

둘째, 하이젠베르크의 불확정성의 원리입니다. 코펜하겐 해석은 불확정성이 관측의 기술적 한계나 감각기관의 오차 때문에 발생하는 현상이 아니라고 강조합니다. 물질의 파동적 특성 때문에 나타나는 근원적 현상이라는 설명이지요. 이런 점에서 소립자나 물체에는 진정한 의미의 위치라는 개념이 없으며 운동량도 실재한다고 볼 수 없습니다. 실제로 진공의 공간에서는 가상입자들이 불확정성의 원리에 따라 극히 짧은 순간 무작위적으로 임의의 에너지를 가지고 나타났다 사라지기를 반복하고 있습니다. 뒤에서 살펴보겠지만, 물질입자들은 이들이 만든 효과일 뿐입니다.

셋째, 상보성의 원리입니다. 보어가 제안한 이 원리에 따르면, 전자가 입자인지 파동인지 묻는 질문은 무의미합니다. 동전의 앞면과 뒷면 중 어느 쪽이 진짜이냐 묻는 질문과 같지요. 두 면은 같은 실체의 다른 모습이며 서로 보완적입니다. 소립자의 입자성과 파동성도 마찬가지이며, 이것이 우리의 과학적 인식을 만든다는 설명입니다. 가령, 〈그림 2-7〉의 2중슬릿(가는 틈)실험을 예로 들어보지요. 슬릿을 통과한 전자를 입자검출장치(예: 광전효과 장치)로 관측하면 입자로 보이고, 파동검출장치(예: 간섭무늬 관측)로 보면 파동으로 나타납니다. 책상 위의 동전이 두 면을 동시에 보여 주지 않는 것처럼 전자도 입자성과 파동성을 함께 보여 주지 않을 뿐입니다.

넷째, 관측의 중요성입니다. 가령, 방금 전 동전의 경우를 보지요. 운동하고 있는, 즉 공중에 던져진 동전은 상보성을 가졌기 때문에 앞면과 뒷면의 구분이 무의미합니다. 그러나 바닥에 떨어진 동전을 보면 둘 중의 한 면만 드러납니다. 양자계도 마찬가지라는 설명이지요. 사

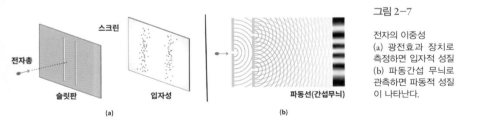

그림 2-7

전자의 이중성
(a) 광전효과 장치로 측정하면 입자적 성질
(b) 파동간섭 무늬로 관측하면 파동적 성질이 나타난다.

과학오디세이
유니버스

물의 물리량은 관측해야만 비로소 의미를 가진다는 관점입니다. 소립자가 운동을 하고 있을 때는 물리량이 불확실하고 확률적인 특성을 가지지만, 관측하는 순간 분명한 상태로 확정된다는 것이지요.

바꾸어 말해, 관측하기 전에는 소립자가 확률적으로 여러 곳에 퍼져 있다고 할 수 있습니다. 그런데 관측 행위가 전자의 위치와 에너지를 변화시킵니다(〈그림 2-8 a〉 참조). 사물이 있는지 없는지 알려면 관측을 해야 하는데, 그러기 위해서는 빛이나 전자, X-선과 같은 매개입자가 반드시 필요합니다. 문제는 그 매개입자(예: 빛)가 정도의 차이는 있으나 필연적으로 관측 대상을 변화시킨다는 점입니다.

그런 일(관측)이 일어나면 파동함수는 오그라들면서 확정된 위치와 운동량을 가진 하나의 상태로 바뀝니다(〈그림 2-8 b〉 참조).[10] 이를 '파동함수의 붕괴collapse of wave function'라고 부릅니다. 불확실하고 확률적이던 파동의 상태가 사라지고, 대신 분명한 물리량을 가지는 입자적 모습으로 바뀐다는 의미입니다. 이는 물체의 물리량(위치, 운동량, 에너지, 지속시간, 스핀 등)이라는 것이 고유하고 절대적인 것이 아니라 관측의 영향을 받는 가변적 속성임을 시사합니다.

즉, 우리가 파악하는 물리량은 관측 행위와 분리해 생각할 수 없습니다. 세상의 모든 현상은 관측이나 인식 작용의 범위 안에 있을 때에만 의미를 가진다는 설명이지요. 흥미로운 점은 파동함수의 붕괴가 양자도약, 즉 소립자의 에너지가 불연속적인 양만 가지는 이유도 설명해 줍니다. 연속적으로 퍼져 있던 파동함수의 물리량들이 관측에 의해 단 하나의 상태로 변하면서 중간값들이 모두 사라지기 때문이지요. 이처럼 코펜하겐 해석은 빛이나 전자가 왜 연속적이지 않고 특정한 값의 에너지, 즉 양자화되어 있는지도 설명합니다.

관측하는 순간 파동성이 사라지고 입자성이 출현하는 파동함수의 붕괴는 2중슬릿실험으로 확인할 수 있습니다. 원래 2중슬릿실험은 1803년 토마스 영 Thomas Young 이 빛의 파동성을 보여 주기 위해 고안했습니다. 어두운 방에 설치한 가림판에 두 개의 작고 가는 틈(슬릿)을 만들고 그곳에 빛을 비추면 맞은편 스크린에 여러 개의 밝고 어두운 줄무늬가 생깁니다(〈그림 2-7 b〉 참조). 잔잔한 호수에 던진 2개의 돌이 만드는 물결에서 보는 바와 같은 간섭무늬입니다. 이는 빛이 2개의 슬릿을 '동시'에 통과했다가 다시 만나 만든 효과로, 파동에서만 나타나는 현상입니다. 입자라면 1개의 슬릿만 통과하므로 이런 간섭현상은 절대 일어나지 않지요. 19~20세기 초의 과학자들이 뉴턴의 빛 입자설 대신 파동설을 굳게 믿었던 이유도 바로 이 간섭현상 때문이었습니다.

그런데 빛 대신 전자를 사용해 2중슬릿실험을 해도 마찬가지의 결과를 얻습니다. 1937년의 노벨 물리학상은 이 실험을 행했던 두 과학자에게 돌아갔지요(그중 한 사람이 전자를 발견한 톰슨의 아들입니다). 빛처럼 전자도 2개의 슬릿을 '동시에' 통과하면 스크린에 간섭무늬를 만듭니다. 그런데 이 실험을 약간 변형해 슬릿과 스크린 사이에 추가로 관

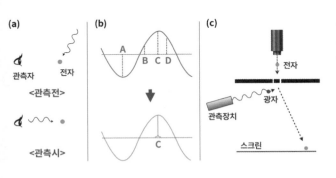

그림 2-8

양자역학의 관측의 문제. (a) 관측 행위에 사용된 광자가 전자의 위치와 운동 에너지를 변화시킨다. (b) 관측 전에는 전자의 위치가 A, B, C, D 어느 곳이나 있을 수 있지만, 관측 순간 전자의 파동함수가 붕괴되며 한 점 C로 수축한다. (c) 관측하지 않으면 전자는 양쪽 슬릿을 동시에 통과한다. 그러나 이를 확인하려고 슬릿을 관측하면 전자는 광자와 반응해 파동성을 상실하며, 따라서 한쪽 슬릿으로만 통과한다.

측장치(혹은 관측자)를 배치해 보면 어떻게 될까요(〈그림 2-8 c〉 참조)? 그리고 단 1개의 전자를 슬릿을 향해 쏜다고 가정하지요. 이 경우 전자는 1개이지만 파동성을 띠기 때문에 2개의 슬릿을 동시에 통과할 것입니다.

그런데 이런 동시성의 모습을 확인하려고 중간에 있는 관측장치로 슬릿을 관찰하면 희한한 일이 벌어집니다. 전자가 파동성을 잃고 입자성을 띠게 되는 것이지요. 즉, 관측하는 순간 전자는 한 슬릿에서만 발견되며 간섭무늬는 스크린에 나타나지 않습니다. 이는 관측에 사용된 빛 알갱이(광자)가 전자와 반응해 전자의 파동함수를 붕괴시켰다고 설명할 수밖에 없습니다. 그런데 이를 증명할 수 있을까요?

원래 1개의 전자를 사용한 2중슬릿실험은 리처드 파인만Richard P. Feynman이 그의 유명한 『물리학 강의』 3권에서 소개한 생각실험*thought experiment이었습니다.[11, 12] 하지만 문자 그대로 머릿속에서 생각으로만 하는 실험이어서 이를 확인할 엄두를 내지 못했지요. 1개의 전자를 사용하고 또 이를 관측한다는 일이 불가능하다고 생각했기 때문입니다. 다만, 이탈리아와 일본의 연구진들이 간접적 방법의 실험으로 타당성을 밝힌 적은 있습니다.

그런데 2013년 미국과 캐나다의 공동연구팀이 파인만의 생각실험에 거의 근접한 실험에 성공했습니다.[13] 연구진은 나노 기술을 이용해 금으로 코팅된 규소박막에 틈이 62nm(나노미터)인 슬릿 2개를 272nm의 간격으로 만들고, 그곳에 1초에 1개의 전자를 쏘는 실험을 했습니

---

* 파인만이 1961부터 2년간 캘리포니아공과대학에서 180명의 학부생에게 행한 강의 내용이다. 원래는 출판 계획이 없었으나 물리학의 난해한 내용들을 알기 쉽고 독창적으로 설명했다는 소문이 퍼져 1964년 초판이 나왔다. '파인만의 빨간책'으로 유명해진 이 책의 내용 중에서 일반인도 쉽게 읽을 수 있는 원자, 에너지, 양자이론 등의 6개 장을 따로 편집한 『파인만의 6개 물리 이야기』는 미국의 한 언론에서 뽑은 20세기 100대 논픽션 베스트 셀러 중 유일한 자연과학 교재였다.

다. 그 결과 2개의 슬릿을 열면 회절무늬가 나타났지만 한쪽을 막으면 없어졌습니다. 1개의 전자가 2개의 슬릿을 동시에 통과할 수 있으며, 그 결과가 파동성 때문이라는 사실을 실험으로 진짜 증명한 것입니다.

신이 무엇을 하든 참견 말라 | 아인슈타인의 패배

이처럼 코펜하겐 해석은 기존 과학의 통념과는 크게 다른 내용들을 포함하고 있습니다. 물리현상의 확률성, 인과율의 부정, 불확정성, 상보성, 그리고 관측의 중요성 등이 그렇지요. 특히 관측을 해야 세상이 비로소 의미를 가진다는 점은 정말 기이했습니다. 하이젠베르크는 1955년의 한 강연에서 '우리가 관측하는 것은 자연 그 자체가 아니라 그것을 알려고 하는 방식에 따라 다르게 드러나는 자연'이라고 말했습니다. 보어는 한 술 더 떠, '양자의 세계는 없다. 양자물리학의 추상적 서술만이 있을 뿐이다'라고 말했습니다.[14] 원자모형과 양자역학을 만든 장본인들이 역설적으로 전자나 소립자의 실제 존재를 부정하는 듯한 말을 한 셈이지요.

이런 의미에서 코펜하겐 해석은 (철학적 담론이 아니라) 실증을 통해 인식의 문제를 제기한 첫 과학적 해석이었다고 볼 수 있습니다. 이런 관점은 우리가 보고 경험하는 것만이 실재實在라는 데이비드 흄David Hume의 경험주의나, 형이상학적 사변思辨을 배격하고 사실에 대한 과학적 탐구를 중시한 오귀스트 콩트Auguste Comte의 실증주의 철학과 통하는 면이 있습니다. 19세기 후반 과학계에 큰 영향을 미쳤던 에른스트 마흐의 과학사상도 그 연장선에 있었지요. 마흐는 과학도 감각의 결과라고 생각했습니다. 이러한 사조思潮의 영향 때문인지 코펜하겐 해석은 파격적 내용에도 불구하고 당시의 물리학자들 사이에서 급속히 수용되었습니다. 더구나 많은 실험 결과들이 이 해석과 잘 일치했지요.

물론, 코펜하겐 해석에 동의하지 않는 소수도 있었습니다. 역설적이게도 양자역학의 토대를 마련한 장본인들이었습니다. 양자과학 시대를 연 플랑크, 광전효과로 소립자의 양자성을 결정적으로 입증한 아인슈타인, 양자역학을 서술하는 파동방정식을 만든 슈뢰딩거가 그들이었지요. 특히, 아인슈타인과 슈뢰딩거는 단호하게, 그리고 적극적으로 코펜하겐 해석을 반박했습니다.

양 진영의 충돌을 가장 극적으로 보여 주는 사건이 보어와 아인슈타인의 유명한 솔베이회의 논쟁입니다. 벨기에의 화학회사 솔베이Solvay가 지원했던 이 국제회의는 1911년 이래 3년마다 열렸습니다. 탄산소다 제조법을 발명해 큰 돈을 번 창립자 솔베이는 매우 선구적 생각을 가진 사람이었습니다. 이미 1897년에 유럽의 어떤 나라도 시행

그림 2-9

제5차 솔베이회의. 1927년 10월 벨기에 브뤼셀에서 열린 5차 솔베이 회의의 참석자들. 대부분이 노벨 물리, 화학상을 수상했다

1-슈뢰딩거 2-파울리 3-하이젠베르크 4-디바이 5-브래그 6-디랙 8-콤프턴 9-보른 10-보어 11-플랑크 12-퀴리 13-로렌츠 14-아인슈타인 15-랑주뱅 16-윌슨

하지 않았던 하루 8시간 노동을 자신의 회사에서 시행했고, 1913년에는 유급휴가제도 처음 채택했지요. 그는 과학에 매료된 사람이어서 거액의 기부를 통해 최초로 세계 규모의 물리학 및 화학학회를 브뤼셀에 창립하고 국제회의를 지원했습니다. 이 회의는 당대 최고의 과학자들만 선별적으로 초청했습니다(역사학을 공부한 드 브로이가 물질파를 연구한 계기도 1911년의 첫 회의에 사무 비서로 참여한 그의 형으로부터 전해들은 최신 정보 때문이었습니다). 보어와 아인슈타인이 처음 격돌했던 1927년 10월의 제5차 솔베이회의만 해도 참석자 대부분이 오늘날 과학 교과서에 나오는 인물들이었습니다. 29명의 참석자 중 노벨상 수상자가 17명, 상의 개수로는 18개가 나왔지요. 물리학상이 15개, 화학상이 3개였는데, 그중 퀴리 부인은 노벨상을 두 번 수상했습니다.

이 쟁쟁한 인물들 앞에서 보어가 상보성 원리에 기초한 코펜하겐 해석에 대해 강연을 했습니다. 대부분의 참석자는 한 달 전 이탈리아 코모에서 열렸던 볼타 서거 100주년 학회에서 보어의 강연을 이미 들었던 터였습니다. 따라서 솔베이 회회는 새 이론을 수용하는 축제가 되리라고 예상했지요. 하지만 보어의 상보성의 원리를 처음 들은 아인슈타인은 발표 후 질의응답 시간에 강하게 그를 공격했습니다. 상대성 이론의 명성 덕분에 카리스마를 갖고 있던 아인슈타인이 강하게 반박하자 회의장은 큰 혼란에 빠졌습니다. 참석자들은 독일어, 프랑스어, 영어, 네덜란드어 등 자국어로 옆자리 동료들과 웅성거렸지요(당시는 유럽이 과학을 주도하던 시대였기 때문에 미국에서 온 참석자는 2명뿐이었습니다). 혼란 중 누군가가 흑판에 '신이 여러 나라 말을 창조했다'라고 썼다고 합니다.

아인슈타인은 이 논쟁에서 특히 불확정성의 원리를 공격했습니다. 그는 몇 개의 생각실험으로 보어를 공격했습니다. 문제를 받은 보어는 혼자 숙고하거나 동료들과 상의해 답변을 만든 후 당일이나 이튿날 반박해 상황을 뒤집곤 했습니다. 아인슈타인이 던진 여러 질문 중 하나만 소개하면 다음과 같습니다.

그는 가림판에 전자의 파장보다 훨씬 좁게 만든 슬릿의 경우를 보어에게 질문했습니다. 이 경우 고전적 전자가 입자라면 좁은 슬릿을 통과하지 못할 것입니다. 그러나 파장의 성질을 가졌기 때문에 빠져나갈 것입니다. 그 대신 슬릿이 있는 가림판을 건드리며 통과할 것입니다. 그런데 이 과정에서 움직인 가림판의 거리(위치)와 방향을 측정해 운동량(충격량)을 계산하면 전자가 스크린의 어느 곳에 도달할지를 고전물리 법칙으로 예측할 수 있지 않느냐는 질문이었습니다. 즉, 파동함수의 붕괴 개념을 동원하지 않아도 전자의 정확한 위치와 운동량을 알 수 있다는 논리였지요.

보어는 다음 날 아인슈타인의 논리를 간단하게 격파했습니다. 그는 슬릿이 있는 가림판 자체도 불확정성의 원리가 적용된다고 반박했습니다. 즉, 전자가 충돌해 가림판을 움직인다 해도 그 이동 거리(위치)와 운동량은 동시에 정확히 측정할 수 없다는 답변이었지요. 게다가 이 답변은 파동성과 입자성이 동시에 나타날 수 없다는 상보성의 원리도 설명했습니다. 즉, 가림판이 이동한 위치를 정확히 측정하면 전자의 운동량이 모호해져 스크린에는 간섭무늬가 나타난다고 부언했습니다. 전자가 파동으로 나타난다는 설명이었지요. 보어는 매번 이런 식으로 아인슈타인의 공격을 방어했고, 참석자들 대부분은 보어가 판정승을 거두었다고 생각했습니다.

두 사람은 3년 후인 1930년 제6차 솔베이회의에서 다시 한번 격돌했습니다. 원래 이 회의의 주제는 자성磁性이었습니다. 그러나 세간의 관심은 다시 만난 두 사람의 논쟁에 쏠려 있었지요. 이때도 아인슈타인은 생각실험으로 보어를 공격했습니다. 이번에는 에너지와 시간 사이의 불확실성을 문제 삼았습니다. 그는 전자들이 들어 있는 상자를 가정했습니다. 이 상자 속에 있는 전자의 질량을 재면 그 에너지를 정확히 알 수 있을 것입니다. 한편, 상자 안에는 시계가 달린 특수한 셔터 장치가 있어 정해진 시간마다 정확하게 전자를 1개씩 내보냅니다. 아인슈타인은 이 경우 일정 시간이 지난 후, 남아 있는 상자 안의 질량을 측정하면 빠져나간 전자의 에너지를 정확히 계산할 수 있지 않겠냐고 문제를 던졌습니다. 즉, 시간과 에너지를 동시에 정확히 측정할 수 없다는 주장을 공격한 것이지요.

질문을 받은 보어는 처음에는 크게 당황했으나 면밀한 분석 끝에 멋진 답변을 찾아냈습니다. 전자가 상자를 빠져나가 질량이 줄어들면 주변의 중력장이 변화됩니다. 이 변화된 중력장은 상자의 안에 있는 시계의 속도에 영향을 주지요. 이는 다름 아닌 아인슈타인이 일반상대성이론에서 주장한 내용이었습니다. 보어는 불확정성이 상대성원리와 연관되어 있음을 역설적으로 보여 주는 답변으로 대꾸를 한 것입니다(오늘날의 답변이라면 뒤에 설명할 '양자얽힘'으로 답했을 것입니다. 즉, 광자와 상자가 양자적으로 서로 얽혀 있다는 답변이지요).

참석자들은 아인슈타인이 자신의 이론에 의해 치명타를 맞았다고 생각했습니다. 아인슈타인은 회의에서 더 이상 반박하지 못했습니다. 하지만 여전히 코펜하겐 해석에 동의하지 않았지요. 그 대신 이후로는 방향을 바꾸어 양자역학의 모순성보다는 불완전함을 보여 주려고 애썼습니다. 즉, 양자역학은 수학적 기술로는 옳지만 근본법칙은 아니라고 보았지요. 그는 미래에 어떤 일이 일어날지 예측할 수 없으면 올바른 물리법칙이 아니라는 신념이 있었습니다. 자연은 엄격한 인과법칙에 의해 작동하지, 결코 우연과 불확실성에 의존하지 않는다고 믿었지요. 아인슈타인은 개인적으로는 친하지만 학문적으로는 원수지간이었던 보른에게 보낸 편지에서 유명한 말을 남겼습니다.[15]

> 양자역학은 확실히 인상적입니다. 그러나 내 안의 음성은 그것이 진짜가 아니라고 말해 줍니다. 이 이론은 많은 것을 이야기하지만 신의 비밀에 더 가깝게 우리를 인도하지는 않습니다. 어쨌든 나는 신이 주사위 던지기 놀이를 하지 않는다고 확신합니다.

보어는 솔베이회의에서 아인슈타인이 신을 들먹이며 자신을 조롱했다고 회고했습니다. 그는 '모르는 원인을 신에게 돌리지 말라고 옛 현인들이 경고했거늘, 하물며 과학자가 그래서 되겠느냐'는 취지로 답했다고 합니다. 또한 일설에 의하면, '신이 무엇을 하든 참견하지 말라'고 답변했다고도 합니다. 하지만 아인슈타인은 독일어 원문 편지에서 신(Gott=God)이 아니라 자연을 의인화한 '옛 분(Der Alte=the Old One)'이라는 단어를 사용했습니다.[16] 부언하자면, 아인슈타인은 인격을 가진 신을 믿지 않았으며 굳이 따지자면 스피노자적 범신론汎神論, 혹은 자연법칙이 신이라는 생각을 가지고 있었다고 알려져 있습니다.

아무튼 상대성이론으로 쌓았던 명성과 권위에 흠이 간 아인슈타인은 쓸쓸히 브뤼셀을 떠나야 했습니다. 그나마 남긴 소득이 있다면 강력한 동맹자를 만난 일이었지요. 바로 슈뢰딩거였습니다. 특별한 지지를 받지 못했던 두 사람은 솔베이회의를 계기로 친한 사이가 되었고, 이후 많은 서신을 교환하며 반격을 준비했습니다. 그 결과 5년 후 두 사람은 코펜하겐 해석의 지지자들을 당황케 하는 비장의 무기를 각기 내놓았습니다. 슈뢰딩거의 고양이와 아인슈타인의 EPR 역설이 그것입니다.

동시에 죽어 있고 살아 있기 | 슈뢰딩거의 고양이

먼저 슈뢰딩거는 코펜하겐 해석의 모순을 지적하기 위해 1935년 일반 과학잡지 『자연과학Naturwissenschaften』에 한 편의 기사를 기고했습니다. 내용은 '슈뢰딩거의 고양이'로 잘 알려진 생각실험으로 요지는 다음과 같습니다.[17]

특수 제작된 상자 안에 고양이 한 마리가 들어 있습니다. 고양이 옆에는 소량의 방사성 물질과 이를 측정하는 가이거 계수기, 그리고 시안화수소산이 담긴 유리병이 있습니다. 상자 속의 방사성 물질이 1시간 후에 붕괴할 확률은 50%입니다(슈뢰딩거는 이 수치를 임의로 내놓았습니다. 그러나 실제로 방사성 물질의 붕괴는 양자역학의 설명처럼 확률에 따릅니다! 확률적으로 50%의 방사성 물질이 붕괴하는 데 소요되는 시간이 반감기입니다). 방사성 물질이 붕괴되면 이를 탐지한 가이거 계수기의 전류가 특수 제작된 망치로 흘러가 유리병을 깨도록 세팅되어 있습니다. 시안화수소는 청산가리보다 1만 배나 높은 독성을 가졌으므로 유리병이 깨지면 고양이는 즉사하게 됩니다. 따라서 고양이가 1시간 후 살거나 죽을 확률은 각기 50%이지요.

그런데 보어 측 과학자들의 해석에 의하면, 소립자는 관측해야만

정확한 위치와 운동량을 가진 실체로 나타납니다. 즉, 관측을 하기 전에는 다양한 에너지의 파동들이 중첩^{superposition}되어 있는 상태이며, 어떤 일이 벌어질지는 파동함수의 제곱($|\Psi|^2$)으로 나타낸 확률로만 알 수 있지요. 바꾸어 말해, 상자를 열기 전까지는 고양이가 죽은 상태와 살아 있는 상태로 겹쳐 있습니다(파동함수로 표시하면 $1/(\sqrt{2})$ 살아 있음 $+ 1/(\sqrt{2})$ 죽어 있음입니다). 고양이가 동시에 죽어 있고 살아 있다는 말이지요. 게다가 상자를 열어 관측하면 고양이가 죽기도 하고 살기도 합니다. 그 확률은 각기 50%이지요.

얼핏 보면 황당한 이야기입니다. 슈뢰딩거는 이 불쌍한 고양이로 코펜하겐 해석을 우스꽝스럽게 만들려고 했습니다. 아인슈타인은 슈뢰딩거의 고양이에 대해 크게 만족했습니다. 그에게 보낸 편지에서 '당신은 존재에 대해 말하는 엉성한 가설의 주위를 기웃거리지 않는, 몇 안 되는 정직한 사람'이라고 띄워 주었습니다. 또한 코펜하겐 해석에 대해 '내가 쳐다보지 않는다고 하늘의 달이 없는가?'라는 유명한 말로 비꼬았습니다.

슈뢰딩거의 고양이 문제를 접한 보어 측의 과학자들은 잠시 혼란에 빠졌습니다. 급한 대로 생각할 수 있는 답변은 '대응의 원리'입니다. 이 원리에 의하면 미시세계에서 나타나는 기이한 효과들은 거시세계로 갈수록 약해집니다. 앞서 드 브로이의 물질파에서 보았듯이, 날아가는 야구공도 파동으로 설명할 수 있으나 플랑크 상수가 매우 작기 때문에 우리는 그것을 느끼지 못합니다. 하지만 대응의 원리가 관측의 문제를 근본적으로 설명하지는 못합니다.

생각할 수 있는 또 다른 답변은 관측 전 고양이의 상태를 현실의 상황에 빗대어 표현하는 자체가 부적합하다는 주장입니다. 관측되기 전에 물체가 중첩되어 있다고 하는 것은 파동함수의 수학적 표현입니다. 그런데 파동함수는 허수를 포함하는 수학식이기 때문에 이를 실체로 간주해 설명하면 모순이 생긴다는 답변이지요. 이는 그럴듯한 설명이지만 사실이 아닙니다.

미국 국립표준연구소National Institute of Standards and Technology, NIST의 연구진은 2010년 광자(빛 알갱이)를 슈뢰딩거의 고양이에 거의 가까운 상태를 실제로 만드는 데 성공했습니다.[18] 이 레이저 펄스를 이용해 광자 3개를 각기 다른 편광 상태에 놓이게 했습니다. 그다음 이들 광자가 동시에 중첩되어 나타나도록 했지요. 일종의 '광학적 슈뢰딩거 고양이'를 만든 것입니다. 양자적 중첩은 실제로 일어나는 현실입니다.

사실을 말하자면, 보어 측 과학자들은 관측이 무엇인지에 대해 심각히 생각해 보지 않았습니다. 관측이 제3자가 단순히 쳐다보는 행위인지, 아니면 측정을 의미하는지, 이 둘의 구분조차 불분명했지요. 슈뢰딩거의 고양이에 국한한다면 관측이 상자를 여는 행위인지, 고양이로부터 온 빛이 눈에 도착하는 사건인지, 아니면 이를 뇌에서 인식하는 작용인지도 명확치 않았습니다. 결과적으로 슈뢰딩거의 고양이는 보어 측 과학자들이 놓치고 있던 부분을 깨닫게 해주는 계기가 되었습니다. 그 해답을 찾는 과정에서 코펜하겐 해석은 더욱 이론적으로 개선되고 보강되었지요. 상대방을 몰아세우기 위해 꾸민 고양이 문제가 오히려 그들을 도와준 셈이 되었습니다.

코펜하겐 해석의 지지자들이 깨달은 바는 관측의 주체가 인간만이 아니라는 점이었습니다.[19] 그들이 별 생각 없이 사용해 왔던 '관측'이란 용어는 알고 보니 대상이 되는 물체와 주변 환경과의 '상호작용'을 의미했습니다. 다시 말해, 관측의 주체는 환경입니다. 우리가 실험에서 행하는 관측 혹은 측정은 대상 물체와 주변환경 사이에 일어나는 상호작용의 한 특수한 형태입니다. '좁은 의미의 관측'이지요. 개념적으로 볼 때, 우리가 어떤 사물을 분석하거나 관측한다는 의미 속에는 그것과 나머지 주변 환경을 구분하는 2분화가 전제되어 있습니다.

가령, 슈뢰딩거의 생각실험에 등장하는 고양이는 대상 물체입니다. 그 나머지인 고양이를 둘러싼 공기, 방사성 물질, 유리병, 상자, 심지어 상자 밖의 우주 전체는 환경입니다. 상자를 열어 고양이를 관측하는 인간도 환경의 일부일 뿐, 특별히 다를 게 없지요. 중요한 점은 고양이를 구성하는 물질은 우리가 굳이 상자를 열어 보지 않아도 공기, 유리병, 상자, 실험자 등의 주변 환경과 무수하게 많은 상호작용을 하고 있다는 사실입니다. 즉, 관측 당하고 있지요. 이렇게 본다면 고양이는 상자 안에서 동시에 죽고 사는 상태로 남아 있기가 극도로 어렵습니다. 주변과 끊임없이 상호작용하고 있기 때문이지요.

이처럼 대상과 환경의 상호작용으로 인해 양자적 중첩상태가 현실 세계의 실체로 바뀌는 현상을 코펜하겐 해석 지지자들은 '양자적 결잃음quantum decoherence(혹은 결어긋남, 결흩어짐)'이라고 부르기 시작했습니다. 한마디로, 결잃음은 파동함수로 기술되는 물질의 파동성이 입자로 바뀌는 현상입니다. 물질파가 상호작용으로 인해 간섭 능력을 잃는 현상이지요.

한편, 관측 전의 물질처럼 파동성이 유지된 상태를 결맞음coherence에 있다고 부릅니다. 이처럼 물체는 주변의 환경(예: 공기분자, 빛 입자 등)과 끊임없이 상호작용하고 있으며, 따라서 파동함수가 교란될 상황에 항시 노출되어 있습니다. 특히, 수많은 원자로 이루어진 큰 물체일수록 주변 물질과의 반응을 피하기가 어렵지요.

그렇다면 결잃음이 일어나는 크기의 경계가 있을까요? 고양이처럼 큰 물체도 동시에 여러 개의 슬릿을 통과할 수 있을까요? 1999년 오스트리아 빈대학의 안톤 차일링거[Anton Zeilinger]와 그 연구진은 전자나 광자가 아니라 C_{60}이라는 거대 분자를 2중슬릿에 통과시키는 실험에 성공했습니다.[20] 풀러렌[fullerene]이라고도 불리는 C_{60}은 탄소 원자 60개가 축구공 모양으로 모인 물질로 지름이 약 1나노미터입니다. 전자는 물론, 수소 원자보다 5억 배나 더 큰 물질이지요. 차일링거팀은 이처럼 큰 C_{60}를 슬릿 사이로 통과시켜 파동에서나 나타나는 간섭패턴을 얻었습니다. 연구진은 C_{60}가 공기 등의 주변과 상호작용하지 않도록 진공에서 열적 교란을 피하는 엄밀한 조건에서 실험했습니다. 2011년에는 그와 함께 일했던 같은 대학의 연구진이 무려 430개의 원자로 이루어진 유기분자의 간섭 무늬를 얻는 데도 성공했습니다.[21] 다른 곳도 아닌 슈뢰딩거의 모교의 후배들이 얻은 결과이니 아이러니가 아닐 수 없습니다.

결과적으로 보어 측 물리학자들을 반박하려고 내놓았던 고양이는 오히려 상대방의 이론을 견고하게 만들어 주었습니다. 슈뢰딩거는 보어에게 보낸 편지에서 '양자도약이 사실이라면 양자론에 관계한 것을 후회할 것'이라고 썼습니다. 낙담한 슈뢰딩거는 자신이 크게 공헌한 양자역학에서 완전히 손을 뗐습니다. 그후 그가 아일랜드로 건너가 남은 여생을 생명과학 연구에 바쳤음은 앞서 설명한 대로입니다.

하나로 얽힌 세상 | EPR 역설

코펜하겐 해석을 공격한 두 번째 무기는 아인슈타인의 EPR 역설이었습니다. 두 번째라고 했지만, 사실은 슈뢰딩거의 고양이보다 한 달 앞선 1935년 5월 발표되었지요. 당시 아인슈타인은 나치정권을 피해 미국으로 건너가 프린스턴고등연구소에 정착하고 있었습니다. 솔베이회의 이후 절치부심하던 그는 그곳에서 자신의 생각을 수학적으로 도와줄 수 있는 두 사람의 조수를 고용했습니다. 바로 러시아계의 포돌스키[Boris Podolsky], 그리고 로젠[Nathan Rosen]이었습니다. EPR이란 이들 세 사람의 이름 첫 자입니다. 모두 유대계인 세 사람은 1935년 '물리적 실체의 양자역학적 기술은 완전한가?'라는 질문형 제목의 논문을 발표했습니다.[22] EPR 역설로 불리는 이 논문의 내용은 물리학 사상 가장 난해한 문제 중 하나를 던져 주었습니다. 나중에 다른 과학자들이 보다 쉬운 예로 요약한 내용을 소개하면 다음과 같습니다.[23]

가령, 스핀(각운동량)이 하나는 업(+1/2)이고 나머지는 다운(−1/2) 상태인, 즉 총 스핀이 0인 어떤 모[母] 입자를 생각해 보지요. 이 모 입자를 임의의 방법으로 붕괴시키면 업, 다운의 스핀을 가진 두 개의 딸 입자가 될 것입니다. 이 경우 전체 스핀은 보존되므로 딸 입자 하나의 스핀을 알면 나머지는 아무리 먼 거리에 있어도 저절로 결정되겠지요. 더 쉽게 이해하기 위해 장갑으로 예를 들어도 됩니다. 한 벌의 장갑 두 쪽을 각기 다른 상자에 넣고 100억 광년 떨어진 곳에 놓았다고 하지요. 만약 상자 하나를 열어 왼쪽 장갑이 나왔다면 나머지는 오른쪽 것임을 즉각 알게(결정)됩니다.

그런데 코펜하겐 해석은 이 상황을 기이하게 설명합니다. 이 해석에 의하면, 상자를 열기 전에는 두 장갑이 어떤 짝인지 결정되어 있지 않고 중첩된 상태에 있습니다. 한쪽 상자를 열어 관측해야 다른 쪽이 어떤 장갑인지 결정되지요. 상자를 열어 보는 행위가 파동함수의 붕괴를 일으켜 다른 쪽의 상태를 결정하기 때문입니다. 바꾸어 말해, 서로 연결된 두 물체는 아무리 멀리 떨어져 있어도 상대방에 즉각적으로 영향을 미치며 얽혀 있다는 해석입니다. 이를 '양자얽힘quantum entanglement'이라고 부릅니다.

EPR 역설은 양자얽힘이 심각한 모순을 내포하고 있다고 주장합니다. 아시다시피 정보가 전달되는 데는 시간이 걸립니다. 그런데 수백억 광년 떨어진 두 입자의 정보가 즉각적으로 연결되고 서로 영향을 미친다면, 어떤 물체나 정보도 빛보다 빠를 수 없다는 특수상대성원리에 명백히 위배됩니다. 거리에 무관하게 정보가 즉각 전달될 수 있다는 코펜하겐 해석의 이러한 성질을 '비국소성non-locality'이라고 합니다. 특별한 장소가 없음을 뜻하는 성질이지요. 사실, 한 개의 소립자가 여러 개의 슬릿을 동시에 통과한다면 '특별한 장소'라는 개념은 의미가 없습니다. 비국소성은 즉각적인 정보 전달처럼 공간적, 장소적 한계를 무시하고 나타나는 성질입니다.

이와 달리, 거리가 떨어진 두 곳은 서로 즉각적인 영향을 미칠 수 없다는 아인슈타인의 주장을 '국소성locality', 혹은 '한 곳성'의 원리라 합니다. EPR 논문은 양자얽힘의 비국소성은 모순이라고 주장했지요. 게다가 한쪽의 물리량을 알면 다른 쪽의 양을 동시에 정확히 알 수 없다는 불확정성 원리에도 위배된다고 반박했습니다. 즉, 얽힘과 불확정성의 원리는 서로 충돌하며, 따라서 양자역학은 불완전하다는 논리였지요.

사실 비국소성은 우리의 상식에 어긋납니다. 한쪽의 관측이 다른 쪽의 물리적 실체를 창조, 즉 현실로 만들기 때문이지요. 그렇다면 물리적 현상은 허상이라고 볼 수도 있습니다. 이 같은 견해에 동의할 수 없었던 아인슈타인은 물리법칙은 우리의 측정 행위와 무관하게 존재하는 실재라고 강하게 반박했습니다. 관측하지 않아도 사물은 실체로 존재하며, 인과법칙을 따른다는 관점이지요. 아인슈타인은 먼 거리에 있는 정보가 광속을 뛰어넘어 즉각 전달된다는 양자얽힘을 '도깨비 같은 원격작용$^{\text{spooky action at a distance}}$'이라고 비꼬았습니다. 왼쪽인지 오른쪽 장갑인지의 여부는 상자를 열어보아서 결정되는 것이 아니라 넣을 때 이미 정해진다는 주장입니다. 그는 양자역학에서 나타나는 기이한 현상들은 우리가 아직 모르는 변수들을 찾아내지 못했기 때문으로 보았습니다. 이런 견해를 '국소적 숨은 변수 이론$^{\text{local hidden variable theory}}$'이라 부릅니다. 혹은 '국소적 실재주의$^{\text{local realism}}$'라고도 합니다.

EPR 논문을 접한 보어 진영은 크게 당황했습니다. 5년 전 보어가 상대성원리로 아인슈타인을 꼼짝 못하게 만들었는데, 이번에 같은 원리로 역습을 당한 것입니다. 더구나 반박하기도 쉽지 않았습니다. 보어는 EPR 논문이 발표된 다음 달, 『네이처』에 똑같은 제목의 답글을 기고하고 몇 달 후 이를 다른 저널에 정식 논문으로 발표했습니다. 하지만 대부분의 학자들은 그의 답변이 미흡하며, EPR 역설에 대해 충분히 해명하지 못했다고 생각했습니다. 보어 측의 다른 학자들도 뾰족한 답변을 찾지 못했지요. 따라서 EPR 역설은 난제로 남겨진 채 한동안 논쟁거리에서 비켜나 있었습니다.

그러던 1952년 헝가리 출신 유대계 물리학자 데이비드 봄$^{\text{David Bohm}}$이 아인슈타인과 보어를 절충하는 이론을 내놓았습니다.[24] 봄의 이론은 원래 1927년 드 브로이가 솔베이회의에서 아이디어 차원으로 제안했다가, 아인슈타인과 보어 양측으로부터 공격을 받아 포기했던 내용을 수학적으로 가다듬은 것이었습니다. 그는 양자적 파동방정식을 입자로 해석하기 위해 고전 운동방정식의 형태로 수정했지요. 그 결과 봄의 식을 풀면 전자는 뚜렷한 궤적을 가지는 파동적 입자의 모습을 가집니다. 또한 불확정성의 원리와 달리 전자의 위치와 운동량도 동시에 정확히 알 수 있습니다. 관측이 파동함수를 붕괴시키지도 않지요.

그러나 파동적 입자의 운동은 확률적이어서 관측 전에는 어떻게 움직일지 예측할 수 없습니다. 봄은 자신의 양자역학적 세계관을 1957년 출간된 『현대물리학에서의 인과율과 우연』이라는 책에서 상세히 밝혔습니다.[25] 이에 의하면, 물고기가 물의 압력을 느끼지 못하고 헤엄치듯 소립자들도 엄청난 에너지로 채워진 양자장 속을 움직이고 있습니다. 그런데 양자장의 에너지는 우주의 어디에나 고르게 퍼져 있습니다. 즉, 어느 한 곳의 양자 상태는 우주 전체와 연관되어 있지요. 소립자들이 서로 연결되어 있으며 비국소성을 가졌다는 뜻입니다.

하지만 봄은 소립자의 기이한 거동이 양자장 속에 숨어 있는 변수들 때문이라고 보았습니다. 이런 견지에서 봄의 양자관을 '비국소적 숨은 변수이론'이라고 부릅니다. 아인슈타인의 숨은 변수에는 동의했지만, 국소성은 부인한 셈이지요. 또한 코펜하겐 해석의 불확정성이나 관측의 의미는 부정하면서 비국소성은 인정했습니다. 둘을 타협한 것이지요.

당연히 봄의 이론은 보어 측과 아인슈타인으로부터 모두 배척당했습니다. 학생 때 급진적 공산주의자였던 그는 브라질의 상파울루대학로 망명해 논문을 발표했습니다. 하지만 그의 망명을 도와준 것은 물론 한때 그를 조수로 채용하려고 했던 아인슈타인조차 봄의 '비국소적 숨은 변수이론'을 싸구려 이론이라고 혹평했습니다.

그러나 오늘날 적지 않은 물리학자들이 그의 이론을 재평가하고 있습니다(봄은 '홀로그램 우주' 이론의 제창자이기도 합니다. 3장 참조). 봄은 브라질, 이스라엘을 거쳐 영국에 영구 정착했습니다. 말년에는 인도 사상에 심취했는데, 그의 나이 75세에 런던의 택시 안에서 심장마비로 세상을 떠났습니다.

봄의 이론은 한동안 잠잠했던 EPR 역설 논쟁을 재점화하는 계기가 되었습니다. 그의 이론이 북아일랜드 태생의 존 벨John Stewart Bell의 연구로 이어졌기 때문입니다. 가난한 집안에서 태어나 많은 형제 중 유일하게 공업고등학교와 대학교를 나온 그는 데이비드 봄의 '비국소적 숨은 변수이론' 논문을 읽고 큰 감명을 받았습니다. 벨은 대부분의 학자들이 너무 형이상학적이라고 연구를 꺼리던 EPR 역설 문제를 다시 들추어내 파고 들었습니다. 특히 위치와 운동량의 불확실성을 다룬 난해한 EPR 논문보다, 스핀의 업($+1/2$)과 다운($-1/2$)상태를 국소성 검증의 대상으로 삼은 봄의 생각실험이 더 명료하다고 생각했습니다.

이에 근거해 벨은 양자얽힘과 관련된 국소성 여부를 실험으로 검증할 수 있는 수학적 방법을 찾아냈습니다. 아인슈타인과 보어가 세상을 떠난 지 각기 9년과 2년이 지난 후였는데, 당사자들이 없는 자리에서 EPR 역설의 진위를 밝힐 재판관이 등장한 셈이지요. 벨은 이 역사적인 논문을 1964년에 갓 창간한, 『피직스Physics』라는 잘 알려지지 않은 학술지에 〈EPR 역설에 대하여〉라는 제목으로 발표했습니다. 이 논문에서 그는 국소성을 검증할 수 있는 부등식을 제안했습니다. 하지만 해당 저널이 다음해 폐간되어 벨의 연구는 잠시 묻혔지요. 나중에 찾아낸 이 부등식에 대해 일부 학자들은 물리학 역사상 가장 심오한 발견이라고 극찬했습니다.

벨 부등식은 수학적 내용이 어렵지만 요지는 간단합니다. 즉, 서로 연관되어 있는 양자계가 불확정성(동시에 정확히 측정할 수 없는) 특징을 3개 이상 가지고 있다면 그로 인해 일어나는 결과를 실험적으로 확인할 수 있다는 내용입니다. 이에 따르면, 양자적으로 연결된 소립자의 몇 가지 측정값을 적절하게 가감하여 나온 확률값이 어떤 수보다 작으면 국소적 숨은 변수이론이 입증됩니다. 그렇지 않다면 양자계는 비국소성을 가진 경우입니다.

벨의 부등식이 알려진 후 이를 확인하려는 많은 시도가 있었습니다. 그 결과 1982년 프랑스의 알랭 아스뻬$^{\text{Alain Aspect}}$ 팀이 최초로 의미 있는 결과를 얻었습니다. 그는 레이저를 칼슘 원자에 충돌시켜 스핀이 업과 다운인 쌍둥이 입자를 만든 후 서로 반응하지 못하도록 반대 방향으로 분리했습니다. 그 다음 감지기를 입자 스핀의 세 방향, 즉 x(좌우), y(전후), z(상하)의 여러 각도로 움직이며 반복 측정했습니다. 그 결과 벨의 부등식이 충족되지 않았습니다! 즉, 국소성이 있다면 부등식의 값이 2보다 같거나 작아야 하는데 결과는 2.7이었지요. 아인슈타인의 국소성이 틀렸다는 결과였습니다. 이후 각국에서 여러 연구가 진행되었는데 벨 부등식의 실험값이 모두 2보다 컸습니다.

한편, 1998년 스위스 제네바대학 팀은 실험실 안이 아니라 양자적으로 얽힌 두 광자를 11km나 떨어진 거리에서 측정해 벨 부등식이 성립하지 않는다는 결과를 얻었습니다. 게다가 이 실험에서는 아인슈타인이 비꼰 '도깨비 같은 원격작용'이 빛보다 무려 2만 배나 빨랐습니다. 광속보다 빠르게 정보가 전달될 수 없다는 EPR 논문의 주장이 틀렸음이 밝힌 것입니다. 2001년에는 미국 국립표준연구소팀이 전자나 광자가 아닌 양자적으로 얽힌 원자(베릴륨 양이온)에서 벨 부등식 값 2.25의 비국소성을 확인했습니다.[26]

이상의 여러 결과들은 한결같이 아인슈타인의 국소성 주장이 틀렸음을 보여줍니다. 적어도 양자적 수준에서 볼 때 물질은 비국소성을 가진다는 사실이 거의 확인된 셈이지요. 원래 벨 자신은 자연법칙이 인과율을 가진다고 믿는 쪽이었습니다. 겸손하고 성실했던 그였지만 코펜하겐 해석에 대해 '좋게 말하면 지나친 소신, 나쁘게 말하면 사기'라고 생각했지요. 하지만 아인슈타인을 옹호하기 위해 찾아낸 벨 부등식이 역설적으로 그에게 치명타를 입힌 꼴이 되었습니다.

그렇다고 해서 아인슈타인의 완전한 패배라고 단언하기에는 아직 조금 이릅니다. 2014년 6월 24일자 『네이처』에는 벨의 정리 발견 50주년을 기념하는 기고문이 실렸습니다.[27] 이에 의하면 벨 부등식의 검증은 아직도 완전히 끝나지 않았습니다. 일부 물리학자들은 지금까지 행한 실험들이 논리적으로 완벽한지, 즉 소위 말하는 '허점' 혹은 '빠져나갈 구멍'이라는 뜻의 루프홀[loophole]이 없는지를 놓고 논쟁하고 있습니다. 또한 현재까지의 실험이 양자적 얽힘에 관한 내용이었지, 국소성 자체를 본질적으로 다루지는 않았다는 일부의 주장도 있습니다. 아인슈타인이 살아 있다면 그나마 실낱 같은 위안이 될 것입니다.

공간에 특별한 장소가 없다는 비국소성과 모든 것이 연결되었다는 양자얽힘은 우리가 사는 세상의 상대성이 생각보다 높은 수준임을 말해 주는 것인지도 모르겠습니다. 갈릴레오는 400여 년 전에 이미 속도가 물체의 고유 속성이 아님을 깨달았습니다. 모든 물리적 특성은 다른 대상과의 관계에서 비롯된다는 상대성의 개념은 마흐를 거쳐 아인슈타인에게서 완성된 듯했습니다. 물론 그는 강하게 부정했지만, 양자얽힘과 국소성이야말로 물리현상의 상대성과 관계성이 극적으로 드러난 예가 아닐까요? 그렇다면 사물이 서로 상대적으로 관계를 맺고 있는 것이 아니라, 오히려 관계와 얽힘 자체가 사물을 만드는 본성이 아닐지 생각해 보게 됩니다.

양자전송과 양자컴퓨터

양자얽힘과 양자중첩과 현상을 이용한 대표적인 미래 기술이 양자전송 (quantum teleportation)과 양자컴퓨터(quantum computer)이다. 이에 대한 기본원리는 1993년 IBM의 찰스 베넷(Charles Bennett)이 제시했다.[28] 두 기술을 요약하면 다음과 같다.

먼저, 양자전송은 첫 단계에서 전송하려는 정보를 양자적으로 얽힌 두 입자 A와 B에 나눈다(전자의 스핀 업과 다운 상태, 광자의 수직과 수평 편광 상태 등). 다음 단계에서는 입자 A를 관측함으로써 파동함수를 붕괴시켜 멀리 떨어진 B의 상태를 결정한다. 그런데 B의 정보는 반쪽이므로 A가 나머지 정보를 보내주어야 양자전송이 완결된다. 이때 A가 보내는 추가 정보는 고전적 형태여서 전선이나 광섬유 등을 이용한다. 즉, 정보의 반쪽은 양자얽힘 현상으로 순간 이동되지만, 추가 정보의 전송은 고전 방식을 따른다. 따라서 전송 속도가 빛보다 빠를 수 없다. 또한 이때 전송되는 것도 물체나 소립자가 아니라 양자 상태의 정보일 뿐이다. SF영화처럼 사람이나 물체를 먼 은하에 전송하는 기술은 불가능하다.

이런 한계가 있지만, 양자전송은 1997년 오스트리아 빈대학의 차일링거팀이 최초로 실험에 성공했다. 그들은 쌍으로 연결된 광자 한 개의 정보를 전송해 다른 쪽에서 복원하는 데 성공했다. 2012년에는 인스브르크대학으로 옮긴 같은 팀이 대서양 카나리 군도의 144km 떨어진 두 섬 사이에서 광자를 전송하는 데 성공했다. 중국에서도 2017년 빈대학에 유학했던 판젠웨이潘建偉의 연구진이 얽힘 상태의 광자를 티베트 과학기지에서 1,400km 상공의 통신위성 묵자墨子로 전송하는 데 성공했다.[29]

광자가 아닌 원자의 경우, 2004년 미국 국립표준기술연구소 팀과 인스부르크대학 팀이 극저온 상태 원자의 양자정보를 짧은 거리에서 전송했다. 2009년에는 미국 팀이 약 1m 거리에서 이터븀(Yb) 이온을 90%의 확률로 양자전송하는 데 성공했다. 이러한 성과는 소립자를 조작해 얽힘 상태로 만드는 기술과 이를 감지할 수 있는 정밀 기술의 발전 덕분이었다. 2012년도 노벨 물리학상은 이 기술의 발전에 기여한 미국과 프랑스 과학자에게 주어졌다.

양자전송 기술은 그 자체보다도 양자컴퓨터의 개발에 필수적이라는 점에서 중요하다. 양자컴퓨터에서는 해킹이 원천적으로 불가능하다. 양자적 정보는 관측하는 순간 얽힘이 풀리기 때문에 제3자가 들여다보는 순간 원래의 정보가 변형되는 '복사불가의 원리(No cloning theorem)'가 적용된다.

한편, 양자적 파동이 여러 슬릿을 동시에 통과하듯 중첩현상을 이용하는 양자컴퓨터는 동시에 많은 정보를 처리할 수 있다. 디지털 컴퓨터는 2진수의 비트bit밖에 나타낼 수 없지만, 양자컴퓨터의 큐비트(quantum bit)는 훨씬 많은 정보를 동시에 처리할 수 있다. 물론, 두 기술은 현재 극히 초보적 단계에 있다.

이처럼 코펜하겐 해석을 반박하기 위해 제안된 슈뢰딩거의 고양이와 아인슈타인의 EPR 역설은 오히려 상대방의 이론을 강화시켜 주는 결과를 낳았습니다. 이에 따라 코펜하겐 해석은 양자역학의 주류적 견해로 입지를 더욱 굳히게 되었지요. 아마도 코펜하겐 해석을 사람들이 쉽게 받아들이지 못하는 것은 해석 자체보다도 우리의 상상력과 직관에 한계가 있기 때문인지도 모릅니다. 무엇보다도 이 해석은 실험 결과와 잘 일치했습니다.

그럼에도 불구하고 논쟁은 사그라지지 않았습니다. 자연법칙에는 원인과 결과가 분명히 있으며, 물리현상에 확률적 우연이 개입될 수 없다는 믿음이 사람들의 머릿속에 워낙 강하게 자리잡고 있기 때문일 것입니다. 특히 거부감을 느끼는 것은 인과율의 부정과 관측 행위의 의미입니다.

사실, 물리적 실체가 인과율을 따르지 않고 확률에 의존한다는 해석은 과학뿐 아니라 윤리와 종교까지 흔드는 발상이지요. 잘 아시다시피 대부분의 종교는 원인과 결과가 분명한 교리를 근거로 하고 있습니다. 사물의 이치가 확률적 우연을 따른다면 신앙의 근거는 위태로울 수밖에 없지요. 세상이 확률과 우연에 의해 움직인다면 일신교인 그리스도교나 이슬람교에서 선한 행위가 보상 받고 악한 짓이 벌을 받는다는 교리 체계는 근간이 흔들리게 될 것입니다.

또한 코펜하겐 해석대로 인과율이 부정된다면 불교의 핵심 교리인 연기설緣起設도 설 자리가 없습니다. 과거의 업보業報에 의해 오늘의 내가 존재하며 삶이 영원히 윤회輪廻한다는 사상은 확률과 우연으로 결코 설명될 수 없지요. 양자얽힘 연구의 선구자 차일링거는 언젠가 달라이 라마(텐진 갸초)를 만난 적이 있습니다.[30] 그에 의하면 달라이 라마는 과학적 식견이 있었으며, 양자얽힘과 무작위성에 대한 그의 설명을 제대로 이해하고 예리한 질문을 던졌다고 합니다. 하지만 달라이 라마는 대화의 말미에 '자세히 살펴보세요. 분명히 (만사에는) 원인이 있을 겁니다'라며 양자역학이 말하는 인과율의 부정에 동의하지 않았다고 합니다. 다만, 자신의 생각이 틀렸음이 입증되면 언제든지 신앙을 버리겠다고 말한 열린 자세에는 깊은 인상을 받았다고 차일링거는 말했습니다.

관측의 의미 또한 많은 논란의 대상입니다. 코펜하겐 해석에 의하면 파동함수를 붕괴시켜 중첩을 사라지게 하는 '관측'은 주변 환경과의 상호작용을 의미합니다. 그런데 상호작용을 인식하는 행위도 결국은 관측 행위일 수밖에 없지요. 헝가리 출신의 물리학자이자, 양자역학의 기초를 쌓고 핵물리학에 크게 기여한 공로로 노벨상을 수상한 유진 위그너Eugene Wigner는 슈뢰딩거의 고양이를 변형시킨 '위그너의 친구'라는 생각실험을 제안했습니다.

이 실험에서는 고양이가 들어 있는 상자 앞에 위그너의 친구가 앉아있고 실험실 밖에는 위그너가 있습니다. 위그너는 밖에 있으므로 친구를 보지 못하지요. 이제 친구가 상자를 열었다 하지요. 그렇게 되면 파동함수는 붕괴되고 고양이는 중첩상태에서 벗어나 살거나 죽은 상태 중 하나가 될 것입니다.

그런데 여기서 위그너가 실험실의 문을 열지 않는다면 어떤 일이 벌어질까요? 관측 당하지 않았으므로 친구는 상자를 열거나 동시에 열지 않은 중첩상태에 있어야 합니다. 그렇다면 고양이의 생사 여부도 결정되지 않아야 마땅하지요. 이런 식으로 '위그너의 친구의 친구의 친구…'가 있다면 상황은 더 복잡해질 것입니다. 파동함수의 중첩과 붕괴가 가지는 시간적 모순을 지적한 생각실험이었지요. 위그너는 파동함수는 관측자의 믿음을 나타내는 주관적 속성일 뿐 궁극적 진리는 의식에 있다고 주장했습니다. 그는 2013년 출간된 『유진 위그너 연구 모음집』에서 '의식을 고려하지 않고는 온전한 방식으로 양자역학 법칙을 세우는 일이 가능하지 않다'라고까지 했습니다. [31]

이쯤 되면 양자역학은 거의 철학으로 변해버렸다는 생각이 듭니다. '관측에 의한 창조', '우주는 기계가 아니라 거대한 의식에 가깝다'는 위그너의 관점은 삼라만상이 마음이라는 철학이나 종교사상에 가깝습니다. 실제로 그는 인도 사상에 심취한 적이 있으며, 한때는 통일교에도 호의적이었습니다.

물론, 위그너처럼 양자역학을 극단적 형이상학으로 해석하는 물리학자는 많지 않습니다. 2011년 오스트리아에서 양자역학의 의미를 주제로 국제회의가 열렸습니다. 이때 참석자 33명을 대상으로 설문조사를 한 적이 있습니다(이중에는 비전문가인 철학자와 수학자도 소수 포함되어 있었습니다). [32] 투표결과, 코펜하겐 해석에 대해 30%가 옳다고 했으며, 옳다고 생각하지만 조금 더 기다려 볼 필요가 있다는 의견이 30%로 단연 1위였습니다. 반면, 동의하지 않는다는 답변은 27%였지요. 양자역학의 우연성에 대해서는 64%가 자연의 근원적 속성이라고 답했습니다. 관측하기 전에 물리적 실체가 존재하느냐는 질문에는 긍정 대 부정 비율이 48:52로 거의 비슷했지요. 양자역학에 대한 아인슈타인의 견해에는 조사자의 64%가 틀렸다고 답했으며, 옳다는 의견은 1명도 없었습니다. 이처럼 코펜하겐 해석에 대한 지지도가 단연 앞서고는 있지만, 20세기 중후반에 비교해서는 압도적 우세가 많이 약해졌습니다. 1997년 메릴랜드대학에서 열렸던 국제회의에서도 비슷한 조사가 이루어졌는데, 그때만 해도 코펜하겐 해석의 지지율은 압도적 1위였습니다. 그렇다면 2위를 차지한 가설은 무엇일까요?

코펜하겐 해석에는 못 미치지만 아직도 꾸준히 2위를 유지하는 가설은 '다세계 해석Many-world inperpratation(여러 세상 해석)'입니다. 얼핏 보면 황당무계한 이 가설은 휴 에버렛 3세Hugh Everett III가 1957년에 발표했습니다. 그는 원래 학부에서 화학공학을 전공했으나 대학원을 프린스턴대학로 옮기면서 수학으로 전향했습니다. 하지만 위그너의 강의에 매료되어, 박사학위 주제는 존 아치볼드 휠러John Archibald Wheeler의 밑에서 물리학으로 바꾸었습니다. 아인슈타인과 함께 통일장 이론을 연구했던 지도교수 휠러는 블랙홀이라는 용어를 처음 사용한 인물로, 리처드 파인만과 같은 걸출한 제자들을 배출했지요. 에버렛은 화학, 수학 등 다방면에 뛰어났지만, 많은 시간을 공상과학 소설을 읽는 데 할애했다고 합니다. 그의 해석도 공상과학 소설만큼이나 기발했지요.

다세계 해석에 의하면, 관측되기 전의 양자계는 여러 개의 파동함수가 중첩되어 있는 상태입니다. 이 점은 코펜하겐 해석과 같습니다. 그런데 관측하는 순간 파동함수가 붕괴되며 그중 하나의 상태만 결정되는 코펜하겐 해석과 달리, 다세계 해석에서는 모든 파동함수가 현실이 됩니다. 슈뢰딩거 고양이를 예로 들어 보지요. 관측 전 생사가 중첩되어 있던 고양이의 상태는 관측 후에는 죽어 있는 세상과 살아 있는 세상으로 분기되어 둘 다 현실로 나타납니다. 파동함수에 나타난 모든 중첩상태가 각기 다른 세상에서 현실이 된다는 해석이지요. 그의 해석에서는 관측 대상뿐 아니라 관측자도 파동함수에 포함되어 있습니다. 따라서 관측자가 대상을 관측할 때 일어나는 파동함수의 붕괴라는 개념이 불필요합니다. 관측은 여러 중첩된 상태 중에서 어떤 세계로 선택되는 과정일 뿐입니다. 한마디로 그가 제시한 해법은 '확률 없는 파동함수'입니다.

그런데 관측이 일어나기 전 중첩된 파동함수의 수는 무수히 많습니다. 가령, 한 개의 전자에도 수많은 파동함수가 중첩되어 있지요. 따라서 소립자가 한 개여도 무수히 많은 다른 세상이 분기되어 나갈 수 있습니다. 그런데 우주에는 엄청나게 많은 수의 물질 입자들이 있습니다. 더구나 이들이 조합해 만들어 내는 상호작용, 즉 우주현상의 경우의 수는 상상을 초월할 정도로 많을 것입니다. 다세계 해석에서는 이 모든 경우의 수에 해당하는 우주가 모두 각기 따로 생겨난다고 설명합니다. 예를 들어, PC 자판을 두드리고 있는 제가 잠시 후 취할 수 있는 일은 눈 감기, 허리 펴기, 차 마시기, 계속 글쓰기 등 무궁무진합니다. 이 모든 일이 벌어지는 세계가 모두 존재한다는 설명입니다. 그렇다면 불행하게 세상을 떠난 국민 배우 최진실이 순간의 극단적 선택을 하지 않고 계속 살아 있는 세상도 당연히 있다는 이야기이지요.

다세계 해석에서 또 한 가지 중요한 사실은, 각각의 세계 안에 있는 관측자들은 자신의 경로만 볼 수 있다는 점입니다. 즉, 무수히 많은 파동함수의 상태가 있어 각기 다른 세계로 분기해 나가지만, 각 관찰자는 자신의 세계만을 본다는 설명입니다. 갈라져 나간 다른 세계는 결코 볼 수 없지요. 제가 글쓰기를 멈추고 막걸리 한 잔 하러 나간 세상도 있지만 지금 이 세상과는 다른 양자적 상태를 이어갔기 때문에 저는 그것을 볼 수 없습니다. 그냥 그대로 또 다른 내가 있는 수많은 세상이 있을 뿐입니다.

다세계 해석의 큰 장점은 코펜하겐 해석에 등장하는 온갖 기이한 설명들을 단순하게 해결해 준다는 점입니다. 무엇보다도 파동함수의 중첩이나 붕괴의 개념을 필요로 하지 않지요. 또한, 관측이 특별한 의미를 가지지도 않습니다. 게다가 확률에 의해 무작위적인 결과가 얻어진다는 인과율 부정의 문제도 해소됩니다. 가능성 있는 모든 일이 각기 다른 세계에서 벌어지므로 확률이 개입될 여지가 없지요.

다만 인과율은 다세계 전체를 놓고 볼 때만 적용됩니다. 이 점은 중요합니다. 우리가 살고 있는 개별 세계 안에서는 코펜하겐 해석처럼 무작위성이 관찰되며 인과율도 적용되지 않는 것이지요. 이처럼 다세계 해석은 양자역학의 많은 기이한 현상을 명쾌하게 설명하지만, 진위를 판단할 수 없다는 치명적 약점을 가지고 있습니다. 자신의 세계만 볼 수 있으므로 다른 세계의 존재를 확인할 도리가 없기 때문입니다.

휠러는 자신의 지도학생 에버렛의 수학적 접근 방법이나 아이디어가 참신하다고 생각했습니다. 그래서 덴마크의 보어를 방문했을 때 그의 논문의 초안을 보여 주었지요. 결과는 뻔했습니다. 혹평을 들은 휠러는 에버렛에게 박사논문의 제목과 내용을 덜 충격적으로 보이게 수정하라고 지시했습니다. 박사논문의 요약본은 1957년 학술지에 별도로 발표되었습니다.[33]

학위를 마친 에버렛은 휠러의 권유로 가족과 함께 코펜하겐을 방문해 보어를 만났습니다. 두 사람의 만남은 재앙이었다고 합니다. 보어의 측근은 그를 양자역학의 기초도 모르는 멍청이였다고 회고했고, 에버렛도 그 만남은 지옥이었다고 했습니다. 자신의 논문에 경멸 수준의 평을 들은 에버렛은 박사 학위 후 물리학에서 손을 뗐습니다. 그 후 펜타곤에 취업해 워게임을 개발하고 이후 방위산업 관련 정보시스

템 회사 등에서 일했지요. 그가 창업한 조그만 회사가 2015년에도 남아 있었다고 합니다.

15년간 잊혀졌던 다세계 해석은 1972년 하버드의 드윗^{Bryce DeWitt}이 『오늘의 물리학^{Physics Today}』에 기고한 글에서 그의 논문을 소개하면서 화려하게 부활했습니다. 드윗은 에버렛의 수학적 해석을 더욱 보강해주고, '다세계 해석'이라는 본래 취지의 이름도 되찾아 주었습니다. 뒤늦게 명예를 회복한 에버렛은 박사 학위 수여 후 20년이 지난 1977년, 지도교수 휠러가 주선한 학술회의에 초청연사로 참석해 드윗을 처음 만났습니다. 목에 풀칠하기도 바빠 회사 일에만 매어 살았던 그는 이때가 아내와 보낸 첫 휴가였다고 회고했습니다. 그 후 휠러는 에버렛이 물리학을 다시 할 수 있도록 대학의 자리를 주선해 주었으나 성사되지 않았다고 합니다.

에버렛은 52세에 심장마비로 별세했습니다. 무신론자인 그는 화장한 자신의 재를 쓰레기통에 버려 달라는 유언을 남겼습니다. 그의 아내는 차마 그러지 못하고 그의 유골을 유골함에 보관하다가 몇 년 후 소원을 들어주었다고 합니다. 록밴드 그룹 '일스^{Eels}'의 리더이자 작곡자인 그의 아들 마크 올리버 에버렛은 '과체중에, 절대 병원에 가지 않으며, 운동과 담을 쌓고, 물고기처럼 술을 마시며, 하루 3갑의 담배를 피웠던 아버지'가 원망스러웠다고 회고했습니다. 그러나 그런 아버지의 삶의 방식을 사후에 일부 이해했다고 인터뷰했지요. 또한 세상을 떠나기 며칠 전 많은 물리학자들이 자신을 인용할 만큼 좋은 삶을 살아 만족한다는 말을 남겼다고 합니다. 에버렛의 딸은 십여 년 후 우울증으로 자살했는데, 그녀 역시 화장한 재를 쓰레기통에 버려 달라는 유서를 남겼습니다. '또 다른 세계의 평행 우주에서 엇갈리지 않고 아버지를 만나기 위해서'라고 썼다고 합니다.

에버렛의 다세계 해석은 1990년대 이래 전개되고 있는 평행우주나 다중우주이론의 하나로 고려되고 있습니다. 특히 스티븐 호킹 등 적지 않은 양자 우주물리학자들이 이 해석을 진지하게 받아들이고 연구했습니다(3장 참조).

입자인가 장(場)인가 | 양자장론과 양자전기역학

20세기 초 플랑크의 양자가설에서 시작한 고전 양자론은 원래 빛의 양자성, 즉 파동의 입자적 특성을 밝힌 이론이었습니다. 그런데 뒤이어 1920년대 후반에 출현한 양자역학은 입자(전자)의 파동성을 강조한 내용이었지요. 아이러니하게도 원래 주인공이었던 빛은 거의 다루지 않았던 셈입니다. 하지만 빛과 전자가 서로 밀접한 관계에 있음은 분명했습니다. 19세기 말 맥스웰은 전자기장 이론을 통해 빛이 전자기파임을 이미 밝힌 바 있습니다. 그 후 전자가 발견되었는데, 그들이 움직이면 전자기장이 발생합니다.

한편, 전자기파인 빛도 입자성이 있음이 광전효과로 밝혀졌습니다. 그렇다면 빛과 전자는 분리해 생각할 수 없는 관계임에 분명했습니다. 하지만 당시의 양자역학은 큰 성공에도 불구하고 전자와 빛의 상호작용이나 전자기력을 전혀 설명할 수 없었습니다.

오히려 빛과 전자파의 관계는 기존의 맥스웰의 전자기장 이론이 잘 설명했습니다. 사실, 맥스웰의 전자기장 이론의 성공을 지켜본 당시의 많은 물리학자들은 입자보다는 장이 더 근본적인 자연의 속성이라는 생각을 가지게 되었습니다.

　문제는 고전적 전자기장으로는 전자들의 상호작용을 설명하기가 어려웠다는 점입니다. 파동적 성질을 가진 전자는 서로 섞여버릴 것이며, 상대에게 힘도 미치지 못할 것이기 때문입니다. 따라서 전자와 빛의 연관성이나 상호반응을 '장^{field} 이론'으로 설명할 수 있는 새로운 양자역학이 필요하게 되었습니다.

　그런데 '장^{場}'이란 도대체 무엇일까요? 뉴턴은 만유인력 법칙을 발표했지만, 접촉하고 있지 않은 두 물체 사이에 인력이 작용하는 이유를 궁금히 여겼습니다. 그는 두 물체 사이의 공간에 '어떤 실체'가 있어야 한다고 생각했습니다. 다만, 그것이 무엇인지 몰랐기 때문에 '독자의 생각에 맡겨 둔다'고 얼버무렸지요. 가령, 태양과 지구는 멀리 떨어져 있는데도 서로 강하게 끌어당깁니다. 그 사이 공간에 있는 실체가 바로 '장'입니다(중력장).

　장의 개념을 처음 생각한 사람은 실험과학자 마이클 패러데이$^{Michael\ Faraday}$였습니다. 그는 쇠조각이 자석과 직접 닿아 있지 않는데도 움직이는 이유는 그 사이 공간에 보이지 않는, 무수히 많은, 가는 선의 다발들이 채워져 있기 때문이라고 보았습니다. 자석 주위에 철가루를 뿌리면 그 같은 선이 만든 흔적을 볼 수 있지요. 즉, 공간에는 입자만 있는 것이 아니라 보이지 않는 역선^{力線}(힘의 선)들이 있어 힘을 나른다고 제안했습니다. 다름 아닌 '장'입니다.

　가난한 대장장이의 아들로 태어난 패러데이는 돈과 명예에 집착하지 않고 평생을 깊은 호기심과 겸허한 자세로 자연을 탐구한 탁월한 과학자였습니다. 그러나 초등교육도 받지 못했으므로 이론에 약했습니다. 그의 전자기장 개념을 수학적으로 표현해 완전한 방정식으로 기술한 인물이 제임스 맥스웰^James Clerk Maxwell입니다. 그는 패러데이의 역선(장)이 파도처럼 출렁거리는 파동이며, 그 속도가 광속임을 밝혔습니다. 즉, 빛이란 전자기장의 빠른 진동이었던 것입니다. 무선통신, 인터넷, 휴대폰 등의 전자기술에서 이용되는 각종 전자기파는 실험이 아니라 맥스웰의 방정식이 밝힌 빛, 즉 장의 진동으로부터 예견된 것이었습니다.

비록 눈에 보이지는 않지만 장은 추상적 개념이 아닙니다. 에너지와 운동량을 가지고 있으며 역동적으로 변화하는 물리적 실체이지요. 어찌 보면 세계는 물질이 아니라 장으로 이루어졌다고 볼 수 있습니다. 물질을 구성하는 기본입자나 힘을 전달하는 입자들도 사실은 '장'이 여기勵起, excitation(들뜸)되어 작은 덩어리로 양자화된 모습이라 할 수 있습니다. 가령, 빛(광자)은 양자화된 전기장이지요.

이처럼 소립자를 장으로 다루는 이론을 양자장론quantum field theory, QFT이라고 부릅니다. 시공 속에는 물질이 출몰하고 사건이 일어나는 양자장만 존재할 뿐이라는 것이지요. 따라서 공간은 각종 장으로 가득 차 있으므로 빈 공간이란 존재하지 않습니다. QFT에 의하면, 소립자들은 종류에 따라 각기 다른 고유의 장들을 가지고 있습니다. 이들은 끊임없이 진동하며 상호작용합니다. 즉, 소립자들은 양자화한 장의 국소적 진동의 결과이며, 이들이 상호작용하고 있다는 것입니다.

양자장론 중에서 가장 먼저 시도된 분야가 전자와 빛의 관계, 즉 전자기력을 다루는 양자전기역학quantum electrodynamics, QED 이었습니다. 반물질 관련 절에서 언급한 대로, 디랙은 1928년 양자역학 방정식에 특수상대성이론을 적용함과 동시에, 전기장을 불연속적인 덩어리로 양자화하는 획기적인 시도를 했습니다. 그래서 이를 '제2의 양자혁명'이라 부릅니다. 즉, 전자의 장과 빛의 장을 통합하려는 시도를 했던 것입니다.

양자장론의 기본 개념에 따르면, 전자가 움직이면 전자의 양자장이 출렁거리며 변하게 됩니다. 이것은 다시 광자의 양자장에 영향을 미쳐 국부적으로 진동을 유발합니다. 마치 두 개의 소리굽쇠에서 나온 음파가 서로 작용해 파동들을 생성, 소멸하는 것과 유사하지요. 그런데 밑그림은 이처럼 단순하지만 그런 상태를 4차원의 시공간에서 나타내는 양자장론의 수학은 극도로 복잡합니다. 따라서 물리학자들은 세부 사항을 생략하고 근사값으로 계산하는 섭동이론perturbation theory이라는 수학적 기교를 사용했습니다. 가령, 지구만 보더라도 적도 쪽 지름이 약 42km 더 큰 타원이지만 대략 원으로 계산해도 일상적인 공전과 자전운동을 기술하는 데는 큰 문제가 없습니다. 물론, 섭동이론을 어느 정도 적용하는가에 따라 정확도는 달라지겠지요.

그런데 섭동이론을 적용해서 만든 초기의 QED 수학은 불완전했습니다. 첫째, 방정식을 만든 디랙에 의하면 진공은 에너지의 바다입니다. 입자와 반입자들이 쌍으로 생성, 소멸하는 분주한 공간입니다. 이런 공간에서는 마이너스 전하의 전자 주변에 플러스 전하의 양전자들이 (혹은 그 반대도) 끊임없이 모여들었다 쌍소멸하기를 반복합니다. 여기서 전자 바로 옆에서 양전자가 생성되는 짧은 순간을 생각해 보지요. 이때 전자의 마이너스 전하 값은 양전자 때문에 극히 짧은 시간이지만 원래보다 약간 달라질 것입니다. 그런데 섭동이론으로 계산해 보면 순간적으로 변화하는 이들 전자들의 전하 값을 모두 더하면 무한대가 됩니다.

둘째, 운동하는 전자는 전자기파를 방출하며 에너지가 줄어듭니다. 그런데 특수상대성원리에 의하면, 가속도가 줄면 전자의 질량이 증가하는 효과를 가져옵니다(〈부록 7〉 참조). 섭동이론을 적용하면 이 경우에도 무한대의 질량이 나옵니다. 문제는 이 같은 무한대의 값은 물리현상에서는 아무런 의미가 없다는 점입니다. 그래서 디랙을 비롯한 당시의 몇몇 물리학자들은 전기장의 공간이 가지는 전하와 질량의 무한대 문제를 풀려고 여러가지 시도를 했지만 모두 실패했습니다.

난관에 부딪힌 양자역학은 1920년대의 후반 이후 약 20년간 침체의 늪에 빠졌습니다. 설상가상으로 양자혁명의 진원지였던 유럽은 제2차 세계대전에 휩싸여 더 이상 연구를 주도할 여력을 잃었습니다. 또한 양자혁명을 이끌었던 주인공들 (특히 유대계 과학자의) 대부분이 미국으로 이주한 상태였지요.

오랜 침체를 깨고 양자장론이 재점화된 계기는 종전 2년 후인 1947년에 발표된 한 연구결과였습니다. 컬럼비아대학의 윌리스 램Willis Lamb은 전쟁의 산물인 레이더를 개량해 정밀한 마이크로파 장치를 만들었습니다. 이것을 이용해 자장 하에서 수소의 스펙트럼선을 측정해보았습니다. 그 결과 수소의 에너지 준위가 디랙 방정식이 예측한 것보다 약간 높은 쪽으로 치우친다는 사실을 발견했습니다. 이를 '램 이동Lamb shift'이라 부릅니다. 스펙트럼선이 이동한 이유는 전자가 자신의 전자기장과 상호작용했기 때문이었습니다. 우리가 통상적으로 말하는 전자의 질량은 정지해 있을 때의 값입니다. 그러나 전자는 전하를 가졌기 때문에 움직일 때 주변에 전자기장을 발생시킵니다. 즉, 움직이는 전자가 자신이 발생시킨 전자기장과 반응해 약간 다른 질량 값을 가지게 된 것입니다. 그 결과 전자의 궤도가 약간 바깥쪽으로 늘어나면서 스펙트럼선이 이동한 것입니다.

램 이동에서 얻어진 정확한 실측값이 알려지자 물리학자들은 무한대의 문제를 안고 있던 QED의 수학식을 이에 맞게 고치는 연구에 착수했습니다. 질량과 전하의 무한대 값을 제거하는 이러한 수학적 과정을 '재규격화renormalization'라고 부릅니다. 한마디로 이론값을 실험값에 때려 맞추는 작업이지요. 램의 발표 이후 세 물리학자가 독자적으로 재규격화에 성공해 QED를 물리적 모순(무한대)이 없는 양자장론으로 발전시켰습니다. 바로 줄리안 슈윙거Julian Schwinger, 도모나가 신이치로朝永振一郎 그리고 리처드 파인만Richard Feynman이었지요.

슈윙거와 파인만은 램 이동 현상을 설명하기 위해 재규격화를 연구한 반면, 도모나가는 패전 전후 일본의 암울한 분위기 속에서 독자적으로 QED 이론을 개발했습니다. 세 사람의 재규격화 방식은 처음에는 전혀 달라 보였습니다. 세 이론이 같은 내용임을 증명하고 이를 정리해 전자와 빛의 상호작용을 기술하는 올바른 QED 이론으로 완성한 물리학자가 케임브리지에서 미국으로 막 이주한 다이슨Freeman Dyson이었습니다.

이렇게 완성된 QED 이론은 램 이동 현상을 잘 설명했습니다. 뿐만 아니라 이론으로 예측한 전자의 자기모멘트 값(1.00115965218113)은 실험치(1.00115965218076)와 소수점 아래 11자리까지 일치했습니다. QED(양자전기역학)가 놀랄 정도로 정확한 이론임이 입증된 것입니다. 그 공로로 세 사람은 1965년도 노벨 물리학상을 수상했습니다. 비록 상은 못 받았지만 다이슨의 기여도 결코 무시할 수 없습니다. 그는 이후 우주물리학 등에서 매우 창의적인 가설들을 내놓았습니다.

세 사람의 QED 중에서 특히 중요한 것은 리처드 파인만의 방식입니다. 이에 비해 28세에 하버드의 정교수가 될 만큼 명석했던 슈윙거의 QED는 매우 정확한 수학식을 제시했지만 너무 난해했습니다.

한편, 도모나가의 상대론적 QED는 원리에 지나치게 치우친 면이 있었습니다.

반면, 파인만의 방식은 너무나 독창적이어서 완전히 다른 이론처럼 보였습니다. 무엇보다도 고급 물리학자가 몇 달 걸릴 계산을 단숨에 해낼 수 있는 매우 용이한 도표로 표시했습니다(〈부록 6〉 참조). 오늘날 QED를 연구하는 물리학자들은 '파인만의 다이아그램'으로 알려진 그의 방식을 이용합니다. 그는 소립자들의 복잡한 상호반응을 나타내는 어려운 QED 수학을 x−y 좌표에 간단한 그림으로 표시했습니다. 이 도표에서 가로축은 시간, 세로축은 4차원 시공간에서 일어나는 소립자들의 양자적 상호작용을 나타냅니다. 경탄을 금할 수 없는 것은 도표의 선, 기호, 꼭지점들이 QED 방정식의 난해한 항들을 각기 나타낸다는 점입니다. 4차원 시공간에서 벌어지는 양자적 상황을 2차원의 도표로 축약한 발상에 대해 보어를 비롯한 많은 물리학자들은 처음에는 강한 거부감을 가졌습니다. 그러나 황당해 보이는 그의 도표는 실험값과 정확히 일치했을 뿐 아니라, 소립자들의 복잡한 상호작용을 쉽게 이해하는 데도 매우 유용했지요.

아인슈타인 다음으로 대중에 많이 알려졌던 물리학자 파인만은 독창적인 방식으로 자연현상을 바라본 과학자로 유명하기도 합니다. 특히, 앞서 살펴본 대로 그는 난해한 수학을 쉬운 개념과 도표로 설명하는 데 탁월한 재능이 있었습니다. 가령, 그가 제시한 또 다른 독창적인 해석 중에는 경로적분path integral(경로의 합)이라는 것이 있습니다. 우리는 빛이 직진한다고 생각합니다. 그러나 경로적분에 따르면 두 지점을 통과하는 빛은 지그재그로 가기도 하며 심지어 뒤로 돌아가는 등 무수히 많은 경로를 가집니다. 이 경로의 함수를 모두 합하면(적분) 양자역학적인 확률진폭을 얻습니다(『파인만의 QED 강의』에서 쉽게 그림으로 설명이 되어 있습니다).[34] 이렇게 얻어진 결과에 따르면 빛의 여러 경로 중 확률적으로 가장 높은 경우가 직진입니다. 즉, 빛은 항상 직진하는 것이 아니라 그럴 확률이 압도적으로 높을 뿐입니다.

이처럼 기발한 발상을 했던 파인만은 금고를 여는 기술로부터 봉고 연주, 마야 문자 해독에 이르기까지 다양한 재능을 가진 유쾌한 재주꾼이었습니다. 단, 운동만 싫어했습니다. 동료였던 다이슨은 파인만을 절반은 광대, 절반은 천재였다고 표현했습니다. 그는 훗날 이를 고쳐 100% 천재에 100% 광대라고 정정했지요. 하지만 학생 시절 그의 IQ는 평균보다 조금 높았다고 합니다. 아인슈타인은 자신은 천재가 아니라 자연에 대한 열정적인 호기심을 가졌을 뿐이라고 회고한 적이 있는데, 파인만도 그런 경우였습니다. 유대인이었지만 종교와 철학에 매우 부정적이었으며, 항상 새로운 발상을 즐겼던 걸출한 물리학자였지요.

아무튼 전자(및 양전자)와 빛의 상호작용(전자기력)을 다룬 QED는 재규격화를 통해 가장 성공적인 물리이론이 되었습니다. 그런데 질량과 전하의 무한대를 제거하는 재규격화가 전자기력(빛과 전자)뿐 아니라 다른 소립자들에도 적용됨이 밝혀졌습니다. 그 결과 양자장론은 물질의 양자적 현상을 설명하는 강력한 이론으로 부상했으며, 이를 이용해 소립자들을 연구하는 시대가 20세기 후반에 열리게 되었습니다.

소립자들의 주기율표 | 표준모형

빛과 전자를 성공적으로 다룬 QED(양자전기역학)의 연장선에 있는 오늘날의 양자장론은 소립자들을 각기 다른 여러 개의 양자장으로 설명하고 있습니다. 이들을 종합한 결과가 표준모형^{Standard Model}입니다. 그 기본 틀은 1970년대에 완성되었습니다. 그 후 30여 년에 걸쳐 입자가속기 등을 이용해 많은 연구가 진행되었지만, 결국은 이론을 재확인하는 작업이었다고 볼 수 있습니다. 현 시점에서 소립자들을 설명하는 가장 앞선 이론인 표준모형은 완벽하지는 않지만 물리학 역사상 가장 정밀하고 성공적인 이론으로 평가받고 있습니다. 무엇보다도 이론이 예측한 소립자들이 정확히 발견되었으며, 측정값들도 잘 일치했지요. 2018년을 기준으로 표준모형과 관련된 연구로 노벨 물리학상을 수상한 과학자만 해도 55명에 이릅니다.

〈그림 2-10〉에는 표준모형의 소립자들이 표로 요약되어 있습니다. 이 표에는 세 종류의 입자가 색깔별로 표시되어 있습니다. 첫

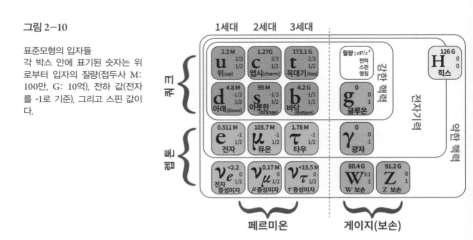

그림 2-10

표준모형의 입자들
각 박스 안에 표기된 숫자는 위로부터 입자의 질량(접두사 M: 100만, G: 10억), 전하 값(전자를 -1로 기준), 그리고 스핀 값이다.

째, 자주색과 녹색입자들은 물질을 구성하는 원료인 12종의 기본입자elementary particle들입니다. 둘째, 주황색은 기본입자들을 묶어주는 4종류의 힘전달입자force carrier particle(혹은 힘 매개입자)들입니다. 셋째, 노란색은 이론 예측 50여 년만인 2012년에 발견된 힉스Higgs입자입니다. 물질의 질량과 관계 있는 물질이지요. 이처럼 표준모형 표에는 총 17종의 입자가 등장합니다. 여기에다 12종의 기본입자들은 짝이 되는 반反입자도 각기 있는데 이들은 표에 포함되지 않았습니다. 따라서 (가설로만 제안되고 확인되지 않은 입자를 제외한) 표준모형의 입자는 모두 29종인 셈입니다. 이를 그룹별로 살펴보겠습니다.

먼저, 〈그림 2-10〉의 왼쪽 위에 자주색의 쿼크 6종이 있습니다. 그 아래에는 녹색으로 표시한 6종의 렙톤lepton이 있습니다. 렙톤은 그리스어로 작다는 뜻의 렙토스λεπτός에서 유래한 명칭으로 번역어는 경입자輕粒子입니다. 그러나 반드시 가볍지는 않으므로 이 책에서는 오해를 피하기 위해 그냥 렙톤으로 부르겠습니다. 바로 이들 렙톤과 쿼크가 물질을 구성하는 원료 입자들입니다. 하지만 실제로 물질, 즉 원자를 이루는 입자는 가장 왼쪽 세로줄에 있는 4개의 입자입니다. 즉, 쿼크인 위쿼크up quark(u)와 아래쿼크down quark(d), 그리고 렙톤인 전자electron(e)와 e중성미자e neutrino(νe)의 네 소립자입니다. 이들을 제1세대 기본입자라고 부릅니다. 이중에서 전자는 잘 아시다시피 원자핵과 함께 원자를 이루는 입자이지요. 한편, 위쿼크와 아래쿼크는 원자핵을 구성하는 양성자와 중성자의 원료 입자입니다. 마지막으로 가장 밑에 있는 e중성미자는 원자를 직접 구성하지는 않지만 중성자와 양성자가 서로 변환될 때 나오므로 물질구성 입자에 포함시켜도 무방합니다.

한편, 표의 2번째 및 3번째 세로 열에 있는 4종의 소립자들을 각기 제2세대, 제3세대 입자라고 부릅니다. 이들 대부분은 입자가속기 안에서 발견된 입자들입니다. 아랫세대로 갈수록 나중에 발견된 입자이며, 질량도 무겁지요. 각 입자의 질량은 표에 나오는 이름 위에 숫자로 표시했습니다.[*] 아랫세대 입자일수록 질량이 무겁기 때문에 생성되자마자 붕괴되어 윗세대 입자로 변환되는 경향이 있습니다. 한편, 표의 가로 열은 동일한 부류의 입자임을 나타냅니다. 가령, 세 번째 가로 열의 전자(e), 뮤온(μ), 타우(τ)는 모두 같은 속성의 렙톤들입니다. 아무튼 물질의 기본입자는 12종이지만 그중에서 1세대 입자 4종만이 원자를 만드는 데 참여합니다. 기본입자임에도 물질을 구성하지도 않고 짧은 시간만 존속하는 제2, 제3세대 입자들이 왜 존재하는지는 수수께끼로 남아 있습니다.

한편, 표의 입자 이름 옆에 표시한 두 번째 숫자는 전하電荷값입니다. 음의 전하를 가진 전자를 −1로 보았을 때의 상대 값이지요. 표에서 보듯이 쿼크는 음과 양의 분수 값, 렙톤은 0이나 1의 정수값을 가집니다. 마지막으로, 각 입자의 맨 밑에 표시한 숫자는 스핀spin 값(환산 플랑크 상수 ħ=1.2×10⁻³⁴J를 1로 보았을 때의 값)입니다. 표에서 보듯이 물질의 원료가 되는 렙톤와 쿼크들은 모두 정수가 아닌 1/2의 스핀 값을 가지고 있습니다. 이러한 소립자를 페르미온이라고 부릅니다(이 장 앞부분의 스핀 관련 절 참조). 즉, 물질을 구성하는 기본입자들은 모두 페르미온입니다.

이제 〈그림 2-10〉의 오른쪽 부분으로 가보겠습니다. 여기에는 주황색으로 표시한 4종류의 힘전달입자가 있습니다. 글루온gluon(g), 광자

---

[*] 소립자들의 질량은 에너지의 단위인 eV(엘렉트론 볼트)를 사용하여 표시한다. 아인슈타인의 식 E=mc²에 따라 에너지(E)를 광속(c)의 제곱으로 나눈 값이다(m=E/c²). 따라서 단위는 eV/c²이다. 1eV는 1개의 전자(전하량: 1.6×10⁻¹⁹C)가 1V의 전압(전위차)에서 가속될 때 필요한 에너지이다. 표의 값은 정지질량으로 입자의 고유 특성이다.

(γ, 빛 알갱이), 그리고 W 및 Z보손이 그들입니다. 힘전달입자는 물질 입자들을 묶어주거나 상호작용에 관여합니다. 그중에는 정지질량이 0이거나 전하가 0인 경우도 있습니다.

마지막으로, 〈그림 2-10〉의 가장 오른쪽에는 각기 다른 질량을 갖도록 해주는 힉스입자(H)가 있습니다. 힘전달입자나 힉스입자는 물질을 구성하는 원료가 아니므로 매개입자라고도 부릅니다. 이들의 스핀 값은 0 혹은 1인 정수이지요. 따라서 이들은 모두 보손입니다(힘전 달입자는 게이지 보손, 힉스입자는 스칼라 보손입니다. 보손 앞에 붙는 이름이 다른 이유는 나중에 설명하겠습니다).이제 〈그림 2-10〉에 나와 있는 입자 들을 조금 더 자세히 살펴보겠습니다.

맛깔 있고 자유로운 입자 | 쿼크와 렙톤

먼저 쿼크입니다. 쿼크는 전자와 함께 물질을 구성하는 가장 작은 입자입니다. 그 크기는 10^{-18}m보다 작다고 유추할 뿐, 정확히는 모릅니다. 가장 작은 원소인 수소 원자보다도 1억 배 이상 작지요. 쿼크보다 더 작은 프리온preon이라는 입자가 있으리라는 가설이 1979년 제안되었으나 실험적으로 증명된 바는 전혀 없습니다.[35]

잘 알려진 대로 원자핵을 이루는 핵자核子, 즉 양성자와 중성자는 원자 질량의 대부분을 차지하는 무거운 입자입니다. 그런데 1950년대 이후 입자가속기 실험과 우주에서 날아오는 입자, 즉 우주선宇宙線을 연구하는 과정에서 이들처럼 무거운 소립자가 다수 발견되었습니다. 1960년대 초에 이르러서는 이런 무거운 입자가 100여 종이나 발견되어 물리학자들은 '소립자 동물원'을 차려야 한다고 자조 섞인 농담을 했지요. 교통 정리를 할 필요성이 커지자 1964년 겔만[Murray Gell-Mann]과 츠바이크[George Zweig]는 각기 독자적인 연구를 통해 당시 알려졌던 무거운 입자들을 질량과 전하, 스핀으로 분류해보았습니다. 그 결과, 이들은 단일 입자가 아니라 더 작은 입자로 이루어진 복합체 입자라는 추정이 나오게 되었습니다.

오늘날 우리는 이 무거운 복합 입자들을 통틀어 하드론[hadron]이라고 부릅니다. 그리스어로 단단하다는 뜻의 하드로스[ἁδρός]에서 따온 이름인데, 번역어로는 강입자[強粒]입니다. 강입자를 구성하는 원료 입자들이 바로 쿼크[quark]입니다. 겔만은 이 이름을 제임스 조이스[James Joyce]의 실험적 소설인 『피네간의 경야[Finnegan's Wake]』에서 따왔습니다. 소설에서는 갈매기가 등장인물에게 술 3쿼크를 마시라고 조롱하는 대목이 나옵니다. 여기애서의 쿼크는 조이스가 지어낸 단어인데, 액체량의 단위인 쿼트[quart]를 지칭하는 갈매기의 서툰 발음에서 나왔다는 설도 있고 혹은 꿱꿱 소리[kwork]에서 따왔다고도 합니다.

겔만의 계산에 의하면 쿼크들의 전하량은 전자를 −1로 했을 때 ⅔ 혹은 −⅓의 분수값을 가졌습니다. 따라서 강입자들은 쿼크의 전하가 정수가 되는 개수로 이루어졌을 것이라고 제안했습니다. 가령, 양성자는 2개의 위쿼크(u)와 1개의 아래쿼크(d)로 이루어진 uud 복합체이며, 중성자는 udd의 조합입니다. 그렇게 되면 양성자의 전하량은 플러스 1이 되며(uud= ⅔+⅔−⅓), 중성자는 중성인 0(udd=⅔−⅓−⅓)이 됩니다.

하지만 당시에는 분수값의 전하량을 가지는 입자가 발견된 적이 없었기 때문에 대부분의 물리학자들은 쿼크를 전하 계산상의 입자로만 여겼습니다. 그러던 1969년 스탠퍼드 선형가속기연구소[Stanford Linear

Accelerator Center, SLAC에서 가속시킨 전자를 양성자와 충돌시킨 실험으로 쿼크를 정말로 발견하게 되었습니다. 겔만은 당장 그해 12월에, 그리고 실험을 주도한 세 과학자는 1990년에 노벨 물리학상을 받았지요.

〈그림 2-10〉에서 보듯이 쿼크는 위, 아래, 야릇한strange, 맵시charm 바닥bottom, 꼭대기top 쿼크의 6종이 있습니다. 쿼크들의 이름이 익살스러운 이유는 물리학자들이 기억하기 좋게 이름 붙였기 때문입니다. 그것도 부족해 특성이 각기 다른 이 6종의 쿼크를 맛깔flavor(혹은 향)이 다르다고 표현합니다. 더 중요한 것은 '색'입니다. 겔만은 6종(맛)의 쿼크들을 다시 빨강, 녹색, 파랑의 3원색으로 분류했습니다. 이를 색전하色 電荷, color charge라고 부르지요. 예를 들어 위쿼크에는 빨강, 녹색, 파랑의 3종이 있습니다. 색전하는 소립자들이 가지는 전하와는 별도로 쿼크만이 가지는 독특한 성질의 물리량을 표현하기 위해 도입된 개념입니다. 따라서 색과는 직접 관련이 없습니다. 가시광선의 파장보다 훨씬 작은 쿼크가 색을 가졌을 리 없지요.

쿼크를 색으로 표현한 이유는 이들의 결합 방식을 쉽게 기술할 수 있기 때문입니다. 가령, 쿼크가 결합해 강입자를 만들려면 색전하의 총합이 0이 되어야 하는데, 이를 색으로 표현하면 흰색입니다. 가령, 양성자는 파랑 위쿼크, 빨강 위쿼크, 그리고 녹색 아래쿼크의 3개로 이루어졌습니다. 이들 세 쿼크들의 색을 합하면 흰색이 되며, 따라서 결합할 수 있는 조합입니다. 마찬가지로, 중성자는 빨강 아래쿼크, 녹색 아래쿼크 및 파랑 위쿼크가 합쳐 흰색이 됩니다.

물론, 다른 조합으로 쿼크 3개가 모여 흰색이 되는 소립자도 만들 수 있습니다. 이런 물리적 성질을 음(−)과 양(+)의 전하만으로는 표시할 수 없기 때문에 고안된 개념이 색전하입니다. 같은 방식으로 쿼크의 반反입자 짝이 되는 반쿼크는 3원색 적, 녹, 청의 보색補色인 청록, 자홍, 노랑으로 분류합니다.

한편, 강입자 중에서 쿼크 3개가 결합한 소립자들을 특별히 바리온baryon이라고 부릅니다. 그리스어로 무겁다는 뜻의 바리스βαρύς에서 따온 이름으로 중입자重粒子라고도 합니다. 오늘날의 우주에서는 양성자와 중성자만이 바리온입니다. 이들은 원자의 구성요소인 원자핵의 원료이기 때문에 우리가 알고 있는 보통물질을 바리온 물질baryonic matter이라고도 부릅니다. 물론, 전자도 원자의 구성입자이지만 매우 가벼워 생략하고 부르는 것이지요.

현존하는 2종의 바리온 중에서 양성자는 중성자보다 질량이 가벼워 매우 안정합니다. 얼마나 안정한지 정확한 수명을 모르고 있습니다. 최소 10^{34}(1조 년×1조 년×1백억)년 이상이라고 추정하지만 대통일이론에서는 10^{43}년으로도 보고 있습니다. 이처럼 긴 나이를 직접 측정할 수는 없지요. 따라서 막대한 양의 양성자가 들어 있는 지하 탱크의 물에서 확률적으로 수명이 다해 붕괴되는 양성자의 양을 추정하는 간접적 실험 연구가 시도되고 있습니다.[36]

한편, 또 다른 바리온인 중성자는 양성자보다 0.6% 무겁습니다. 따라서 양성자만큼은 아니지만 수명도 긴 편입니다. 다만 원자핵 안에서 양성자와 결합해 있을 때만 그렇습니다. 홀로 있으면 14분 49초만에 베타붕괴라는 과정을 거쳐 양성자와 전자, 그리고 반중성미자로 붕괴됩니다.

쿼크가 결합해 흰색이 되려면 (즉 색전하가 0이 되려면) 바리온처럼 반드시 3삼원색으로 조합한 쿼크 3개가 아니어도 가능합니다. 다름 아닌 쿼크와 반쿼크의 조합이지요. 이들은 서로 보색 관계이므로 합치면 흰색이 됩니다. 이처럼 2개의 쿼크로 이루어진 강입자를 메손^{meson} (혹은 중간자)라고 부릅니다(즉, 강입자에는 메손과 바리온의 2종이 있습니다). 가령, 파이온(π^+)이라는 메손은 위쿼크와 반아래쿼크로 이루어졌지요. 그런데 메손들은 입자와 반입자로 이루어져 있기 때문에 쌍소멸하며, 따라서 수명이 극히 짧습니다. 예외적으로 케이온(K)이라는 메손은 수명이 기이하게도 깁니다. 야릇한쿼크는 바로 이러한 케이온을 구성하는 쿼크에 붙여진 이름입니다. 길다고는 하지만 케이온의 수명도 1.2×10^{-8}초, 즉 약 1억 분의 1초에 불과합니다.

이처럼 쿼크들이 2개 혹은 3개가 결합해 메손이나 바리온 등의 강입자를 형성하는 이유는 전하의 합이 정수이거나 색전하가 0(흰색)이 되려 하기 때문입니다. 그래야 에너지적으로 안정하지요. 따라서 쿼크는 독립적으로 존재하지 않으며, 몇 개가 조합한 강입자의 형태로만 발견됩니다.

다만, 꼭대기쿼크는 예외입니다. 이 입자는 극히 짧은 시간이지만 5×10^{-25}(1조×1조×50분의 1)초 동안 홀로 존재합니다.[37] 이론이 이를 예측한 지 20여 년이 지난 1995년 발견된 이 입자는 표준모형의 소립자 중 가장 무거운 괴물입니다. 질량이 양성자의 무려 170배나 되지요. 금 원자만큼 무거운 셈입니다. 이처럼 무겁기 때문에 입자가속기 안에서 생성되자마자 붕괴됩니다. 위에 언급한 수명도 직접 관측한 것이 아니라 간접효과로 추산한 값입니다.

쿼크와 함께 양대 축을 이루는 또 다른 물질 기본입자는 6종의 렙톤입니다. 전자(e), 뮤온(μ), 타우온(τ 혹은 타우입자), 그리고 이들의 파트너인 전자중성미자, 뮤온중성미자, 타우중성미자이지요. 렙톤이란 명칭은 당초 그리스어로 가볍다는 뜻에서 붙여졌고 한자로도 경輕입자라고 번역되었습니다. 그러나 뮤온이나 타우처럼 무거운 입자도 있으므로 적합한 용어는 아닙니다. 가령, 타우입자는 위쿼크보다 770배 이상 무겁지요. 이런 무거운 입자도 있지만 렙톤들은 매우 작아서 거의 점에 가까우며, 내부구조도 없습니다.

같은 물질 구성입자이지만 렙톤이 쿼크와 크게 다른 점은 독립적으로 존재할 수 있다는 것입니다. 따라서 개별 입자를 관측할 수 있지요. 렙톤은 6종 중에서 3종은 전하가 있고 나머지는 전기적으로 중성입니다. 즉, 전자와 뮤온, 그리고 타우 입자는 모두 −1의 음전하를 가지고 있습니다. 렙톤 중에서 가장 잘려진 것은 뭐니뭐니 해도 전자(e)이지요. 표에서 전자와 같은 가로줄에 있는 뮤온과 타우 입자는 질량이 무겁고 불안정해서 빠르게 붕괴해 전자로 변환되는 특성을 가지고 있습니다.

한편, 표준모형 표에서 이들 바로 아래 있는 나머지 3종의 렙톤은 모두 중성미자中性微子들입니다. 원어로 뉴트리노neutrino인 중성미자는 전하나 색전하가 없을 뿐 아니라 질량도 극미합니다. 따라서 세 종류 모두 매우 안정한 입자입니다.

중성미자나 그 짝인 반反중성미자는 양성자와 중성자가 서로 변환될 때 전자 혹은 양전자를 내놓으며 함께 방출됩니다. 특히 방사성 붕괴의 일종인 베타붕괴 시에 이런 일이 일어나지요. 가령, 원자로나 핵폭탄의 핵분열 때 베타붕괴가 일어나는데, 이때 많은 양의 중성미자가 생성됩니다. 또한 별의 핵융합 때도 엄청난 양의 중성미자가 생성되지요. 태양에서 방출되어 지구에 도달하는 중성미자는 매초 $1cm^3$에 650억 개나 됩니다. 우리 몸에 매초 50조 개의 중성미자가 관통하고 있는 셈이지요.[38] 이들은 물질 원자와 거의 반응하지 않기 때문에 지구를 그대로 관통해 우주공간으로 퍼져 나갑니다.

중성미자가 질량을 가진다는 사실은 2010년에야 비로소 확인되었습니다. '중성미자 진동'이라는 현상이 관측됨에 따라 질량이 0이 아닌 매우 작은 값임을 알게 되었지요. 이처럼 질량은 극히 작지만 우주 내에 존재하는 중성미자의 양은 엄청나서 암흑물질의 후보로 거론되기도 했습니다(1장 참조). 하지만 전기적으로 중성이어서 실험으로 검출하기가 극도로 어렵지요.

힘의 중재자들 | 게이지 보손과 자연의 4힘

쿼크와 전자는 원자를 구성하는 기본입자이지만 그것만으로는 우리가 알고 있는 물질을 이루지 못합니다. 기본입자들을 묶어주는 힘이 없다면 각기 뿔뿔이 흩어져 우주 공간을 떠돌 것입니다. 그뿐 아닙니다. 소립자들은 서로 인력引力, 척력斥力을 미치며 상호작용해 스스로 붕괴되거나 생성, 소멸도 합니다. 소립자들의 이러한 상호작용을 물리학자들은 관습적으로 힘이라는 용어로도 불러왔습니다. 서로 끌어당기는 인력과 밀치는 척력이야 그렇다 해도, 소립자들이 생성, 소멸하는 작용도 힘이라 할 수 있을까요? 여기에서의 힘은 변화를 일으키는 원동력이라는 의미입니다. 아무튼 입자물리학에서는 상호작용도 힘이라고 부릅니다. 자연에는 네 종류의 이 같은 근본적인 상호작용(혹은 힘)이 있습니다. 중력, 전자기력, 강한 핵력(강력), 그리고 약한 핵력(약력)이지요.

표준모형은 이중에서 중력을 제외한 나머지 세 힘을 다룹니다. 표준모형이 가장 먼저, 그리고 잘 파악하고 있는 힘은 전자기력입니다. 중력보다 무려 10^{36}배(1조×1조×1조)배나 강한 힘이지요. 책받침을 문질러 정전기를 발생시키면 머리카락이 들러붙어 땅에 떨어지지 않는 현상만 보아도 그 세기를 짐작할 수 있습니다. 6조×10억 톤의 지구가 끌어당기는 인력(중력)이 몇 그램도 안되는 책받침에서 발생한 전기력만도 못한 것이지요. 전자기력은 중력과 마찬가지로 거리의 제곱에 반비례해 약해지며 이론적으로는 무한대의 공간까지 미칠 수 있습니다. 하지만 실제로는 먼 거리에는 힘을 못 씁니다. 원자나 물질은 대략 비슷한 양의 양전하와 음전하를 가지고 있으므로 인력과 척력이 상쇄되기 때문이지요(반면, 인력만 있는 중력은 누적효과 때문에 은하 사이처럼 먼 거리까지 영향을 미칩니다. 그러나 중력도 수억 광년 이상이 되면 우주팽창의 효과가 커져 영향력을 잃게 됩니다. 1장 참조).

한편, 나머지 두 힘인 약력과 강력은 원자핵 속의 극히 좁은 공간에서만 작용하는 힘입니다. 따라서 일상생활에서 실감하지 못하지요. 강력이 미치는 범위는 양성자와 중성자의 직경쯤 되는 약 10^{-15}m(1조분의 1mm)이며, 약력은 다시 그 1,000분의 1인 10^{-18}m에 불과합니다. 하지만 두 힘의 세기는 엄청나서 약력조차도 이름에 걸맞지 않게 중력의 10^{32}배나 됩니다. 네 힘 중 가장 센 강력은 중력의 10^{38}배, 전자기력의 137배에 이릅니다. 강한 순서대로 열거하자면 강력 → 전자기력 → 약력 → 중력입니다.

그런데 자연의 네 가지 힘은 직접 접촉하지 않아도 서로 작용하는 특징이 있습니다. 접촉이 없는데 어떻게 힘을 전달할까요? 1932년 한스 베테와 엔리코 페르미는 전자기력의 경우 빛입자의 교환을 통해 이루어질 것이라고 예측한 바 있습니다. 앞서 설명했듯이 양자장론에 의하면, 소립자들은 양자화한 장의 국소적 진동의 결과이며, 이들은 상호작용을 합니다. 이에 의하면 힘 혹은 상호작용은 소립자들이 특별한 입자를 주고받는 현상으로 설명됩니다.

이러한 소립자들을 '힘전달입자', '매개입자' 혹은 '게이지 보손gauge boson'이라 부릅니다. 〈그림 2-10〉의 오른쪽에 있는 글루온gluon, 광자, W 및 Z 보손의 4개 소립자가 그들이지요. 물질을 구성하는 입자인 쿼크와 렙톤은 페르미온인데, 4종의 매개입자는 모두 보손입니다. 따라서 양자상태가 중첩될 수 있으며, 보손의 특징상 스핀이 정수이지요(1장 참조. 표준모형의 매개입자들은 스핀이 1이며, 중력자는 2입니다).

한편, 양자장론에 의하면 소립자들의 각 양자장은 상호작용으로 서로 출렁댑니다. 파도의 경우라면 출렁거리며 간섭을 일으키는 파의 모양을 자로 재어 파악할 수 있겠지요. 하지만 양자장은 복소공간에 표시되는 수학적 파동이며, 더구나 각 점마다 다른 환산표를 가지므로 눈금을 가늠하기가 어렵습니다. 이 경우 환산표 역할을 해주는 것이 힘전달입자입니다. 게이지 보손이란 자의 눈금(게이지)이 되어 주는 보손이란 뜻이지요.

한편, 힘이나 상호작용이 매개입자의 교환으로 이루어진다는 개념도 일상적인 현상으로 설명하기가 쉽지 않습니다. 굳이 비유하자면, 수영장에서 작은 고무튜브를 타고 공놀이를 하는 두 꼬마의 상황과 유사합니다. 한 아이가 상대에게 힘껏 농구공을 던지면 이를 받은 꼬마는 약간 뒤로 밀릴 것입니다. 만약 쉬지 않고 반복하는 이 동작을 멀리서 바라보면 공이 두 꼬마를 밀쳐내는 듯 보일 것입니다. 척력이 작용하는 효과를 만드는 셈이지요. 하지만 공놀이의 비유는 척력에만 적용될 뿐, 인력이나 소립자의 붕괴, 소멸을 설명하지는 못합니다. 마땅한 비유를 대기는 어렵지만 어찌되었든 소립자들 사이에 작용하는 힘은 매개입자를 교환함으로써 이루어집니다. 이제 표준모형에 등장하는 세 힘을 조금 더 자세히 알아보겠습니다.

땅이 꺼지지 않는 이유 | 전자기력과 광자

잘 아시다시피 전기력은 플러스 혹은 마이너스의 전하를 띤 입자혹은 물질들이 같은 부호끼리는 밀치고 다르면 끌어당기는 힘입니다. 맥스웰은 전기력뿐 아니라 자성도 근본적으로 동일한 현상임을 밝힌바 있습니다. 어찌 보면 뉴턴이 만유인력이라고 부른 중력보다 전자기력이 우리의 일상생활에 더 밀접한 힘입니다. 무엇보다도 물질 형성의열쇠인 화학반응이 전자기력에서 비롯됩니다. 뿐만 아니라 물질의 상태, 특히 고체나 액체가 지금과 같은 모습을 가지는 데 중요한 역할을하고 있습니다.

이 장의 첫 절에서 보았듯이 원자의 내부는 99.999999999999%가빈 공간입니다. 물질입자인 전자나 양성자, 중성자가 차지하는 부피는극미하지요. 그런데도 우리가 보는 쇠나 돌, 물은 꽉 찬 듯 보입니다. 더구나 몸이나 의자, 땅을 이루고 있는 원자들의 내부 공간은 텅 비어있는데 우리는 의자나 땅을 투과해 밑으로 꺼지지 않습니다. 모두 전자기력 덕분입니다. 두 원자가 근접하면 원자핵 바깥쪽의 전자들이 같은 마이너스 전하를 가진 상대 원자의 전자들을 강하게 밀쳐내는 전자기적 척력이 작용합니다. 바꾸어 말해, 고체를 딱딱하게 만들고 물체들을 꺼지지 않게 해주는 것은 전자기장 때문입니다. 이런 관점에서 보면 원자를 만드는 것은 그것을 구성하는 소립자가 아니라 전자기장, 즉 힘이 더 근원적이라 할 수 있지요.

전자기력은 우리가 미끄러지지 않고 걸을 수 있게도 해 줍니다. 마찰력의 근원이 전자기력이기 때문이지요. 마찰력이 없다면 우리는 발바닥으로 땅을 밀치며 나아갈 수 없을 것입니다. 그뿐 아닙니다. 전자기력은 원자들을 서로 묶어주는 화학결합에도 중요한 역할을 합니다. 흙, 암석, 금속, 물과 공기, 생명체를 이루는 각종 분자들은 전자기력 덕분에 화학결합을 하며 존재합니다. 원래 원자는 동일한 숫자의 양성자와 전자를 가지므로 전기적으로 중성이지요. 따라서 전기적 인력과 척력이 상쇄되어 서로 뭉쳐질 수 없어야 원칙입니다.

가령, 쇳덩어리는 중성의 철원자로 이루어지므로 뭉칠 수 없어야 합니다. 하지만 실제로는 평균적으로만 중성일 뿐, 대부분의 원자는 표면에 국소적으로 약하게 플러스 혹은 마이너스 전하를 띤 부위들을 가지고 있습니다. 원자 속에 있는 전자구름의 전하가 약간 한쪽으로 치우친 편극偏極 현상을 보이기 때문입니다. 그 결과 반대 부호의 전하를 띤 이웃 원자들의 편극 부위들과 인력으로 끌어당겨 결합합니다. 이를 잔류전자기력residual electromagnetic force이라고 부릅니다. 덕분에 중성인 원자들도 이웃 원자와 결합해 분자 등의 큰 물체를 이룰 수 있지요.

이처럼 고체나 화합물을 만드는 데 중요한 역할을 하는 전자기력의 매개입자가 빛 알갱이, 즉 광자光子, photon 입니다. 양자전기역학에 의하면 전자기력은 소립자들이 광자를 주고받는 상호작용의 결과입니다.

그런데 여기에서의 광자는 우리가 일상적으로 말하는 빛과는 조금 다릅니다. 불확정성의 원리에 따라 순간적으로 나타났다 사라지는 가상입자 형태의 광자입니다. 다른 힘 전달입자들도 마찬가지이지만,

이러한 광자는 자신들이 매개하는 힘의 작용을 받는 소립자에 의해서만 만들어지고 흡수된다는 점이 다릅니다. 예를 들어, 전자기력 작용을 하는 전자나 양성자는 그 힘의 전달입자인 광자를 생성하고 흡수할 수 있습니다. 반면, 전하가 없는 중성자는 전자기력 작용을 하지 않으므로 광자를 생성하거나 흡수할 수 없습니다. 특이하게도 광자는 전자기력을 전달하는 소립자임에도 불구하고 그 자신은 전하가 없습니다.

광자의 또 다른 중요한 특징은 질량도 없다는 점입니다. 다만, 여기서 말하는 질량은 빛 입자가 움직이지 않고 있을 때의 정지질량입니다. 물론 빛은 한 순간도 정지해 있을 수 없지요. 정지질량은 소립자가 가지는 고유한 물리 특성으로 다음과 같은 의미를 갖습니다. 특수상대성이론에 의하면 물체는 속도가 빨라지면 질량이 증가하며, 광속이 되면 무한대에 근접합니다. 이러한 현상은 일상적인 속도에서는 거의 알아차릴 수 없고 광속에 매우 가까워져야만 눈에 띄게 나타납니다.

가령, 광속의 절반에 이르면 물체의 질량은 15% 증가합니다. 그러나 물체의 속도가 광속의 90%이면 2.3배, 99.999999%에 이르면 질량이 7,071배로 증가하며 이후 급격히 무한대에 가까워집니다. 따라서 소립자가 광속으로 움직이면 그 질량이 우주보다 무거운 무한대의 값에 가까워지는 모순에 빠집니다. 바꾸어 말해, 정지질량이 0인 소립자만이 광속으로 운동할 수 있습니다. 표준모형 표에서 보듯이 그런 입자는 광자와 다음 절에서 설명할 매개입자인 글루온밖에 없습니다. 그리고 아직 발견되지 않은 중력의 매개입자인 중력자重力子도 정지질량이 없다고 추정됩니다. 소립자 중에서 이들 3종의 매개입자만이 광속으로 운동할 수 있습니다. 특수상대성이론과 정지질량의 보다 상세한 설명은 〈부록 7〉에 실었습니다.

세상에서 가장 강한 접착제 | 강력과 글루온

잘 아시다시피 원자핵은 양성자와 중성자가 극히 작은 공간에 묶여 있는 복합체입니다. 그런데 중성자는 전기적으로 중립이고, 양성자는 플러스 전하를 가지므로 서로 간에 강한 척력이 작용합니다. 크기가 겨우 1조 분의 1.5mm인 양성자 두 개 사이에 작용하는 척력은 무려 10kgf(킬로그램힘)이나 되며, 더구나 초속 1만 5,000km로 밀쳐냅니다.

이런 엄청난 반발력을 극복하고 양성자와 중성자를 그 작은 원자핵 속에서 묶어 둘 수 있는 열쇠는 그들의 구성입자인 쿼크에 있습니다. 앞서 알아본 대로 쿼크는 전하뿐 아니라 완전히 다른 개념의 물리량인 색전하도 가진다고 했습니다. 바로 이 색전하가 만드는 색력color force이 쿼크들을 묶어주는 근원입니다. 또한 그 결과로 나타나는 엄청난 힘이 강한 핵력(강력)이지요.

그런데 앞서 살펴본 양자장론에서, 힘은 전하를 가진 입자가 매개입자를 교환하는 과정이라고 했습니다. 강력의 경우 힘을 전달하는 전달입자는 글루온입니다. 접착제glue+입자~on이라는 이름에서 볼 수 있듯이 글루온은 상상을 초월할 강한 결합력으로 쿼크들을 붙여줍니다. 수조 분의 1mm밖에 안 되는 좁은 공간 안에 작용하는 엄청난 척력과, 거기에 더해 광속에 가까운 속도로 날뛰는 쿼크를 잡아 가두려면 얼마나 큰 힘이 필요할지 상상이 안 될 정도입니다. 전자기력도 매우 강한 힘이지만 강력은 이보다 약 137배나 더 셉니다. 두 힘 모두 질량이 없는 보손 입자(각기 광자와 글루온)가 힘을 매개합니다. 그러나 음과 양의 전하만 관계되는 전자기력과 달리, 강력은 색전하도 개입하므로 몇 가지 독특한 방식으로 작용합니다.

첫째, 글루온은 쿼크처럼 색전하를 가진 입자하고만 반응하는데 특이하게도 그 자신도 색전하 입자입니다. 따라서 자신들끼리도 반응합니다. 이와 달리 전자기력을 전달하는 광자는 색전하는 물론, 음과 양의 통상적인 전하도 없으므로 서로 반응하지 않습니다.

둘째, 전자기력의 세기는 거리의 제곱에 반비례하며 원칙적으로 무한대까지 작용합니다. 반면, 강력은 원자핵 안의 매우 짧은 거리, 극단적으로 표현하자면 거의 붙어 있다시피 한 입자들 사이에서 작용합니다. 더 기이한 것은 이 범위 내에서 작용하는 힘의 모습입니다. 양자장론에 의하면 강력의 작용은 색력장color force field으로 나타냅니다. 그런데 색력장은 마치 고무줄과 같아서 들러붙은 쿼크를 떼어내려 하면 점점 더 힘이 강해집니다. 거리를 떼어놓을수록 색력장의 세기가 더 커지는 것이지요. 그러다 어느 거리에 이르면 늘어났던 색력장이 갑자기 끊어집니다. 그 순간 색력장은 고무줄처럼 큰 에너지를 방출하며 원상 회복됩니다. 그런데 이때 방출된 에너지가 새로운 쿼크/반쿼크 쌍들을 생성하는 데 사용됩니다. 입자가속기에서 관측한 바에 의하면, 수많은 쿼크쌍들이 이런 방식으로 생성되는데 모두 같은 방향을 향합니다. 이를 '제트jet'라고 부릅니다.

하지만 이는 대략적인 그림일 뿐입니다. 물리학자들은 쿼크가 글루온을 교환하는 과정이 강한 핵력이며, 글루온이 위쿼크와 아래쿼크 사이를 분주히 오가는 과정에서 쿼크가 복합체로 묶여져 양성자 및 중성자를 형성한다고 간단히 말합니다. 그러나 이는 결과일 뿐 실제로는 수많은 쿼크와 반쿼크, 그리고 가상입자virtual particle인 글루온들이 까무러칠 정도로 복잡하게 반응합니다. 과학자들은 이를 '미친 듯이 격렬한 반응'이라고 표현합니다. 이 과정은 너무도 짧은 순간에 일어나므로 얼마나 많은 입자·반입자쌍들과 글루온 가상입자들이 명멸하는지 정확히 모르고 있습니다.[39] 이를 실험적으로 관측하기가 거의 불가능한 이유는 반응들이 거의 순간적이라 할 짧은 시간에 일어나기 때문입니다. 글루온이 쿼크를 묶는 강한 상호작용의 세부 과정은 많은 부분이 수수께끼로 남아 있습니다.

그런데 강한 핵력으로 뭉쳐진 쿼크 복합체인 강입자(중성자, 양성자 및 메손)의 색전하는 반드시 0, 즉 흰색이어야 한다고 앞서 설명했습니다. 색전하가 중성이 되어야 한다는 의미이지요. 그렇다면 색전하가 이미 중성이 되어버린 양성자와 중성자들은 어떻게 강력으로 다시 결합해 원자핵을 이룰까요? 이 상황은 앞서의 전자기력과 유사합니다. 원자는 전기적으로는 중성이지만 국소적으로 약간 음이나 양의 전기를 띤 부위가 있으며(편극 부위), 그 덕분에 서로 결합해 고체를 이룬다고 했습니다(잔류전자기력).

중성자와 양성자에서도 비슷한 일이 벌어집니다. 즉, 이들의 색전하는 전체적으로 흰색, 즉 중성이지만 국소적으로는 약간 플러스 혹은 마이너스를 띤 부위가 있습니다. 바로 이런 국소 부위에 남아 있는 색전하가 잔류강력residual strong force으로 작용해 양성자와 중성자를 서로 묶어주는 것이지요. 편극偏極에 의한 이 잔류색전하력은 (쿼크들을 묶어 강입자를 만드는 색전하력에 비해) 큰 값은 아니지만 그래도 전자기력보다는 큽니다. 그 덕분에 중성자와 양성자들은 전기적 척력을 극복하고 서로 결합해 원자핵을 구성할 수 있지요. 하지만 여기에는 한계가 있습니다. 원자핵이 일정한 크기 이상이 되면(예: 우라늄), 그 안에 있는 양성자들의 전기적 척력의 합이 잔류색전하력보다 커지게 됩니다. 결국 불안정해진 원자핵은 붕괴됩니다.

맛깔을 바꾸는 요술 | 방사선 붕괴와 약력

양성자와 중성자가 너무 많아 불안정해진 원자핵이 붕괴되는 현상이 다름 아닌 방사성 붕괴입니다. 이러한 현상은 19세기 말에 발견되었지만 당시에는 붕괴 때 나오는 방사선이 무엇인지 몰랐습니다. 따라서 발견된 순서에 따라 그리스어 알파벳 순으로 알파선, 베타선, 감마선이라고 이름 붙였지요. 후에 밝혀졌지만, 알파선은 헬륨(He)의 원자핵입니다. 일반적으로 원자핵 속 핵자(양성자, 중성자)의 수가 209개보다 많으면 강력의 색전하가 잡아 가두는 힘이 전자기적 척력을 확실하게 앞서지 못하므로 불안정해집니다. 그 결과 2개의 양성자와 2개의 중성자로 이루어진 헬륨 원자핵을 방출해 핵자의 수를 줄이는 현상이 알파붕괴입니다.

한편, 감마붕괴는 핵자 수의 변동이 없이 전자기파(빛)인 감마선을 방출하여 원자핵을 조금 더 안정하게 만드는 현상입니다. 그렇다면 베타붕괴는 어떨까요? 이 경우 방출되는 베타선은 전자임이 나중에 밝혀졌습니다. 그런데 방사성 붕괴는 근본적으로 원자핵과 관련된 현상이므로 전자가 나올 수 없어야 할 것입니다. 이는 베타선이 원자 안에서 궤도를 돌던 전자가 아니라 원자핵 속에서 일어난 모종의 반응으로 생긴 입자임을 의미했습니다. 이에 엔리코 페르미는 베타붕괴 시 소립자들이 서로 변환되는 특별한 상호작용이 있을 것이라는 예측을 1930년대에 내놓았습니다. 베타붕괴에 관여하는 이 상호작용은 다름 아닌 표준모형의 세 번째 힘인 약한 핵력입니다. 소립자들을 묶어주는 앞서의 전자기력이나 강력과 달리, 약력은 입자의 붕괴와 관련이 있는 힘인 셈이지요.

전형적인 베타붕괴에서는 중성자가 전자(베타선)와 전자반중성미자(전자중성미자의 반^{反}입자)를 방출하고 보다 안정한 양성자로 변환됩니다. 그러나 이는 붕괴의 최종 결과일 뿐 그 과정에서 힘전달입자들이 순간적으로 나타나 교환되고 사라집니다. 표준모형 표에 나와 있는 W보손과 Z보손이 그들이지요. 즉, 약한 핵력은 W보손(양전하의 W$^+$보손과 음전하의 W$^-$보손의 2종)과 전하가 없는 Z보손이 관여하는 두 방식으로 일어납니다.

그런데 특이하게도 다른 힘전달입자들은 질량이 없는데 이들은 있습니다. 게다가 W와 Z입자의 질량(80.4 및 91.2GeV)은 양성자(0.94GeV)의 약 100배나 됩니다. 문제는 힘전달입자가 이처럼 무겁다면 불확정성의 원리에 의해 두 가지 특성이 나온다는 점입니다.

첫째, W 및 Z입자가 이토록 큰 질량(높은 에너지)이라면 약 10^{-25}초의 짧은 순간 동안만 존속하다가 힘을 매개하고 사리질 것입니다. 무거운 짐을 지고 오래 갈 수 없는 이치입니다.

둘째, 따라서 이들이 매개하는 약력은 양성자 직경의 0.1%에 불과한 극히 짧은 거리에만 작용할 것입니다. 강력도 짧은 거리에 작용하지만 그래도 양성자 직경 정도 범위에는 미칩니다. 즉, 약력의 매개입자는 강력의 약 1,000분의 1 거리에만 미칠 것입니다.

특히, 약력을 매개하는 W보손은 다른 힘전달입자에 없는 매우 중요한 특성을 가지고 있습니다. 즉, W보손들은 물질구성 입자인 쿼크나 렙톤의 맛깔^{flavor}을 바꿔줍니다. 맛깔이란 한마디로 쿼크와 렙톤의 종류를 말하며 각기 6종이 있음은 앞서 알아보았습니다. 가령, 약력의 과정 중에 꼭대기쿼크가 W입자를 방출하면 맛깔을 바꾸어 바닥쿼크가 됩니다. 렙톤의 경우도 비슷해서, 가령 타우입자가 W보손을 방출하면 타우중성미자로 맛깔을 바꿉니다. 이처럼 약력은 물질입자의 종류를 바꾸는 요술을 부립니다. 이러한 '맛깔 바꿈'은 우주의 구조에 매우 중요한 역할을 하고 있습니다. 가령, 약력이 없다면 양성자가 중성자로 변환되지 못하며, 따라서 별을 빛나게 하는 핵융합반응은 불가능할 것입니다. 또한 많은 수의 핵자로 이루어진 무거운 원소가 생성되는 데도 약력의 맛깔 바꿈이 필수적입니다.

약한 핵력작용의 좋은 예가 탄소 동위원소 C-14입니다. 고고학이나 지질학에서 1만 년 이내의 연대를 측정할 때 이용하는 원소이지요. C-14가 베타붕괴를 일으키면 원자핵 속에 있는 중성자(udd) 한 개가 양성자(uud)로 변환됩니다. 이는 중성자 중의 아래쿼크(d) 하나가 W^-입자를 방출하며 위쿼크(u)로 맛깔을 바꾸기 때문입니다. 이때 방출되는 매개입자 W^-보손은 생성되자마자 전자와 전자반反중성미자로 붕괴됩니다. 즉, 극히 짧은 시간 사이에 W^-가 나타나 약력 반응을 매개하고 자신은 사라집니다. 마이너스 전하의 전자를 방출하는, 이러한 형태의 약력 반응을 음陰의 베타붕괴라고 합니다.

반대로 양성자가 에너지를 흡수하여 중성자로 변환되면서 중성미자와 플러스 전하의 양전자(전자의 반입자)를 방출하는 양陽의 베타붕괴도 있습니다. 약한 상호작용은 베타붕괴 이외에도 여러 형태가 있는데, 아직 알려지지 않은 반응이 많을 것으로 추정됩니다.

아무튼 알아본 대로 약력은 물질을 구성하는 양대 입자인 쿼크와 렙톤(전자, 중성미자 등) 모두에 작용합니다. 이와 달리 강력은 색전하로 인해 발생하므로 그것이 있는 쿼크에만 작용합니다. 한편, 같은 매개입자인 광자와 글루온은 질량이 없는데 약력을 매개하는 W와 Z보손은 있습니다. 게다가 무겁기까지 하지요. 더 나아가 물질을 구성하는 기본입자들은 모두 질량이 있는데 그 값이 모두 다릅니다. 왜 소립자들은 이처럼 질량이 다를까요? 이를 설명하는 이론은 오래전 제안되었지만 비교적 최근에 실험으로 증명되었습니다.

신의 입자인가 빌어먹을 입자인가 | 힉스입자

소립자들이 각기 다른 질량을 가지는 것과 관련된 입자가 힉스보손입니다. 표준모형에 등장하는 17종 소립자 중 가장 마지막으로, 그리고 많은 우여곡절 끝에 발견된 입자이지요. 2012년 7월 4일 프랑스와 스위스 국경에 걸쳐 있는 CERN*에서 전 세계 수많은 물리학자들이 애타게 기다린 힉스입자의 발견을 공표하는, 역사적인 실험 결과 발표회가 있었습니다. 세계에서 가장 큰 입자가속기인 LHC^{Large Hardon} ^{Collider}에서 2011~2012년 중반 사이 얻은 방대한 양의 데이터를 분석해 얻은 결과였지요. 힉스입자를 확인한 LHC 실험은 규모 면에서 과학 역사상 유례가 없었던 프로젝트였습니다.** 실험에 참여한 2개 검출기 팀의 과학자만 6,000여 명에 이르렀지요.

이 발표로 이론이 처음 예측된 1964년 이래 48년 동안 계속되었던 힉스입자의 추적과 논란이 끝을 맺었습니다. 그리고 블랙홀 이론으로 잘 알려진 스티븐 호킹은 힉스입자를 찾지 못한다는 데 걸었던 미시간

* CERN은 '유럽핵연구기구'의 불어 이름 Conseil Européenne pour la Recherche Nucléaire의 약자다. 현재는 약자 쎄른(불어) 혹은 써언(영어)으로만 부른다. 1954년 원자핵의 순수 물리학 연구를 목적으로 설립된 이래 현재는 입자물리학 전 분야를 연구하고 있다. 23개 유럽 회원국이 운영하지만 비회원국도 여러 방식으로 참여하고 있다. 약 2,500명의 상근직을 비롯해 세계 85개국 580여 대학과 연구소에서 약 8,000명의 과학자들이 방문 혹은 공동연구로 참여하고 있다.
** LHC는 CERN이 보유하고 있는 세계 최대의 강입자 가속기이다. 강입자는 양성자, 중성자처럼 쿼크가 강한 핵력으로 뭉친 입자이다. LHC의 구조물은 프랑스와 스위스 국경을 관통하는 지하 175m에 27km의 큰 원을 그리는 터널 속에 있다. 터널 안에는 입자의 가속을 위해 절대온도 1.9K(섭씨 영하 271도)에서 작동하는 약 1만 개, 27톤의 초전도 자석이 있다. LHC에는 가장 큰 CMS와 ATLAS를 비롯해 목적이 다른 7개의 검출장치가 딸려 있다.[39]

대학의 한 교수와의 내기에서 지게 되어 100불을 잃었지요. 하지만 신나는 일이라고 했습니다. 힉스입자는 표준모형이 예측한 입자 중 마지막으로 찾아낸 퍼즐조각이었습니다. 이 발견으로 표준모형은 다시 한번 성공적인 물리이론으로 그 정확성을 입증했지요.[40]

BEH[Brout-Englert-Higgs]입자로도 불리는 힉스입자는 그 존재가 1960년대부터 이론적으로 예견되어 있었습니다. 그런데도 50여 년 동안 발견되지 않은 데에는 이유가 있었지요. 초창기 이론은 이 입자에 질량이 있다는 사실은 제시했으나 그 값이 어느 부근인지 감도 잡지 못했습니다. 그 후 입자가속기를 이용한 수십 년의 연구를 통해 B중간자라는 소립자가 붕괴될 때 힉스입자가 흔적을 남기며, 그로부터 질량이 114~800GeV/c^2 사이일 것이라는 추정이 가능해졌지요.

그런데 이처럼 큰 질량의 소립자를 관측하려면 거대한 입자가속기가 필요했습니다. 2010년까지 세계 최대 입자가속기였던 미국의 테바트론[Tevatron]은 소립자를 양성자 질량의 약 1,000배(=1TeV) 에너지로 충돌시킬 수 있었지만 힉스입자를 확인하기에는 미흡했습니다. 이에 비해 1만여 명의 과학자와 기술자들이 15여 년 동안 건설해 2013년 3월부터 본격 가동한 유럽 CNRS의 LHC는 그보다 7배 큰 충돌에너지가 가능했습니다. 더구나 가속된 두 입자를 반대 방향에서 마주보게 충돌시키면 양성자 질량의 14,000배(=14TeV) 에너지를 얻을 수 있었지요.

이런 규모의 강한 에너지가 구현되는 LHC 안에서는 매초 약 10억 건의 충돌 반응이 일어납니다. 이들 각각의 충돌이 만들어 내는 반응의 종류는 매우 복잡합니다. 그런데 힉스입자의 수명은 겨우 1.6×10^{-22}초(1조의 1백억 분의 1.6초)여서 관측하기가 극도로 어렵습니다. 게다가 양성자의 충돌로 생성된 힉스입자는 순식간에 4개의 뮤온입자로 변환되거나 혹은 2개의 광자로 붕괴되는 등 여러 형태로 변환됩니다.

　LHC 과학자들이 찾아낸 것은 다른 신호보다 1/20~1/30이나 미약한 그 같은 반응의 흔적이었습니다. 더구나 그 흔적이 힉스입자의 것인지 확인하려면 검출기에서 나온 방대한 양의 데이터를 오랜 시간 분석해야 합니다(2012년의 발표에 의하면, LHC에 딸린 두 곳의 검출장치에서 제각기 독자적으로 찾아낸 흔적이 힉스입자일 가능성은 '5시그마'의 신뢰값이었습니다. 표준편차를 말하는 5시그마의 값은 힉스입자의 흔적으로 지목한 데이터가 통계적인 잡음일 가능성이 350만 분의 1이라는 의미입니다. 입자물리학에서 1시그마 값은 '무작위적 현상', 3은 '높은 가능성', 5는 '발견'으로 간주합니다).

　원래 힉스이론은 1964년 3편의 독자적인 논문으로 처음 발표되었습니다. 세 논문은 각기 조금씩 다른 접근 방식을 취했으나 결론은 유사했지요. 그중 첫 논문은 그해 8월 벨기에 브뤼셀자유대학[Université Libre de Bruxelles, ULB]의 프랑수아 앙글레르[François Englert]와 로베르 브라우트[Robert Brout]가 발표했습니다. 비슷한 시기 영국 에든버러대학의 피터 힉스[Peter Higgs]도 CERN에 유사한 내용의 논문을 제출했으나 '물리학과 분명한 연관성이 없다'는 이유로 게재불가 판정을 받았습니다. 화가 난 그는 논문에 2문단만 추가한 후 라이벌 학술지 『PRL[Physical Review Letters]』에 이를 다시 투고했지요. 『PRL』은 7주 전 같은 학술지에 이미 실린 앙글레르와 브라우트의 논문을 인용하는 조건으로 논문의 게재를 허락했습니다(힉스는 논문의 각주에 이를 인용했습니다. 심사위원 중에서 이 조건을 요구한 사람은 다음 절에서 소개할 시카고대학의 요이치로 남부로, 원래 학술지의 심사위원은 익명이지만 오랜 세월이 흘렀고, 또 워낙 중요한 일화여서 그의 이름이 나중에 공개되었습니다).

　한편, 영국의 키블[Tom Kibble]과 미국의 하겐[Carl Hagen], 구럴닉[Gerald

Guralnik의 3인도 비슷한 내용의 공동논문을 『PRL』에 제출했습니다. 그러나 이들의 논문은 우체국 파업으로 발송이 지연되어 힉스의 논문보다 1달 늦은 11월에 게재되었지요. 결국 3팀이 3개월 사이에 독자적으로 비슷한 내용을 제안했던 셈입니다. 물론 최초의 발표자는 앙글레르와 브라우트였지요.

그러나 대중적 명성은 주로 힉스에게 돌아갔습니다. 그와 친분이 있었던 노벨상 수상자 레이더만Leon M. Lederman이 1993년에 쓴 과학교양서 『신神의 입자』[41]가 매스미디어의 관심을 받으며 대중에 널리 소개되었기 때문입니다. 원래 레이더만은 골칫거리라는 뜻에서 제목을 '빌어먹을 입자goddam particle'라고 표현했는데 상업성을 고려한 출판사 측이 '신의 입자God particle'로 개명을 제안했다고 합니다. 무신론자인 힉스는 이 별명을 탐탁치 않게 여겼다고 합니다. 하지만 입자에 그의 이름이 붙은 것이 완전히 부당하지는 않습니다. 메커니즘만 설명한 두 팀과 달리 그는 게재불가 판정을 받고 다시 투고한 논문에 관련 반응 시 새로운 입자가 나타날 수도 있다는 짧은 문장을 추가했기 때문입니다.

하지만 당시에는 힉스 자신도 그랬지만 새로운 입자의 존재 여부는 핵심이 아니었습니다. 힉스입자라는 이름은 페르미연구소의 이론물리부장이었던 이휘소(벤자민 리) 박사가 처음 사용했다고 알려져 있습니다. 아무튼 공적을 놓고 50여 년간 지속되었던 3팀의 신경전은 힉스입자가 발견된 이듬해인 2013년에 정리되었습니다. 그해 노벨 물리학상이 앙글레르와 힉스에게 돌아갔기 때문이지요. 오랫동안 같은 분야를 연구했음에도 두 사람은 전년도 7월 CERN에서 힉스입자 발견을 발표할 때 처음 만났다고 합니다.

노벨 위원회의 언론 발표문에는 앙글레르와 함께 최초 논문의 공동저자였지만 고인故人이 된 브라우트의 공적도 언급되었습니다. 하지만 그는 이미 2004년에 예비 노벨상으로 불리는 울프상Wolf Prize을 앙글레르와 함께 수상한 바 있었지요. 브라우트는 원래 미국인이었으나 친구 따라 강남을 간 물리학자였습니다. 코넬대학의 조교수로 있던 중 친해진 동료 앙글레르가 방문연구를 마치고 귀국하자 그는 브뤼셀자유대학으로 따라가 벨기에로 귀화했습니다. 이후 두 사람은 위의 연구를 비롯해 50여 년이라는 시간을 같은 대학에서 일했습니다. 한편, 노벨상을 놓친 나머지 3명도 위의 3인과 함께 미국물리학회에서 주는 권위있는 상인 사쿠라이 상J. J. Sakurai Prize을 2010년에 받아 그 공적을 인정받았습니다(수상식에는 힉스를 제외한 5인만 참석했습니다).

여러 대중매체에서 힉스입자를 물질에 질량을 부여하는 '신의 소립자'라고 소개했습니다. 부분적으로는 맞는 말이지만 정확치 않으며 과도한 표현입니다. 힉스입자는 소립자들이 질량을 얻는 과정인 힉스메커니즘Higgs mechanism의 부산물로 나오는 입자입니다. 엄밀히 말하자면 주인공은 힉스입자가 아니라 힉스장Higgs field이라는 특별한 장場입니다. 앞서 물리학자들은 물질이나 힘을 눈에 보이지 않는 장으로 기술한다고 했습니다. 가령, 질량이 있는 물체들을 끌어당기는 중력장, 전하가 있는 물체 사이에서 인력과 척력을 발생시키는 전자기장, 쿼크를 묶어두는 색력장 등이 있지요.

그런데 힉스장은 이들과는 성격이 다른 장입니다. 가령, 전자기장이나 중력장은 공간의 매 위치점마다 각기 다른 세기와 방향성을 가집니다(즉, 벡터장입니다). 그 작용력의 세기는 위치마다 다르며, 가장 낮은 에너지 상태에서 0이 됩니다. 이와 달리 힉스장은 방향성이 없으며, 세기도 0이 될 수 없습니다. 세기만 있고 방향이 없는 이런 장을 스칼라장scalar field이라 부릅니다. 스칼라장인 힉스장은 물질이 없는 진공을 비롯해 우주 공간 어디에나 빈틈없이 들어차 있습니다. 1장에서 설명했듯이 진공은 결코 텅 빈 공간이 아닙니다. 가상입자들이 들끓고 있는 에너지의 바다입니다. 여기에 더해 힉스장도 채워져 있습니다. 스탠포드대학의 이론물리학자 레너드 서스킨드Leonard Susskind는 손톱만한 1cm³의 진공 공간에 10^{40}J, 즉 태양이 약 100만 년 동안 방출하는 에너지가 들어 있다고 추산했습니다. [42]

힉스 메커니즘은 수학적으로 복잡하지만 이를 쉽게 설명하는 여러 비유가 있습니다. 가령, 힉스장을 수영장의 물에 비유합니다. 수영하는 사람이 물 때문에 빠르게 움직이지 못하듯 힉스장이 소립자의 움직임을 둔화시키고 있다는 설명입니다. 물고기는 빠르게 움직이는데 뚱뚱한 사람은 그렇지 못하듯 소립자도 힉스장과의 저항 정도에 따라 질량이 다르게 결정된다는 것입니다. 이 경우 힉스장이 물이라면 힉스입자는 물분자에 비유합니다.

힉스장을 꿀에 비유하기도 합니다. 꿀을 저을 때는 가벼운 젓가락보다 큰 주걱을 사용하면 훨씬 묵직하게 느껴집니다. 꿀의 점성 때문에 잃어버린 운동성이 무게감으로 바뀌었기 때문이지요. 가령, 광자나 글루온은 힉스장이 공간에 꼭 차 있는데도 움직임에 제약이 없는데, 이는 질량이 없기 때문입니다.

또 다른 비유로는 2013년 10월 앙글레르와 힉스의 노벨상 소식을 전하면서 뉴욕타임즈가 실었던 해설 기사가 있습니다. [43] 기사는 힉스 메커니즘을 스키장에 있는 다양한 사람들에 비유했습니다. 가령, 스키어는 눈의 저항을 최소화한 차림으로 보통 사람보다 빠르게 눈 위를 질주합니다. 광속에는 못 미치지만 가벼운 질량으로 빠르게 운동하는 전자들을 이에 비유할 수 있겠지요. 한편, 스노우 슈즈를 신은 날씬한 아가씨는 스키어만큼은 아니지만 눈에 빠지지 않고 그런대로 잘 걸을 수 있습니다. 쿼크가 이와 비슷합니다. 하지만 부츠를 신은 뚱보는 눈에 푹푹 빠져 가며 힘겹게 걸음을 옮기지요. 이는 쿼크보다 수만 배 큰 질량을 가진 W보손과 Z보손의 경우입니다. 마지막으로 스키장 위의 새들은 쌓인 눈과의 접촉 저항이 없으므로 빠르게 날아다닙니다. 기사는 광자와 글루온이 스키장 위의 새들이라고 했습니다. 뉴욕타임즈의 해설 기사는 힉스입자를 눈 입자로, 힉스장은 쌓인 눈에 비유했습니다. 그러나 이 비유는 소립자의 질량과 속도를 설명하는 데는 유용하지만 정확한 묘사라고 할 수는 없습니다. 무엇보다 우주 공간은 스키장의 눈이나 수영장의 물 분자처럼 힉스입자로 채워져 있지 않습니다. 채워져 있는 것은 힉스장입니다.

　소립자가 질량을 얻는 힉스 메커니즘은 순간적으로 일어나는 매우 복잡한 반응입니다. 그러나 중요한 과정은 두 부분으로 요약할 수 있습니다. 먼저, 힉스장의 영향으로 그 일부 요소가 약력의 매개입자인 W 및 Z보손에 흡수되어 당초 없었던 질량이 생기는 과정입니다. 힘전달입자 중에서 W 및 Z보손만이 질량을 갖는 것은 이 때문입니다.

　이 과정에서 힉스장에 남는 또 다른 요소가 다름 아닌 힉스입자입니다. 즉, 힉스입자는 힉스 메커니즘의 부산물이지 주인공이 아닙니다. 다만, 이 힉스입자들은 모든 물질기본입자, 즉 쿼크나 렙톤(전자 등)과 상호 반응하며, 그 작용력의 세기에 따라 각기 다른 질량값을 줍니다. 다시 말해 힉스입자는 물질입자와 상호작용해 그들에게 각기 다른 질량값을 주는 역할을 합니다. 소립자들이 힉스입자를 통해 질량을 얻는다는 여러 비유는 이를 두고 한 말입니다.

완전히 틀린 비유는 아니지만 보다 근본적인 것은 힉스장이라고 할 수 있지요. 그조차도 힉스장은 물질이 질량을 가지는 데 매우 작은 일부만 기여합니다. 물질의 질량 대부분은 원자핵 속의 양성자와 중성자에 비롯되며, 이들의 원료인 쿼크가 차지하는 (즉, 힉스장과의 상호작용 결과로 얻어진) 질량은 2%에 불과합니다(다음 박스 글 참조). 나머지 98%는 이들을 묶어주는 강력이 작용할 때 나타나는 글루온 등의 운동 및 결합에너지에서 비롯됩니다. 즉 질량은 소립자 자체가 아니라 그들의 운동에너지 혹은 결합에너지에서 나오는 셈입니다.

물질은 왜 무게가 있나?

무게와 질량은 다르다. 무게는 지구의 중력을 고려한 '힘', 즉 질량에 중력 가속도를 곱한 값이므로 킬로그램힘(kgf)으로 표시해야 옳다. 하지만 지표처럼 동일한 중력 조건에서는 무게가 질량에 비례하므로 편의상 둘을 혼용해 불러도 큰 불편이 없다.

물질을 이루는 원자의 질량은 대부분이 원자핵에서 나온다. 전자가 원자질량에서 차지하는 몫은 미미하다. 체중 65kg인 사람의 몸에서 전자가 차지하는 무게는 0.05%인 13g에 불과하다. 이처럼 물질의 질량 대부분이 양성자와 중성자에서 나오는데, 표준모형 입자표를 보면 이상한 점이 있다. 가령, 2개의 위쿼크와 1개의 아래쿼크로 이루어진 양성자의 질량을 표의 값대로 합산해 보면 겨우 $9.4 \text{ MeV}/c^2$이다. 이는 양성자의 실제 질량 $938 \text{ MeV}/c^2$의 약 1%에 불과하다.

중성자도 비슷하다. 그렇다면 원료인 쿼크보다 훨씬 무거운 양성자와 중성자의 나머지 98% 질량은 어디서 나올까? 색전하를 가진 입자들의 거동을 기술하는 양자색역(QCD) 계산에 의하면 쿼크와 글루온의 강한 상호작용 때 발생하는 운동에너지에서 나온다.[44] 아인슈타인의 식 $E=mc^2$에 의하면 질량과 에너지는 등가이다. 강한 핵력에서 알아보았듯이 쿼크와 글루온들은 미친듯이 운동하며 생성, 소멸한다. 이 격렬한 운동에너지가 질량으로 나타나는 셈이다.

또한 극히 작은 공간에서 이처럼 빠르게 운동하는 소립자들을 잡아 두려면 높은 결합에너지(포텐셜 에너지)도 필요하다. 즉, 양성자와 중성자 질량의 대부분은 강한 핵력의 작용 중에 나타나는 운동 및 결합에너지에서 비롯된다. 힉스입자는 소립자들에게 고유 질량을 부여하는 중요한 역할을 하지만, 전체 질량에서의 기여도는 매우 작은 셈이다.

LHC 충돌실험으로 관측된 힉스입자의 질량은 양성자의 134배인 125.3 ± 0.6GeV입니다. 또한 힙스입자는 표준모형의 입자 중 유일하게 스핀이 0입니다. 방향성이 없는 힉스장에서 나오는 입자라는 뜻이지요. 그래서 스칼라^{scalar}보손이라고도 부릅니다(참고로, 힉스입자의 짝인 반힉스입자도 있다고 예측합니다). 힉스입자는 전기적으로 중성이며 색전하도 없습니다. 따라서 전자기력이나 강한 핵력과 무관합니다. 이는 힉스 메커니즘이 약력과 밀접히 관련된 입자임을 시사합니다.

실제로 힉스입자는 힘전달입자 중에서 약력을 매개하는 W와 Z보손에게만 질량을 줍니다. 또 물질입자인 페르미온에게는 모두 질량을 줍니다. 힉스이론이 예측한 소립자들의 질량은 관측값과 정확히 일치합니다. 가령, 꼭대기쿼크 1,730억 eV, W보손 804억 eV, Z보손 912eV 등이지요.

그런데 소립자들은 왜 없던 질량을 굳이 가지게 될까요? 사실 힉스 메커니즘이 주는 핵심 메시지는 이 점입니다. 다름 아닌 '대칭성 깨

짐' 현상이지요. 이를 알려면 당시의 이론 발전 과정을 잠시 살펴볼 필요가 있습니다.[3]

모든 물리학의 핵심 원리 | 대칭성과 그 깨짐

대칭성이란 도형이나 물체, 수학식, 물리적 성질 등을 변환해도 (예: 방향이나 좌표 바꾸기 등) 처음 상태와 구분이 안 되는 성질을 말합니다. 가령, 공球은 어느 방향에서 바라보거나 회전시켜도 같은 모양이므로 완전한 대칭성을 가집니다. 반면, 정삼각형은 120도로 회전할 때만 대칭이며, 나머지 변환에 대해서는 비대칭적입니다. 그런데 대칭성은 물리현상의 가장 근본적인 특성임이 밝혀졌습니다.[45]

이 사실을 발견한 인물은 대수학에 혁명을 일으킨 독일 괴팅겐대학의 에미 뇌터Emmy Noether였습니다. 여성 차별 때문에 명성을 얻은 후에도 정교수에 오르지 못했지만 아인슈타인 등이 최고의 수학자로 극찬했던 그녀는 현대물리학에서 가장 중요한 기본원리를 1918년 증명했습니다.

'뇌터의 정리Noether's theorem'로 알려진 이 원리에 의하면, 물리현상의 모든 보존법칙은 대칭성에서 비롯됩니다. 즉, 어떠한 계에 연속적인 대칭성이 있으면, 이에 대응하여 보존되는 물리량이 반드시 존재합니다. 가령, 에너지가 보존되는 이유는 '시간 불변성time-invariance'(대칭성)을 가지고 있기 때문입니다.

또한 운동량이 보존되는 이유는 공간의 대칭성 때문입니다. 운동량은 위치의 이동과 관련된 물리량이지요. 공간이 균질하고 어디서나 똑같기 때문으로 운동량이 보존된다는 설명입니다. 더욱 쉽게 말하자면, 우리가 살고 있는 공간은 모든 방향이 같은 성질을 가지고 있다는 뜻입니다. 만약 시간과 공간에 대칭성이 없다면 물리법칙은 우주의 장소마다, 또는 방향에 따라 각기 달라야 합니다. 하지만 물리법칙은 과거나 미래, 그리고 공간의 어느 곳, 어느 방향에서나 똑같지요. 그런 의미에서 대칭성은 자연의 보편법칙을 찾는 물리학의 핵심 원리라고 할 수 있습니다.

그런데 방금 예를 든 기하학적 물체나 시간, 공간 등은 우리에게 익숙한 대상이므로 대칭성의 개념을 쉽게 이해할 수 있습니다. 하지만 양자론에서의 대칭은 직관적으로 이해하기가 쉽지 않습니다. 가령, 양자역학에서는 소립자의 거동을 복소수 공간 위의 파동함수나 행렬역학 등으로 표현합니다. 이처럼 추상적인 수학 공간에서 기술되는 소립자의 대칭 회전(변환)을 다루려면 특별한 수학적 방법이 필요합니다. 이를 위해 양자장론을 연구하는 물리학자들은 군론group theory이라는 난해한 수학을 사용하고 있습니다.[46]

양자과학에 군론을 처음 도입한 인물은 독일의 수학자 헤르만 바일Hermann Weyl이었습니다. 1928년 그는 양자장론적 대칭성에 '게이지 대칭gauge symmetry'이라는 이름을 붙였지요.* 게이지이론에 의하면, 우주의 모든 물질이나 소립자는 게이지 대칭성을 가집니다. 가령, 서로 연관이 있거나 대응하는 두 입자의 물리량 중 한쪽에 변화가 생기면 다른 쪽은 이를 상쇄해 대칭성을 맞추려는 성질이 있습니다. 그러기 위해서는 양쪽이 서로 힘을 전달해야 합니다. 그 임무를 수행하는 입자가 게

---

* 게이지는 원래 '척도'라는 뜻이다. 바일은 이 수학적 방법을 이용해 아인슈타인의 중력장 이론과 맥스웰의 전자기장 이론을 통합하고자 했다. 특수상대성이론에 의하면 정지해 있는 측량자(척도)의 길이는 변하지 않지만, 움직이면 변한다. 바일은 이를 '국소적 게이지 변환'이라 불렀다. 반면, 모든 곳에서 일어나는 동일한 변화는 '광역적(global) 게이지 변환'이라고 불렀다.

이지보손$^{\text{gauge boson}}$, 즉 힘전달입자입니다. 이들은 대칭성의 핵심 역할을 하는 주인공이며, 그들 자신이 눈금이라 할 수 있습니다.

바일의 게이지 대칭이론은 처음에는 환영 받지 못했습니다. 추상적 개념을 싫어하는 물리학자들이 자연현상을 난해한 수학 형식인 군론으로 설명하는 데 거부감을 느꼈기 때문입니다. 그렇지 않아도 기이한 양자역학을 더욱 어렵게 만든다고 불평했지요. '물리학의 양심'으로 불렸던 볼프강 파울리조차 이를 '군론 전염병'이라고 비아냥댔습니다.[3] 게다가 바일의 게이지대칭 이론은 전자기력과 중력의 통합을 시도했지만 성공하지도 못했습니다.

그런 가운데 25여 년이 지난 1954년 브룩헤븐^{Brookheaven}국립연구소의 양첸닝^{楊振寧}과 로버트 밀스$^{\text{Robert L. Mills}}$가 군론 수학을 이용하는 게이지 대칭이론으로 강한 핵력을 설명하는 논문을 발표했습니다. 당연히 두 사람의 이론은 혹평을 받았습니다. 1954년의 한 세미나에서 무명의 젊은 학자 양첸닝이 발표한 내용에 대해 질문을 던진 원로학자 파울리는 그것도 답이냐고 크게 면박을 주었다는 일화도 있습니다.[3]

무엇보다도 양-밀스의 게이지이론의 치명적인 약점은 힘전달입자의 질량이 0이 된다는 점이었습니다. 사실, 이는 바꾸어 생각하면 당연한 귀결일 수도 있습니다. 왜냐하면 질량은 소립자를 구분하는 가장 기본적인 물리량인데, 그런 구분을 없애 주는 게이지 대칭성의 입자가 질량이 0이라 해서 이상할 것은 없기 때문입니다.

그러나 그즈음은 강력의 존재와 이를 전달하는 매개입자가 질량을 가지고 있음이 점차 드러나고 있던 때였습니다. 즉, 강력이 작용할 때는 중간자(혹은 메손)라는 질량이 큰 입자가 매개한다는 사실이 알려졌으며, 이를 예측했던 유카와 히데키^{湯川秀樹}는 1949년 일본인으로 최초의 노벨 물리학상까지 받은 터였습니다(하지만 중간자는 당시 버전의 강력 매개입자입니다. 나중에 출현한 양자색역학이 밝힌 바에 의하면, 강력은 더 작은 입자인 글루온이 매개하며 글루온은 질량이 없습니다). 당시의 학자들은 핵력처럼 핵 안의 짧은 거리에서 작용하는 매개입자는 무거워야 한다고 생각했습니다. 무거운 짐을 멘 사람이 멀리 못 가고 느리게 움직이는 이치이지요.

이 딜레마에 대해 1960년 시카고대학의 요이치로 남부는 게이지 이론에서 '자발적 대칭성 깨짐spotaneous symmetry breaking'이라는 현상이 일어나면 매개입자들이 질량을 가지게 될 것이라고 제안했습니다. 그는 이런 생각을 4년 전인 1956년에 발표된 초전도 이론에서 힌트를 얻었습니다. 1972년도 노벨 물리학상을 수상한 세 사람의 이름 첫 글자를 딴 BCS 이론에 의하면, 초전도 재료는 극저온의 어느 온도가 되면 전자들이 특별한 형태의 쌍(쿠퍼Cooper쌍)을 이룹니다. 이렇게 쌍을 이룬 전자들이 나타나면 고체는 전기저항이 없어집니다.

중요한 사실은 이 전자쌍들이 마치 보손입자처럼 행동한다는 점입니다. 그런데 힘전달입자들은 모두 보손이지요. 반면 물질구성입자들은 스핀이 반쪽, 즉 분수인 1/2의 페르미온입니다. 초전도체의 경우, 쿠퍼쌍을 이루는 두 전자는 페르미온이지만 서로 반대의 스핀을 가져 대칭을 이루므로 보손처럼 행동하는 것입니다. 물론, 특정 온도 이상에서는 초전도성이 사라지는데, 이는 높은 온도에서 스핀의 대칭성이 깨지기 때문입니다.

사실, 양자장론에서 말하는 '대칭성 깨짐'은 용어만 다를 뿐 초전도체 등을 다루는 고체물리학이나 금속공학에서는 1920년대부터 잘 알려진 현상이었습니다. 가령, 철로 만든 자석을 가열하면 어떤 온도

이상에서는 쇠붙이가 붙지 않습니다. 이는 철이 자성을 잃어버리기 때문이 아닙니다. 철 원자들은 고온에서도 N, S극을 그대로 유지합니다. 다만 그 자성의 방향(자기모멘트)이 원자마다 제각각이기 때문에 자석 전체적으로는 자력을 잃은 듯한 효과가 나타날 뿐이지요. 제각각이라는 표현은 무질서하다는 느낌을 주지만, 어느 방향에서나 성질이 똑같은 대칭성이라고 좋게 바꾸어 말할 수도 있습니다.

그런데 달궈진 자석을 식히면 철 원자들의 자기모멘트는 다시 한 방향으로 정렬하며, 따라서 원래의 강자성체로 회복됩니다. 요이치로 남부는 이처럼 고온에서 나타나는 무無방향성이 낮은 온도에서 스스로 방향성을 띠게 되는 현상이 다름 아닌 자발적 대칭성 깨짐이라고 보았습니다.

사실, 자연 현상 중에는 낮은 온도에서 대칭성이 사라지는 경우를 흔히 볼 수 있습니다. 예를 들어 물을 가열해 만든 수증기(기체)는 어느 방향에서나 같은 성질을 가지고 있습니다. 그러나 냉각시키면 물 분자들이 특정한 방향으로 배열해 얼음(고체)을 형성하며 방향성을 갖게 되지요. 성에나 눈송이가 특정한 방향으로만 대칭(60도 회전 대칭)인 이유는 완전했던 구球 대칭성이 일부 깨졌기 때문이라고 할 수 있습니다. 금속도 마찬가지입니다. 기화된 고온의 금속을 냉각시키면 액체에서 고체로 상전이相轉移가 일어나면서 점차 대칭성을 잃으며, 그 결과 원자들은 특정한 방향으로 규칙적 배열을 합니다. 이를 결정結晶이라 부르지요.

요이치로 남부는 이와 비슷한 대칭성 깨짐 현상이 우주에서도 일어났다고 추정했습니다. 빅뱅 초기의 초고온 우주에서는 현재의 4가지 힘이 하나로 통일된 완전한 대칭성을 가졌었는데, 온도가 식으면서 점차 깨져 하나씩 갈라져 나갔다는 설명이지요.

　　그런데 대칭성이 깨지면 왜 입자들이 질량을 얻을까요? 비유를 들어 보겠습니다. 균형을 유지하며 똑바로 서 있는 연필은 좌우 대칭성을 가집니다. 그러나 쓰러지면 한 방향만 향하며 대칭성이 깨지지요. 그 과정에서 운동에너지가 방출됩니다. 즉, 대칭성을 유지하고 서 있던 연필이 쓰러지며 에너지를 방출하듯이, 우주의 소립자들도 대칭성이 깨지는 과정에서 방출한 에너지를 질량으로 변환했다는 설명입니다. 운동에너지가 매우 큰 수증기가 물이나 얼음이 되면서 그 차이에 해당하는 에너지를 액화 혹은 응고 잠열의 형태로 방출하는 현상도 같은 이치이지요. 한마디로 자발적인 대칭성 깨짐은 에너지가 높은 상태에서 낮은 상태로 상전이 될 때 일어나는 자연 현상입니다.

　　재료과학에 바탕을 둔 남부의 이 아이디어를 1961년 케임브리지대학의 제프리 골드스톤[Jeffrey Goldstone]이 소립자의 대칭성 깨짐에 적용해 보았습니다. 결과는 매우 실망스러웠지요. 힘전달입자들이 대칭성 깨짐에 의해 질량을 얻는 조건을 계산했는데, 오히려 질량이 0인 수많은 보손들이 나타났기 때문입니다. 보손의 종류나 양이 그렇게 많다면 우리 주변에서 흔히 있어야 합니다.

　　이 모순에 대해 고체물리학자인 필립 앤더슨[Philip Warren Anderson]이 1963년 하나의 해결 가능성을 제시했습니다. 그는 양-밀스의 게이지이론이나 남부-골드스톤의 보손에 질량이 없다는 사실이 큰 문제가 아니라고 보았습니다. 즉, 질량이 0인 보손들은 실제 다량 존재하는데 자기들끼리 상호작용해 상쇄, 소멸되며, 이 과정에서 남은 질량이 우리가 아는 보손에 옮겨진다고 추정했습니다. 올바른 추정이었습니다. 하지만 그의 주장은 직관에 의한 추론일 뿐이었습니다. 더구나 당시 양자장론을 연구하는 학자들은 재료공학이나 고체물리학을 얕보는 경향이 있었으므로 그의 주장을 귀담아듣지 않았습니다.

결국 다음해인 1964년에야 이를 논리적으로 분석한 이론이 나온 것입니다. 다름 아닌 앙글레르, 힉스 등 6인이 발표한 세 편의 논문이었지요. 즉, 앤더슨이 추정했듯이 질량이 없는 수많은 보손들이 (순간적으로 명멸하는 가상입자의 형태로) 이리저리 반응하여 상쇄되며, 여기서 남은 질량이 매개입자에 옮겨진다는 내용이었습니다. 아울러 이 같은 대칭성 깨짐이 일어나기 위해서는 어떤 특별한 장(힉스장)이 빈 공간에 가득 차 있어야 한다는 사실도 함께 제안했지요. 이것이 오늘날 말하는 힉스 메커니즘입니다.

하지만 이 획기적인 세 논문은 아이디어일 뿐 세부 설명이 부족했고 증거도 없었지요. 이를 실제 소립자에 적용해 그 중요성을 일깨운 인물이 스티븐 와인버그$^{Steven\ Weinberg}$입니다. 그는 1967년 약력을 힉스 메커니즘으로 설명함으로써 표준모형의 기본 틀을 세우는 데 결정적인 기여를 했습니다. 사실, 그 이전까지의 게이지이론 연구는 강력을 대상으로 삼았습니다. 힉스 메커니즘도 마찬가지였지요.

약력에 대해서는 1957년 하버드대학의 줄리언 슈윙거가 3개의 입자(W$^+$, W$^-$, Z)가 매개할 것이라는 예측을 내놓은 바 있었습니다. 그는 마침 박사과정으로 갓 들어온 셸던 글래쇼$^{Sheldon\ Glashow}$에게 자신이 예측한 세 입자를 양-밀스의 양자장론에 적용해보도록 학위 주제를 주었지요. 글래쇼는 2년 동안의 연구를 통해 약력과 전자기력을 하나로 통합하는 이론을 1958년에 내놓았습니다. 이 통합된 힘을 오늘날 우리는 '전기·약력$^{electroweak\ force}$'이라 부릅니다.

하지만 그의 이론은 약력 매개입자인 W 및 Z입자가 왜 큰 질량을 가지는지는 설명하지 못했습니다. 양-밀스의 이론대로라면 매개입자 질량은 0이어야 했지요. 그 해답을 과학고 동창인 와인버그가 찾은 것입니다. 비슷한 시기 영국에서 활동하던 파키스탄계 압두스 살람M. Abdus Salam도 독자적으로 와인버그와 거의 같은 내용의 약력 이론을 내놓았습니다.

글래쇼가 예측했듯이 전자기력과 약력은 빅뱅 직후 우주의 어느 시점 이전에는 하나의 힘인 전기·약력이었습니다. 그런데 두 힘의 뿌리가 같다면 왜 약력 매개입자인 W, Z보손과 달리 전자기력의 매개입자인 광자는 질량이 없을까요? 와인버그는 위의 1967년 논문에서 힉스장의 자발적 대칭성 깨짐 현상이 일어나면서 W와 Z보손 입자가 질량을 얻게 되었으며, 그 결과 이들이 매개하는 약력이 전기·약력에서 분리되어 나갔다고 제안했습니다. 그러나 광자는 여전히 원래대로 질량이 없는 상태로 남아 전자기력을 매개한다고 보았지요.

실제로 원자핵 안의 극히 짧은 거리, 예컨대 3×10^{-18}m보다 작은 거리에서는 약력과 전자기력이 동일합니다. 그러나 이보다 거리가 멀어지면 약력의 세기가 전자기력의 1만 분의 1이 되면서 두 힘은 급속하게 분리됩니다. 초기 우주에서도 같은 일이 벌어졌을 것입니다. 초고온의 우주가 식는 과정에서 대칭성이 깨지면서 두 힘이 분리된 것이지요. 그 시점은 빅뱅 후 약 10^{-11}초(1,000억 분의 1초)로 추정합니다.[47]

한편, 와인버그는 매개입자와 물질구성입자들이 질량을 얻는 과정도 보다 상세히 설명했습니다. 즉, 힉스장의 대칭성이 깨지면 4종류의 입자가 질량을 얻습니다. 그중 3종은 힘전달입자인 W^+, W^- 및 Z보손으로 3×10^{-25}초 사이에 약력을 매개하고 사라져 버린다고 했습니다. 나머지 1종은 힉스입자인데 1.6×10^{-22}초로 조금 더 살아남아 물질

310

입자(쿼크나 렙톤)와 상호반응하며, 이 과정에서 그들이 질량을 얻는다는 설명입니다. 결국, 와인버그는 약력의 매개입자와 모든 물질입자들이 질량을 얻는 과정, 그리고 약력과 전자기력이 분리되는 과정을 구체적으로 밝힌 것입니다.

그러나 와인버그와 살람, 그리고 글래쇼의 전기약력이론은 제대로 인정받기까지 몇 년을 더 기다려야 했습니다. 당시의 주류 과학자들은 대칭성 깨짐에 바탕을 둔 게이지이론을 수학적으로 난해하고 추상적이라 생각해 쉽게 받아들이지 않았지요. 더구나 와인버그의 이론은 수학적으로도 다소 미흡한 상태였습니다. 하지만 1971년 네덜란드의 헤라르뒤스 엇호프트Gerard 't Hooft가 박사학위 논문에서 양−밀즈의 게이지 대칭성 이론이 재규격화가 가능함을 증명하고, 이듬해에는 그의 지도교수와 함께 전기·약력 이론이 수학적으로 오류가 없음을 밝혔습니다. 그후 약력과 관련한 여러 실험증거가 나오고 매개입자인 W 및 Z보손도 1983년에 발견되었습니다. 이로써 1954년 양첸닝과 밀스의 게이지이론 발표 이래 30여 년 동안 험난한 길을 걸었던 표준모형은 가장 성공적인 이론으로 자리잡게 되었습니다.

이론을 선도했던 대부분의 물리학자들도 노벨 물리학상을 수상했습니다. 약력과 전자기력의 통합이론을 제시한 글래쇼와 살람, 와인버그는 1979년에, 또 그들의 이론을 수학적으로 증명한 엇호프트와 그의 지도교수는 1999년에 수상했지요.

참고로, 와인버그는 노벨상 수상 연설에서 한국계 이휘소 박사 덕분에 자신의 공적이 가능했다고 특별히 언급했습니다. 엇호프트도 학위 시작 무렵 프랑스 코르시카에서 열린 여름학교에서 대칭성 깨짐의 난해한 수학을 재정립해 준 그가 결정적으로 도움을 주었다고 감사를 표했습니다. 게이지이론이 틀을 잡아가던 시절 선도그룹에서 왕성한 활동을 하던 이휘소 박사가 타계하지 않았다면 큰 업적을 남겼을 것으로 생각되어 안타까운 마음이 듭니다.

한편, 양첸닝은 1957년, 그리고 글래쇼의 스승으로 약력 매개입자를 예측한 슈윙거도 1965년에 노벨상을 일찌감치 수상했지요. 자발적 대칭성 깨짐의 아이디어를 처음 제공했던 요이치로 남부는 2008년에 수상했습니다. 표준모형의 마지막 검증 대상이었던 힉스입자가 발견된 다음해인 2013년에는 앙글레르와 힉스가 가장 늦게 수상 대열에 합류했지요.

기적 같은 덧셈 뺄셈 | 계층성 문제와 초대칭성

힉스 메커니즘은 전자기력과 약력이 분리되는 대칭성 깨짐의 과정을 설명함으로써 표준모형 이론을 굳건한 토대 위에 올려놓았습니다. 그러나 동시에 한 가지 큰 난제도 던져 주었지요. 무엇보다도 표준모형 표에서 보듯이 소립자들의 질량은 서로 크게 다릅니다. 가령, 똑같이 점에 가까운 작은 크기의 기본입자이며 힉스입자와 반응해 질량을 얻는 것은 동일하지만 꼭대기쿼크는 전자보다는 38만 배, 그리고 전자중성미자보다는 무려 80억 배나 무겁습니다.

그보다 더한 미스터리는 힉스입자가 미친 듯이 복잡한 반응을 거치면서 정확히 자신의 질량을 얻는 과정입니다. 이를 표준모형의 '계층문제hierarchy problem'라고 합니다. 표준모형 표에 나와 있는 소립자들의 질량은 이들이 정지해 있을 때를 가정해 얻은 '정지질량'입니다. 아인슈타인의 유명한 $E=mc^2$ 식에 나오는 m도 물체가 정지해 있을 때의 질량이지요(〈부록 7〉 참조). 그러나 소립자는 정지 상태로 존재하지 않습니다. 끊임없이 운동하지요. 따라서 소립자들의 실제 질량은 정지질량에 운동에너지를 더한 값입니다. 가령, 양성자의 질량만 하더라도 원료 입자인 쿼크의 총 정지질량은 1%에 불과하며 나머지는 이들과 매개입자인 글루온(및 이와 관련된 가상입자 등)의 운동에너지에서 나옵니다. 비슷한 상황이 힉스입자에서도 벌어집니다.

문제는 힉스입자가 질량을 얻는 과정이 상상을 초월할 정도로 변화무쌍하다는 점입니다. 힉스입자는 카멜레온 같아서 짧은 순간에 수많은 가상 입자들을 방출, 흡수하며 변합니다. 쿼크/반쿼크가 되었다가 다시 합치기도 하고 두 쌍의 Z 혹은 W^+과 W^-보손으로 변하기도 하지요. 이 가상입자들은 힉스입자가 다른 곳으로 가거나 사라지기 전의 극히 짧은 시간 동안 존속합니다. 그 결과 힉스입자 주변에는 명멸하는 가상입자들이 구름처럼 둘러싸고 있는 듯한 상황이 순간적으로 벌어집니다. 이를 '옷을 입은 듯^{clothing}' 가상입자들이 둘러싸고 있다고 표현합니다. 그런데 이 수많은 가상입자들의 정지질량과 운동에너지가 힉스입자의 질량에 기여합니다.

물론, 이런 일은 다른 소립자들에게서도 일어나지요. 하지만 힉스입자에 비견할 바가 못 됩니다. 힉스입자는 유일하게 스핀이 0인 보손입니다. 따라서 대칭성(구분 없는 성질)을 가지기 때문에 마치 '옷을 입은 듯' 주변에 순간적으로 존재하는 가상입자들은 아무 운동량이나 가질 수 있습니다. 게다가 불확정성 원리에 의하면, 존속 시간이 극히 짧은 입자들은 매우 큰 에너지 값이 가능하기 때문에 이를 모두 더하면 무한대에 가까운 에너지를 가질 수 있습니다. 다행히 플랑크 길이의 적용을 받기 때문에 10^{19}GeV라는 정해진 값을 가집니다. 하지만 이 것도 엄청난 값이어서 실험으로 관측되는 힉스입자의 질량 125GeV보 다 무려 10^{17}배나 큽니다!

이 차이를 설명하기 위해 옷을 입지 않은 '맨질량$^{bare\ mass}$(m_0)'이라는 개념을 생각해 볼 수 있습니다. 가상입자들의 상호작용을 고려하지 않 은 질량을 말하지요. 다시 말해, 반응 중 출몰하는 입자들의 정지질량 과 운동에너지만 고려한 질량입니다. 이를 식으로 쓰면, '힉스입자의 관측질량 = 가상입자의 효과로 힉스입자가 가지는 이론 질량(M_{Planck}) + 맨질량(m_0)'이 되겠지요. 즉, '125GeV = 10^{17}GeV + m_0'가 됩니다.

10^{19}(1조의 1,000만)에 비하면 125는 무시해도 되는 작은 값입니다. 그렇다면 힉스입자의 맨질량 m_0은 거의 10^{19}GeV에 근접한 마이너스 값이 되어야 합니다. 다시 말해 이만한 값의 운동에너지가 상쇄해 주 어야 실측 값인 125GeV가 될 것입니다. 그런데 m_0 값은 힉스입자가 질량을 얻는 과정에서 명멸하는 모든 보손들의 질량(정지질량+운동 에너지)에서 모든 페르미온들의 질량을 뺀 값입니다. 즉, 수많은 보손 과 페르미온들의 정지질량과 운동에너지 값이 복잡하게 상쇄되고 남 은 값입니다. 그들의 종류는 매우 많지만 특히 중요한 것은 정지질량 이 월등히 무거운 입자들이겠지요. 페르미온인 꼭대기쿼크, 보손인 Z 및 W입자, 그리고 힉스입자 자신이 그들입니다.

이처럼 힉스 메커니즘에서는 명멸하는 수많은 입자들의 운동 및 정지 질량이 상쇄되어 얻은 m_0 값이 힉스입자의 천문학적인 이론 질 량값을 다시 또 정밀하게 상쇄해 주어야 합니다. 만약 m_0가 기여하는 '양자적 보정'이 없다면 힉스입자의 질량은 10^{19}GeV라는 천문학적 값 을 가질 것입니다. 게다가 보정된 값이 조금만 어긋나도 오늘날 우리가 보는 물질(소립자)들의 질량은 엄청나게 크거나 작을 것입니다. 이는 힉스 메커니즘 중에 명멸하는 입자들의 들쑥날쑥한 에너지 값들을 수없이 더하기 빼기해도 힉스입자의 질량은 항상 극히 작은 같은 값을 가진다는 의미입니다.

이 엄청난 확률적 일치를 어떻게 설명해야 할까요? 가령, 정선의 카지노에서 아침에 100명의 사람에게 각기 1억 원씩 나누어 주고 각자 흩어져 하루 종일 도박을 하도록 시켰다 하지요. 저녁에 모여 점검해 보니 100명 모두 하나같이 알거지가 되었는데, 남은 푼돈을 점검해 보니 한 사람도 예외 없이 125원을 가지고 있다면 믿겠습니까? 힉스입자의 관측 질량은 이보다 10억 배 더한 확률적 일치입니다.

이 같은 극도의 미세조정fine tuning을 단순히 우연이라고 보아야 할까요? 표준모형의 계층문제는 1장에서 설명한 '우주상수의 문제', 그리고 현 우주의 '밀도 문제'와 더불어 과학자들 사이에서 '인류원리anthropic principle' 논란을 불러 일으켰습니다. 한마디로, 우리가 살고 있는 현재의 우주가 인간이 존재할 수 있는 최적의 조건으로 기가 막히게 조정되어 있다는 것입니다(3장 참조). 당연히 과학자들은 인류원리를 싫어합니다. 그 대안 중 일부가 '초대칭supersymmetry, SUSY' 이론과 다음 장에서 다룰 다중우주 가설들입니다.

초대칭은 1970년대 구소련과 프랑스, 미국의 학자들이 처음 제안한 이래 40년 넘게 연구되고 있는 이론입니다. 사실 이론이라기보다는 원리라고 보아야 할 것입니다. 왜냐하면 표준모형뿐 아니라 끈 이론 등의 다른 가설에서도 이를 차용하고 있기 때문입니다. 여기에서는 표준모형의 초대칭 이론인 '초대칭 표준모형'만 살펴보겠습니다.

이에 의하면, 표준모형에 나오는 모든 페르미온들(물질 구성 기본입자들)은 보손(매개입자)을 초超짝으로 가집니다. 마찬가지로 보손은 페르미온을 초짝으로 가집니다. 바꾸어 말해, 표준모형에서의 물질입자들은 힘전달입자가 되고, 힘전달입자는 물질입자가 되는 대칭입니다. 이렇게 되면 표준모형의 입자들은 훨씬 대칭적이 됩니다. 슈퍼(초)급 대칭인 셈이지요.

예를 들어 스핀이 1/2인 전자의 초대칭 짝은 스핀이 0인 초전자 selectron(셀렉트론)입니다. 마찬가지로 쿼크의 초짝은 초쿼크squrak(스쿼크)이지요. 이처럼 페르미온의 초짝은 영어 명명법에서 이름 앞에 '초super'의 첫 자인 s를 접두사로 붙입니다. 보손의 경우는 초짝의 이름에 −ino을 접미사로 붙이지요. 글루온은 글루이노gluino, 광자photon는 포티노photino 라는 식입니다. 초짝은 스핀만 반대이며 전하, 질량 등 나머지 물리적 특성은 자신의 파트너 입자와 동일하다고 봅니다.

만약 이 같은 초대칭입자들이 있다면 계층문제는 원리상 해결될 수 있습니다. 가령, 앞서 알아본 대로 힉스입자의 엄청난 운동에너지는 상당 부분이 질량이 가장 큰 꼭대기쿼크(페르미온)와 W 및 Z보손에서 비롯됩니다. 그런데 꼭대기쿼크에 보손의 짝이 있고, W 및 Z에 페르미온의 짝이 있다면 양쪽(입자와 초입자)의 에너지가 지렛대처럼 균형을 맞추므로 정밀한 양자적 보정이 불필요할 것입니다.

초대칭 이론은 여러 버전이 있는데, 그중 가장 잘 알려진 것이 최소 초대칭 표준모형minimal supersymmetric standard model, MSSM입니다. 이 이론은 힉스입자가 가지는 천문학적 질량 문제를 크게 해소합니다.[48] 게다가 초대칭 이론은 현재의 표준모형으로는 설명이 되지 않는 암흑물질의 미스테리도 풀어줄 가능성도 있습니다. 가령, 가벼운 초대칭 입자 중 일부를 암흑물질의 후보로 생각해 볼 수 있지요.[49] 그중 유력하게 거론되는 후보는 초중성미자^{neutralino}입니다.

문제는 40여 년 이상 연구했는데도 초대칭입자가 단 한 개도 발견되지 않았다는 점입니다. 뿐만 아니라 가장 앞선 '최소 초대칭 이론'도 계층문제를 부분적으로만 해결합니다. 표준모형의 난점을 반감시키지만 만족할 만한 수준으로 해소시켜 주지는 못하고 있지요. 이러한 미흡함에도 불구하고 초대칭은 여전히 중요한 개념으로 남아 있습니다. 가령, 표준모형이 아니더라도 다음 3장에서 다룰 끈 이론^{string theory}에서는 초대칭이 거의 필수적 요소입니다. 실제로 초대칭의 개념 자체가 끈 이론의 연구에서 나왔지요.

모든 힘을 하나로 | 대통일이론

계층문제만큼 난제는 아니지만 표준모형이 풀어야 할 또 다른 숙제가 있습니다. 와인버그와 살람, 글래쇼가 전자기력과 약력을 통합해 만든 전기약력이론은 매우 성공적이었습니다. 그러나 표준모형에 나오는 나머지 힘인 강력은 통합하지 못했지요. 따라서 표준모형을 확장해 세 가지 힘 모두를 통합하려는 시도가 1970년대 이래 이어졌습니다. 전기·약력에 강력을 통합시키는 (그러나 아직 완성되지 못한) 이론이 대통일이론^{Grand Unified Theory, GUT}입니다.

문제는 이를 게이지이론으로 통합하기가 쉽지 않다는 점입니다. 이런 어려움 속에서 여러 버전의 대통일이론이 제안되었지만 아직 실험적으로 검증된 모형은 없습니다. 분명한 사실은 전자기력과 약력이 높은 에너지에서 전기·약력으로 통합되었는데, 강력은 이보다 훨씬 더 큰 에너지에서 하나가 된다는 점입니다.

〈그림 2–11〉은 힘의 강도와 상호작용 에너지의 상관관계를 나타 낸 그림입니다. 그림에서 보듯이 높은 에너지에서는 표준모형의 세 가 지 힘이 한 점으로 모아져 같아집니다. 더 높은 에너지에서는 중력도 통합이 예상됩니다. 중력까지 포함하는 이론이 소위 말하는 '모든 것 의 이론Theory of Everything, TOE'입니다. 물론, 둘 다 미완의 이론입니다.

복잡한 자연 현상에서 단순한 법칙을 찾아내는 것이 과학이 추구 하는 목표입니다. 힘들이 근본적으로 같다면 세상에 존재하는 물질 입 자들은 훨씬 간결하고 명쾌하게 설명될 수 있을 것입니다.

물리학자들이 이러한 시도가 옳은 방향이라고 믿는 데는 여러 근 거가 있습니다. 첫째, 자연계에 존재하는 4종류의 상호작용은 모두 힘 전달입자를 매개로 이루어집니다. 전자기력은 빛(광자), 강력은 굴루 온, 약력은 W 및 X보손이 매개하지요. 그리고 아직 확인되지 않았지 만 중력도 중력자가 매개한다고 추정하고 있습니다. 둘째, 이미 과거 에 다른 종류라고 믿었던 힘들이 통합되었던 전례가 있습니다. 19세기 말 제임스 맥스웰이 전기력과 자기력을 전자기력으로 통합했으며, 와 인버그 등이 여기에 약력을 합류시켜 전기약력으로 엮는 데 성공한 바 있지요. 셋째, 실제로 중력을 제외한 세가지 힘은 약 10^{-32}cm 이내의 짧은 거리에서는 크기가 같아져 (물론 아직 완전한 이론은 못 찾았지만) 거 의 구분이 안 되는 것으로 예상됩니다. 즉, 대칭성이 깨진다고 볼 수 있지요.[50]

살펴본 대로 게이지이론에 말하는 대칭성 깨짐의 열쇠는 온도입 니다. 즉, 초고온 상태의 우주가 냉각되면서 상전이가 일어났으며, 이 에 따라 대칭성이 깨지며 힘들이 하나씩 분리되었다는 설명이지요. 고온의 수증기가 물, 얼음으로 상전이할 때 대칭성(구분할 수 없는 성질)이 깨지는 것과 유사한 이치입니다. 추정에 의하면[51] 빅뱅 후 10^{-43}초 이전인 플랑크 시대$^{Planck\ Epoch}$에는 우주의 온도가 10^{32}도 이상이었습니다. 이 시기에는 중력을 포함한 자연의 4가지 힘이 초힘^{superforce}이라는 하나의 힘으로 통일되어 있었습니다(10^{32}K의 온도는 에너지로는 10^{19}GeV에 해당됩니다). 그러나 우주의 온도가 점차 식자 중력이 가장 먼저 분리되어 나갔지요. 이후 빅뱅 10^{-36}초까지 대통일 시대$^{Grand\ Uunification\ Epoch}$가 이어졌습니다. 이때의 우주의 온도는 10^{29}도(10^{16}GeV)보다 높았으며 표준모형의 세 가지 힘인 강력, 약력, 전자기력은 하나로 통일되어 있었습니다. 다시 우주의 온도가 10^{28}도(10^{15}GeV)로 떨어지자 강력이 '대통일 힘$^{Grand\ unified\ force}$'에서 분리되어 나갔지요. 하지만 약력과 전자기력은 여전히 전기·약력으로 통합되어 있었습니다. 추산에 의하면 10^{15}도보다 높은 온도에서는 힉스장이 기체와 유사한 상태가 되기 때문에 전자기력과 약력은 구분되지 않고 대칭성을 가집니다.

반면, 이 온도 아래에서는 수증기가 물이 되듯 힉스장이 오늘날과 같은 상태가 됩니다. 우주가 이 온도에 도달한 시점은 빅뱅 후 약 10^{-11}초(1/1,000억 초) 무렵으로 추정됩니다(10^{-12}초라는 추산도 있습니다).

그림 2–11

자연계 4힘의 크기와 에너지의 관계

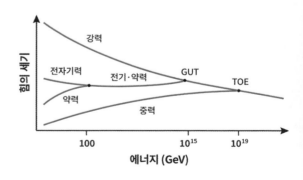

이때에 이르러 비로소 전기·약력에서 약력과 전자기력이 분리되었지요. 그때부터 우주에는 지금처럼 4가지 힘이 각기 따로 존재하게 되었습니다. 우주의 현재 평균 온도는 영하 270도(절대온도로 약 2.7K)로 차갑게 식은 상태입니다. 대칭성이 깨진 결과, 4종류의 힘이 우주에 나타나고 있는 것이지요.

전기·약력과 강력을 통합하는 '대통일이론'은 몇 개의 모형이 제안되어 있습니다. 대부분의 이론모형(예: 조자이-글래쇼 모형)에서는 X보손과 Y보손이라는 두 종류의 입자가 대통일힘을 매개한다고 예측합니다. 그중 X입자는 물질을 반물질로 변환시키는 입자로 추정합니다. 잘 아시다시피 현 우주에는 물질이 압도적으로 많고 반물질은 극히 적지요. 대통일이론에서는 그 원인이 초기 우주에서 X입자와 그 짝인 반입자가 양자적 요동에 의해 미소하지만 다른 비율로 변환되었기 때문이라고 설명합니다(그러한 추정은 4가지 힘 중에서 약력에서만 입자-반입자의 대칭성이 미소하게 깨진다는 사실에 근거합니다).

한편, 대통일힘에서 예상하는 두 번째 매개입자인 Y보손은 자기홀극magnetic monopole과 관련된 입자입니다. 자기홀극은 하나의 극만 가진 자성입자를 말합니다(1장 인플레이션 참조). Y보손은 대부분의 대통일이론 모형에서 예측하고 있습니다. 이 모형들에 의하면, 초기 우주에서는 양자요동 때문에 에너지장의 방향이 조금 달랐던 곳이 있었는데, 거기서 자기홀극입자가 대량으로 생성되었다고 합니다. 그런데 오늘날의 우주에는 N, S 두 개의 극을 가진 입자만 관측되며 자기홀극은 발견된 적이 없지요. 그 이유에 대한 유력한 설명은 1장의 인플레이션 우주론에서 알아보았습니다.

그렇다면 표준모형의 마지막 숙제인 대통일이론의 매개입자로 추정되는 X, Y입자를 실험적으로 확인할 수 있을까요? 이를 위해서는 매우 높은 에너지(초고온)가 필요합니다. 문제는 전기·약력과 강력이 통합된다는 10^{28}K(1조의 1조의 1만 도)는 지구 상에서 입자 충돌 실험으로 생성될 수 있는 온도가 아니라는 점이지요. 유럽 LHC에서 어렵게 발견한 힉스입자의 질량은 125GeV였습니다. 세 힘이 통합되는 에너지는 그보다 10조 배쯤 큰 10^{15}GeV입니다.

물론 다른 방법으로 이론을 확인할 가능성이 있기는 합니다. 가령, 대통일이론에 의하면, 쿼크들은 언젠가는 더 가벼운 입자인 렙톤(전자 등)으로 변합니다. 그렇다면 쿼크가 모여 복합체를 이루고 있는 양성자도 마찬가지일 것입니다. 문제는 양성자의 수명은 10^{32}년으로 빅뱅 후 현재까지의 시간보다 1조의 100억 배나 깁니다. 따라서 천문학적인 수의 양성자가 들어 있는 다량의 물질 중에 확률적으로 붕괴되는 입자를 조사하는 간접 방법을 연구하고 있습니다. 지하 1,000m에 있는 일본의 슈퍼가미오간테에서는 탱크에 담긴 3,000톤의 물을 25년 이상 조사하고 있지만 아직 그런 입자를 찾지 못했습니다.

훌륭한, 그러나 완벽하지 못한 | 표준모형의 숙제들

비록 강한 핵력의 통합이 과제로 남아 있긴 하지만 표준모형은 21세기 초반의 현 시점에서 인간이 알고 있는 물리법칙 중 가장 정밀한 이론입니다. 이 이론은 지난 40여 년 동안 수많은 실험적 검증을 통과했으며, 예측한 바가 정확히 적중했습니다. 2012년에 마지막으로 힉스입자가 발견됨으로써 그 신뢰성이 다시 한번 입증되었지요.

흔히 표준모형을 뉴욕과 샌프란시스코까지의 거리에서 0.4mm의 오차를 구분하는 정밀도라고 비유합니다. 하지만 표준모형은 궁극의 이론이 아닙니다. 여러 내용과 수학식들의 집합으로 끼워 맞춘 이론이라는 감을 지울 수 없습니다. 통일된 원리나 명확한 규칙도 없지요. 또한 왜 그런 입자와 힘들이 존재하는지에 대한 근본적인 답을 제시하지 못합니다. 이처럼 표준모형은 풀어야 할 많은 숙제를 안고 있습니다. 어쩌면 전혀 다른 접근 방법이나, 보다 새로운 시각의 이론이 필요할지도 모릅니다. 큰 성공에도 불구하고 표준모형이 궁극의 이론이 될 수 없는 주요 이유를 몇 가지만 요약하면 다음과 같습니다.

첫째, 이론에 등장하는 기본입자의 종류가 너무 잡다합니다. 〈그림 2-10〉의 표에서 보듯이, 표준모형에는 물질입자와 매개입자, 그리고 힉스입자까지 모두 17종의 소립자가 있습니다. 게다가 표에는 물질입자의 짝인 반물질입자를 생략했으므로, 최소한 29종의 소립자가 표준모형에 등장하는 셈입니다. 물론 기본입자의 숫자가 많다고 궁극이론이 아니라는 법은 없지요. 하지만 이처럼 어지럽게 많은 소립자가 물질의 구성요소라는 사실에 불만인 과학자들이 많습니다. 소립자의 종류가 많은 이유는 질량, 전하, 스핀 값 등 물리량이 서로 다르기 때문입니다. 표준모형에서는 입자를 구분하는 자유인자가 무려 19개나 됩니다. 신이 세상과 물질을 만들었다면 이렇게 지저분하게 많은 변수를 다루었겠냐는 의문입니다. 과학은 복잡성에서 단순한 법칙을 찾아내는 작업입니다. 양자장론에서 대칭성을 찾으려는 시도도 그러한 노력의 하나였지요.

'오컴의 면도날$^{Ockham's Razor}$'이라는 말이 있습니다. 14세기 프란치스코회 수도사 윌리엄 오컴은 한 가지 현상에 대해 여러 개의 논리적 주장이 있을 때 진실은 가장 단순하게 설명하는 쪽에 있으며, 나머지는 면도칼로 베어 버려도 된다고 했습니다. 그러한 기준을 적용한다면 표준모형에 등장하는 잡다한 입자들도 언젠가는 오컴의 면도날의 처분을 받을 운명인지 모릅니다. 이런 이유로 일부 과학자들은 물질의 구성요소를 보다 더 단순하게 설명할 수 있는 새로운 이론 모형을 찾고 있습니다. 이에 대해서는 다음 3장에서 다룰 것입니다.

둘째, 표준모형은 우주 구성요소의 약 22~23%를 차지하는 암흑물질을 설명하지 못합니다(1장 참조). 우리가 알고 있는 원자, 별 등의 보통물질은 4%밖에 안 되지요. 표준모형은 우주 물질의 일부만 설명하고 있는 셈입니다. 하지만 이 문제는 생각만큼 심각하지 않을 수도 있습니다. 많은 학자들은 표준모형을 개선하거나 확장하는 선에서 암흑물질을 충분히 설명할 수 있을 것으로 기대하고 있습니다.

셋째, 앞 절에서 설명한 계층성 문제입니다. 소립자들 사이의 체급 차이가 너무 크다는 것이지요. 가령, 점처럼 작은 같은 크기인데 꼭대기쿼크는 전자보다 38만 배나 무겁습니다. 소립자들의 질량이 크게 다르며, 또 그것을 얻는 과정에서 발생하는 기적 같은 확률의 양자적 보정을 표준모형은 설명하지 못합니다. 같은 맥락에서 소립자들이 왜 질량에 따라 1~3세대로 나뉘며 안정성이 달라지는지도 이유를 모르고 있습니다.

넷째, 더 치명적인 표준모형의 약점은 중력을 전혀 설명하지 못한다는 점입니다. 표준모형은 자연의 4가지 상호작용 중에서 전자기력, 약한 핵력, 강한 핵력만 설명할 뿐입니다. 중력은 이 세 가지 힘과는 너무 다릅니다. 천체 간의 먼 거리까지 작용하지만 강한 핵력의 10^{38}(100조×1조×1조) 분의 1에 불과할 만큼 형편없이 작습니다. 우리가 아는 통상의 소립자들은 질량이 극히 작기 때문에 중력을 무시한 표준모형 이론으로도 충분히 설명할 수 있었습니다. 하지만 소립자들이 주고받는 에너지가 매우 커지면 문제는 달라지지요(질량과 에너지는 등가이기 때문입니다). 특히, 중력이 다른 세 힘과 통합되어 대칭성을 가지는 수준에 이르면 표준모형은 무용지물이 됩니다. 표준모형은 양성자 질량의 약 1,000배 수준까지는 잘 맞는 이론이지만 중력을 고려해야 하는 이 수준 이상에서는 물리현상을 전혀 설명하지 못합니다. 이를 위해서는 새로운 물리학 이론이 필요하지요.

표준모형은 현 시점에서 물질을 설명하는 최상의 이론이지만, 자연의 4가지 힘 중 중력을 다루지 못하므로 궁극의 법칙을 찾기 이전의 임시적인 이론이라 할 수 있습니다. 더 근본적인 이론을 찾으려는 시도들을 3장에서 살펴보겠습니다.

3장

세상은 왜 있을까?

심연을 뚫어지게 응시하면 심연도 당신을 응시한다. [1]

프리드리히 니체^{Friedrich Nietzsche}

1915년 일반상대성원리를 발표한 지 몇 달 후, 아인슈타인은 프러시아과학아카데미에 편지를 보냈습니다. 일반상대성이론은 양자역학을 고려하지 않았기 때문에 수정이 불가피하다는 내용이었지요. 그는 중력장에 의해 공간이 휘어진다는 자신의 이론이 질량이 극히 작은 소립자나 심지어 0인 빛에는 무용지물임을 깨닫고 있었습니다. 더구나 일반상대성이론에서 기술하는 공간은 연속적인데, 양자역학의 소립자는 불연속적이고 확률적인 덩어리입니다. 아인슈타인은 이후 40여 년의 여생을 중력장과 전자기장을 통합하는 통일장 연구에 바쳤으나 성공하지 못했습니다.

　한편, 양자역학과 표준모형은 전자기력과 핵력은 그런대로 설명하지만 중력을 전혀 다루지 못합니다. 이처럼 20세기 물리학의 양대 기둥으로 인간의 지식을 혁명적으로 바꾸어 놓았던 상대성이론과 양자론은 둘 다 한계를 가지고 있습니다. 자연현상은 하나일 터인데 거시세계는 일반상대성이론으로, 그리고 극미한 세계는 양자론으로 따로 설명하고 있는 셈이지요. 당연히 표준모형의 세 가지 힘과 일반상대성이론의 중력을 하나로 통합해야 비로소 제대로 된 자연법칙이라고 말할 수 있을 것입니다.

여기에는 두 가지 접근 방식이 있을 수 있습니다. 첫째는 일반상대성이론으로 양자론을 기술하는 방법인데, 이는 아인슈타인도 올바른 길이 아니라고 표명한 바 있습니다. 질량이 없거나 있어도 극미한 소립자에 중력을 적용하기가 쉽지 않기 때문입니다. 결국, 양자론으로 중력을 설명하려는 시도가 합리적인 접근법이라 할 수 있습니다. 이를 우리는 양자중력quntum gravity이론이라 부릅니다. 그러나 양자중력을 기술하는 수학은 생각처럼 간단치 않아서 아직 확정된 이론을 찾지 못하고 있습니다. 다만 몇 가지 가설들이 제안되어 있는데, 이 장에서 그 내용들을 살펴볼 것입니다.

제안된 가설들은 많은 가정과 불확실성을 내포하고 있습니다. 일부는 황당하게 보이기도 합니다. 하지만 타당성 있는 과학적 단서를 토대로 하므로 터무니없다 할 수는 없습니다. 양자중력은 세계 유수 대학의 선도적 이론 물리학자들이 심혈을 기울여 연구하는 가장 중요한 분야의 하나입니다. 물론, 소수이기는 하지만 현재의 양자중력 가설들이 실증 없는 탁상공론에 머물고 있다고 비판하는 학자도 일부 있습니다. 이에 대해 당사자들은 이론을 따라잡지 못한 학자들의 넋두리라고 반박합니다. 아무튼 이 장에서 소개할 내용의 대부분은 실험이나 관측으로 검증되지는 않았습니다. 가설 중 어떤 내용은 맞을 수도 있고, 여러 개가 동시에 옳을 수도 있지요. 물론, 모두 틀렸을 가능성도 배제할 수 없습니다.

양자중력 이론의 핵심은 한마디로 미시세계에서 중력이 어떤 모습을 보이는가에 대한 설명이라고 할 수 있습니다. 이러한 상태를 떠올릴 수 있는 가장 단순한 경우는 큰 질량의 물질이 극히 작은 공간에 집중되었을 때일 것입니다. 우리는 앞서 1장 '우주의 구조'에서 이러한 상태의 천체를 살펴보았습니다. 다름 아닌 '검은 구멍', 즉 블랙홀이지요. 그런데 블랙홀 연구는 우주론과도 연관되어 있습니다. 우리가 아는 우주는 빅뱅의 극히 작은 양자적 상태에서 시작해 오늘에 이르렀기 때문입니다. 따라서 양자중력 이론은 우주의 기원은 물론, 미래, 그리고 우리가 사는 세상의 본질에 대한 질문과 맞닿아 있습니다. 이 장의 시작을 블랙홀 이야기로 풀어나가기로 하지요.

삼키고 증발하고 | 블랙홀

지구에서 로켓을 쏘아 우주 공간으로 내보내려면 초속 11.2km의 중력 탈출속도가 필요합니다. 공중에 던진 돌이 땅에 떨어지는 이유는 탈출속도에 크게 못 미치기 때문입니다. 인공위성은 빠른 속도로 날아가므로 지구 궤도를 여러 번 돌 수 있지만 탈출속도에 못 미치므로 결국 지표면에 낙하합니다. 그런데 뉴턴의 중력법칙에 따르면 천체는 질량이 클수록 중력이 커지므로 탈출속도도 커집니다.

그렇다면 질량이 매우 큰 천체는 어떨까요? 18세기 프랑스의 수학자 라플라스P.-S. Laplace와 영국의 성직자 존 미첼John Michell은 탈출속도가 광속을 넘을 만큼 질량이 큰 천체를 상상했습니다. 그런 곳에서는 빛이 중력에 구속되어 우주 공간으로 나갈 수 없을 것입니다. 빛이 빠져나오지 못하는 이런 가상의 천체를 당시 과학자들은 '검은 별'이라 불렀습니다.

한 세기 후인 1915년, 일반상대성원리가 발표되자 뉴턴의 중력법칙은 수정이 불가피해졌습니다. 그런데 중력을 기술하는 아인슈타인의 장場 방정식은 해解를 구하기가 어려웠습니다. 그 자신도 이 방정식을 실제로 적용하기는 힘들다고 생각했지요. 그의 예상은 불과 몇 달 후부터 깨지기 시작했습니다. 제1차 세계대전 중이던 당시 독일군 초급장교로 러시아 전선에 복무 중이던 천문학자 슈바르츠실트Karl Schwarzschild가 보란듯이 장 방정식의 특수해를 구한 것입니다. 다만, 회전하지 않는 구형의 천체라는 단순한 경우에만 적용되는 풀이였지요.

그에 의하면, 천체가 무거우면 중력이 안쪽으로 붕괴되어 어떤 물체도 빠져나갈 수 없는 특이한 상태에 이르게 됩니다. 그런 천체에서는 빛을 포함한 모든 물질이 엄청나게 가속되어 중심부로 빨려 들어갑니다. 결과를 접한 아인슈타인은 깜짝 놀랐으나 물리적으로 터무니없다 생각하고 즉각 무시했지요. 슈바르츠실트는 반박할 기회도 없이 결과 발표 이듬해에 중부 유럽의 유대인들에게 간혹 발병하는 유전성 자가면역증으로 세상을 떠났습니다.

50여 년이 지난 1963년, 이번에는 뉴질랜드의 수학자 로이 커Roy Kerr가 아인슈타인의 장 방정식으로부터 회전하는 '검은 별'의 해를 구했습니다. 이어 1967년 존 아치볼드 휠러(다세계 해석의 제창자 에버렛의 지도교수)는 슈바르츠실트의 주장이 옳았음을 깨닫고 이러한 천체에 블랙홀이란 이름을 정식으로 붙였습니다.

블랙홀의 특이점singularity은 문자 그대로 특별하고 기이합니다. 즉, 크기가 0인 중심부의 한 점에 모든 질량이 수렴합니다. 따라서 밀도는 무한대가 되지요. 이 엄청난 밀도 때문에 특이점 부근의 시공간은 심하게 휘어져 마치 뒤집어 놓은 깔때기처럼 좁고 깊게 패인 모양이 됩니다. 특이점은 공간상의 위치만을 의미하지 않습니다. 시간과 공간이 뭉뚱그려진 시공간의 점입니다. 그런데 물리학에서는 무한대의 값이란 의미가 없습니다. 따라서 수학적 개념인 특이점을 물리적 실체로서 어떻게 설명할지 아직 자신 있게 답을 내놓지 못하고 있습니다.

다만, 물질이 빠져나오지 못하는 경계면인 '사건의 지평선$^{event\ horizon}$'이라는 현실적인 실체가 그 외곽에 있다고 봅니다. 특이점을 구형으로 둘러싸고 있는 면이지요. 스티븐 호킹과 로저 펜로즈$^{Roger\ Penrose}$는 사건의 지평선을 '그곳으로부터 탈출할 수 없는 사건들의 집합'으로 정의한 바 있습니다.[2] 상대성이론에서의 '사건'이란 시공간의 한 점입니다. 아무튼 이 구면 안쪽에 들어서면 빛을 포함한 모든 물체가 엄청난 가속도로 특이점을 향해 빨려 들어갑니다. 만약 충분히 떨어진 곳에 있는 관측자가 사건의 지평선을 바라보면 기이한 현상을 목격할 것입니다. 특수상대성이론에 의하면 물체는 빠르게 움직일수록 시간이 더 천천히 가기 때문에 사건의 지평선 부근에서는 세월이 너무 느려서 마치 정지한 것처럼 보일 것입니다. 그러나 빨려 들어가는 당사자에게는 시간이 평상시처럼 흐를 것입니다.

사건의 지평선의 크기는 천체의 질량에 따라 커지는데, 이를 '슈바르츠실트의 반지름'이라 부릅니다. 가령, 태양만한 질량의 블랙홀은 슈바르츠실트 반지름이 3km입니다. 지구만한 질량이면 9mm에 불과합니다. 항성형 블랙홀은 생성 과정이 잘 알려져 있습니다. 즉, 별이 노년기에 접어들면 핵융합에 필요한 연료를 모두 소진해 버리므로 항성의 내핵에서 밖으로 향하던 열에 의한 복사압이 사라집니다. 그 결과 별의 내부로 향하는 중력만 작용하게 되지요. 그런데 태양 질량의 1.44배(찬드라세카 한계)보다 무거운 별에서는 양성자가 원자궤도를 돌던 전자와 뭉뚱그려지면서 조금 더 무거운 중성자로 변합니다. 이렇게 생성된 천체가 중성자별입니다. 만약 질량이 태양의 3배를 넘으면 중성자별에서 블랙홀로 발전합니다.

블랙홀은 빛이 밖으로 탈출하지 못하는 천체이므로 직접 관측할 수는 없습니다. 그러나 주변 물체들이 빨려 들어갈 때 일어나는 현상을 통해 간접적으로는 관측할 수 있지요. 가령, 블랙홀에 빨려 들어가는 물질들은 사건의 지평선 근처에서 가열됩니다. 또한 블랙홀이 물질을 흡입할 때는 강한 에너지의 감마선이나 X−선을 방출합니다. 좌변기의 물이 좁은 구멍으로 빨려 나갈 때 굉음을 내며 음파를 발산하는 현상과 유사한 원리이지요. 이런 효과는 쌍성을 이루는 별의 하나가 블랙홀이 되었을 때 특히 더 잘 관측됩니다. 빨려 들어가는 이웃 별의 물질이 사건의 지평선 근처에서 가열되며 강한 X−선을 방출하기 때문입니다.

유명한 예가 1971년 발견된 백조자리의 X−1이라는 블랙홀입니다 (이 천체가 블랙홀인지를 놓고 호킹과 캘리포니아 공대의 킵 손Kip S. Thorne이 내기를 했습니다. 결국, 호킹이 성인잡지 『펜트하우스』 1년치 구독권 내기에서 졌습니다. 참고로, 킵 손은 중력파 실험의 공로로 2017년도 노벨 물리학상을 수상했습니다). 태양계에서 약 6,000광년 거리에 있는 이 블랙홀은 질량이 태양의 15배나 되지만 반경은 겨우 44km입니다.

블랙홀은 항성뿐 아니라 은하들의 중심부에도 통상적으로 있습니다. 태양 질량의 수백만~수십억 배의 물질을 빨아들여 형성된 초대형 블랙홀들이지요. 따라서 그 주변에서 방출되는 에너지는 항성형 블랙홀과는 비교가 안 될 정도로 큽니다. 2010년 발견된 '페르미 버블'이 그 예이지요(1장 참조). 우리은하의 원반 구조 위와 아래에 5만 광년에 걸쳐 거품처럼 매달려 있는 이곳에서는 강한 감마선이 관측되고 있습니다. 천구의 궁수자리 A*라는 곳 부근에 있을 것으로 추정되는 우리

은하 중심의 거대 블랙홀이 주변 물질을 빨아들이며 생성한 거대 구조입니다.

블랙홀 연구는 1965년 영국의 수학자 펜로즈가 제시한 기하학적 방법이 물리학자들의 관심을 끌면서 발전하게 되었습니다. 그는 중력 붕괴가 일어나는 별들이 크기가 0인 특이점으로 수축되는 과정을 수학적으로 제시했습니다. 펜로즈는 이 공로로 55년이 지난 2020년 노벨 물리학상을 수상했습니다. 그런데 특이점의 표면적이 0이라함은 부피도 0임을 의미합니다. 따라서 그 안에 있는 물질의 밀도와 시공간의 곡률은 무한대가 되지요. 블랙홀 용어를 처음 만든 휠러는 이런 기이한 상태에서는 질량, 스핀, 전하의 단지 3종류의 물리량만 가진다고 추정했습니다. 그래서 블랙홀을 대머리에 비유해 '털이 없다 no hair'고 표현했지요. 블랙홀에 빨려 들어간 물질은 모든 정보를 상실한다고 본 것입니다. 정보가 사라진다는 것은 과거를 알 수 없게 됨을 의미하지요.

그런데 1972년 그의 제자인 베켄슈타인 Jacob Bekenstein이 블랙홀에도 열역학을 적용할 수 있음을 수학적으로 증명했습니다. 즉, 블랙홀도 엔트로피, 온도, 전기장, 자기장 등의 물리량을 가질 수 있음을 밝혔습니다.[2,3] 그에 의하면 블랙홀의 온도는 질량에 반비례합니다. 또한 블랙홀의 엔트로피는 사라지지 않으며 사건 지평선의 넓이에 비례함도 증명했지요.[*]

2년 후인 1974년 스티븐 호킹은 베켄슈타인의 이론을 더욱 발전시켜 블랙홀이 증발한다는 획기적인 이론을 내놓았습니다. 호킹복사

---

[*] 엔트로피는 열역학 2법칙을 기술하는 함수로, 거칠게 표현하자면 입자들의 무질서도를 나타낸다. 이처럼 통계적 개념의 엔트로피를 가진다 함은 블랙홀이 무수한 입자 상태를 있음을 시사한다. 휠러는 일반상대성이론에 근거해 특이점에서는 입자들의 배열 상태가 하나가 되므로 블랙홀에서는 엔트로피가 없어진다고 생각했다. 그러나 양자론에서 보면, 물질을 압축하거나 불태우는 등 형태를 변환시켜도 그 구성 소립자의 정보는 사라지지 않는다. 베켄슈타인은 그런 의미에서 블랙홀에도 엔트로피가 있음을 밝혔다. 즉 블랙홀에서도 입자 정보는 사라지지 않는다. 또한 온도도 있다. 온도는 입자 운동의 결과이기 때문이다.

Hawking radiation로 알려진 이 현상의 개요는 다음과 같습니다. 양자장론에 의하면 아무것도 없는 듯 보이는 진공은 결코 텅 빈 공간이 아닙니다. 우주 공간에서는 양자요동quantum fluctuation이라는 현상으로 인해 가상입자인 입자와 반입자들이 끊임없이 생겨났다 순간적으로 쌍소멸하지요(1장 암흑에너지 참조).

그런데 호킹은 이 현상이 블랙홀의 경계인 사건의 지평선에서 일어나면 특별한 효과가 나타난다고 예측했습니다. 가령, 우주 공간의 어느 곳에서나 그렇듯이 사건의 지평선 경계에서도 입자/반입자 쌍들이 생성, 소멸할 것입니다. 이때 생성되는 두 입자는 블랙홀의 강한 인력 때문에 서로 만나 쌍소멸되지 않고 순간적으로 분리되는 경우도 있을 것입니다. 즉, 쌍생성이 일어나자마자 반입자가 사건의 지평선 안으로 빨려 들어가면서 짝이었던 나머지 입자가 외톨이가 되는 경우입니다. 이를 조금 떨어져 있는 곳의 관측자가 바라보면 마치 블랙홀이 입자를 방출하는 듯, 즉 물질이 증발되는 듯 보일 것입니다.

한편, 블랙홀 속으로 떨어진 반입자는 그 안의 입자와 충돌해 쌍소멸하며 에너지를 방출할 것입니다. 이런 방식으로 에너지를 방출하면 블랙홀은 질량을 점차 잃고 크기는 줄어들 것입니다. 또한, 작고 뜨거운 물체가 복사에너지를 더 잘 방출하여 빨리 식듯이 블랙홀도 크기가 작을수록 빠르게 증발하여 결국에는 사라질 것입니다.

이처럼 물질을 빨아들인다고만 알려졌던 블랙홀이, 사실은 호킹 복사를 통해 에너지를 방출하여 결국에는 모두 증발해 버린다는 예측은 뜻밖이었습니다. 다만, 증발 속도는 블랙홀의 질량이 클수록 느리기 때문에 소멸하는 데 매우 오랜 시간이 걸릴 것입니다. 가령, 태양만한 질량의 블랙홀이 모두 증발하려면 3.4×10^{67}년이라는 어마어마한 시간이 걸립니다. 현 우주의 나이가 10^{10}년 규모이니 엄청나게 긴 세월이지요. 부언하자면, 그만한 질량의 블랙홀이 방출하는 복사에너지를 온도로 환산하면 겨우 1/100만 도(K)입니다.[*] 즉, 블랙홀의 온도가 주변 공간의 온도(우주배경복사 온도 2.7K)보다 낮으므로 열을 흡수할 것이며, 따라서 이런 크기의 블랙홀은 어느 단계까지는 오히려 질량(에너지)이 늘어납니다. 다시 말해 호킹복사에 의해 실질적으로 질량 감소가 일어나는 시기는 아주 먼 미래입니다. 특히, 은하들의 중심부에 있는 대형 블랙홀의 경우 모두 증발하는 데 10^{100}년 이상이 걸린다고 추산됩니다. 그렇다고는 해도 모든 블랙홀들이 증발해 없어지는 날이 언젠가는 반드시 찾아올 것입니다.

그런데 미니 블랙홀mini black hole이라면 어떨까요? 작은 물체가 빨리 식듯이 초소형 블랙홀은 짧은 시간에 증발할 것입니다. 스티븐 호킹은 블랙홀 복사 이론을 발표하기에 앞서, 1971년에 발표한 논문에서 빅뱅 직후의 초기 우주에서는 이런 작은 원시 블랙홀primordial black hole들이 무수히 많았다고 추정했습니다.[4] 왜냐하면 빅뱅 직후의 작은 우주에서는 물질과 에너지가 좁은 공간에 몰려 있었기 때문입니다. 이런 상태에서는 중력이 물질을 쥐어짜 블랙홀로 만들기가 오늘날보다 훨씬 쉬웠을 것입니다.

이론적으로 물체를 중력으로 쥐어짜서 이룰 수 있는 가장 압축된 상태를 플랑크 밀도라고 부릅니다. 10^{97}kg/m³의 값을 가진 이 밀도에 도달하면 물체(입자) 사이의 거리는 플랑크 길이인 약 10^{-35}m까지 밀착됩니다. 이것은 얼마나 작은 크기일까요? 1cm의 콩 한 톨을 관측 가

---

[*] 블랙홀은 질량이 클수록 차가운 특성이 있다. 태양만한 질량을 가진 블랙홀의 경우, 온도가 현 우주의 우주배경온도인 2.7K보다 낮다. 따라서 이런 블랙홀은 주변에서 열에너지를 흡수한다. 즉, 우주의 배경온도보다 낮아지는 단계에 이르러야 비로소 증발에 의한 블랙홀의 질량 감소 효과가 나타난다.

능한 우주의 크기로 확대했을 때 그 안에 있는 담배연기 입자 한 개의 크기쯤 될 것입니다.

플랑크 길이는 물질이 실체적 의미를 가지는 가장 작은 거리입니다. 이보다 작으면 물질은 파동적인 성질만 나타날 것입니다.[*] 이만한 크기로 압착된 물체는 5만 분의 1g의 질량(약 $2.2×10^{-5}g$)을 가질 수 있습니다. 플랑크 질량으로 불리는 이 값은 플랑크 길이처럼 근원적 한계를 나타내는 값은 아닙니다. 그보다 더 작은 질량의 물질도 있을 수 있지요. 그러나 일반상대성이론의 중력으로 기술할 수 있는 가장 작은 블랙홀의 질량입니다. 매우 작은 값으로 생각되지만, 수소 원자 10조 개 이상이 모여야 이룰 수 있는 질량입니다. 계산에 의하면, 빅뱅 직후에는 이처럼 작은 원시 블랙홀들이 많았는데 우주가 팽창하여 (빅뱅 후 1초도 안 되는 짧은 시간이지만) 평균 밀도가 오늘날 원자핵 수준에 이르렀을 무렵 서로 합체되면서 급격히 커졌다고 합니다. 그 질량은 평균적인 소행성 혹은 산ᴵᴵᴵ만한 크기인 10억 톤($10^{12}kg$)으로 추산합니다. 하지만 여전히 초미니 크기여서 양성자에도 못 미쳤다고 봅니다.

한편, 호킹의 이론에 의하면 블랙홀은 복사에너지를 방출해 가벼워질수록 온도가 올라가는 특이한 성질이 있습니다. 열을 발산하면 식는 일상적인 물체와는 반대되는 현상이지요. 블랙홀의 열 용량이 음의 값을 가지기 때문입니다. 게다가 질량이 작은 블랙홀일수록 빠르게 복사파를 방출하며 크기가 급격히 줄어듭니다. 따라서 작은 블랙홀들은 호킹복사로 질량을 잃을수록 점점 빠르게, 그리고 더 밝아집니다. 그

---

[*] 플랑크 길이는 자연의 3대 기본 상수인 광속(c), 중력상수(G)와 플랑크 상수(정확히는 h를 2π로 나눈 디랙상수 ħ)로부터 유도한 값으로 $1.616×10^{-35}$m이다. 양성자 직경의 10^{20}분의 1에 불과한 작은 값이다. 이보다 작으면 하이젠베르크의 불확정성의 원리 때문에 입자의 에너지(혹은 운동량)가 무한대가 되는 모순에 빠진다. 플랑크 길이는 물질이 물리적 의미를 가지는 가장 작은 크기이지만, 간혹 오해하듯이 시공간의 최소 길이인 것은 아니다. 로렌츠 변환에 위배되기 때문이다.

러다 증발의 마지막 단계에 이르면 거의 폭발이라고 부를 정도로 격렬하게 에너지를 방출하며 최후를 맞습니다. 질량이 1,000톤인 블랙홀의 경우, 불과 1초만에 수백만 메가톤급 수소폭탄에 해당하는 에너지를 방출하며 사멸합니다. 추정에 의하면 빅뱅 직후의 원시 블랙홀들도 사멸 과정에서 막대한 양의 에너지를 방출했으며, 그중 일부가 나중에 물질로 변환되어 우주의 구성 성분에 기여를 했다고 보고 있습니다.

특히, 산만한 규모의 질량을 가지는 10^{12}kg급 초기 블랙홀이 관심을 끄는 이유는 양성자보다 작은 크기지만 수명이 약 100억 년으로 추산되기 때문입니다. 이는 대략 현 우주의 나이입니다. 또한 이만한 질량의 블랙홀은 온도가 10^{12}K나 되므로 광자는 물론, 물질입자인 전자 등도 방출할 것으로 예상됩니다. 그렇다면 이들을 오늘날 발견할 가능성도 있습니다. 일부 과학자는 암흑물질의 후보로 꼽기도 합니다. 한때는 1908년 시베리아 상공에서 있었던 '퉁구스카 대폭발'이 원시 미니 블랙홀이 사멸한 현상이라는 주장도 있었지요(현재는 운석의 충돌에 의한 폭발이라는 것이 정설입니다).

아무튼 호킹의 블랙홀 복사 이론이나 원시 블랙홀 가설은 기존의 물리학 지식에 큰 자극제가 되었습니다. 무엇보다도 서로 전혀 다른 분야여서 타협할 수 없을 듯 보였던 일반상대성원리, 양자론, 그리고 열역학을(비록 부분적이지만) 통합하려는 시도였지요. 많은 물리학자들은 호킹이 올바른 이론의 문을 열었다고 믿고 있습니다.

그러나 그의 이론을 실험이나 관측으로 확인하기는 어렵습니다. 호킹복사만 해도 통상적인 블랙홀의 복사량은 극도로 미약해서 관측하기가 불가능에 가깝습니다. 아인슈타인 이래 상대성이론 분야의 최고 과학자로 꼽히는 그가 노벨 물리학상을 수상하지 못한 이유도 그 때문이지요. 제가 검색한 바에 의하면, 그는 『네이처』나 『사이언스』에 게재한 논문도 없으며, 2010~2018년 사이만 해도 인용지수가 크게 높지 않은(그러나 이론물리학에서 매우 중요한) 학회지에 12편을 발표했을 뿐입니다. 이는 가시적, 정량적 논문 성과에 너무 매달리는 일부 과학계의 현실에 시사하는 바가 크다고 생각합니다.

호킹의 블랙홀 연구는 특히 양자중력 이론을 향한 본격적인 첫걸음이라는 점에서 중요합니다. 그러나 현재의 블랙홀 이론이 양자역학과 일반상대성이론을 아우르는 진정한 양자중력 이론이 되려면 근본적으로 해결해야 할 문제점들이 있습니다. 첫째, 현재의 블랙홀 이론에 의하면 특이점에서의 물질의 밀도는 무한대입니다. 그런데 무한대나 무한소의 값은 수학에서는 유용하지만 물리학적 관점에서 보면 해석을 포기한 무책임한 개념입니다.

가령, 기하학에 바탕을 둔 광학법칙에 의하면 렌즈로 빛을 모으면 초점, 즉 점이 된다고 가정합니다. 그런데 기하학에서 말하는 점은 위치만 있고 면적이 0인 수학적 값입니다. 그 같은 점은 물리현상에서는 존재하지 않습니다. 우리가 관측하는 빛의 초점은 현실이며, 따라서 작지만 면적을 가집니다. 광학의 이론과 실제 사이에 미세한 오차들이 발생하는 원인은 초점을 점으로 간주했기 때문입니다. 블랙홀의 특이점도 무한소, 무한대라는 같은 문제를 안고 있지요.

둘째, 이를 위해서는 블랙홀을 다루는 중력장과 공간을 불연속적인 양자로 기술해야 할 것입니다. 장을 양자화할 때의 문제점은 이미 1930년대에 구소련의 레프 란다우 $^{Lev Landau}$의 아이디어를 발전시켜 그의 친구 마트베이 브론스타인 $^{Matvei Bronstein}$이 제기한 바 있습니다. 2장에서 살펴본 하이젠베르크의 불확정성의 원리에 의하면, 물질을 특이점처럼 극미한 영역에 묶어 두면 고에너지 상태, 즉 빠른 속도가 되어 공간이 붕괴됩니다. 연속적인 공간으로는 블랙홀을 올바로 기술하기가 불가능함을 제시한 것입니다(두 사람 다 레닌주의자였지만 란다우는 스탈린을 비판한 죄로 1938년 사형 선고를 받았고, 기회생한 란다우와 달리 브론스타인은 당일 형이 집행되어 30세의 나이로 세상을 떠났습니다).

다시 미니 블랙홀의 문제로 돌아가 이야기를 마무리하지요. 앞서 보았듯이, 미니 블랙홀은 초기 우주의 상태나 그와 비슷한 조건에서 쉽게, 그리고 다량으로 생성되었을 것입니다. 일부 물리학자들은 매우 작은 블랙홀이라면 굳이 빅뱅 초기가 아니더라도 입자들을 높은 에너지로 충돌시키는 조건에서 만들 수 있다고 추정합니다. 가령, 우주에서 날아오는 고에너지의 우주선宇宙線들이 대기권에서 충돌할 때 미니 블랙홀들이 생성된다는 주장이 있습니다. 물론 이들은 극히 작은 블랙홀이므로 순간적으로 생성, 소멸할 것입니다. 따라서 직접 관측은 어렵겠지만 그때 방출하는 감마선 등의 간접효과는 검출할 수 있다고 봅니다. 또한 유럽 CERN의 대형강입자충돌기에서처럼 고에너지의 입자들이 충돌할 때도 인공적으로 초미니 블랙홀이 생성될 가능성이 있다는 주장도 있습니다.

그런데 기존의 이론보다 훨씬 쉽게 미니 블랙홀들이 생성된다는 양자중력 이론이 있습니다. 이어지는 절에서 소개할 끈 이론이지요. 이에 의하면, 우리가 살고 있는 시공간은 10차원 혹은 11차원입니다. 나중에 알아보겠지만, 이처럼 차원이 여러 개 있다면 중력은 짧은 거리에서 매우 강하게 작용할 수도 있습니다. 따라서 미니 블랙홀들이 보다 쉽게 생성된다는 것이지요. 끈 이론을 조금 더 자세히 살펴보겠습니다.

진동하는 끈이 물질이라고? | 끈 이론

현 시점에서 양자론과 일반상대성이론을 통합하는 양자중력 이론의 가장 유력한 후보 중의 하나가 끈 이론String theory입니다(또 다른 후보는 이 장의 후반부에 살펴볼 고리양자중력 이론입니다). 다만, 이 이론은 정확하게 정의되는 이론이 아닙니다. 즉, 명확하게 확립되었거나 통일된 수학이 아직 없습니다. 그보다는 이론물리학자들이 수십 년 동안 발전시켜 온 규칙들의 집합에 더 가깝다고 볼 수도 있지요.

끈 이론에 의하면, 물질의 기본 요소는 소립자가 아니라 끈입니다. 끈들은 플랑크 길이인 10^{-35}m, 혹은 그 부근의 길이를 가지지만 두께는 없습니다(끈의 길이는 이론에 따라 다소 다릅니다). 이들은 끊임없이 진동합니다. 각기 다른 세기와 패턴으로 진동하는데, 이를 조금 떨어져서 바라보면 전자, 쿼크, 글루온 등의 다양한 입자로 보인다고 합니다. 즉, 질량, 스핀, 전하 등 물리량이 서로 다른 여러 종류의 입자가 존재하는 이유는 끈의 진동 패턴과 세기가 다르기 때문이라는 설명입니다. 가령, 쿼크는 전자보다 격렬하게 진동하므로 질량이 크다고 합니다. 또한 입자들의 전하가 서로 다른 이유도 진동 패턴이 상이하기 때문이라고 합니다.

사실, 일상생활 중에 접하는 끈들도 진동하는 모습은 간단치가 않습니다. 가령, 두 사람이 끈을 양쪽에서 잡고 서서히 흔들면 하나의 파동이 생깁니다. 그러나 격렬하게 흔들면 여러 개의 파동이 나타납니다. 만약 끈을 2차원의 진동판에 위에 올려 놓으면 수학적으로 정확히 기술하기가 어려운 복잡한 패턴이 나타납니다. 이처럼 2차원, 3차원, 혹은 그 이상의 차원에서 진동하는 끈은 변화무쌍한 모습을 보여줍니다.

그림 3-1

끈 이론의 끈. 열린 끈과 닫힌 끈 및 그들
의 변화(예)

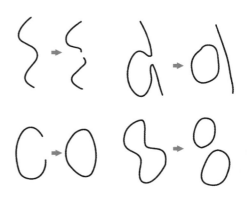

〈그림 3-1〉을 보도록 하죠. 진동하는 끈은 형태에 따라 두 종류로 나눌 수 있습니다. 양 끝이 열려 있거나 혹은 닫힌 폐곡선의 두 형태이지요. 끈 이론에서는 이들이 서로 작용해 합체 혹은 분리되면서 더욱 다양한 패턴을 만듭니다.

이 같은 복잡성 때문에 끈들의 진동과 그에 수반되는 여러 현상을 기술하는 수학은 만만치가 않습니다. 20세기 후반 이래 수십 년 동안 연구했지만 아직까지 실증이 나오지 못한 것은 어쩌면 끈 이론이 수학적 직관에 의존한 이론이라는 점도 한 몫을 했을 것입니다. 그럼에도 불구하고 물리학자들이 이 이론에 관심을 가지는 데는 충분한 이유가 있습니다.[5]

첫째, 물질의 구성요소가 단순합니다. 이는 잡다한 소립자들이 등장하는 표준모형과 크게 대비됩니다. 비록 진동의 패턴은 복잡하지만 구성요소는 끈 하나입니다. 진동하는 끈은 물질이기 보다는 상태에 가깝습니다. 따라서 더 작은 하부 구조는 있을 수 없지요.

둘째, 물질의 기본 요소를 입자가 아닌 끈으로 해석함으로써 무한소, 무한대의 문제를 일부 해결할 수 있습니다. 소립자의 경우 이론상으로는 크기가 0인 점으로 보기 때문에 물리적 실체로서의 의미를 잃을 수 있습니다. 물론, 끈도 두께가 0이므로 무한의 문제를 완전히 해결하지는 못합니다. 그러나 짧지만 플랑크 길이 부근의 길이를 분명히 가집니다.

셋째, 끈의 진동 패턴 중 하나가 정확히 중력자의 특성과 일치합니다. 중력자는 아직 관측되지는 않았지만 존재가 거의 확실시되는 중력의 매개입자입니다. 그런데 끈을 양자화하면 스핀 값이 2인 입자가 나옵니다. 2장에서 보았듯이 스핀 값이 정수인 입자는 보손이며, 동시에 힘의 매개입자이지요. 이처럼 끈 이론은 기존의 양자장론에서 다룰 수 없었던 중력을 자연스럽게 포함합니다. 중력과 양자장론의 통합 가능성을 보여 주는 것이지요.

넷째, 끈 이론은 20세기 초반 잠시 관심을 끌다 잊혀졌던 '여분의 차원'의 아이디어를 되살려 주었습니다. 사실, 일부 물리학자들은 여분의 차원이 자연의 네 종류의 힘을 통합하는 데 중요할 수 있다고 생각해 왔습니다. 다음 절에서 살펴보겠지만, 일반상대성이론의 4차원 시공간에 차원을 하나 더 추가하면 중력과 전자기력이 하나의 방정식으로 통합될 수 있다는 가능성이 20세기 초에 알려졌지만 곧 잊혀진 바 있습니다. 그런데 끈 이론은 여분의 차원을 자연스럽게 부활시킵니다.

다섯째, 양자장론에 바탕을 둔 현재의 표준모형은 우주가 왜 지금의 모습인가에 대한 근본적인 질문에 답하지 못합니다. 이와 달리 끈 이론은(사실 여부는 밝혀져야 하겠지만) 물질이 존재하는 이유를 우주의 기원과 연관지어 나름대로 설명합니다.

사실, 끈 이론은 옛 수학에서 우연히 찾아낸 이론입니다. 1968년 이탈리아의 물리학자 베네치아노^{Gabriele Veneziano}는 18세기 수학자 오일러가 유도했던 베타함수라는 수학식이 강한 핵력을 기술하는 데 유용하다는 사실을 발견했습니다. 이에 일부 물리학자들이 베네치아 모형에 관심을 가지게 되었지요. 그 결과 1970년대에 시카고대학의 요이치로 남부, 덴마크 보어연구소의 홀게르 닐센[Holger Nielsen], 스탠포드대학의 레너드 서스킨드[Leonard Susskind]의 세 사람이 각기 독자적으로 베네치아 모형에서 기술하는 입자가 1차원의 점이 아니라 2차원의 진동하는 끈에 가깝다는 사실을 발견했습니다. 이에 따라 베네치아 모형은 끈 이론으로 불리게 되었지요.

그런데 앞서 언급했듯이 끈 이론은 원래 강한 핵력을 설명하기 위해 등장한 이론이었습니다. 이 목적만 본다면 당시 경쟁이론이었던 양자색역학[QCD]이 훨씬 정확했습니다(2장 참조). 반면, 베네치아 모형은 오차가 많았지요. 따라서 끈 이론은 잠시 외면당하는 처지에 놓였습니다. 하지만 QCD에도 문제가 있음을 파악한 일부 학자들이 끈 이론의 장점에 다시 관심을 두게 되었습니다. 그 결과 끈 이론은 중력까지 포함하는 '모든 것의 이론[TOE]'의 유력한 후보로 다시 부상하게 되었습니다. 이런 배경에서 10차원의 시공간에 바탕을 둔 5개의 끈 이론이 1980년대에 출현했습니다. 하지만 각기 다른 5개의 이론이 출현한 혼란상과 수학적 추상성으로 인해 많은 물리학자들이 효용성에 의심을 품고 떠나갔지요.

획기적인 전기는 1995년 프린스턴고등연구소의 에드워드 위튼[Edward Witten]이 마련했습니다. 위튼은 수학계의 노벨상으로 불리며 수학자에게만 주는 필즈상[Fields Medal]을 수상한 유일한 물리학자입니다. 그는 그때까지 발표된 5개의 끈 이론을 통합하는 M-이론을 내놓으며 제2차 끈 이론 혁명을 일으켰지요. M-이론에 따르면 당시 알려졌던 5개의 끈 이론은 하나의 이론에서 나오는 특수한 경우들에 불과합니다. 또한, 여분의 공간 차원은 6개가 아니라 7개가 되어야 합니다. 우리가 알고 있는 4차원의 시공간까지 합치면 모두 11차원이 되는 셈이지요. 뿐만 아니라 M−이론에서는 끈 이외에 2차원의 막膜도 등장합니다. 이에 대해서는 여분의 차원을 먼저 알아보고 이어지는 2개의 절에서 다루기로 하겠습니다.

정리하자면, 현재의 끈 이론은 M−이론과 초끈 이론의 2개로 크게 분류할 수 있습니다. 초끈 이론에서의 '초'자는 초대칭성, 즉 2장에서 설명한 페르미온과 보손의 대칭성을 말합니다. 초대칭이 없는 옛 끈 이론은 보손끈 이론Bosonic string theory인 셈이지요.

끈 이론을 검증하는 가장 확실한 방법은 끈의 존재를 직접 확인하는 것이겠지요. 문제는 10^{-35}m 수준의 작은 크기를 실험적으로 확인하려면 엄청난 에너지가 필요하다는 점입니다. 이는 유럽의 LHC에서 만들 수 있는 에너지의 약 10^{19}배에 달합니다. 현재의 기술 수준이라면 은하계만하거나 그보다 훨씬 큰 입자가속기가 있어야 검증이 가능할 겁니다.

이런 이유로 끈 이론에 비판적인 학자들도 있습니다. 물리학에서 수학으로 전향한 컬럼비아대학의 피터 워잇Peter Woit은『초끈 이론의 진실Not Even Wrong』이란 2006년의 책에서 초끈 이론을 실현되지 않은 희망 사항을 나열한 이론이라고 비판했습니다.[6] 책의 영문 제목은 볼프강 파울리가 자주 쓰던 표현인 '틀렸다고 말할 수도 없을 만큼 틀린'이란 뜻입니다.『네이처』도 2014년도 마지막 호에 남아공과 프랑스 과학자의 기고문을 소개한 바 있습니다.[7] 두 사람은 '이론물리학의 꽃'으로 불리며 세계 최고의 학자들이 연구하고 있는 끈 이론이 오히려 물리학의 정신을 훼손하고 유사과학으로 변질되고 있다고 비판했습니다. 이들은 검증과 예측을 하지 못하면 과학이론이 아니라고 주장합니다.

하지만 이런 주장은 지나친 면이 있습니다. 검증과 예측은 과학의 중요한 도구이지만 그 자체가 목적은 아닙니다. 과학은 자연현상을 논리적으로 분석해 이해하는 활동입니다. 단서에 객관적 근거만 있다면 그것도 훌륭한 과학이론이 될 수 있습니다. 코페르니쿠스는 당시의 관측결과와 맞지 않아 증명이 안되었지만 혁명적 발상을 내놓았습니다. 아인슈타인도 어떠한 실증적 데이터 없이 상대성이론을 제시했습니다. 유수의 대학에서 선도적인 이론물리학자들이 연구하고 있는 끈 이론도 비슷한 상황일 수 있습니다. 검증이 어려우므로 이 분야에서는 당분간 노벨상은커녕 『네이처』나 『사이언스』에 논문조차 게재하기가 쉽지 않을 것입니다.

그러나 끈 이론은 수학적으로 매우 아름다우며 과학의 궁극 목표인 '모든 것의 이론'이 가져야 할 매혹적인 면들로 넘쳐납니다. 더구나 끈 이론이 정말 검증 불가능한지는 앞으로의 이론 전개를 지켜볼 필요가 있습니다. 가령, 직접 검증은 당장 어렵지만 간접적인 방법으로 확인할 수 있다고 생각하는 과학자도 많습니다. 실제로 끈 이론을 검증하는 몇 가지 간접적인 방법들이 제안되어 있습니다. 그중 하나가 여분의 차원extra dimension의 여러 특성을 조사해 존재를 확인하는 것이지요 (여분의 차원은 끈 이론이 아니더라도 존재할 수는 있습니다).

돌돌 말리고 숨겨진 | 여분의 차원

특수상대성이론에 의하면, 우리가 경험하는 세계는 4차원의 시공간, 즉 3개의 공간과 1개의 시간 차원으로 이루어져 있습니다. 여분의 차원extra dimension이란 이 4차원 외에 추가적으로 더 있다고 추정되는 차원들입니다. 지금까지 제안된 모든 끈 이론은 여분의 차원을 전제로 하고 있습니다. 초끈 이론은 10차원, M이론에서는 11차원이 되어야 모순 없는 이론이 됩니다. 참고로, 옛 보손끈 이론에서는 우주가 무려 26차원으로 이루어졌다고 보았지요.

그런데 차원이란 무엇일까요? 한마디로 어떤 점의 위치를 표시하기 위해 필요한 수를 말합니다. 혹은 공간 내에서 이동할 수 있는 방향의 수라고도 할 수 있습니다. 1차원의 철로 위를 달리는 경부선 기차의 위치는 서울 기점 몇 km라는 숫자 하나면 나타낼 수 있지요. 또한 선박이나 자동차의 위치는 GPS를 통해 두 숫자(위도와 경도)로 알 수 있습니다. 2차원의 면 위에 있는 점도 x, y의 두 좌표점으로 나타내지요. 3차원의 하늘을 날고 있는 비행기는 위도와 경도 외에 고도가 추가된 3개의 수로 위치를 나타냅니다.

그런데 우리가 알고 있는 우주는 시간의 차원도 포함된 시공간으로 이루어져 있습니다. 그래서 비행 중인 항공기를 나타내려면 위도와 경도, 고도의 공간뿐 아니라 시간을 포함하는 4개의 숫자가 필요합니다. 약속을 할 때도 만날 건물의 네비게이션 상의 경도와 위도, 층 수 그리고 시간의 4개의 정보가 있어야 합니다.

이처럼 우리는 4차원의 시공간에 살고 있습니다. 그러나 먹이사냥과 도피를 위한 순간적 판단을 최우선 조건으로 진화시킨 사람이나 동물의 뇌는 공간 차원에는 익숙하지만 시간의 경우 주관적으로 인식합니다. 그래서 눈 앞의 순간은 잘 파악하지만 급박하지 않은 미래나 과거의 시간은 상황에 따라 다르게 느끼지요. 그래서 3차원 공간의 x, y, z 축에 시간의 축 t를 추가한 4차원의 시공간 좌표는 이해하는 데 어려움을 겪습니다.

사정이 이럴진대 끈 이론에서 말하는 10, 11차원이야 말할 나위가 없지요. 하지만 끈 이론이 아니더라도 우리는 일상생활에서 여분의 차원을 자주 만나고 있습니다.[8] 부엌의 후라이팬도 그 예이지요. 팬의 코팅 물질은 여분의 차원을 통해서만 격자(원자배열구조)의 규칙성이 드러나는 재료입니다. 한마디로 분자구조의 차원이 달라서 음식이 잘 들러붙지 않지요. 1982년 이스라엘 테크니온대학의 금속공학자 세흐트만Dan Shechtman은 미국 표준연구소에서 연구년을 보내던 중 준결정quasicrystal이라는 합금을 발견했습니다.

당시 그는 급속응고로 만든 알루미늄-14%망간 합금의 원자배열구조를 전자현미경으로 조사하던 중이었습니다. 금속 등의 통상적인 고체는 규칙적인 원자배열구조를 하고 있습니다. 이를 결정結晶이라 부르지요. 결정에 전자나 X-선을 쬐어 회절시키면 2, 3, 4 혹은 6중의 회전 대칭성을 가진 패턴을 얻습니다. 기이하게도 그가 관찰한 패턴은 3차원 공간의 원자배열구조에서는 도저히 나올 수 없는 5중 대칭성을 보였습니다(바꾸어 말해 360도의 1/5인 72도로 회전시킬 때마다 대칭이 되었습니다). 이런 구조는 원자의 배열이 규칙적이기는 하지만 3차원적으로는 주기성이 없다는 의미였지요.

세흐트만은 이를 준주기성을 가지는 새로운 종류의 결정이라 생각했습니다. 결과를 보고 받은 연구팀장은 집에 가서 교과서를 다시 읽

으라고 핀잔을 주었습니다. 대부분의 다른 학자들도 준결정의 존재에 동의하지 않았지요. 특히 DNA 등 생체분자의 X-선 회절 분야 권위자로 노벨 화학상을 받은 라이너스 폴링은 '준결정 따위는 없으며, 준과학자만 있을 뿐'이라며 비웃었습니다. 이렇게 셰흐트만의 논문은 여러 학술지에서 거부당하다가 2년 후 겨우 한 곳에 게재되었습니다.[9] 하지만 이미 1974년 옥스포드의 수학자 펜로즈가 규칙성은 있지만 주기성이 없는 기하학적 구조를 제안한 바가 있었습니다. 알함브라 궁전의 벽과 천장을 장식하는 타일의 이슬람식 문양이 바로 그 예이지요. 세흐트만은 30여 년이 지난 2011년에야 노벨 화학상을 받게 됩니다.

준결정의 회절패턴은 높은 차원의 형상이 낮은 차원에 투영된 모습입니다. 이러한 과정을 차원압축dimensional compactification이라고 부릅니다. 차원을 오가는 예는 일상생활에서도 자주 접할 수 있습니다. X선 사진은 3차원의 정보를 2차원으로 바꾼 모습이지요. 반대로 MRI는 2차원의 이미지를 3차원 형상으로 변환하는 기술입니다. 홀로그래피도 마찬가지이지요.

차원압축의 예는 미술 작품에서도 접할 수 있습니다. 14세기의 화가 지오토Giotto di Bondone는 수학적 방법을 이용한 원근법과 그림자의 명암을 통해 입체감을 표현하는 기법을 개척했습니다. 이 기법은, 나타내고자 하는 인물이나 물체 위주로 그렸던 이전의 그림과는 완전히 달랐습니다. 이후 르네상스의 서양화가들은 사영寫影기하학에 바탕을 둔 투시원근법을 발전시켜 3차원의 풍경을 2차원의 평면에 재현했습니다. 이탈리아에서 발명된 이 기법은 유럽 전역으로 퍼져 나가 다른 문화권의 그림에는 없는 특징으로 자리잡게 되었습니다. 19세기 말 사실주의에 이르러서는 서양 회화의 가장 기본적인 요소가 되었습니다. 급기야 20세기에 들어와서는 차원을 적극적으로 드러내는 미술이 탄생했지요.

초현실주의 화가 살바도르 달리$^{Salvador Dali}$의 명작 〈십자가 처형: 초정육면체$^{Crucifixion: Corpus Hypercubu}$〉는 4차원 공간에 나타나는 8개의 정육면체를 표현한 그림입니다. 그는 십자가를 4차원 초정육면체의 전개도로 그리며 자신의 수학적 지식을 뽐내려 했지요. 흘러 늘어진 시계로 유명한 그의 또 다른 명작 〈기억의 지속$^{The Persistence of Memory}$〉도 4차원 시공간의 상대성을 표현했다는 해석이 있습니다(책에 싣지 못했지만 한번 감상하시길 바랍니다).

그 누구보다도 3차원과 2차원을 적극적으로 넘나들며 표현한 화가가 있는데 바로 피카소$^{Pablo Picasso}$입니다. 입체파의 거장으로 불리는 그는 2차원 형상을 여러 각도에서 사영寫影해 겹치는 기법으로 3차원 공간을 표현했지요. 대표적인 예가 〈도라 마르의 초상$^{Portrait de Dora Maar}$〉입니다. 피카소는 예술가들의 아지트였던 몽마르뜨 언덕의 바또 라브와르$^{Bateau-Lavoir}$에 몸담았던 시절, 친구 모리스 프렝세$^{Maurice Princet}$에게서 수학과 첨단 과학지식을 얻었습니다. 수학자였던 프렝세는 앙리 쁘앙까레의 수학과 기하학, 아인슈타인의 상대성원리를 파카소에게 소개하고 유용한 책들도 빌려 주었지요. 피카소의 위대함은 단순히 그림을 잘 그리는 것을 넘어서, 다른 분야인 과학의 새로운 시각을 자신의 예술에 창의적으로 불어넣은 데 있다고 생각합니다.

그런데 고차원의 시공간을 과학에서 표현하려면 이에 맞는 기하학이 필요합니다. 무엇보다도 4차원의 시공간만 되어도 시간의 차원을 머릿속에서 좌표로 떠올리는 데 어려움을 겪지요. 게다가 고차원에서는 공간이 휘어지기도 합니다. 이 경우 휘어진 면 혹은 공간에서 두 점

사이를 잇는 가장 가까운 선은 직선이 아닙니다. 또 삼각형의 내각의 합도 180도가 아니지요. 비 ‡유클리드 기하학의 출현이 필요했습니다.

이렇게 공간도 휘어질 수 있다는 발상을 처음 했던 인물은 벽돌공의 아들이었던 괴팅겐의 수학자 가우스Karl Friedrich Gaus였습니다. 하지만 그는 이 내용을 출판하지 않았기 때문에 (물론 사후에 알려졌지만) 새로운 기하학의 공식적인 창시자는 아닙니다.[10] 굽은 공간에 대한 수학을 개발한 인물은 그의 제자였던 리만Bernhard Riemann이었지요. 1854년에 발표되어 구면球面의 기하학으로도 불렸던 리만기하학의 세부 내용은 복잡하지만 쉽게 요약하면 다음과 같습니다.

1차원 상에 있는 두 점의 거리는 좌표점의 큰 숫자에서 작은 것을 빼면 금방 알 수 있지요. 2차원의 면에 있는 두 점 x, y 사이의 거리는 피타고라스의 정리를 이용해 계산할 수 있습니다. 3차원 공간의 두 점도 계산만 조금 복잡하지 원리는 마찬가지입니다. 하지만 휘어진 비유클리드 공간의 두 점 사이 거리는 직선을 바탕으로 한 피타고라스 정리로는 구할 수 없습니다. 휜 면이나 공간에서는 매 위치점마다 곡률이 다르기 때문입니다. 리만은 각 점을 무한소로 미분하여(접선벡터로 잘라) 곡률의 기울기를 구한 후 이를 다시 모두 더하는(적분) 방식으로 길이를 구했습니다. 계량텐서metric tensor라는 수학적 도구를 개발한 것입니다. 한마디로 계량텐서는 구면상에 있는 두 점 사이의 거리를 구하는 수학적 기교입니다. 이를 풀려면 행렬식이라는 수학적 방법이 필요합니다. n차원의 경우 가로와 세로에 각기 n개의 숫자가 나열된 행렬수(n×n)가 필요하지요. 4차원이라면 모두 16개의 수가 있어야 합니다.

그런데 리만기하학은 수학적으로는 훌륭했지만 19세기 물리학에는 큰 도움이 되지 못했습니다. 그의 새로운 기하학은 반세기가 지난 후 아인슈타인의 특수상대성이론에서 진가를 발휘했습니다. 하지만 3차원 공간의 x, y, z축에 시간의 축 t를 추가한 4차원의 시공간을 제대로 된 수학으로 기술한 인물은 아인슈타인이 아니라 그의 은사였던 민코프스키였습니다. 그는 제자의 특수상대성원리가 4차원의 시공간과 관련되어 있다는 해석을 상대성이론 발표 2년 후에 내놓았지요. 아울러 4차원 시공간에 있는 점을 '사건event'이라고 불렀습니다. 학창시절 미분기하학을 못해 민코프스키에게 '게으른 개'로 낙인 찍혔던 아인슈타인은 스승의 4차원 시공간이 너무 수학적이고 추상적이라고 생각했습니다. 하지만 그것이 자신의 이론의 핵심이라는 것을 이듬해에서야 이해했습니다.[11]

사실, 후에 나온 일반상대성이론보다 시공간이 얽혀진 특수상대성원리가 개념적으로는 이해하기가 훨씬 더 어렵습니다. 아무튼 아인슈타인의 위대함은 수학으로부터 물리적 의미를 파악하는 탁월한 능력에 있었지만, 스스로 고백했듯이 고등수학에는 약했습니다. 언젠가 그는 수학이 어렵다는 9살 소녀의 편지를 받고 자신은 더 어려우니 걱정하지 말라고 답신했습니다. 1장에서 소개했듯이 그런 그를 도와준 인물 중 한 사람이 동창이었던 취리히공대의 수학자 그로스만Marcel Grossmann이었습니다. 그로부터 리만기하학을 소개받고 많은 도움을 얻은 아인슈타인은 덕분에 중력과 휘어진 시공간을 연관시킨 일반상대성원리를 발표할 수 있었지요.

그런데 이론이 발표된 지 4년이 지난 1919년 독일 쾨니히스베르크(현 러시아의 칼리닌그라드)대학의 무급강사였던 칼루자Theodor Kaluza가 아인슈타인의 장場 방정식을 5차원으로 가정하고 풀었습니다. 그 결과 맥스웰의 전자기파 방정식과 유사해진다는 놀라운 사실을 발견했지요.

즉, 일반상대성이론을 4차원 시공간의 4×4 행렬식이 아닌 5×5의 5차원으로 해를 구하자 중력과 전자기력이 유사해지는 결과를 얻은 것입니다. 이 내용을 편지로 전해 받은 아인슈타인은 2년 동안 숙고하다 이를 좋은 아이디어라고 회신했습니다. 칼루자는 자신감을 얻어 이를 논문으로 발표했지요. 하지만 이 추가의 차원이 무엇이며 어디에 있는지는 수수께끼였습니다.

그러던 1926년, 스웨덴의 클라인$^{Oskar Klein}$이 제5의 차원은 공간을 꽉 채우고 있으며, 다만 반경이 약 10^{-32}m인 작은 크기로 돌돌 말려 있기 때문에 보이지 않을 것이라는 의견을 제안했습니다. 아인슈타인은 칼루자와 클라인의 이론이 통일장 이론을 완성하는 중요한 열쇠라 생각했습니다. 그는 마침 솔베이회의 논쟁에서 보어에게 패해 명성에 흠이 났던 차였기 때문에 이후 약 20여 년 동안 칼루자-클라인 이론에 기초해 통일장 이론을 세우는 데 힘을 쏟았습니다. 특히 부족한 수학을 보완하고자 베르크만$^{Peter Bergmann}$등 2명의 조수도 고용했지요. 그러나 논리의 잦은 번복과 우왕좌왕한 끝에 완성에 실패했습니다.[11]

사실 당시에 이미 알려졌던 스핀은 물론, 핵력도 고려하지 않았기 때문에 실패는 당연한 귀결이었습니다. 결국 그는 1943년에 이르러 칼루자-클라인의 이론을 완전히 포기했습니다. 하지만 그의 노력은 무의미하지 않았지요. 그의 조수 베르크만이 쓴 상대성이론의 첫 교과서적 해설서로 평가받는『상대성이론의 소개』에서 여분의 차원이 자연의 힘을 통합하는 데 중요할 수 있다는 사실을 널리 알렸기 때문입니다. 이렇게 남아 있던 불씨가 꺼 이론에서 부활한 것이지요.

정원의 호스를 가까이서 보면 분명히 3차원의 입체적 물체입니다. 그러나 수백 미터 거리에서 보면 1차원적인 선으로 보이지요. 그 이유는 호스 껍데기의 2차원적 면이나 3차원의 튜브 구조가 1차원의 선 길이에 비해 상대적으로 작기 때문입니다. 1926년 클라인이 제안한 원리도 이와 유사합니다. 우리가 살고 있는 공간에는 고차원의 공간들이 꽉 차 있지만, 너무 작거나 말려 있어 규모가 큰 3차원만 인식한다는 설명입니다.

초끈 이론에 의하면 우주는 4차원의 시공간을 포함해 모두 10개의 차원으로 이루어져 있습니다. 나머지 6개의 공간 차원은 숨겨져 있다고 합니다(M-이론에서는 여분의 공간 차원이 7개입니다). 그렇다면 이들 여분의 차원은 어떤 형태로 공간에 숨어있을까요? 이 분야를 연구하는 이론물리학자들은 다양체^{manifold}라 불리는 기하학적 공간의 형태로 복잡하게 말려 있다고 추정합니다. 다양체란 위상位相수학과 미분기하학에서 휘어진 공간을 나타나기 위해 도입한 수학적 개념입니다. 조금 더 어렵게 정의하자면 '유클리드 공간을 닮은 국소적 공간의 집합체'를 말하는데, 한마디로 높은 차원의 곡선과 곡면을 나타내기 위해 만든 추상적 공간이지요. 따라서 3차원 공간만 인식하는 우리의 머리로는 떠올릴 수 없으며, 그런 의미에서 유사 공간이라는 뜻의 의공간擬空間, pseudo-space이라고도 부릅니다.

다양체는 연구분야에 따라 여러 방식으로 정의됩니다. [12] 끈 이론에서는 여분의 차원을 '칼라비-야우 다양체'로 나타냅니다. 이는 이탈리아의 칼라비Eugenio Calabi가 처음 제안한 난해한 수학방정식을 하버드 대학의 수학자 야우 싱퉁丘成桐, Yau Shing-Tung이 머릿속에 그려지도록 가시화한 공간입니다. 그 전형적인 모습이 〈그림 3-2〉에 예시되어 있습니다. 그림의 다양체는 6차원 공간에 나타난 한 예를 2차원 평면에 개념적으로 나타낸 것입니다.

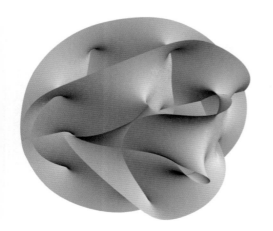

그림 3-2

6D(차원) 칼라비-야우 다양체의 2D 단면
무수히 많은 형태 중의 한 예이다.

요약하자면, 초끈 이론에서는 우주 공간이 우리가 인식하는 큰 규모의 3차원 공간과 그 속에 작게 돌돌 말려 있는 6차원의 칼라비-야우 공간으로 꽉 채워져 있습니다. 또한, 여분의 차원 공간들의 크기는 표준모형의 소립자들보다 훨씬 작다고 추정합니다. 우주가 왜 3차원의 거시적 공간과 여분 차원의 미소 공간으로 구분되어 있는지는 모릅니다. 아마도 빅뱅 초기에는 10차원 혹은 11차원이었으나 밝혀지지 않은 이유로 3차원의 공간만 크게 확장되었다고 유추할 뿐입니다.

막, 매직, 미스터리, 마더 | M-이론

앞서 에드워드 위튼이 1995년 5개의 초끈 이론을 통합한 M-이론을 제시했다고 소개했습니다. 이 이론은 제시된 이래 현재까지 가장 앞선 끈 이론입니다. 하지만 M-이론의 수학적 체계는 아직 안갯속에 있어 완성까지는 먼 길이 예상되며, 몇몇 중간적인 가설들만 제안되어 있습니다. 그나마 제안된 가설들도 관련 식들이 물리적으로 어떤 현상을 의미하는지 매우 초보적 수준에서만 이해하고 있지요.

M-이론이 기존 초끈 이론과 다른 큰 차이점 중의 하나는 차원의 수가 1개 더 추가된 11차원이라는 점입니다. 그런데 이 추가된 차원은 '막'과 관련이 있으며, 이론에서 중요한 역할을 합니다. 통상적인 막과 구분하기 위해 여기에서의 막은 같은 뜻의 영어 단어 멤브레인 membrane 에서 이름을 따와 '브레인 brane'이라고 부릅니다. M-이론이란 명칭도 멤브레인의 첫 자를 차용해 몇몇 학자들이 붙였지요. 그러나 위튼 자신은 M-이론이 아직 완성되지 않았고 물리적 의미도 안갯속에 있으므로 이론이 완벽히 이해될 때까지 당분간 M을 취향에 맞게 각자 해석하자고 제안했습니다. 즉, 막(멤브레인), 매직 magic, 미스터리 mystery, 혹은 모든 이론의 어머니 mother 등 무엇이 될지는 나중에 판단하자고 했습니다.

어떤 해석이건 M-이론에서의 막은 끈의 다른 모습이라고 볼 수 있습니다. 원래 물질의 기본 구성요소로서의 막의 존재는 폴 디랙이 1962년에 제안한 바 있습니다. 그러나 큰 관심을 끌지 못하다가 끈 이론이 출현한 이후에 다시 부각되었지요. 특히 M-이론에서는 여러 종류의 고차원 실체가 나타나는데, 이를 통틀어 막이라고 부릅니다. 가령, 점點입자는 0-막, 끈은 1-막, 면은 2-막, 입체는 3-막, 4-막, 5-막 등이 됩니다. 이를 일반화해서 p-막p-brane으로 부르지요. 이처럼 M-이론에서 말하는 막은 고전적 의미의 단순한 2차원적 막과는 다릅니다(이 책에서는 브레인을 막으로 통일해 지칭했습니다). 거칠게 비유하자면, 점(입자)을 확대해서 보면 1차원의 끈처럼 보일 것입니다. 끈을 더욱 확대하면 2차원의 막이나 3차원의 입체, 혹은 그 이상 차원의 실체로 보인다고 할 수 있지요. 즉, 끈에서 비롯된 실체를 차원을 달리해 본 것이 막이라 할 수 있습니다.

M-이론이 이처럼 끈을 여러 차원의 막으로 취급하는 데는 이유가 있습니다. 고전적 개념에서는 시공간이 고정적입니다. 그러나 끈이론에서는 시공간 속에 들어 있는 차원이 수시로 바뀔 수 있습니다. 앞서 원래 버전의 끈 이론에서는 만물이 끈으로 구성되어 있고, 이들의 진동하는 방식에 따라 다양한 물질 입자가 나타난다고 했습니다. 그런데 1차원의 끈이 강하게 상호작용하면 숨겨 있던 여분의 차원이 커지며, 그 방향으로 한 차원 높은 2차원, 3차원의 막이 출현합니다.

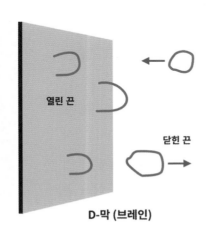

그림 3-3

D-막과 열린 끈 및 닫힌 끈의 작용

열린 끈

닫힌 끈

D-막 (브레인)

다시 말해 끈들이 강하게 상호작용할 때 높은 차원의 막이 나타난다고 보는 것이지요. 그렇다면 당초 끈 이론에서 말했던 끈은 물질의 근본적인 구성요소가 아니라 이들이 비교적 약하게 진동할 때 나타나는 모습이라 볼 수 있습니다. 즉, 끈은 막의 일부 형태라고 할 수 있지요.

특히, M-이론이나 초끈 이론의 막 중에서 중요한 것은 D-막 D-brane입니다. 디리클레막Dirichlet brane의 약칭인 D-막은 1995년 UC 산타바바라대학의 폴친스키Joseph Polchinski Jr가 정립한 개념인데, 보다 후에 이뤄진 미니 블랙홀의 이해와 끈 이론의 홀로그램 원리에 기초를 제공해 주었습니다.

D-막에 대해서는 많은 면을 아직 모르지만 한 가지 중요한 성질은 알고 있습니다. 바로 열린 끈은 붙잡아 두고 닫힌 끈은 구속하지 않는 성질입니다(〈그림 3-3〉 참조). 즉, 열린 끈의 양 끝은 D-막에 붙어 있습니다. 원래 위튼이 M-이론을 발견한 계기도 끈의 끝의 상태를 밝히는 과정에서 나왔습니다. 이론에 의하면 열린 끈은 양끝이 D-막의 표면에 붙어 고정된 채로 진동합니다. 그 결과 표준모형에 나오는 모든 입자들(전자, 쿼크 등 물질을 구성하는 페르미온과 힘을 전달하는 보손입자들)이 나타납니다.

반면, 양끝이 닫힌 폐곡선의 끈들은 막에 구속되어 있지 않고 공간을 자유롭게 돌아다닐 수 있습니다. 중요한 점은 닫힌 끈들이 진동해서 나타나는 입자가 중력을 매개하는 중력자라는 사실입니다. 중력자는 아직 발견되지는 않았지만 존재가 거의 확실한 입자라고 앞서 소개했습니다. 중력자가 닫힌 끈이라는 근거는 무엇일까요? 표준모형에 나오는 힘 매개 보손입자들(광자, 글루온, W 및 Z보손)들은 스핀 값이 1이지만 중력자는 특이하게도 그 2배인 2입니다. 아마도 그 이유는 끈의 양끝이 막의 두 곳에 붙잡혀 있는 나머지 세 종류 힘과 달리 중력은 속박되지 않았기 때문으로 추정됩니다.

정리하자면, 중력자는 닫힌 끈의 형태로 막 사이를 자유롭게 드나들 수 있는 유일한 입자입니다. 이를 높은 하늘에 띄운 연에 비유할 수 있습니다.[12] 연이 D-막이라면, 거기에 들러붙은 수증기 방울들은 표준모형에 나오는 입자들에 해당됩니다. 그런데 약한 비가 내리거나 심하게 흔들리면 빗방울들은 3차원 공간을 가로질러 다른 연으로 갈 수 있지요. 중력자가 이에 해당된다는 설명입니다.

중력의 문제를 본격적으로 다룬 끈 이론 분야의 중요한 논문이 1998년 발표되었습니다. 당시 40세도 안된 아르헨티나 출신의 하버드대학 교수 후안 말다세나Juan M. Maldacena가 제안한 'AdS/CFTAnti-de Sitter/ conformal field theory 대응성'에 대한 논문이었지요.[13] 40년의 초끈 이론 연구에서 가장 획기적인 논문으로 평가받았던 그의 논문은 2019년 기준으로 약 19만 회 인용되었습니다. 이름이 난해해 보이지만, AdS는 '반 드지터 anti-de Sitter' 공간의 약자입니다. 일반상대성이론과 관련된 말안장 모양의 공간이지요(1장 참조). *

한편, CFC는 미세세계 입자를 다루는 양자장론을 말합니다. 한마디로 일반상대성이론의 중력과 양자장론의 세 가지 힘(전자기력, 약력, 강력)을 통합시킬 가능성을 다룬 내용이지요. 말다세나는 말안장 모양으로 휘어진 공간(반 드지터 공간)에 적용되는 끈 이론의 중력은 그보다 한 차원 낮은 조건에서 기술되는 양자장론과 수학적으로 등가等價 관계

---

* 반(反)드지터 공간은 최근의 우주론에서 중요하게 다루는 시공간 연속체이다. 드지터 공간은 양의 곡률을 가진 공 모양의 휘어진 공간으로 그 속에 그린 삼각형의 내각의 합은 180도보다 크다. 반면, 반 드지터 공간은 음의 곡률을 가지며 삼각형의 내각의 합이 180도보다 작다. 2차원 면에 비유하면 말안장 모양의 공간이다. 이런 공간은 물체를 매우 강하게 밀치면서 공간을 팽창시키는 성질이 있으며, 심지어 블랙홀의 사건의 지평선조차도 접촉할 수 없다. 반 드지터 공간의 또 다른 중요한 특성은 다양한 차원을 가질 수 있다는 점이다.

에 있음을 제시했습니다. 다시 말해, 끈 이론의 중력을 한 차원 낮은 공간에서 기술하면 양자장론과 같음을 수학적으로 보여 준 것입니다.

'말다세나의 추론'으로 불리는 그의 가설은 끈 이론으로 중력과 표준모형의 세가지 힘을 연결하는 고리를 제시했다는 점에서 큰 관심을 끌었습니다. 물론, 그의 추론은 아직 완벽히 증명되지는 않았습니다. 그러나 타당성은 일부 확인되어 핵물리학이나 응집물질 물리학에서 응용되고 있습니다.

말다세나의 추론이 관심을 끄는 또 다른 이유는 이것이 홀로그래피의 원리와 유사하기 때문입니다. 잘 아시다시피, 홀로그래피란 3차원의 입체 영상을 2차원의 면에 기록하는 기술이지요. 3D 영화는 약간 다른 두 방향에서 찍은 3차원 영상을 2차원 필름에 기록한 후 여기에 빛을 반사시켜 영상을 얻지요. 그런데 물질과 공간에도 홀로그래피 원리가 적용된다는것이 20세기 말의 블랙홀 연구에서 이미 밝혀진 바가 있었습니다. 앞서 베켄슈타인이 블랙홀의 엔트로피는 사라지지 않으며 사건 지평선의 표면적에 비례함을 증명했다고 했습니다. 그는 블랙홀의 모든 정보가 3차원 공간이 아니라 2차원의 사건 지평선 구면에 저장되어 있다고 했습니다.[3] 홀로그래피 원리에 대한 힌트였다고 할 수 있지요.

체계적인 홀로그래피 원리는 1999년도 노벨 물리학상 수상자인 네덜란드의 헤라르뒈스 엇호프트Gerardus 't Hooft가 제안했습니다. 그는 〈양자중력에서의 차원 감소〉라는 1993년의 논문에서 중력을 한 차원 낮은 공간에서 기술하면 양자장론과 비슷해진다고 추론했습니다.

이 아이디어를 이어받아 2년 후에는 스탠포드대학의 레너드 서스킨드가 〈입체영상으로서의 세계〉라는 논문을 발표했지요. 그는 3차원 공간에서 일어나는 현상들은 멀리 떨어진 그 공간의 2차원적 경계면 (혹은 스크린)에서 투사되어 나타난 결과이며, 이 과정에서 정보의 손실은 없다고 추론했습니다. 바꾸어 말해, 3차원의 물질 정보가 2차원의 면에 최소단위의 픽셀로 저장된다는 가설이었지요. 최소단위 정보인 이 픽셀의 크기는 플랑크 넓이(한 변이 약10^{-35}m인 정사각형)라고 추정했습니다.

이 원리에 의하면, 3차원의 공간에 있는 물질들은 생각보다 적은 양의 정보를 가지고 있습니다. 정보가 무한대의 공간에 퍼져 있지 않고 유한한 면적의 경계면에 담겨 있기 때문이지요. 사실이라면 삼라만상은 우주 어느 곳에 있는 경계면이나 막에 기록된 입체영상에 지나지 않는 셈이지요.

막으로 된 세상 | 막 세계 우주론

M-이론은 양자중력의 후보 이론으로 매우 흥미롭지만 완성된 이론이 아닙니다. 또한 제안된 식들이 기술하는 물리적 의미에 대해서도 초보적으로만 이해하고 있지요. 특히, M-이론의 핵심인 막과 끈이 정확히 무엇을 의미하며, 어떤 역할을 하는지 이해할 필요가 있습니다. 위튼은 M-이론을 발표한 지 1년이 지난 1996년, UC버클리의 체코 출신 물리학자 호라바[Petr Hořava]와 함께 자신의 이론을 물리적 현상으로 가시화할 수 있는 모형을 제시했습니다. 〈그림 3-4〉에는 M-이론에 대한 최초의 물리적 설명이라 할 수 있는 '호라바-위튼 96[Hořava-Witten 96]' 모형의 개요를 나타냈습니다.[14]

그림에서 보듯이, 이 모형에서 기술하는 세상은 2개의 3-막(D-막)과 그 사이에 있는 공간으로 이루어져 있습니다. 먼저 3-막은 3차원의 공간과 1차원의 시간으로 이루어진, 우리가 사는 우주입니다. 막이라고 불렸지만, 사실은 4차원 시공간을 2차원으로 표현한 것이지요. 표준모형에 나오는 모든 소립자들은 이 3-막에 있습니다. 즉, 소립자들은 막에 양 끝이 붙어 있는 열린 끈들이 진동한 결과로 나타납니다. 그뿐만 아니라 칼라비-야우 공간에 미세하게 말려 있는 6차원의 여분의 차원들도 이 3-막 속에 박혀 있습니다. 물론, 여분 차원의 공간들은 너무 작아 관찰되지 않지요. 결국 우리가 사는 3-막에는 10차원의 시공간이 들어 있는 셈입니다.

한편, 이 모형에 의하면 또 다른 3-막이 있습니다. 우리와 다른 우주인 이 막에 대한 내용은 알 수 없습니다. 이 막은 우리 우주의 복사판이기보다는 조금 다른 우주일 수도 있습니다. 또한 3-막의 수가 무수히 많다면 우리와 똑같은 우주가 그중 있을지도 모릅니다. 어떤 경우이건 우리는 다른 막의 우주를 볼 수 없습니다. 빛을 포함한 표준모형의 모든 소립자는 우리의 3-막에 붙어 있어 다른 우주의 막으로

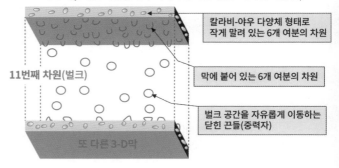

그림 3-4

호라바-위튼의 막(brane) 세계 모형. 우리는 4차원 (3-막)에 살고 있으며 6개의 여분의 공간 차원은 이 3-막에 박혀 있다. 한편, 우리와 다른 또 다른 3-막 우주가 있으며, 그 사이에 벌크라 불리는 11번째 차원의 공간이 있다.

3-D막(4차원 시공간의 우리 우주:3차원 공간 + 1차원 시공간)

칼라비-야우 다양체 형태로 작게 말려 있는 6개 여분의 차원

11번째 차원(벌크)

막에 붙어 있는 6개 여분의 차원

벌크 공간을 자유롭게 이동하는 닫힌 끈들(중력자)

또 다른 3-D막

건너갈 수 없기 때문이지요. 이 모형에서 추산하는 막 사이의 거리는 10^{-18}m보다 짧습니다. 우리 우주와 극히 가까운 코앞 거리에 다른 막의 우주가 존재하는 셈이지요. 이는 1,000조 분의 1mm밖에 안 되는 극히 짧은 거리입니다. 그러나 플랑크 길이 10^{-35}m보다는 10만×1조 배나 길지요.

그렇다면 두 3-막 사이에는 무엇이 있을까요? 이 모형의 세 번째 구성요소는 두 개의 3-막 사이에 있는 벌크[bulk]라고 불리는 공간입니다. M-이론이 10차원의 초끈 이론과 다른 점이 바로 이 11번째의 차원인 벌크가 있다는 사실입니다. 그런데 닫힌 끈인 중력자들은 두 3-막 사이에 있는 벌크 공간을 자유롭게 이동합니다. 다시 말해 자연의 네 가지 힘 중에서 중력만이 벌크를 가로질러 두 막 사이에 작용한다는 해석입니다.

1998년에는 M-이론에 바탕을 두고 호라바-위튼 모형을 더 발전시킨 또 다른 '막 세계[brane world]' 시나리오가 발표되었습니다. 하버드 대학의 이란계 이론물리학자인 아르카니 하메드[Nima Arkani-Hamed] 등 3인이 제안한 ADD 모형입니다. ADD란 명칭은 이론의 제창자 세 사람의 이름 첫 자를 딴 것인데, '큰 여분차원[large extra dimensions, LED]' 모형이라고도 불립니다. 호라바-위튼의 이론에서처럼 이 모형에서도 표준모형에 나오는 모든 물질입자들은 3차원(+1개의 시간 차원) 공간인 3-막에 붙어 있습니다. 중력만이 막 사이를 통과한다는 점도 같지요. 다른 점은 여분의 차원이 3-막이 아니라 그들 사이의 공간(벌크)에 있다고 설명합니다.

또한 모형의 이름에서 알 수 있듯이, 여분의 차원의 크기가 통상의 끈 이론에서 추정하는 플랑크 길이 수준에 비해 엄청나게 크다고 봅니다. 그 크기는 벌크에 있는 여분의 차원(3+n차원)의 개수에 따라 달라집니다. 계산에 의하면 두 3-막 사이의 거리가 최대 0.001mm까지도 가능하다고 봅니다. 짧다고 생각하시겠지만 플랑크 길이 10^{-35}m에 비하면 1조×1조×1,000억 배나 되는 길이입니다.

무엇보다도 ADD 모형이 관심을 끄는 이유는 중력이 다른 세 가지 힘에 비해 엄청나게 작은 이유를 설명한다는 점 때문입니다. 이 모형에 따르면, 닫힌 끈(중력자)은 벌크에 있는 여분의 차원에 분산되어 전달되기 때문에 약해진다고 합니다. 사실이라면 여분의 차원의 개수가 많을수록 중력은 더욱 약해질 것입니다. 왜 차원의 수가 많아지면 중력이 약해질까요? 화단용 물뿌리개에 비유해 보겠습니다. 물뿌리개의 앞 마개를 뽑으면 물이 1차원적으로, 즉 한 줄로 나오므로 물줄기가 세집니다. 반면, 앞면에 조그만 구멍들이 뚫린 마개를 씌우고 뿌리면 2차원적 면에서 물이 나오므로 훨씬 약하고 부드럽게 물을 줄 수 있지요. 더 나아가 구면球面 전체에 3차원적으로 구멍이 뚫린 공 모양의 마개를 사용한다면 (그런 물뿌리개는 없겠지만) 물줄기는 더욱 분산되어 훨씬 약해질 것입니다. 중력도 마찬가지여서 차원의 수가 많을수록 세기가 거리에 따라 급속히 약해집니다.[*]

그런데 이를 뒤집어서 생각할 수도 있습니다. 즉, 여분의 차원이 있다면 거리가 가까워질수록 중력이 강해지는 정도가 훨씬 클 것입니다. 그렇다면 극히 가까운 거리에서는 중력이 상당한 값을 유지한다고 유추할 수 있습니다. 가령 3차원 공간에서는 거리가 1/2, 1/3으로 줄

---

[*] 우리가 경험하는 3차원 공간에서는 중력이 뉴턴의 법칙을 따른다. 즉, 중력의 세기는 두 물체 사이의 거리의 제곱에 반비례하므로 거리가 2배, 3배로 멀어지면 중력은 1/4, 1/9로 줄어든다(1/거리²). 그런데 3차원 외에 n개의 여분의 공간 차원이 있으면 중력은 1/거리²⁺ⁿ에 비례해 급격히 감소한다. 가령, 공간이 4차원이면(즉, 여분의 차원이 1개이면) 중력은 1/거리²⁺¹로 감소하므로, 2배, 3배 멀어지면 중력은 1/8, 1/27로 빠르게 줄어든다. 마찬가지로 여분의 차원이 2개이면 1/16, 1/81로 더욱 급격히 중력이 줄어든다(1/거리⁴).

어들면 중력은 4배, 9배 증가하지만(거리²), 4차원 공간이라면 8배, 27배 커질 것(거리³)입니다. 다만, 이런 일이 일어나려면 ADD 모형에서 말하는 대로 3-막 사이의 벌크 공간에 여분의 차원이 존재해야 합니다. 만약 거리에 따라 중력이 비정상적으로 급격히 증가하는 현상을 관측하고 그 세기를 측정한다면 이 모형의 주장이 입증될 것입니다.

ADD 모형이 입자물리학자들의 흥미를 끄는 또 다른 이유는 오늘날의 기술 수준에서도 이를 실험적으로 검증할 가능성도 있기 때문입니다. 예를 들어보지요. 이미 밝혀진 전자기력과 약한 핵력의 통합 힘, 즉 전기약력은 10^{-19}m 이내에서 일어나며, 이에 상응하는 에너지는 1TeV(테라전자볼트)입니다(일반적으로 거리가 짧을수록 에너지 수준은 커집니다).

반면, 양자론에서 중력을 포함한 네 가지 힘이 통일된다는 플랑크 거리는 10^{-35}m로 극히 짧습니다. 그에 상응하는 에너지는 무려 10^{16}TeV에 달하지요. 오늘날 기술이 낼 수 있는 수준보다 무려 1,000조 배나 큰 에너지입니다. 아무리 기술이 발전해도 현실적으로 구현할 수 없는 에너지 값이지요. 그런데 ADD 모형대로 여분의 차원이 있다면 플랑크 길이보다 훨씬 길어도 중력이 통합되는 에너지 수준에 도달할 수 있을 것입니다. 그런 경우 실험적으로 검증이 가능하겠지요.

ADD 모형이 맞는지는 3가지 방법으로 검증할 수 있습니다. 첫째, 실험실의 극히 짧은 길이에서 거리가 짧아짐에 따라 감소하는 중력값을 직접 측정하는 방법입니다. 안타깝게도 중력은 극히 미약하므로 짧은 거리에서 정밀하게 측정하기가 현재의 기술로서는 쉽지 않습니다. 2001년의 정밀한 중력 측정 결과에 의하면 0.2mm까지는 중력의 세기가 거리의 제곱에 반비례했습니다.[15] 이 범위에서는 뉴턴의 중력법칙을 따르는 3차원의 공간이 지배적이며, 여분의 차원이 있다면 이보다 작다는 의미이지요.

둘째, CERN의 대형중입자가속기(LHC)에서 확인하는 방법입니다. 가령, 2개의 양성자를 고속으로 충돌시키면 여러 기본입자로 분해됩니다. 그런데 ADD 모형의 예측대로라면 (어떤 규모 이상의 에너지로 충돌 시에) 그 과정에서 발생한 중력자가 여분의 차원으로 분산되며 사라지는 흔적을 발견할 수 있다고 합니다. 현재까지의 실험 결과는 실망스럽게도 그런 흔적을 찾지 못했습니다. 하지만 ADD모형은 세부 버전에 따라 수TeV~10^{16}TeV의 에너지를 예측하고 있으므로 극히 일부 구간만 점검한 셈이지요.[16] 만약 수백 TeV급 이하의 에너지에서도 중력이 붕괴된다면, 이 장의 앞부분에서 소개한 미니 블랙홀도 생성될 것입니다.

셋째, 천체물리학적 방법으로 검증할 가능성도 있습니다. II형 초신성의 최신 이론에 의하면 3개 이상의 여분 차원이 있을 경우 관측으로 ADD 모형을 검증할 수 있다고 합니다.

한편, 이 모형보다 더 흥미로운 막 우주 이론이 이듬해 발표되었습니다. 1999년 리사 랜달Lisa Randall과 라만 선드럼Raman Sundrum이 발표한 모형이지요.[17] 두 사람의 연구는 2004년까지 5년 연속 미국물리학회에서 가장 많이 인용된 논문으로 수상할 만큼 관심을 끌었습니다. 당시 랜달은 MIT와 스탠포드대학에서 여성 물리학자로는 최초로 교수 종신재직권tenure를 이미 가지고 있었는데, 이 논문 발표 후 하버드에서 스카우트해 채용했습니다.

한편, 인도 출신인 선드럼은 박사후 계약직으로 9년간이나 여러 대학을 전전하고 있을 때 랜달로부터 공동연구를 제안 받았습니다. 학문의 길을 걷기에는 더 이상 희망이 없다 생각해 금융회사에 취직하려던 참이었는데, 랜달과의 연구가 그의 인생을 바꾸었습니다. 선드럼은 존스홉킨스대학 100주년 석좌교수를 거쳐 현재는 메릴랜드대학의 공훈교수로 재직 중입니다.

랜달-선드럼 모형은 두 사람 이름의 첫 자를 딴 RS-1, RS-2의 두 버전이 있습니다. 첫 번째인 RS-1 랜달-선드럼 모형에 의하면, 우주는 2개의 막에 4차원의 시공간이 들어 있고 그 사이에 벌크라는 공간이 있습니다(〈그림 3-5〉 참조). 이 점은 앞서의 두 모형과 동일합니다. 그러나 여분의 차원이 1개밖에 없는 단순한 구조입니다. 이 제5의 차원은 막 사이의 벌크 공간에 있습니다.

한편, 떨어져 있는 2개의 막 중 하나가 관측 가능한 우리 우주인 4차원의 시공간 막입니다(TeV-brane이라고도 부릅니다). 열린 끈들은 여기에 붙어 있습니다. 물론, 표준모형의 모든 입자들도 이 열린 끈들이 진동한 결과입니다.

또 다른 막은 중력막gravity brane입니다(Planck-brane이라고도 부릅니다). 이 막의 주변에는 중력자들이 집중적으로 몰려 있습니다. 부호가 다르면 상쇄되는 다른 세 종류 힘과 달리 중력은 인력만 작용하므로 밀집할 수 있기 때문입니다. 하지만 중력자들은 닫힌 끈이기 때문에 막에 붙어 있지는 않고 5차원의 벌크 공간을 자유롭게 떠다닙니다. 이 모형에 의하면 중력막은 플러스, 그리고 물질막은 마이너스의 막 에너지를 가지고 있다고 합니다. 따라서 중력은 중력막에서 물질막 쪽으로 전파됩니다. 그 결과 중력막에서 멀어질수록 중력자의 개수는 급격히 감소하며, 관측 가능한 우주인 우리의 물질막 부근에 이르면 매우 희박해집니다.

한편, 이들이 떠다니는 막 사이의 벌크 공간은 심하게 휘어진 '반 드지터' 공간입니다(앞서 말했듯이 반 드지터 공간은 말안장형 공간으로, 말다세나의 AdS/CFT 대응성에도 중요한 역할을 합니다). 모형에 의하면 공간이 이처럼 휘어진 이유는 중력막과 물질막의 음과 양의 에너지 차이 때문입니다. 그런데 휘어진 반 드지터 공간은 물체를 강하게 밀어내는 성질이 있습니다. 당연히 다섯 번째 5차원인 반 드지터 공간도 중력막에서 멀어질수록 지수적으로 휘어집니다. 그 결과 우리의 막에 이르면 모든 것이 커지며, 반면에 중력은 극도로 미약해집니다.

　　랜달-선드럼 모형이 이전의 ADD 모형과 다른 점은 중력이 여분의 차원의 숫자 때문에 약해지지 않는다는 해석입니다. 즉, 중력은 제5차원의 공간에서도 뉴턴의 법칙대로 거리의 제곱에 반비례해 약해집니다. 그러나 우리의 막 근처에서는 제5차원의 공간이 극도로 휘어져 확대되었기 때문에 중력이 미약해진다고 봅니다. 뿐만 아니라 휜 공간은 에너지의 상당부분을 분산하므로 우리의 물질막에서는 플랑크 에너지가 양자장론이 예측하는 값보다 훨씬 낮아졌을 것이라고 예측합니다. 따라서 끈의 길이도 중력막에서는 플랑크 길이인 10^{-35}m이지만

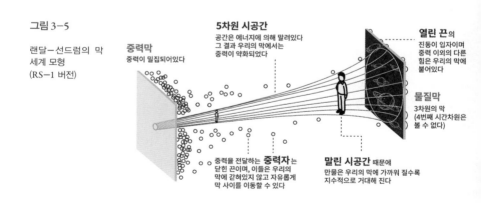

그림 3-5

랜달-선드럼의 막
세계 모형
(RS-1 버전)

5차원 시공간
공간은 에너지에 의해 말려있다
그 결과 우리의 막에서는
중력이 약화되었다

중력막
중력이 밀집되어있다

열린 끈의
진동이 입자이며
중력 이외의 다른
힘은 우리의 막에
붙어있다

물질막
3차원의 막
(4번째 시간차원은
볼 수 없다)

중력을 전달하는 **중력자**는
닫힌 끈이며, 이들은 우리의
막에 갇혀있지 않고 자유롭게
막 사이를 이동할 수 있다

말린 시공간 때문에
만물은 우리의 막에 가까워 질수록
지수적으로 거대해 진다

우리 우주의 막에서는 10^{-17}m로 크다고 추정합니다. 그렇다면 중력이 통합되는 플랑크 에너지도 표준모형의 예측처럼 10^{28}eV(전자볼트)의 엄청난 값이 아니라 10^{12}eV, 즉 LHC를 이용해 관측할 수준의 TeV급일 수도 있을 것입니다. 실험물리학자들은 이를 확인하기 위해 다양한 실험을 계획하거나 진행 중입니다

덧붙이자면, 랜달-선드럼 모형의 또 다른 버전인 RS-2에서는 물질막이 없고 중력막만 있습니다. 즉, 우리가 중력막에 산다고 봅니다. 그렇게 되면 말다세나의 홀로그피 원리와 비슷하게 됩니다. 즉, 우리는 원래 5차원의 세계에 살고 있는데, 그 안의 에너지와 물질의 모든 정보가 4차원의 시공간 막에 투영되고 있다는 해석입니다.

이 절에서 우리는 끈 이론과 그에 바탕을 둔 '막 세계 brane world' 우주 모형들을 알아보았습니다. 이 모형들이 이론물리학자들의 관심을 끄는 데는 몇 가지 이유가 있습니다. 첫째, 막 세계 모형들은 표준모형의 난제인 계층문제를 설명하고 있습니다. 2장에서 알아본 대로 중력의 세기는 자연계의 다른 세 종류의 힘에 비해 끔찍할 정도로 작지요. 그런데 표준모형과 달리 막 우주론은(진위는 검증되어야 하겠지만) 나름대로 그 이유를 설명합니다. 여분의 차원이나 막 때문에 중력이 급격히 약해진다는 해석이지요. 원인은 여분의 차원 그 자체일 수도 있고 (ADD 모형), 혹은 그것이 들어 있는 공간의 휘어짐 때문(랜달-선더럼 모형)일 수도 있습니다. 현재 제시된 여러 이론 중에 오직 끈 이론에 바탕을 둔 막 이론만이 중력과 관련된 계층문제를 설명하고 있습니다.

둘째, 막 세계 이론은 표준모형의 난제인 암흑물질도 어느 정도 설명합니다. 즉, 암흑물질이 보이지 않는 이유는 단순히 다른 막이나 여분의 차원에 숨겨져 있기 때문이라고 해석합니다. 많은 양의 물질이

그런 곳에 담겨 있다면 보이지 않을 것입니다. 특히, 일부 막 세계 모형의 예측처럼 닫힌 끈의 중력자가 여분의 차원과 막들 사이를 자유롭게 옮겨 다닌다면, 그 속에 박혀 안 보이는 암흑물질에도 중력이 작용할 것입니다. 혹은 다른 막과 작용하는 중력이 암흑물질로 보일 수 있겠지요.

마지막으로, 일부 끈 이론과 막 세계 우주모형은 당돌하게도 빅뱅 이전을 설명하려 듭니다. 1장에서 보았듯이 현재의 표준 빅뱅 우주모형(ΛCDM 모형)은 빅뱅 이후는 잘 설명합니다. 그러나 빅뱅이 왜 일어났으며, 그 이전에 무엇이 있었는지에 대해서는 묵묵부답입니다. 이와 달리 끈 이론과 그 연장선에 있는 막 세계 모형은 이에 대해서 나름대로 설명을 내놓고 있습니다. 그중 중요한 가설을 몇 개만 소개해 봅니다.

영원히 큰 불이 반복되는 | 에크피로틱 우주

먼저, 평행한 두 개의 막 우주가 충돌해서 빅뱅을 일으킨다는 '에크피로틱ekpyrotic 우주모형'이 있습니다.[18] 2001년 스탠포드대학의 폴 스타인하르트Paul Steinhardt와 케임브리지의 닐 튜록Neil Turok이 내놓은 모형이지요. 큰 불(에크피로시스)에서 우주가 시작되었다는 그리스 스토아 학파의 우주론에서 명칭을 따온 가설입니다. 에크피로틱 모형에 의하면 우주는 빅뱅을 무한히 반복하며 주기적으로 순환합니다. 그 과정이 〈그림 3-6〉에 요약되어 있습니다.[19] 이론대로라면, 우리의 우주는 10차원 공간 속에 떠 있는 D4-막D4-brane, 즉 4차원 시공간의 막입니다.

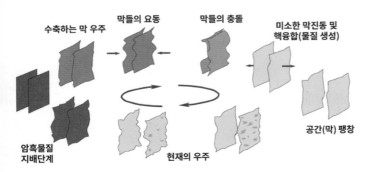

그림 3-6

막 우주가 충돌해서 빅뱅을 일으킨다는 에크피로틱 순환

수축하는 막 우주   막들의 요동   막들의 충돌   미소한 막진동 및 핵융합(물질 생성)

암흑물질 지배단계   현재의 우주   공간(막) 팽창

이 막 우주들은 통상적 개념의 공간이 아니라 시간적 평행우주에 가깝습니다. 먼 하늘에 떠 있기보다는 차원적으로 분리된 초공간에 있다고 보아야 할 것입니다. 또한 막은 무수하게 많을 수도 있습니다.

순환 주기의 첫 단계에서는 2개의 평행한 막 우주가 서로 멀리 떨어져 있습니다. 두 막의 속에는 물질과 에너지가 극히 희박하게 분포되어 있지요. 일반상대성원리에 의하면 이처럼 물질과 에너지 밀도가 낮은 시공간은 거의 휘어지지 않습니다. 즉, 순환주기의 초기 단계에 있는 두 막은 거의 평평합니다. 그런데 닫힌 끈인 중력자는 자유로이 공간을 통과하므로 막 사이에는 작지만 분명히 인력이 작용합니다. 따라서 오랜 세월이 지나면 막들은 결국 가까워질 것입니다. 그러다 두 막 사이의 거리가 충분히 근접하면 어느 단계에서 양자효과로 인한 양자요동이 모습을 드러냅니다. 즉, 공간의 에너지 밀도 편차 때문에 막들 사이에는 인력이 국소적으로 다르게 작용합니다. 그 결과 막들은 미세하게 쭈글쭈글해집니다.

시간이 더 지나면 근접하던 두 막은 결국 충돌합니다. 충돌 시에는 4차원의 시공간을 품고 있던 막의 운동에너지가 엄청난 양의 복사 및 물질에너지로 변환됩니다. 변환된 에너지는 두 막에 흡수되어 우주의 복사에너지와 물질을 생성합니다. 이 막의 충돌을 기존의 빅뱅과 구별하기 위해 '빅 스플랫Big Splat'이라고 부릅니다. 스플랫이란 얇은 물체가 부딪힐 때 너는 '철썩' 소리를 말합니다. 그런데 충돌 직전의 막은 표면이 매끈하지가 않았지요. 따라서 약간 돌출된 부분들이 먼저, 그리고 더 강하게 충돌하며 더 많은 에너지와 물질이 변환됩니다. 바로 이들이 우주배경복사에 나타난 얼룩이며 은하와 은하단의 씨앗이 된 부분이라는 설명입니다.

그런데 일단 빅 스플랫이 일어난 각각의 막은 충돌 때 흡수된 엄청난 에너지를 줄이기 위해 시공간을 팽창시키며 식게 됩니다. 동시에 두 막 사이에는 충돌의 반작용으로 척력이 작용하여 거리는 점차 멀어집니다. 충돌 후 두 막이 튕겨 나간다고 볼 수 있지요. 이후 우주의 팽창과 그에 따른 온도의 하강은 몇 조 년 동안 계속됩니다. 스타인하르트는 현 우주가 50억 년 전부터 갑자기 가속 팽창모드로 바뀐 특이한 현상도 이 과정의 일부라고 설명합니다. 충돌 후 팽창하며 식는 기간을 1조 년이라 해도 대략 빅뱅 이래 현재까지 흐른 시간의 100여 배나 되는 긴 시간이지요.

마지막 단계에 이르면 막 우주의 온도는 절대온도 0K에 근접하게 식습니다. 또한 에너지와 물질의 밀도도 1,000조 입방광년의 공간에 전자가 하나 있을 정도의 희박한 상태가 됩니다. 이 단계에서는 물질의 밀도가 사실상 0에 가까우므로 시공간, 즉 막은 요철이 거의 없는 원래의 평평한 상태로 돌아갑니다. 이것이 끝이 아닙니다. 두 막 사이에는 다시 인력이 작용하며 또 다른 충돌을 향해 나아가지요. 막들은 가까이 근접했다가 충돌하고 다시 멀어지는 과정을 주기적으로 무한히 반복할 것입니다. 이 우주론의 매력은 우주의 끝과 시작을 물을 필요가 없다는 점입니다.

빅뱅의 원인을 끈 이론에 바탕을 두어 설명하는 또 다른 이론모형으로 '선先 빅뱅 시나리오Pre-Big Bang scenario'가 있습니다. [15] 끈 이론의 수학을 처음 발견했던 꼴레즈 드 프랑스Collège de France의 이탈리아계 이론물리학자 가브리엘레 베네치아노가 제안한 우주론이지요. 이 이론모형에 의하면 빅뱅은 블랙홀에서 무수히 일어나는 흔한 사건입니다. 그런데 우리 우주에는 블랙홀이 널려 있으므로 사방에서 빅뱅이 일어나며 시공간의 차원이 다른 새로운 우주가 끊임없이 탄생한다는 설명입니다.

여분의 차원이 작은 이유를 설명하는 가설들

'끈 기체 우주모형(String gas cosmology)'은 캐나다 맥길대학의 브란덴버거(Robert Brandenberger)와 하버드대학의 이란 출신 물리학자 바파(Cumrun Vafa)가 제안했다. 끈 기체란 뜨거운 상태의 끈을 말하는 명칭이다. 이 모형은 현 우주의 기원을 끈의 기하학적 특성에서 찾는다.

모형에 의하면, 초기 우주에서는 끈들이 모든 차원을 마치 고무밴드로 스펀지를 묶은 듯 감고 있었다. 그런데 시간이 지나자 반대 방향으로 감겼던 끈들이 서로 반응하면서 풀어졌다. 그 결과 짧은 시간에 많은 차원들이 풀어졌으며, 팽팽히 감겼던 끈의 장력이 약해지면서 잠재되었던 에너지가 분출했다. 이것이 우주의 물질과 에너지를 생성했다.

그런데 끈들의 상쇄반응은 주로 3차원 이하의 저차원에서만 높은 빈도로 일어났으며 고차원의 공간들은 대부분이 끈에 감겨 작게 말린 상태를 유지했다. 즉, 우리가 경험하는 3차원의 공간은 초기 우주에서 고무줄처럼 감겼던 끈들이 풀어지며 차원을 팽창시킨 결과이다. 반면, 고차원(여분의 차원들)의 공간은 그렇지 못했다. 이 모형은 현 우주에서 왜 3차원 공간만 거대하고 여분의 차원은 왜소한지 설명을 시도하고 있다.

이와 유사한 우주론으로 2000년대 중반 케임브리지대학의 퀘베도(Fernando Quevedo) 등이 발전시킨 '계수 인플레이션(Moduli inflation)' 모형이 있다.[20] 이 이론은 다른 막 세계 모형처럼 막들이 중력에 이끌려 움직이다 다른 막을 만나 충돌하면서 엄청난 에너지를 방출한다. 하지만 그 대상이 막과 반막(anti-brane)이라는 점이 다르다.

반막은 물질/반물질과 유사한 개념이다. 모형에 의하면, 막/반막이 충돌해 상쇄되면 엄청난 에너지를 방출한다. 이때 방출된 에너지는 인근에 있는 막으로 흘러가 물질과 에너지의 원료가 된다. 왜소하고 보잘것없는 인근의 막은 갑자기 막대한 에너지와 물질을 흡수하면서 크게 팽창한다. 그 결과 마치 빅뱅 때처럼 새로운 우주로 성장한다.

그런데 이 이론의 수학에 의하면 막/반막의 상쇄반응은 높은 차원의 공간에서 낮은 차원으로 연쇄적으로 분해된다. 가령, 7차원의 D7-막과 D7-반막이 만나면 보다 낮은 차원의 D5-막/D5-반막의 쌍으로 분해되며, 이는 다시 D3-막/D-3반막으로 차원이 낮아지는 식이다. 그런데 이 과정에서 D3-막 이하의 낮은 차원 막들은 방대한 9차원의 공간에서 짝이 되는 반막을 만나기가 어렵다. 그 결과 3차원의 막들은 반응하지 못하고 그대로 남는다. 즉, 끈기체 모형과 달리, 초기 우주에서 반응을 하지 않는 쪽은 고차원의 공간이 아니라 3차원 막이라고 본다.

무수히 생겨나는 아기들 | 혼돈 인플레이션 우주론

1장에서 우리는 빅뱅 직후 10^{-34}초 무렵에 일어났다고 추정되는 인플레이션이라는 사건에 대해 알아보았습니다. 즉, 10^{-34}~10^{-32}초 사이의 순간에 가까운 짧은 시간에 빛보다 빠른 속도로 우주가 급속팽창한 사건이지요. 그 결과 우주는 최소 10^{26}배 이상의 엄청난 크기로 커졌다고 했습니다. 또 이러한 급속팽창의 개념을 도입하면 현대의 표준 빅뱅 우주모형(ΛCDM 모형)이 설명하지 못하는 우주의 편평성, 등방성, 지평선 문제 그리고 자기홀극의 문제를 깔끔히 설명해 준다고도 했습니다. 우리 우주가 인플레이션을 겪었는지 여부는 아직 관측으로 확증되지 않았지만, 여러 방증들이 있기 때문에 대다수의 우주물리학자들이 거의 사실로 받아들이고 있습니다.

그런데 일부 이론물리학자들은 인플레이션을 빅뱅 직후의 사건이 아니라 보다 근본적인 현상으로 우주의 기원 이론에 적용하고 있습니다. 실제로 2019년 MIT의 물리학자들은 인플레이션이 먼저 일어났고, 이것이 빅뱅을 촉발시켰다는 결과를 발표했습니다(1장 참조).

그러나 이것도 빅뱅과 인플레이션의 순서만 바뀌었지 결국은 오늘날 우리가 경험하는 관측 가능한 우주에 대한 설명입니다. 이 절에서 소개하려는 가설들은 인플레이션을 보다 일반적인 우주 사건으로 다루는 모형들입니다. 따라서 이들 우주모형에서는 빅뱅을 특별한 사건으로 보지 않거나 아예 다루지 않는 경우도 있습니다. 이를 소개하기에 앞서 인플레이션이 일어나는 메커니즘, 즉 급속팽창의 기구機構부터 잠시 살펴보기로 하지요. 인플레이션의 일반적인 진행 과정은 1장 후반부와 〈부록 4〉에서 설명했으므로 여기서는 이를 잠시 요약만 하고 조금 다른 측면에서 살펴보겠습니다.

먼저 이론의 제창자인 앨런 구스가 원래 설명했던 인플레이션은 다음과 같습니다. 만약 어떤 공간이 팽창하면 부피가 늘어나면서 공간 안의 물질과 에너지 밀도는 점차 줄어들 것입니다. 그러나 상상을 초월할 만큼 급속 팽창을 한다면 공간의 에너지 밀도는 갑작스러운 부피 증가를 따라잡지 못해 극히 짧은 기간 동안 멈칫할 것입니다(《부록 4》 참조). 그렇게 되면 총 에너지가 순간적으로 잠시 증가한 상태가 될 것입니다. 왜냐하면 공간의 총 에너지는 '부피×에너지 밀도'이기 때문입니다.

에너지 보존의 법칙을 따르는 통상적인 팽창이라면 이런 비정상적 증가분의 에너지는 공간에 남아 있을 수 없습니다. 하지만 초급속 팽창이라면, 또 양자적 규모의 극히 짧은 시간 동안이라면 잠시 공간에 남을 수 있을 것입니다. 구스는 이를 '가짜 진공$^{false\ vacuum}$'이라고 불렀지요. 순간적으로 나타나는 양자적 상태의 '임시' 공간이란 뜻이지요. 이처럼 급작스럽게 증가한 부피 때문에 가짜 진공은 임시로, 그리고 순간적으로 높은 에너지를 떠맡습니다. 이것이 가능한 또 다른 이유는 불확정성의 원리에 따라 시간이 극히 짧으면 에너지는 임의의 큰 값도 가질 수 있기 때문입니다. 하지만 가짜 진공은 양자적 현상이므로 극히 짧은 순간 동안에만 존속할 것입니다. 따라서 생성과 거의 동시에 소멸해 '진짜 진공'이 될 것입니다.

그 순간의 과정을 슬로우 비디오로 보면 〈그림 3-7 a〉와 같습니다. 먼저, 가짜 진공의 공간에서 양자적 크기의 미소한 '진짜 진공거품'들이 나타납니다. 이들은 순식간에 커져 서로 맞닿으며, 그 결과 거품막이 합쳐 터지면서 전체 공간이 진짜 진공으로 바뀝니다. 이 과정에서 가짜와 진짜 진공이 인플레이션에 기여하는 각자의 역할이 있습니다. 먼저, 가짜 진공 덕분에 우주 공간은 엄청나게 팽창합니다. 반면, 진짜 진공은 가짜 진공이 품고 있는 막대한 에너지를 거품막의 표면을 통해 전달받지요. 그런데 이렇게 에너지를 전달받은 진짜 진공은 현실세계의 공간이므로 당연히 낮은 에너지 상태로 돌아가려고 합니다. 이를 위해 진짜 진공거품은 표면에너지의 형태로 거품의 막에 저장된 에너지를 방출합니다. 즉, 막의 면적을 줄이기 위해 거품들이 맞닿아 터지면서 에너지를 방출시킵니다.

그런데 이때 방출된 막대한 에너지는 도망갈 곳이 없으므로 진짜 진공, 즉 현실 우주의 공간에 그대로 남게 됩니다. 팽창하는 우주는 바로 이 에너지를 원료 삼아 복사에너지(빛)와 물질을 창조합니다. 이처럼 물질이 없는 무無의 진공에서 시작된 우주가 인플레이션을 통해 삼라만상을 만듭니다. 구스는 이를 두고 '우주는 공짜 점심ultimate free lunch'이라고 표현했습니다. 학술회의 때 제공하는 점심에 비유한 것이지요.

그런데 구스의 이론은 1981년 발표 직후 치명적인 결함이 있음이 밝혀졌습니다. 첫째, 그의 이론에 의하면 인플레이션 중의 공간의 팽창 속도는 엄청납니다. 그런데 그처럼 빠르게 공간이 팽창한다면 진짜 진공거품들은 서로 맞닿아 터질 기회가 드물 것입니다. 따라서 초기 우주에서 물질이 쉽게 생성되지 않는 모순이 발생합니다.

둘째, 일단 가짜 진공이 진짜 진공으로 모두 대체되면 더 이상 팽창할 이유가 없습니다. 하지만 우리 우주는 빅뱅 초기에 인플레이션이 끝났는데도 여전히 팽창하고 있지요. 구스의 이론은 '우아한 퇴장graceful exit'으로 불리는 이 문제에 답하지 못했습니다.

이런 이유로 인플레이션 이론은 많은 관심을 끌었음에도 불구하

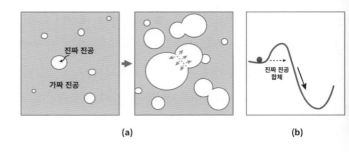

그림 3-7

앨런 구스가 제안한 인
플레이션 중의 가짜 진
공의 진짜 진공으로의
변화과정과 포텐셜 에
너지

진짜 진공

가짜 진공

(a)

진짜 진공
합체

(b)

고 발표 직후부터 공격을 받았습니다. 그해 11월 모스크바에서 열린 우주물리학국제학회의 주요 관심사도 당연히 인플레이션이었지요. 이 회의에서 스티븐 호킹은 인플레이션은 일어날 수 없는 사건이라고 비판했습니다.

그런데 당시 호킹의 발표를 통역했던 안드레이 린데Andrei Linde라는 젊은 학자가 있었습니다. 그는 통역 임무를 마치고 자신의 발표 순서가 되자 어색한 분위기 속에서 인플레이션을 옹호하는 이론을 발표했습니다. 물론 수정된 내용이었지요. 호킹은 린데의 발표와 이어진 토론을 거치면서 입장을 완전히 바꾸었습니다. 거기에 그치지 않고 세상을 떠날 때까지 인플레이션 이론의 강력한 지지자가 되었지요.

이듬해인 1982년 린데, 그리고 독자적으로 미국의 폴 스타인하르트(훨씬 후에 막이 충돌한다는 에크피로틱 우주론을 제창한 인물)와 그의 대학원생 제자 앨브렉트Andreas Albrecht가 수정된 인플레이션 이론을 논문으로 공식 발표했습니다. 이 세 사람 덕분에 인플레이션 이론은 새로운 시대를 맞게 되었습니다. 구스의 첫 버전과 구별해 그들의 이론을 '새로운 인플레이션' 이론이라고 부릅니다. 특히, 소련 붕괴 후 미국의 스탠포드대학로 옮겨간 린데는 이론을 더욱 개선시켰지요.

린데와 스타인하르트의 새로운 인플레이션 이론은 구스의 모형과 달리 거품의 붕괴를 필요로 하지 않습니다(물론 여기서도 가짜와 진짜 진공거품은 발생합니다). 그 대신 인플라톤 장$^{inflaton\ field}$이라 부르는 스칼라 장에 의해 인플레이션이 일어난다고 보았습니다. 2장에서 장^{場}이란 공간의 위치점마다 다른 값을 가지는 물리량을 나타내기 위해 도입된 기념이라고 했습니다. 가령, 방 안의 온도는 위치에 따라 조금씩 다르지요. 창가 근처는 조금 차갑고 사람 주변의 대기는 체온 때문에 약간 높을 것입니다. 이런 온도 분포를 장으로 표시할 수 있습니다.

한편, '스칼라' 장이란 온도처럼 크기만 있고 방향이 없는 장입니다(반면, 전자기장은 크기뿐 아니라 방향 성분도 가지므로 벡터 장입니다). 인플레이션 이론에 의하면 우주 공간은 이 같은 스칼라 장의 일종인 인플라톤 장으로 빈틈없이 채워져 있습니다. 즉, 방향은 없지만 공간의 위치점마다 세기가 다른 장이 존재하며, 그 분포를 위치에너지로도 표시할 수 있습니다. 높은 곳에 있는 물체의 상황과 유사합니다. 높은 곳의 물체는 낙하 운동을 할 수 있는 잠재적(포텐셜) 에너지, 즉 큰 위치에너지를 가지지요. 그러나 낙하 중에는 위치에너지가 점차 줄고 그만한 양이 운동에너지로 변환됨을 우리는 물리 시간에 배웠습니다. 바닥에 떨어지면 위치에너지는 0이 되고 운동에너지는 최대가 되지요.

새로운 인플레이션 이론은 이와 유사하게 높은 위치에너지 상태에 있는 진공이 낮은 쪽으로 굴러 내려갈 때 발생하는 운동에너지가 인플레이션의 구동력^{驅動力}이라고 제안했습니다. 이를 '천천히 구르는 slow rolling' 모형이라 부릅니다. 이 상황을 〈그림 3-7 b〉에 도식적으로 표시했습니다. 그림에서 공의 높이는 임의의 어떤 우주 공간점이 가지는 인플라톤 장의 위치에너지를 나타냅니다. 먼저, 인플레이션 직전의 가짜 진공은 언덕 위의 공처럼 높은 위치에너지 상태에 있습니다. 언덕

아래로 굴러 내려가 낮은 위치에너지의 진짜 진공 상태가 되는데, 그 과정에서 운동에너지가 발생합니다. 이 운동에너지가 우주 공간을 팽창시킨다는 설명이지요. 즉, 높은 위치에너지를 줄이려고 방출하는 공간의 운동에너지가 인플레이션을 일으키는 힘이라고 보았습니다.

그런데 또 다른 중요한 현상이 일어납니다. 골짜기로 굴러 내려간 공은 관성 때문에 바닥을 통과한 후 약간 치고 올라갔다 뒤로 밀릴 것입니다. 즉, 공은 바닥 상태보다 약간 높은 위치에너지로 잠시 올라갔다가 다시 내려와 안정한 상태에 이릅니다(〈그림 3-7 b〉 참조). 다시 말해 치고 올라간 높이만큼의 에너지를 방출, 즉 토해낼 것입니다.

새로운 인플레이션 이론은 급팽창 직후 일어나는 이 추가적 에너지 방출을 '재가열'이라고 불렀습니다. 방출된 에너지가 우주를 잠시 뜨겁게 만든다는 설명이지요. 1장에서도 잠시 설명했듯이 비슷한 현상을 물이나 용융 금속 등의 액체가 응고될 때도 볼 수 있습니다. 가령, 녹은 구리를 거푸집에 부으면 응고온도인 1,083도에 머물지 않으며 즉각 굳지도 않습니다. 훨씬 낮은 온도로 일단 내려갔다가 다시 높아져 1,083도에 이른 후에 응고됩니다. 이때 온도가 잠시 높아지는 이유는 과냉으로 인해 높아진(일시적으로 불안정한 상태, 즉 준안정 상태의) 에너지를 보다 낮고 안정한 상태의 평형점(1,083도)으로 되돌리기 때문입니다.

수정된 인플레이션은 이와 유사한 현상이 급팽창 직후에 일어난다고 설명합니다. 즉, 가짜 진공으로 인해 생긴 불안정한 상태를 해소하기 위해 방출한 에너지가 공간의 팽창뿐 아니라 이어지는 재가열에도 일부 사용된다는 것입니다. 오늘날 우리가 보는 우주의 복사에너지(빛 등)와 물질은 재가열시 방출된 에너지가 만들었다는 설명이지요.

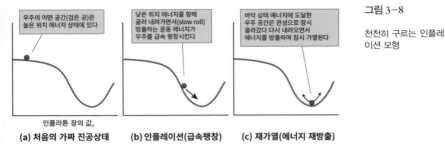

그림 3-8

천천히 구르는 인플레이션 모형

인플라톤 장의 값,

(a) 처음의 가짜 진공상태   **(b) 인플레이션(급속팽창)**   **(c) 재가열(에너지 재방출)**

한편, '천천히 구르는 인플레이션' 모형은 구스의 옛 이론도 설명합니다(《그림 3-8 c》 참조). 구스의 이론에서는 공간의 빠른 팽창 때문에 진짜 진공거품들이 맞닿을 기회가 희박하다고 했습니다. 이는 인플레이션의 진행을 막는 장벽이라고 볼 수 있습니다. 장벽을 만난 공은 더이상 골짜기로 구르지 못하지요(《그림 3-8 c》 참조). 하지만 인플레이션은 양자적인 현상입니다. 2장에서 보았듯이 양자적 세계는 확률에 의존하므로 터널효과(터널링)에 의해 간혹 장벽을 통과할 수도 있지요. 즉, 장벽이 너무 두껍지 않다면 확률적으로 얼마든지 일어날 수 있습니다. 이처럼 새 인플레이션 이론은 구스의 옛 이론도 한 부분으로 설명합니다.[21]

스타인하르트는 다음해인 1983년 천천히 구르는 모형을 더욱 발전시킨 '혼돈 인플레이션Chaotic Inflation 모형'을 내놓았습니다. 이에 따르면 인플레이션은 인플라톤 장의 위치에너지가 높은 곳이라면 우주 공간 어디서나 일어납니다. 그렇다면 인플레이션은 빅뱅 직후에 한 번 일어난 1회성 사건이 아니라 범우주적인 현상일 것입니다.

거의 같은 시기에 알렉산더 빌렌킨Alexander Vilenkin도 비슷한 가설을 내놓았습니다. 빌렌킨은 구소련의 우크라이나 출신으로, 대학 졸업 후 당시 국가보안위원회KGB 입소 제의를 거부한 괘씸죄로 건물 경비원과 동물원의 야간 순찰원 등을 전전하다가 미국에 정착한 물리학자입니다. 그에 의하면 우주 공간의 인플라톤 장은 양자적 불확정성 때문에 에너지적으로 끊임없이 요동치며 출렁댑니다. 그 과정에서 상대적으로 높은 에너지를 가진 미세 공간에서 인플레이션이 끊임없이 일어납니다. 뿐만 아니라 급팽창이 일어난 공간은 원래의 우주에서 분리됩니다. 그 결과 새로운 우주들이 계속 탄생한다는 주장입니다.

혼돈 인플레이션 모형은 '영원한 인플레이션Eternal Inflation 모형'이라고도 부릅니다. 왜냐하면 이 모형에서는 위치에너지가 높으면 미세공간의 어디서나 인플레이션이 영원히 일어날 수 있기 때문이지요. 특히, 1986년 린데는 스타인하르트와 빌렌킨의 이론을 더욱 가다듬어 각각의 우주는 자신의 공간 안에서 인플레이션을 통해 또 다른 '아기 우주baby universe'들을 탄생시킨다는 흥미로운 다중우주 가설을 내놓았습니다(〈그림 3-9〉 참조). 이미 존재하는 우주 공간으로부터 수많은 아기 우주들이 탄생하는 영원한 우주론이지요.

비슷한 방식으로 어머니 우주에서 각자의 고유한 공간을 가진 거품 우주들이 끊임없이 생기고 사라진다는 '거품욕조 우주Bubble bath universe'도 있습니다. '주머니 우주Pocket universe'라고도 하지요. 그렇다면 우리가 살고 있는 우주도 그 거품 중의 하나이겠지요. 우리가 알고 있는 관측 가능한 우리의 우주 크기는 약 4×10^{23}km입니다. 이 우주모형에 근거한 어떤 추산에 의하면 가장 가까이 있는 또 다른 거품 우주는 무려 10^{100}km쯤 떨어졌다고 합니다.[22]

그런데 인플라톤 장의 에너지는 위치에 따라 서로 다른 값을 가지기 때문에 곳곳에서 일어나는 인플레이션의 세기와 규모는 각양각색일 것입니다. 따라서 새로이 생겨나는 우주들은 어머니 우주와 전혀

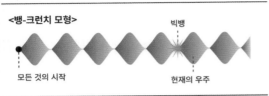

빅뱅이 우주의 시작이 우주 모형들(예)

<뱅-크런치 모형>

빅뱅

모든 것의 시작

현재의 우주

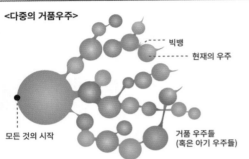

<다중의 거품우주>

빅뱅

현재의 우주

모든 것의 시작

거품 우주들
(혹은 아기 우주들)

그림 3-9

영원한 인플레이션 우주모형의 예
위: 빅뱅과 빅크런치를 무한히 반복하
는 뱅-크런치(Bang-Crunch) 우주모형
아래: 어머니 우주에서 아기(거품) 우
주가 탄생하는 안드레이 린데의 거품
우주모형

다른 물리 법칙들을 가지는 별개의 세상일 것입니다. 가령, 위치에너
지의 경사가 매우 완만하다면, 팽창만 하고 재가열은 일어나지 않아
물질이 거의 없는 우주가 될 것입니다.

　그런데 이 같은 영원한 인플레이션 이론은 과거가 아니라 미래로
만 영원한 우주론입니다. 인플레이션이 일어나는 공간과 인플라톤 장
에너지가 왜 존재하는지에 대한 설명이 없기 때문입니다. 참고로 '혼
돈 인플레이션'에서의 혼돈이란 용어는 카오스 이론의 그것과는 관계
가 없습니다. 우주 공간의 여기저기서 혼란스럽게, 그리고 무수히 많
은 인플레이션이 일어나 다중우주를 만든다는 의미지요. 현재 제안된
십여 종 이상의 인플레이션 우주론들 대부분은 혼돈 인플레이션 모형
의 아이디어를 기본적으로 적용하고 있습니다. 이들의 공통점은 인플
레이션이 1회성이 아니라 우주의 여러 곳에서 항상 일어나는 특별한
사건이 아니라는 전제이지요.

덧붙이자면, 천천히 구르는 모형과 혼돈 인플레이션 모형의 제안자 중 한 사람으로 이론의 발전에 크게 기여한 스타인하르트는 아이러니하게도 자신의 이론을 가장 반대하는 인물이 되었습니다. 2017년 1월 그를 비롯한 3인의 물리학자는 『사이언티픽 아메리칸』에 인플레이션 이론을 부정하는 기사를 게재했습니다.[23] 그들은 최근의 우주 마이크로파 배경복사[CMB] 관측 결과에 비추어 볼 때 초기 우주에 인플레이션이 있었는지 의문이 든다고 주장했지요.

실제로 인플레이션과 관련된 소동이 2014년 3월에 있었습니다. 당시 하버드·스미소니언 천체물리센터는 전 세계에 중계된 기자회견에서 남극에 설치한 망원경 바이셉[BICEP-2]을 이용해 초기 우주가 급팽창할 때 생긴 중력파의 흔적을 발견했다고 발표했습니다. 인플레이션이 있었을 경우 마이크로파 배경복사에 나타나는 B-모드라는 특징적 패턴을 관측했다는 점에서, 흥분을 자아낸 소식이었지요.

그러나 유럽의 플랑크 위성이 1년에 걸쳐 정밀 분석한 결과, 그들이 보고한 패턴은 은하계의 성간 먼지에서 비롯된 오염된 데이터를 잘못 해석했음이 밝혀졌습니다. 이런 배경에서 3인은 초기 우주 공간의 정확한 조건을 모르는 상태에서 전개되는 현재의 인플레이션 이론은 문제투성이며, 관측에 의한 검증도 불가능하다고 주장했습니다. 스타인하르트가 이런 입장을 가진 데는 그럴 만한 이유가 있습니다. 그는 자신의 인플레이션 이론을 버리고 앞서 설명한 에크피로틱 우주모형을 2001년에 새롭게 제안했습니다. 끈 이론에 바탕을 둔 이 모형에서는 평행한 막 우주가 근접했다가 충돌하고 다시 멀어지는 과정을 무한히, 그리고 영원히 반복한다고 했지요.

3인의 기사가 나가자 바로 다음 달, 같은 저널에 케임브리지, 하버드, MIT, 스탠포드, 켈리포니아공과대학, 교토대 등 세계 각국의 저명한 물리학자 33인이 공동 명의로 반박문을 내놓았습니다. [24] 이론의 창시자인 구스를 비롯해, 호킹, 린데, 션 캐롤, 말다세나, 리사 랜달, 크라우스, 마틴 리스, 와인버그, 서스킨드, 빌렌킨, 위튼 등 이번 장에 소개된 과학자들이 거의 망라된 반박이었지요. 스타인하르트와 2인을 거의 왕따로 만드는 반격이었습니다. 서명자들은 인플레이션 이론은 아직 완전한 형태를 갖추지는 못했지만 그동안 9,000명의 학자들이 14,000편의 논문으로 발표했을 만큼 굳건한 타당성을 가진 이론이라고 반박했습니다.

또한 최근의 우주 마이크로파 배경복사 관측 결과를 열거하며 아직 확증만 안 되었을 뿐 많은 방증이 있으며, 멀지 않은 미래에 얼마든지 검증이 가능하다고 주장했습니다. 만약 인플레이션이 있었다면 음향진동이나 중력파가 우주배경복사파에 미세한 흔적을 남기게 됩니다(1장 참조). 그 흔적은 이론적으로 잘 예측되어 있기 때문에 우주배경복사파 스펙트럼을 정밀분석하면 충분히 검증 가능하다는 반박이었지요. 실제로 WMAP, BOOMERANG 등으로 관측한 1차 결과들은 인플레이션의 가능성을 상당 부분 시사한 바가 있습니다. [19]

그러나 현재의 측정기술은 이를 확증할 만큼 정밀하지 않습니다. 현재 진행 중이거나 예정인 BICEP-2, LISA, BBO, DECIGO 등의 프로젝트가 완료되는 10~20년 안에는 초기 우주에 인플레이션이 있었는지 여부가 판가름날 것으로 기대됩니다. 물론, 이는 관측 가능한 현 우주의 인플레이션에 대한 확인입니다. 영원한 인플레이션 이론에 바탕을 둔 다중우주의 검증은 또 다른 문제이기는 합니다.

색즉시공 공즉시색 | 저절로 생겨나는 우주

영원한 인플레이션 이론에 따르면, 아무것도 없는 진공의 공간에서 급속팽창이 일어나면서 새로운 우주와 물질들이 생성됩니다. 물론, 물질이 있는 우주는 인플레이션 직후 재가열 단계가 있는 경우에 생겨날 것입니다. 어찌되었든 진공의 무無에서 물질인 유有가 창조되는 셈이지요. 사실, 비슷한 생각을 영국의 저명한 천문학자 프레드 호일도 20세기 중반에 이미 했습니다(1장 참조). 빅뱅이론에 맞서 정상상태steady state 우주론을 옹호하는 과정에서 나온 대안 이론이었지요.

그는 허블이 관측한 공간의 팽창은 우주의 경계에서 새로운 물질들이 끊임없이 생성되는 결과라고 설명했습니다. 이를 뒷받침하기 위해 호일은 음과 양의 에너지 값을 가지는 창조장creation field(혹은 C-field)이라는 개념을 도입했지요. 즉, 공간을 채우고 있는 음과 양의 창조장 에너지가 상쇄되는 과정에서 물질과 에너지가 새로이 생성된다고 주장했습니다. 마치 물질과 반물질이 만나 소멸할 때 막대한 양의 빛 에너지를 방출하는 현상과 흡사하다는 것이지요. 그는 음, 양의 에너지가 상쇄되므로 우주공간은 전체적으로 에너지 불변의 법칙을 위배하지 않는다고 주장했습니다.

하지만 정상상태우주론은 빅뱅이론에 참패했고 그의 아이디어도 묻혀버렸습니다. 그런데 호일의 C-창조장과 인플레이션 이론의 인플라톤 장은 기본 개념이 매우 유사합니다. 이런 이유로 인플레이션 우주론의 초기 이론가들은 정상상태우주론과의 연관성을 불편하게 여겼습니다. 언제인가 구스는 두 이론이 어떤 연관성을 가지냐는 예리한 질문을 받고 '정상상태우주론은 어떤 이론이냐' 반문하며 일부러 외면

했다고 합니다.[25]

　무에서 유가 생겨나는 현상은 얼핏 에너지 보존의 법칙에 위배되는 듯 보이지만, 사실 현대물리학의 양대 기둥인 양자물리학과 상대성원리 속에 기묘하게 내포되어 있습니다.

　먼저 양자물리학적 관점입니다. 이에 대해서는 1장의 암흑에너지(진공에너지)에서 설명했지만 다시 요약하겠습니다. 진공의 공간을 플랑크 길이 수준의 극미세 규모에서 확대해 들여다보면 양자요동으로 인해 에너지가 들끓고 있습니다. 이를 양자거품quantum foam이라고 하지요. 그런데 하이젠베르크의 불확정성의 원리에 의하면, 입자나 장의 존속 시간이 극단적으로 짧아지면 에너지는 0에서 무한대 사이의 다양한 값을 가질 수 있습니다. 이는 '이론적으로 관측이 불가능한' 짧은 시간 동안에만 적용되는 현상입니다. 현실세계의 공간에서는 에너지 값의 널뛰기가 전혀 나타나지 않습니다. 관측 가능한 시간의 범위에서 바라보면 에너지 보존의 법칙은 완벽하게 지켜지고 있습니다.

　하지만 양자요동으로 인해 겪은 난리의 흔적은 남지요. 그 효과는 이론적으로 정확히 예측할 수 있는데 실험 결과와 정확히 일치합니다. 카시미르 효과Casimir effect등이 그 예이지요. 대전帶電되지 않은 2개의 고체 판을 진공 속에 평행으로 놓으면 그 사이 공간에는 전자기장이 없으므로 전자기력이 작용하지 않습니다. 그러나 두 판을 매우 근접시켜 그 사이 거리가 일부 가상입자의 파장보다 짧게 하면 상황이 달라집니다. 두 판 사이의 공간에는 가상입자의 일부가 들어갈 수 없으므로 판의 바깥쪽 공간과 달리 양자요동으로 인해 나타나는 효과에 불균형이 생깁니다. 그 결과 (두 판의 배열과 모양에 따라 인력 혹은 척력의) 미세한 알짜 힘이 나타납니다.

2011년 이탈리아 연구진은 정적靜的인 상태에서 그 힘의 세기를 이론의 예측대로 정확히 측정했습니다.[26] 같은 해 스웨덴 팀도 움직이는 두 거울판 사이에서 카시미르 효과를 관찰했습니다. 진공의 공간에서 출몰하는 가상입자의 작용이 아니라면 설명할 수 없는 현상이었습니다. 2장에서 보았듯이 물질의 질량은 근본적으로 가상입자가 무에서 전해준 에너지 때문에 생깁니다. 우주의 모든 물질현상은 진공 속의 가상입자들이 만든 간접효과라고 할 수 있지요. 그런데 가상입자들은 에너지 보존의 법칙을 완전히 무시한 듯 거동합니다.

무와 유 사이의 에너지 역설은 아인슈타인의 일반상대성원리로부터 유추할 수도 있습니다. 이 설명의 핵심은 중력 때문에 우주의 에너지가 0이 된다는 데 있습니다. 왜 그런지 보겠습니다. 자연에 존재하는 네 종류의 힘 중에서 중력을 제외한 나머지 세 힘은 인력과 척력으로 작용합니다. 가령, 전자기력은 부호가 다르면 끌어당기고 같으면 밀어내지요. 그런데 중력만 부호가 플러스 하나뿐입니다(물체는 '존재'하므로 부호를 플러스로 봅니다). 아인슈타인의 유명한 $E=mc^2$식에 의하면 에너지는 곧 물질입니다. 즉, 우리가 통상적으로 알고 있는 물질이나 에너지(운동 에너지 등)는 모두 양의 값을 가졌다고 할 수 있지요.

이처럼 모든 물체는 플러스의 에너지만 가졌는데도 그들 사이에는 거시적으로 인력(중력)만 작용합니다. 동일한 부호를 가졌는데도 물질 사이에는 척력이 작용하지 않지요. 여기서 중력의 근본 원인을 다시 생각해 볼 필요가 있습니다. 아인슈타인의 일반상대성이론에 의하면 질량이 있는 모든 물체는 공에 눌린 스펀지처럼 공간을 휘게 만듭니다. 그 결과 가벼운 물체는 무거운 물체가 만든 휘어진 공간의 홈을 따라 움직이는데, 이것이 다름 아닌 중력작용입니다.

따라서 두 물체 사이의 공간에는 중력작용을 일으키는 잠재적 에너지 즉, 중력장의 위치 에너지$^{potential\ energy}$가 있다고 볼 수 있습니다. 가령, 매우 멀리 떨어져 있는 두 천체에서 일어나는 현상을 생각해 보지요. 이들은 너무 멀리 있기 때문에 인력이 매우 미약하고, 따라서 처음에는 움직임이 거의 없을 것입니다. 즉, 운동에너지와 중력장의 위치에너지가 모두 0에 가깝지요. 그런데 미치는 중력은 완전히 0이 아니기 때문에 긴 세월이 지나면 언젠가는 두 천체가 미약하게나마 휘어진 공간의 홈을 따라 서서히 움직일 것입니다. 그러다 거리가 어느 정도 가까워지면 인력은 점차 커지고 두 물체는 큰 운동에너지로 가속해 움직일 것입니다.

만약 두 물체가 일정한 거리 안에 들어오면 인력이 균형을 맞추느라 공전도 할 것입니다. 그런데 이 과정에서 없었던 운동에너지, 즉 플러스의 에너지가 물체 때문에 새로 생겼습니다. 하지만 과정 전후의 총 에너지는 변치 않아야 하므로 새로 생긴 운동에너지는 보이지 않는 중력장의 에너지가 상쇄해 주어야 할 것입니다. 그렇다면 중력장은 음(-)의 에너지를 가질 수밖에 없습니다. 이런 관점에서 보면 우주공간에는 양의 물질에너지와 음의 중력장 에너지가 균형을 이루고 있다고 볼 수 있습니다. 물체가 운동을 하면 새로운 에너지가 생긴 듯 보이지만, 사실은 보이지 않는 중력장의 에너지가 상쇄하므로 우주 전체의 에너지는 0인 셈이지요. 물질로 인해 나타난 양의 에너지를 음의 중력장 에너지가 상쇄해 주는 것입니다. 따라서 전체적으로 보면 에너지 보존의 법칙에 전혀 위배되지 않습니다.

원래 음 에너지의 중력장이 양 에너지의 물질을 만들 수 있다는 발상은 일찍이 1932년 리처드 톨먼$^{Richard\ Tolman}$이 최초로 제안했습니다.

그러나 그는 자신의 아이디어를 구체적인 물리, 혹은 우주 현상과 연관 짓지 못했지요. 하지만 오늘날 물리학을 선두에서 이끄는 대부분의 학자들은 양자적 진공이나 중력장에서 에너지를 빌려 무에서 우주가 창조된다는 개념에 대부분 동의하고 있습니다. 대표적으로 인플레이션 이론의 창시자인 앨런 구스를 비롯해 알렉산더 빌렌킨 등이 '무로부터의 우주 창조creatio ex nuhilo' 개념을 적극 피력하고 있지요. 앨런 구스가 우주를 궁극적인 공짜 점심에 비유한 일화는 앞서 소개했습니다.

이런 의미에서 인플레이션 이론은 진공의 무로부터 유가 나타나는 현상을 우주 차원에서 구체적으로 설명한 시도라 할 수 있습니다. 이는 불교의 진공묘유眞空妙有란 구절을 떠올리게 합니다. 아무것도 없는 무에서 오묘奧妙하게 유가 나타난다는 의미이지요. 또한 반야심경의 유명한 구절인 색즉시공色即是空공즉시색空即是色(보이는 현상은 실체가 없으며, 실체가 없는 것이 현상이다)도 연상됩니다. 어떤 사람들은 현대물리학이 불교의 교리를 증명했다고 주장합니다. 그러나 생명과 마음을 다룬 쌍둥이 책에서도 언급했지만, 불교의 공空사상이나 진공묘유의 개념은 물질보다는 마음의 작용에 대한 깊은 통찰이라고 생각합니다. 고대인의 지혜로 물질세계의 원리를 언급한 것은 아니라고 생각합니다.

사실, 서양에서도 '무'는 철학의 주요 주제였습니다. 아리스토텔레스는 두 물체 사이의 공간이 무라고 했고, 데모크리토스는 존재와 무의 중간적인 것을 공간으로 보았지요. 서양 존재론의 아버지 파르메니데스는 무를 말하는 것 자체가 논리적 모순이라고 했습니다. '없는 것'은 그저 없는 것일 뿐이라는 것이지요. 라이프니츠는 '왜 무엇이 있나'의 질문에 대해 무가 유보다 더 자연스럽고 단순하다고 답했습니다. 성 아우구스티누스는 신이 무에서 유를 창조했다고 했습니다. 일부 신학자나 철학자들은 무nothingness와 비존재nonbeing를 구분하는 논리를 펴기도 합니다.

이에 대해 『무로부터의 우주』의 저자인 물리학자 로렌스 크라우스Lawrence M Krauss는 내용을 모르는 사람들의 모호한 말장난이라고 비판했습니다.[27] 2012년도 뉴욕타임즈 베스트셀러인 이 책에서 그는 무가 유의 부재不在를 뜻한다면 그 자체가 이미 물리적 개념이라고 했습니다. 그는 무는 더 이상 철학적, 종교적 논쟁의 대상이 아니라고 단언합니다. 100년 전의 과학자는 물질이나 에너지가 없는 상태가 무라고 생각했지요. 시공간의 부재를 뜻하기도 했습니다.

그러나 현대물리학에 의하면 그런 시공간은 없습니다. 절대적이지도 않지요. 철학자들의 모호한 개념과 구분하기 위해 현대물리학에서는 무를 '양자진공'이라는 이름으로 대신 부르고 있을 뿐입니다. 초기 우주에서의 물질과 반물질의 관계를 예측한 노벨상 수상자 프랭크 윌첵Frank Wilczek은 무는 태생적으로 불안정하므로 작은 비대칭이 존재한다고 했습니다. 그는 '우주가 왜 무가 아닌 유인가'의 질문에 대한 답은 '무가 불안정하기 때문'이라고 했습니다.

또 다른 세상들 | 다중우주, 평행우주

무無에서 우주가 생겨난다는 개념은 현재 거론되고 있는 상당수의 우주론이 제시하고 있는 잠정적 결론입니다. 거기에 더해 현대물리학의 서로 다른 이론들 (예컨대 양자역학, 끈 이론, 인플레이션 이론, 전산정보물리학 등) 대부분이 공통적으로 우리의 우주가 전부가 아니라는 '여러 우주모형'을 제시하고 있는 점도 흥미롭습니다. 이들은 다중우주multiverse, 평행우주parallel universe, 거대우주megaverse 등의 여러 이름으로 불리고 있지요. 각자 정의하는 바는 조금씩 다르지만 이 책에서는 다중우주로 통일해 부르겠습니다.

다중우주의 여러 가설을 체계적으로 처음 분류한 물리학자는 MIT의 막스 테그마크Max Tegmark였습니다. 그는 2003년의 논문과 『사이언티픽 아메리칸』의 특집 기사에서 우주모형을 4종류로 분류했습니다.[28] 한편, 다수의 과학교양서로 대중에게 잘 알려진 컬럼비아대학의 브라이언 그린Brian Greene도 2011년의 저서 『멀티 유니버스』에서 다중우주를 9가지 형태로 분류했습니다.[29] 두 사람의 분류를 정리해 소개하면 다음과 같습니다.

먼저, 다중우주를 4개의 수준Level으로 구분한 테그마크의 분류입니다. 그가 분류한 제1수준의 다중우주는 우리와 똑같은 물리법칙을 가진 우주들이 무한히 펼쳐 있는 평행우주입니다. 이 경우 우주의 수가 거의 무한대이다 보니 현재 상태의 우리 우주와 똑같은 경우도 확률적으로 있을 것입니다. 그는 우리가 살고 있는 관측 가능한 우주의 현재 반지름을 4×10^{26}m, 즉 420억 광년으로 보고 계산했습니다(최근의 더 정확한 값은 반지름 466억 광년입니다. 1장 참조). 이만한 공간 안에 소립자들이 들어갈 수 있는 위치점은 대략 10^{118}개로 추산했습니다(양성자가 차지하는 부피를 기준으로 계산한 보수적 추산입니다. 관측 가능한 현 우주에 존재하는 실제 소립자의 개수는 약 10^{90}로, 입자가 들어갈 수 있는 공간의 위치점이 실제 입자의 개수보다 10^{28}배나 많습니다).

그런데 각 위치점마다 입자는 들어 있거나 없거나의 2가지 경우가 있지요. 따라서 현 우주의 공간에서 소립자들이 배열할 수 있는 경우의 수는 $2^{10^{118}}$입니다(2에 붙은 지수 10에 다시 지수 118이 붙은 엄청난 수입니다!). 그렇다면 확률적으로 이만한 숫자의 우주마다 우리 우주와 똑같은 입자배열을 가진 복사판 우주가 있다고 가정할 수 있습니다. 이를 거리로 추산해 보면, 모든 복사판 우주들을 담을 수 있는 공간의 지름이 약 $10^{10^{118}}$m이므로, 확률적으로 대략 이만한 거리마다 우리와 완전히 똑같은 우주가 1개씩 있을 수 있다는 계산이 나옵니다. 『멀티유니버스』의 저자 그린은 이 거리를 조금 다르게 $2^{10^{122}}$m로 계산했습니다. 어떤 경우이건 기절할 정도로 먼 거리입니다. 그 복사판 우주에서는 6,700만 년 전에 공룡이 멸종했으며 저와 똑같은 사람이 현재 컴퓨터 자판을 두드리고 있습니다. 물론 그 사이에는 (우리의 우주의 상태와 같지 않은) 수많은 우주들이 있을 것입니다.

그런데 테그마크는 이 모형을 우주 공간이 평평하다는 가정에 근거해 계산했습니다. 하지만 우주 공간이 공이나 도넛 모양으로 휘어 있다면 우주의 크기는 유한할 것이므로 이 가정은 유효하지 않습니다. 결론적으로, 제1수준의 다중우주는 다른 모형들에 비해 단순합니다. 또한 딱히 지적할 만한 논리적 모순도 찾기 어렵습니다. 하지만 어쩐지 숫자 놀음 같아서 진지하게 받아들이는 우주물리학자는 드물지요.

테그마크가 분류한 제2수준의 다중우주는 혼돈 인플레이션 이론에 바탕을 둔 모형입니다. 앞서 설명했듯이 인플레이션으로 생성되는 우주들은 어머니 우주의 인플라톤 장의 위치(포텐셜)에너지 상태에 따라 다양한 물리적 특성을 가질 수 있습니다. 즉 각 우주는 물질의 유무 및 과다, 여분차원의 형태나 분포 등이 다를 수 있지요. 그렇게 되면 물질을 구성하는 소립자의 종류, 특성, 형태도 우주마다 다를 것입니다. 한마디로 개별 우주들은 각기 다른 물리상수들을 가집니다. 다만, 인플레이션을 일으키는 메커니즘은 모든 우주에서 동일하므로, 이 모형의 다중우주는 하나의 공통된 물리법칙은 가지고 있는 셈입니다. 이 우주모형의 세부 내용은 앞서의 몇 개 절에서 설명했으므로 생략하겠습니다.

제3수준의 다중우주는 양자역학에 근거한 우주모형입니다. 다름아닌 휴 에버렛의 '다세계 해석(여러 세상 해석)'에 바탕을 둔 다중우주이지요(2장 참조). 양자역학의 주류적 설명인 코펜하겐 해석에 의하면, 상자 속의 슈뢰딩거 고양이는 동시에 살아 있고 죽어 있습니다. 양자적 상태가 중첩되어 있기 때문이지요. 하지만 관측하는 순간 파동함수의 결잃음이 일어나 중첩상태가 깨지면서 하나의 상태만 나타납니다.

반면, 다세계 해석에서는 관측에 의한 결잃음은 없으며 관측전의 모든 양자적 상태가 모두 현실로 분기되어 나타난다고 설명합니다. 즉, 고양이가 죽었거나 살아 있는 세계가 모두 별도로 존재하지요. 따라서 무수히 많은 우주가 다른 모습으로 존재합니다. 황당해 보이지만, 코펜하겐 해석 다음으로 지지를 받고 있는 양자역학적 설명입니다. 다만, 이러한 다중우주에서는 개별 우주들이 서로 다른 파동함수를 가지므로 이웃 우주에 영향을 미치거나 상호작용을 할 수 없습니다. 따라서 다른 우주를 관측할 수 없으며, 이 시나리오를 검증하기도 어렵지요. 한편 제1, 제2수준의 다중우주와 달리, 이 모형에서는 각 우주들이 공간적으로 멀리 떨어져 있을 필요가 없습니다. 각각의 우주는 서로 다른 양자상태(파동함수)를 가질 뿐이어서 한 곳에 겹쳐 있을 수도 있지요.

테그마크의 마지막 우주인 제4수준 다중우주는 자신이 제안한 수학적 우주입니다. 그는 '수학적 우주 가설Mathematical Universe Hypothesis, MUH'을 통해 물리적 우주와 수학적 우주는 근본적으로 동일하다고 주장했습니다.[30] 수학으로 상상할 수 있는 모든 우주가 가능하다는 것이지요. 그에 의하면 위의 제1~3수준 우주도 결국은 수학적 우주의 일부 측면입니다. 그는 특히 인플레이션에 근거한 제3수준의 우주이론들이 수학적 우주의 큰 틀을 이룬다고 주장합니다.

원래 스웨덴 사람인 테그마크는 대학에서 경제학을 전공했습니다. 그러나 리처드 파인만의 책을 읽고 고교 때 등한시했던 물리학에 흥미를 느껴 다른 대학 물리학과에 2중으로 등록해 학사를 마쳤습니다. 학비가 원칙적으로 없는 유럽 대륙 국가들의 교육제도 덕분에 가능한 일이었지요. 졸업 후에는 미국으로 건너가 MIT의 물리학 교수까지 되었습니다. 자신의 표현대로 그의 연구주제는 '학교에서 쫓겨나 맥도날드 매장의 점원으로 내몰리기 좋은 내용'이었으나 창의적 발상의 연구로 교수 종신 재직권까지 얻었습니다.

수학적 우주가설에 의하면 우리 우주는 특별할 이유가 없습니다. 우리가 왜 지금 이 상태인가를 물을 필요가 없다는 점에서 편안함을 느낄 수 있지요. 물론, 대부분의 과학자들은 수학이란 인간이 만든 가공물架空物일 뿐 실체가 아니라고 봅니다. 수학은 주변환경과 여러 상황을 탐지하기 위해 진화한 인간의 뇌가 고도의 패턴화와 연상작용으로 만든 임시 틀일 뿐이라는 것이지요. 수학적 우주가설은 이런 관점에서 볼 때 논리적 근거가 가장 빈약한 다중우주모형임은 부인할 수 없습니다.

하지만 수학이 발명이 아니라 발견의 대상이라고 생각하는 명망 있는 과학자들이 의외로 적지 않습니다.[31] 가령, 만약 우주가 인위적인 수학이 아니라 정보나 프로그램 그 자체라면 어떨까요? PC의 아버지로 불리는 독일의 콘라트 추체Konrad Zuse와 MIT의 에드워드 프리드킨

Edward Fredkin은 이미 1960년대에 각기 독자적으로 우주가 일종의 디지털 컴퓨터와 유사하다는 발상을 했습니다.

이를 더욱 구체화시킨 인물이 스티븐 울프럼Stephen Wolfram입니다. 17세에 옥스포드대학에 조기 입학했으나 강의가 형편없다고 자퇴 후 캘리포니아공과대학으로 전학한 그는 20세에 입자물리학으로 박사학위를 받았습니다. 동시에 최연소 나이의 교원도 되었지요. 그러나 곧 사직하고 여러 곳에서 연구를 하다가 사업에도 뛰어들어 '매스메티카Mathematica'라는 수학 소프트웨어를 개발해 부자가 된 특이한 인물입니다. 그는 10여 년의 연구 끝에 2002년『새로운 종류의 과학A New Kind of Science』이란 책을 출간해 많은 논쟁을 불러일으켰습니다. 이 책에서 울프럼은 우주는 간단한 프로그램으로 작동되는 디지털 컴퓨터와 유사하다고 주장했습니다. 특히, 그는 '세포'라고 불리는 짧은 정보 조각들이 간단한 프로그램에 따라 스스로 조직되어 복잡계를 형성한다는 '세포 자동자自動子, cellular automata' 이론을 지속적으로 주장하고 있습니다.

울프럼보다 한술 더 뜬 과학자도 있지요. 수리물리학자 티플러Frank Tipler는 우주에는 소프트웨어만 있고 아예 하드웨어는 없다고 주장합니다.[32] 블랙홀의 열역학을 최초로 제시해 호킹의 연구를 촉발시켰던 베켄슈타인도 우주는 정보로 이루어진 일종의 거대한 컴퓨터 프로그램이라고 생각합니다.

우주가 정보로 이루어졌다는 근거를 보다 체계적으로 제시하는 또 다른 대표적인 물리학자가 MIT 기계공학부의 세스 로이드Seth Lloyd입니다. 양자컴퓨터 분야의 권위자인 그는 2006년에 출판된『프로그래밍 유니버스』에서 우주를 거대한 양자컴퓨터로 묘사했습니다.[33] 로이드는 우주가 근본적으로 양자비트qubit=quantum bit로 구성되어 있다고 생각합니다. 이에 따르면, 우주에 있는 원자와 소립자들은 에너지를 활용해 자신을 계산하고 정보를 저장합니다. 또 물리계에서 중요한 요소는 정보의 양과 에너지라고 강조합니다.

2015년 로이드의 계산 결과에 의하면[34] 관측 가능한 우주는 빅뱅 이래 지금까지 초당 10^{105}회의 연산 속도로 모두 10^{122}회의 연산을 했습니다. 그 결과 현 우주의 소립자에 저장된 총 정보량(운동량, 스핀 등)은 10^{92}비트쯤 된다고 합니다. 또한 지구의 모든 물질에는 10^{56}비트가 저장되어 있는데, 그중 상당 부분인 10^{44}비트가 DNA 등의 형태로 생물체에 들어 있다고 합니다. 참고로, 인간의 두뇌는 초당 10^{17}회의 속도로 연산하므로 100살까지 살면 10^{24}회의 연산을 하는 셈입니다. 그는 오스트랄로피테쿠스였던 루시 이래 지구상에 살았던 1천억 명의 인류가 머릿속에서 행한 연산은 총 10^{35}회쯤으로 추정했습니다.

한편, 2011년 『사이언스』에 발표된 스페인 연구진의 계산 결과에 따르면, 2007년 기준으로 인류가 보유하고 있는 지식과 문화의 총 정보량은 2×10^{21}비트입니다.[35] 세스 로이드 등의 물리학자들이 주장하듯 우주는 정말 물질이 아니라 눈에 보이지 않는 일종의 정보나 소프트웨어 프로그램일까요? 20세기 초 영국의 저명한 물리학자이자 천문학자였던 제임스 진스$^{James\ Jeans}$ 경이 언급했듯이 과학이론이 발전할수록 우주는 점차 거대한 사고思考에 가까워진다는 느낌이 듭니다.

한편, 브라이언 그린은 『멀티 유니버스』에서 다중우주를 9개의 형태로 분류했습니다.[5] 그가 분류한 다중우주들은 앞서 설명한 모형들과 대부분 중복되므로 간략히 요약만 하겠습니다. 첫 번째 유형의 다중우주는 테크마크가 정의한 제1수준의 '누벼 이은 우주'입니다. 즉, 비슷한 우주가 무한히 반복되며 늘어선 다중우주입니다. 두 번째는 인플레이션의 결과로 생성되는 영원한 다중우주입니다. 세 번째에서 다섯 번째까지는 끈 이론에 바탕을 둔 다중우주입니다. 막 세계 우주, 주기적으로 충돌하는 우주, 그리고 '풍경' 우주가 그들이지요. 풍경 우주에 대해서는 다음 절에 별도로 소개하겠습니다. 여섯 번째는 다세계 해석에 기초한 '여러 세상' 우주입니다. 일곱 번째도 끈 이론과 관련이 있는데, 말다세나가 이론적 가능성을 시사한 홀로그래피 우주입니다. 마지막으로 여덟 번째와 아홉 번째는 각기 시뮬레이션 우주, 그리고 궁극의 우주입니다. 시뮬레이션 우주는 스티븐 울프럼, 세스 로이드 등이 제안하는 바의 스스로 조직되는 프로그램과 같은 우주입니다. 궁극의 우주는 태그마크의 수학적 혹은 그와 유사한 우주입니다.

　우리는 지금까지 몇 개 절에 걸쳐 여러 종류의 다중우주를 살펴보았습니다. 알아본 대로 다중우주 가설들은 과학의 옷을 입었다고는 해도 아직은 강한 추론의 수준을 넘지는 못하고 있는 것이 사실입니다. 과학이 이를 직접 증명하기란 극히 어렵거나 불가능할지도 모릅니다. 하지만 직접 혹은 간접적 관측으로 검증이 가능한 다중우주이론들도 일부 있기는 합니다. 이를 위해서는 관련 가설들이 향후 발전을 통해 더 정교해지고 관측 기술이 더욱 정밀해질 필요가 있지요. 아니면 전혀 다른 이론들이 나올 수도 있습니다. 어떤 경우이건 다중우주가 향후 이론물리학의 최전선을 차지하는 주제가 되리라는 점은 의심의 여지가 없습니다. 이런 견지에서 『마지막 3분』의 저자인 물리학자 폴 데이비스는 2004년의 한 논문에서 의미심장한 언급을 했습니다.[36]

만약 검증 가능한 여러 다른 결과를 보여 주는 이론에서 나온 예측이라면, 관측할 수 없는 실체(다중우주)라 해도 과학적 가설로 받아들일 수 있다.

얼핏 황당무계하게 보이는 우주모형이라도 그것이 타당성을 확인할 수 있는 논리적 이론에 근거했다면 과학적 가설로서 진지하게 고려해 볼 필요가 있는 제안입니다. 아무튼 끈 이론에서 시작해 인플레이션과 다중우주로 이어졌던 우주의 미래에 대한 이야기는 이쯤에서 마치려 합니다. 그에 앞서 다중우주와 관련된 중요한 논란을 하나 더 언급하지 않을 수 없습니다.

인간을 위해 우주가 존재한다고? | 인류의 원리

끈 이론에 의하면, 공간은 우리가 알고 있는 3차원 이외에도 6개(M-이론은 7개)의 여분의 차원이 더 있다고 합니다. 작은 크기와 말려진 상태 때문에 관측되지 않는다는 이들 여분차원의 모습은 칼라비-야우 다양체라는 기하학적 공간으로 기술됩니다. 추상적 수학의 결과물인 이 다양체를 사람의 머릿속에 떠올릴 수 있도록 형상화하면 꽈배기 혹은 찻잔의 손잡이 같은 것들이 붙어 있는 기괴한 모양입니다(《그림 3-2》 참조). 여기서 나올 수 있는 형상은 실로 무궁무진합니다.[11] 그런데 아인슈타인의 일반상대성원리에 의하면 공간이 휘어지고 비틀어진 이유는 물질이나 에너지가 존재하기 때문이지요. 바꾸어 말해, 여분 차원의 칼라비-야우 다양체는 꼬인 모양이나 길이, 크기, 붙어 있는 막의 상태, 그리고 플럭스^{flux}(끈에 작용하는 힘)의 세기에 따라 다양한 에너지를 가질 수 있습니다.[37]

즉, 우주 공간은 미세하고 조밀하게 뒤틀린 채 에너지를 품고 있는 여분의 차원들로 꽉 차 있다고 볼 수 있습니다. 일부 이론물리학자들은 이 조밀화 과정을 분석해 진공이 가질 수 있는 위치에너지의 분포를 조사했습니다. 그 결과 2003년 럿거스대학의 마이클 더글라스$^{Michael R. Douglas}$는 진공의 공간이 가질 수 있는 에너지 값이 무려 10^{500}개쯤 된다고 계산했습니다! 스탠포드대학의 레너드 서스킨드는 이처럼 다양한 위치 에너지 상태를 가진 상황을 봉우리와 골짜기로 가득한 모습에 비유해 '끈 이론의 풍경^{Landscape}(혹은 경관)'이라는 명칭을 붙였습니다.[38] 일만이천봉이 있다는 금강산 풍경을 떠올려 볼 수도 있습니다. 다만, 끈 이론에서 말하는 진공의 인플라톤 장 에너지는 이와 비교할 수 없을 만큼 많은 10^{500}개의 봉우리와 계곡이 있습니다.

이 상황이 어떤 결과를 낳는지 알아보지요. 앞서 인플레이션은 (인플라톤 장의) 높은 위치에너지를 가진 어떤 미소한 진공 공간이 바닥 상태로 굴러갈 때 일어난다고 했습니다. 그 과정은 두 공간의 위치 에너지의 높낮이 차이나 언덕의 경사도 등에 따라 다르게 진행될 것입니다. 금강산의 봉우리와 골짜기들이 각기 다른 해발 고도와 경사도를 가지고 있듯이 인플라톤 장의 에너지 계곡도 마찬가지입니다. 따라서 인플레이션의 결과로 만들어지는 새로운 우주의 에너지나 물질의 밀도는 무궁무진할 것입니다.

가령, 팽창 직후 일어나는 재가열의 유무나 강약에 따라 생성되는 물질입자의 양이나 종류는 각양각색일 것입니다. 한마디로 각기 다른 물리상수를 가지는 다양한 우주들이 탄생할 수 있습니다. 끈 이론의 풍경에 따른다면 최소 10^{500}개의 다른 우주가 가능한 셈이지요.

게다가 이들의 상태는 고정적이지도 않습니다. 수시로 변화하며 이웃의 보다 낮은 골짜기를 향해 굴러가면서 새로운 우주를 생성 혹은 소멸할 것입니다. 특히, 끈 이론의 풍경에서 말하는 골짜기는 금강산의 계곡과 다른 점이 있습니다. 계곡의 물은 웅덩이에 고이면 이웃의 낮은 골짜기로 흘러가지 못하지요. 그러나 끈 이론의 풍경에서는 양자적 터널효과에 의해 장벽이 너무 두껍지 않다면 얼마든지 통과해 굴러 내려갈 수 있습니다. 양자적 확률로 장벽을 마구 통과하면서 수많은 다른 우주를 만들어 냅니다. 더글라스는 이를 '재앙'이라고 불렀습니다. 10^{500}개는 물리적으로 가능한 우주의 최소 수에 불과하기 때문입니다. 모래알처럼 많다는 말이 있는데, 아르키메데스 이래 많은 사람이 세었지만 지구상의 모래알의 갯수는 10^{20} 수준입니다.

또한 관측 가능한 우주 안에 있는 소립자를 모두 세어도 10^{90}에 불과합니다.[39] 빅뱅 이후 현재까지의 시간을 초로 나타내도 고작 4.4×10^{17}입니다. 허풍이 센 중국의 한자 단어로 엄청나게 큰 수를 나타내는 불가사의不可思議는 10^{80}, 무량수無量數는 10^{88}에 불과합니다. 더 까무러칠 일은 10^{500}도 형편없이 작은 추산이라는 것입니다. 2015년 MIT의 연구진은 인플레이션을 일으킬 수 있는 진공의 계곡 상태가 최소 10^{27200}개 이상이라고 제안했습니다![40]

풍경이라는 용어를 처음 사용한 레너드 서스킨드는 이렇게 많은 다중우주는 재앙이 아니라 축복이라고 했습니다. 왜냐하면 물리학자들 사이에서 20세기 후반 이래 이어 온 '인류의 원리Anthropic principle' 논쟁에 답을 줄 가능성이 있기 때문입니다. '인본 원리' 혹은 '인간 중심의 원리'라고도 불리는 이 원리는 프랑스 뫼동Meudon천문대의 호주 천체물리학자 브랜든 카터Brandon Carter가 1974년 처음 제안했습니다. 역설적이게도 지동설을 주장해 지구가 특별하지 않음을 일깨워 주었던 코페르니쿠스의 탄생 500주년을 기념하는 폴란드 크라쿠프에서의 학술회의에서였지요.

카터는 지구가 우주의 중심은 아니지만, 관측자인 인간이 존재한다는 점에서 어느 정도 특별하다고 주장했습니다. 이는 관측 행위가 있어야 파동함수가 붕괴되어 비로소 실체가 나타난다는 양자역학의 코펜하겐 해석을 반영한 제안이었지요(2장 참조). 관측자인 지적 생명이 존재해야 우주를 인식할 수 있으므로 우리가 특별할 수밖에 없다고 본 것입니다. 이를 '약한 인류의 원리'라고 합니다. 엄밀히 말하자면, 관측자는 인간이 아닌 다른 지적 생명체도 가능하므로 생명 중심의 원리가 더 정확한 명칭일 것입니다. 한마디로 우리가 존재하는 우주만 관찰할 수 있다는 관점이지요.

한편, '강한 인류의 원리'는 의식이 있고 지적인 생명체가 창조되는 것은 우주의 필연이라고 주장합니다. 물리학자 배로우John Barrow, 티플러Frank Tipler등은 우주는 지적 관찰자의 존재를 위해 존재한다고까지 주장합니다.

우주의 물리법칙이 생명의 탄생에 적합하게 맞춰져 있다는 생각은 이미 20세기 중반부터 몇몇 과학자들이 가지고 있습니다. 일찍이 프레드 호일은 생명체 분자의 핵심 원소인 탄소가 별 내부에서 만들어지는 핵융합 반응이 극히 좁은 범위의 조건에서만 가능하다는 사실에 주목했지요. 그런데 우주가 50억 년 전부터 가속 팽창한다는 사실이 1998년에 밝혀지면서 이 문제가 다시 부각되었습니다. 1장에서 알아보았듯이 가속팽창은 우주상수, 즉 암흑에너지로 설명됩니다. 원래 우주상수는 아인슈타인이 중력붕괴의 문제를 해결하려고 도입했다가 허블이 우주팽창을 발견하면서 최대의 실수라며 철회했던 개념이지요. 따라서 20세기 후반의 물리학자 대부분은 우주상수가 0, 즉 없다고 생각했습니다.

하지만 스티븐 와인버그는 그보다 11년 전인 1987년 이에 의문을 품고 인류의 원리를 시사하는 논문을 발표했습니다(구소련의 야콥 젤도비치도 1967년 우주상수의 문제를 제기했습니다).[41] 그는 우주상수가 0에 극히 근접한 양수가 아니라면 인류가 탄생하는 우주는 불가능했다고 주장했습니다. 즉, 이 값보다 조금만 더 컸다면 우주의 팽창이 지나쳐 갈갈이 찢겨졌을 것이며, 이보다 작거나 0에 근접한 음수였다면 일찌감치 우주가 붕괴했을 것이라고 했지요.

그의 예측이 옳았습니다. 2010년을 전후해 관측된 우주상수는 $10^{-52}/m^2$였습니다. 소수점 아래 0이 51개 있는 매우 작은 양수였지요. 이를 암흑에너지로 환산하면 $10^{-29}g/cm^3$입니다. 물리학자들은 암흑에너지를 우주 공간의 진공에너지라고 보고 있지요. 그런데 양자물리학으로 계산한 진공에너지 값은 우주상수보다 무려 10^{122}배나 큽니다! 1에 0이 122개 붙은 숫자이지요(플랑크 에너지의 설정 조건에 따라 10^{120} 등이 나올 수 있습니다). 물리학 역사상 최악으로 빗나간 이 이론적 예측을 '우주상수 문제'라고 부릅니다(1장 암흑에너지의 실체 참조). 분명히 진공에너지의 이론 계산이 잘못되었을 것입니다. 따라서 알려지지 않은 물리적 요소를 반영해 보정해야 하는데, 어떤 경우라도 10^{-122}라는 상상을 초월할 수준의 정밀한 미세조정으로 값을 맞추기는 기적에 가까워 보입니다. 우리 우주가 생명이 존재 가능하도록 정밀하게 조율되었다는 생각을 하지 않을 수 없지요.

사실, 우주상수뿐 아니라 다른 물리 값이 지금과 조금만 달라도 생명이 있는 우주는 불가능합니다. 저명한 천체물리학자 마틴 리스 Martin rees 는 저서 『6개의 수 Just Six Numbers』에서 이를 6개의 수로 예를 들었습니다.[42] 가령, 전자기력을 중력으로 나눈 값은 무려 10^{36}입니다. 그런데 여기서 1에 붙은 36개의 0 중 1개만 부족해도 원자는 전자기력이 불충분해 큰 물질을 형성하지 못합니다. 당연히 생명체도 불가능하지요.

한편, 수소 원자 2개가 핵융합반응으로 헬륨을 만들 때 에너지로 전환되는 비율은 0.007입니다. 이 비율이 0.006이면 핵융합반응이 불충분하여 별들이 빛나기 어렵고, 0.008이면 수소가 모두 소진되어 생명의 물질인 물 분자가 생성될 수 없습니다. 또 다른 예로, 우주의 주요 공간이 3차원이 아니라 2차원, 4차원 등 다른 차원이라 해도 생명은 존재할 수 없지요. 이 모두를 고려할 때 생명이 있는 우주는 기적에 가까운 희박한 확률 조건에서만 가능한 듯 보입니다. 천문학자 휴 로스는 태풍에 날아간 폐품창고의 쓰레기들이 우연히 쌓여 보잉 비행기로 조립될 확률에 비유했습니다.[43]

그런데 서스킨드의 끈 이론 풍경은 이 문제를 한 방에 설명합니다. 각기 다른 우주 상수를 가진 우주가 최소 10^{500}개나 있다면 그중에서 10^{122}쯤의 수를 맞추는 것은 일도 아니지요. 그런 값의 우주상수를 가지는 우주는 무궁무진하게 많을 것입니다. 마틴 리스는 옷 가게에서 내 몸에 딱 맞는 옷이 있어도 안 놀라듯이 정밀 조율된 것처럼 보이는 우리 우주의 존재야말로 다중우주의 강력한 증거라고 주장합니다. 이처럼 끈 이론의 풍경은 인류의 원리 문제를 싱겁게 해결합니다. 현재로서는 다중우주가 우주상수의 문제나 인류의 원리를 설명하는 유일한 이론입니다.[44]

한편, 인류의 원리라는 것이 논리적으로 원인과 결과를 뒤바꾸어 놓은 주장이라는 반론도 만만치 않습니다. 생물학자 제이 굴드는 우주의 생명체 탄생이나 진화와 관련해 미세조정을 거론하는 학자는 핫도그의 소시지와 빵이 서로 딱 들어맞는 길이를 가졌다고 무릎을 치는 사람들이라고 비유했습니다. 리처드 도킨스도 저서 『조상 이야기』에서 실패한 물고기는 없다고 비유했습니다. 가령, 우리의 먼 직계조상 중에는 어느 순간 간발의 차이로 잡혀 먹히지 않고 살아남아 후손을 퍼뜨린 물고기가 분명히 있을 것입니다. 그런 일은 야생의 세계에서 수도 없이 일어나지요. 공룡을 피해 겨우 살아났던 원시 포유류 조상도 있었을 것입니다. 뿐만 아니라 호모로 진화한 이래 간발의 차이로 목숨을 건졌던 무수한 우리의 직계 조상들이 있었을 것입니다. 이들이 죽음을 모면한 경우의 수를 모두 곱하면 기적에 가깝게 낮은 확률인데, 우리는 현재 존재합니다. 우리의 존재가 기적처럼 보이는 이유는 관측자가 사건의 원인과 결과를 역으로 연속적으로 선택해 분석한 결과라는 설명입니다.

사실, 이처럼 특정 상태를 가정하고 역으로 추정하면 확률은 극히 희박해질 수밖에 없습니다. 제가 2021년 9월 9일 오후 4시에 학교 연구실에서 글을 쓰고 있는 상태가 되려면 과거 무수한 사건들의 조합이 맞아야 합니다. 그러나 9월의 평일 낮에 교원이 학교에 있음은 전혀 놀랄 일이 아니지요.

이와는 조금 다른 맥락이지만 인류의 원리의 모순점을 반박하는 흥미로운 기사를 2010년 『사이언티픽 아메리칸』에서 읽은 적이 있습니다.[45] 두 젊은 물리학자가 기고한 글이었습니다. 그들은 주어진 우주에서 임의의 물리상수 1개를 골라 일정한 범위에서 값을 변화시켜보았습니다. 그 결과 생명이 가능한 우주는 파국적으로 좁은 조건에서만 나타났습니다. 그러나 연관된 2개의 물리상수를 함께 변화시켰더니 생명 가능한 우주의 조건이 대폭 넓어졌습니다. 만약, 여러 개의 변수를 동시에 변화시킨다면 생명이 있는 우주는 희박한 확률이 아니라 오히려 필연이 될 것입니다.

일부 물리학자들이 제기한 인류의 원리는 생명이 가능한 우주가 존재할 조건이 확률적으로 극히 낮다는 점을 강조하는 과정에서 나왔습니다. 그렇다고 그들의 주장이 인간을 우주의 중심에 놓은 것은 아닙니다. 종교와는 더욱 무관한 과학적 해석이지요. 그러나 '지적설계 intelligent design, ID'를 주장하는 일부 종교인들이 강한 인류의 원리를 신의 우주 창조설을 옹호하는 데 원용^{援用}합니다. 이들의 주장은 강한 인류의 원리를 주창한 존 배로우나 프랭크 티플러의 내용에서도 크게 벗어나 있습니다. 더구나 물리학자들이 논의의 대상으로 삼는 것은 대부분의 경우 약한 인류의 원리이며, 종교와는 무관합니다. 오히려 그 반대이지요.

그럼에도 불구하고 대다수 과학자들은 인류의 원리를 탐탁치 않게 여기며, 일부는 경멸합니다. 우주상수의 문제를 제기해 인류의 원리 논쟁에 불을 지폈던 와인버그조차도 자신은 다른 대안적 설명을 기대한다고 피력한 바 있습니다. 아무튼 인류의 원리를 놓고 벌이는 21세기 최첨단 물리학의 논쟁은 우주에서의 인간과 생명의 위치를 과학적 관점에서 다시 한번 진지하게 성찰하게 해 준 값진 기회가 되고 있습니다.

세상은 옷감일까? | 고리양자중력 이론

이번 장에서 다루고 있는 주요 주제는 양자론과 일반상대성원리의 통합 시도인 양자중력입니다. 그 시도 중의 하나가 지금까지 알아본 끈 이론이지요. 끈 이론과 함께 양자중력의 양대 축을 이루는 또다른 시도가 고리(루프)양자중력$^{loop\ quantum\ gravity,\ LQG}$이론입니다.[46, 47] LQG 이론은 일반상대성이론을 양자론으로 기술하려는 원래 취지로만 본다면 끈 이론보다 접근 방법이 정통적입니다. 끈이나 여분의 차원과 같은 제3의 개념 없이 두 이론만 토대로 삼기 때문입니다. 그러나 보다 더 급진적이며, 덜 알려져 있습니다.

이 이론은 크게 두 가지 문제를 근본적으로 재분석하면서 체계를 세우려 합니다. '배경 독립성$^{background\ independence}$ 문제'와 '시간의 문제'입니다. '배경'이란 쉽게 말해 좌표입니다. 가령, 뉴턴역학에서는 움직이는 입자들을 x, y, z축으로 이루어진 3차원의 공간좌표에서 방정식으로 기술합니다. 이 경우 좌표는 고정적이며 변치 않지요. 즉, 배경이 독립적입니다. 또한 시간에 따라 변하는 물리량(예: 운동량, 위치, 에너지 등)을 방정식으로 계산하므로, 시간을 별개의 변수로 삼습니다.

이 점은 양자역학이나 끈 이론도 마찬가지입니다. 다만, 양자역학에서는 파동방정식을 계산해 얻은 소립자들의 운동량과 위치, 에너지와 시간이 확률적이고 모호한 모습(불확정성)을 가졌지요. 이와 달리 일반상대성원리에서는 소립자의 운동을 기술하는 공간이 상대적입니다. 즉, 좌표가 가변적이지요(배경 의존적). 게다가 시간도 별도의 변수가 아니라 차원의 하나로 공간과 엮여 있습니다. 한마디로, 일반상대성이론은 변화하는 좌표의 모습을 계산하는 셈입니다. 양자역학처럼 입자의 운동이 아니라 시공간을 기술하는 이론인 것입니다.

이런 배경에서 존 아치볼드 휠러는 일반상대성이론의 중력(중력장)을 흐물거리는 시공간(좌표)에서 양자적 모습으로 기술하고자 했습니다(닐스 보어의 학생이었던 그는 블랙홀 용어를 처음 만든 인물로 리처드 파인만과 다세계 해석의 제창자 휴 에버렛의 스승이기도 합니다). 그러나 수십 년간 답보 상태에 있었지요. 그러던 1960년대 중반 휠러는 공항에서 환승을 기다리던 중 만난 동료 드윗[Bryce DeWitt]과의 짧은 대화에서 힌트를 얻어 그와 함께 LQG이론의 기초가 된 방정식을 개발했습니다. 변화하는 4차원 시공간을 얇은 조각의 3차원 공간들로 분해하는 수학적 기법을 통해 흐물거리는 휜 공간에서 다른 굽은 공간을 관찰할 확률을 기술한 휠러-드윗 방정식이었지요.

공간의 파동방정식이라 할 수 있는 이 식은 매우 훌륭했지만 풀이와 해석에 어려움이 있었습니다. 무한대 값의 문제가 있었고 의미를 이해할 수 없었지요. 무한대의 문제는 양자장론에서도 있었지만 이는 재규격화라는 기법을 통해 해결할 수 있었습니다(2장 참조). 기이한 점은 시간을 변수로 삼지 않는데 시간의 변화를 기술한다는 것이었습니다.

휠러-드윗 식에 대한 풀이와 해석은 1980년대 말부터 실마리가 풀리기 시작했습니다. 1990년대 중반에 이르러서는 미국의 리 스몰린[Lee Smalin]과 이탈리아의 카를로 로벨리[Carlo Rovelli]가 식의 풀이에서 희한한 특성이 나온다는 사실을 밝혔습니다. 폐곡선의 고리 혹은 루프[loop]가 등장한 것입니다. '고리'양자중력이란 이름은 여기서 나왔지요.

고리들은 중력장의 역선(힘의 선)이라고 할 수 있습니다. 전기장의 경우라면 패러데이 역선에 해당하지요(2장 참조). 그런데 역선이 고리라는 것은 불연속적이라는 의미입니다. 또한, 고리는 공간 속에 있지 않습니다. 그 자체가 공간을 나타냅니다. 그렇다고 공간이 실제로 고리로 이루어진 것은 아닙니다. 고리는 추상적 수학에서 형상화한 개념입니다. 따라서 수학을 사용하지 않고 LQG이론을 설명하기는 쉽지 않지만 대략적인 개요를 요약하면 다음과 같습니다.

무엇보다도 LQG이론에서는 공간이 불연속적인 작은 덩어리들로 이루어져 있습니다(이와 달리 끈 이론에서는 공간이 연속적입니다). 양자역학에서 입자의 에너지를 양자화한 것과 비슷한 개념이지요. 따라서 양자화된 공간은 최소의 크기를 가집니다. 그 크기는 플랑크 길이인 10^{-33}cm이며, 면적은 10^{-66}cm², 부피는 10^{-99}cm³입니다. 이보다 작은 공간은 존재할 수 없다고 봅니다. 1cm³의 공간에 10^{99}개의 양자적 공간이 들어 있는 셈이지요. 리 스몰린의 추산에 의하면 우주는 10^{184}개의 양자적 공간으로 이루어져 있습니다.[48] 이렇게 양자화된 공간은 고리(루프)들이 엮어진 듯한 모습을 띠고 있습니다. 마치 연속적인 물체로 보이는 옷을 자세히 들여다보면 실들이 고리 모양으로 마디를 이룬 직조인 것과 유사하지요.

그후 몇 년의 후속연구를 통해 고리보다 더 중요한 것이 그들이 만나는 노드node, 즉 마디라는 사실이 밝혀졌습니다. 마디들이 여럿 모이면 양자적 부피를 가진 공간을 이루기 때문입니다. 따라서 어떤 주어진 공간의 총 부피는 그 안에 있는 마디들의 합입니다. 또한 마디에 모이는 고리의 선(링크)들이 많을수록 부피는 커집니다. 물론, 부피는 아무 값이 아니라 불연속적인 특정한 덩어리 값만 가지지요. 이들 고리와 마디의 집합을 통틀어서 '스핀네트워크'라고 부릅니다. 스핀이라는 이름은 소립자의 물리량인 스핀처럼 양자적 들뜸 상태를 나타내는 선(링크)들이 정수가 아닌 1/2, 1, 3/2 등 1/2의 배수 값을 양자수로 가지기 때문에 붙여졌습니다. 물론, 이 네트워크도 실체가 아닌 수학적 구조입니다.

중요한 점은 고리와 마디로 이루어진 스핀네트워크가 공간의 어떤 정해진 위치를 차지하고 있지 않다는 사실입니다. 공간양자의 위치는 고리의 선인 링크들의 상호작용에 의해서 결정되며, 수시로 변합니다. 고리의 곡률 구하면 공간의 곡률, 즉 중력장을 계산할 수 있습니다. 그런데 스핀네트워크가 변화하는 방식은 무작위적이고 확률적입니다. 마치 요동치는 파동들이 만나듯 작용하지요. 이는 공간도 전자처럼 '확률구름'과 같은 모습을 띤다는 의미입니다. 공간이 연속적으로 보이는 것은 링크들의 상호작용으로 생긴 양자공간의 순간적 연결 때문이라는 설명이지요. 공간과 사물의 실체는 '무엇이냐'가 아니라 '어떻게 관계를 맺는가'에서 답을 찾아야 한다는 것입니다.

초창기의 LQG이론에서 공간의 구조인 스핀네트워크를 주로 다루었습니다. 그러나 새천년 이후 시간에도 대해서는 많은 것이 규명되기 시작했습니다. 그 결과 공간과 마찬가지로 시간도 불확실성의 지배를 받는 불연속적 덩어리이며, 링크들의 관계에 의해서만 정의되는 특성이 드러났습니다. 이는 일반상대성이론에서의 시간과 공간이 '시공간'이라는 하나의 개념으로 통합되어 있는 사실로 미루어 볼 때 당연한 귀결일 수도 있습니다.

LQG의 설명을 조금 더 구체적으로 보자면, 스핀네트워크가 변화하며 움직이면 면적을 가진 모습을 띕니다. 이를 '스핀거품spin foam'이라고 부릅니다. 즉, 스핀네트워크가 시간을 두고 흘러간 경로가 스핀거품입니다. 또한 어떤 '사건event'(시공간의 점)의 확률은 해당 스핀거품을 모두 합해 계산할 수 있습니다(파인만의 경로 합과 유사합니다).

그런데 스핀거품에서의 시간은 강물처럼 연속적으로 흐르지 않습니다. 프랑크 시간인 10^{-43}초를 단위로 불연속적으로 흐르지요. 따라서 시간은 이보다 작을 수 없습니다. 아날로그가 아니라 불연속적인 숫자로 나타나는 디지털 시계와 흡사하지요. 만약 질량이나 에너지가 스핀거품에 가해지면 스핀네트워크가 뒤틀릴 것입니다. 그 결과 시공간도 뒤틀리지요. 그렇게 보면 시간이란 결국 양자 부피가 움직이는 현상입니다. 즉, 공간과 마찬가지로 시간도 세상의 바탕(좌표)을 이루는 근본적 속성이 아니라 양자적 현상의 변화로 인해 생기는 부산물이라는 설명입니다.

시간과 공간이 근본적인 것이 아니라면 물질은 무엇일까요? 카를로 로벨리 등이 제안한 LQG이론의 최신판 버전에 따르면 모든 것은 양자장입니다. 즉, 빛, 전자 등의 소립자들이나, 에너지, 공간, 시간, 등 모든 것은 '공변 양자장covariant quantum fields'이라고 불리는 하나의 장의 다른 모습입니다. 세상은 오직 양자장만으로 구성되어 있으며, 이것의 변화가 물질과 시간, 공간을 생성한다는 것입니다.

LQG이론이 옳은지 그른지, 아니면 수정이 필요한지는 더 지켜보아야 할 것입니다. 그러나 이 가설이 블랙홀이나 빅뱅의 특이점이 가지는 무한대 밀도의 모순을 해결한다는 점은 매우 흥미롭습니다. 현재의 블랙홀 이론에서는 에너지와 질량이 특이점에서 무한대가 되지요. 이는 수학에서나 가능하지 물리학에서는 용납될 수 없는 설명입니다. 그런데 LQG이론에서는 공간이 $10^{-99} cm^3$의 유한한 최소 크기를 갖기 때문에 특이점의 무한대 밀도 문제가 깔끔히 해결됩니다. 그런 조건에서는 특이점에 빨려 들어간 에너지와 물질이 특정한 밀도 이상의 값을 가질 수 없으며, 한계치 이상의 나머지는 척력으로 밀어낼 것입니다.

이 상황을 스펀지에 비유할 수 있습니다. 스펀지는 물을 빨아들이지만, 그 사이 빈 공간의 부피 총량을 넘으면 더 이상 머금지 못하고 뱉어 버리지요. 비슷한 이치로 LQG이론에서도 특이점은 어느 단계까지만 주변 물질을 중력으로 끌어들이며 수축합니다. 그러나 계속 수축하여 밀도가 한계에 이르면 물질을 내뱉는 반발력이 생깁니다. 그 결과 공간은 수축에서 팽창 모드로 바뀔 것입니다.

이 상황을 빅뱅에도 적용할 수 있습니다. 빅뱅 무렵의 우주는 초고밀도의 블랙홀과 유사한 상태였을 것입니다. 따라서 이 이론이 옳다면 물질을 더 이상 빨아들이지 못하게 된 우주는 내뱉으며 팽창했을 것입니다. 그러다 팽창이 계속되어 어느 시점에 이르러 밀도가 충분히 낮아지면 메마른 스펀지처럼 다시 물질을 빨아들이며 수축할 것입니다. 물론, 다음에는 다시 팽창하겠지요. 즉, 우주는 수축과 팽창을 반복한다는 설명입니다. 이러한 우주모형을 '되 튀는 우주^{Bouncing universe}'라고 부릅니다.[49] '빅 바운스^{Big Bounce}'를 되풀이하는 우주이지요. LQG이론은 빅뱅 이전도 설명하는 셈입니다.

이처럼 LQG이론은 양자중력의 훌륭한 후보여서 2019년 기준으로 전 세계에서 약 30여 그룹이 연구하고 있습니다. 특히 끈, 여분의 차원, 초대칭 등의 개념이 필요없이 일반상대성이론과 양자장론을 통합할 수 있다는 점에서 매력적이지요. 또한, 기존에 알려진 호킹복사나 블랙홀의 엔트로피의 설명과도 그런대로 잘 부합합니다.

그렇다면 검증 여부는 어떨까요? 이 이론에 의하면, 같은 빛(전자기파)이라도 에너지가 강하면(예: 감마선) 약한 경우(예: 라디오파) 보다 속도가 미소하게 느려진다고 합니다. 에너지가 강한 빛이 불연속적인 시공간을 통과하기가 더 용이하기 때문이지요. 그런데 2009년 먼 은하에서 온 감마선을 측정한 결과 그러한 사실을 확인하지 못했습니다. 실험의 정밀도가 미흡했을 수도 있고 이론이 틀렸거나 식이 불완전했을 수도 있습니다.

한편, LQG이론은 미시 공간에서는 비교적 성공적이었지만, 거시 세계에서도 적용할 수 있도록 이론을 발전시킬 숙제를 안고 있습니다. 이런 여러 이유로 LQG는 이론물리학자들 사이에서의 지지도가 끈 이론에 크게 못 미칩니다. 가령, 라이벌인 끈 이론의 지지자 리사 랜달 등은 이 이론을 혹독하게 비판합니다. 여러 면에서 볼 때 '만물의 이론 Theory of Everything, TOE'이 될 가능성이 끈 이론에 크게 못 미친다는 주장이지요. 무엇보다도 LQG이론은 표준모형에 나오는 입자들의 상호작용을 제대로 설명 못한다는 지적입니다. 두 진영은 경쟁이 심해 학회도 각기 따로 열고 교류도 별로 없다고 합니다.

극소수이지만 일부 일부에서는 두 가설을 아우르려는 움직임도 있습니다. 가령, LQG이론에 초대칭성이나 여분의 차원 개념을 접목시키려는 시도가 그 예이지요. 고리양자중력 이론은 기본적으로 중력에 대한 이론으로 출발했기 때문에 소립자들의 상호작용에는 크게 관심을 두지 않은 취약점이 있습니다. 그러나 양자중력 이론으로서 중대한 결함을 발견할 수 없었을 뿐 아니라 많은 매력적인 측면을 가지고 있으므로 수학적으로 완성된다면 희망적일 수도 있습니다. 특히, 공간과 시간에 대한 분석은 LQG이론의 큰 강점입니다. 세상은 소립자와 같은 물질로만 이루어진 것이 아니라 시간과 공간도 중요한 요소이기 때문입니다. 따라서 이어지는 3개의 절에서는 공간과 시간에 대해 생각해 보기로 하겠습니다.

있는 듯 없는 듯 | 공간의 실체

고리양자중력 이론이 공간을 불연속적이라고 보는 관점은 생각해 볼 만한 가치가 있습니다. 무엇보다도 앞서의 설명대로 공간이 작은 조각으로 되어 있다면 빅뱅이나 블랙홀의 특이점이 무한값을 가지는 모순을 피할 수 있습니다. 또한, 진공에너지의 문제도 풀 수 있을지 모릅니다. 현재의 양자장론으로 예측한 진공에너지는 실제 우주에서 관측한 공간의 암흑에너지 값보다 무려 10^{122}배나 크지요. 이 모순은 혹시 공간을 아날로그적 연속체라 가정한 데서 비롯되지는 않았을까요? 시공간에 무한대 혹은 무한소의 개념을 적용하면 모순에 빠진다는 사실을 우리는 그리스의 철학자 제논이 제기한 역설을 통해 익히 알고 있습니다.

그중 트로이 전쟁의 영웅인 아킬레우스와 거북이의 경주 역설이 대표적 예입니다.[50] 튼튼한 다리의 아킬레우스가 거북이보다 100배 빠르다고 가정해 보지요. 또한 실력 차이를 고려해 거북이를 100m 앞에 두고 출발시킨다고 하지요. 경기가 시작되어 아킬레우스가 100m 지점에 가면 거북이는 그보다 1m 앞에 있을 것입니다. 그가 거북이를 따라잡으려 1m를 더 가면 거북이는 0.01m를 더 가지요. 아킬레우스가 다시 0.01m를 가면 거북이는 0.0001m 앞에 있습니다. 이런 식으로 무한 반복하면 아킬레우스는 거북이를 절대 따라잡을 수 없지요. 이 모순은 19세기의 수학자 칸토르$^{Georg\ Cantor}$가 무한등비급수의 개념을 도입해 수학적으로 해결했습니다(거리 대신 구간별로 소요된 시간의 합으로 계산하면 모순이 사라집니다). 이 역설은 무한의 개념을 시간이나 공간에 적용할 때 일어나는 모순을 보여 주는 좋은 예입니다.

사실, 양자역학에서는 이미 물리량을 불연속적이며 유한한 작은 덩어리라고 가정함으로써 무한의 문제를 상당 부분 극복했습니다. 흑체복사의 자외선 파탄 문제를 막기 위해 에너지를 양자화한 것이 좋은 예이지요(2장 참조). 흑체에서 나오는 파장이 연속적이라면 그 에너지들은 아무리 작아도 모두 합하면 무한대가 되는 모순에 빠집니다.

그런데 소립자가 아니라 공간이 불연속적이라면 그것은 도대체 어떤 상태일까요? 현재로서는 양자적 고리(루프)가 대표적인 설명이지만 다른 대안 가설들도 있습니다. 시카고대학의 교수이자 페르미 입자 우주물리학센터의 소장인 레이그 호건Raig Hogan이 이끄는 20여 명의 과학자들은 디지털 속성을 가졌다 추정하고, 이를 확인하는 실험을 하고 있습니다.[51] 이들은 공간이 불연속적일 뿐 아니라 0과 1의 비트처럼 두 요소로 이루어졌다고 가정합니다. UC버클리의 라파엘 보우소Raphael Bousso도 공간은 플랑크 크기 수준에서 비트로 된 조각으로 이루어졌다고 보고 있지요. 뿐만 아니라 3차원 세계의 정보가 '빛 면light sheet'으로 불리는 2차원의 표면에 비트로 저장되어 있다고 제안합니다. 마치 TV나 PC 화면의 픽셀과 유사하다는 주장인데, 실험으로 확인하는 연구가 진행 중입니다.

이와 달리, 네델란드 위트레흐트Utrecht대학의 얀 암뵤른Jan Ambjørn과 동료들은 공간이 프랙털 구조를 가졌다고 추정합니다.[52] 프랙털이란 전체 형태와 동일한 모습이 작은 세계로 내려가면서 끝없이 스스로 되풀이되는 구조를 말합니다. 그들은 4차원의 시공간이 10^{-33}m 부근의 플랑크 길이로 작아지면 점차 2차원적 모습을 띠며 프랙털 구조와 비슷해진다는 내용을 2008년에 발표했습니다.[53] 주장대로라면, 공간은 작은 크기에서 끝없이 자기 모습을 반복하는 구조를 가졌을 것입니다.

가령, 눈 쌓인 언덕들은 부드러운 곡면으로 보입니다. 그러나 세부를 살펴보면 육각형의 눈 결정으로 이루어져 있습니다. 눈 결정의 여섯 가지를 확대해 보면 다시 비슷한 육각형인 경우가 많지요. 공간도 이처럼 유사한 구조가 미시세계에서 스스로 되풀이되는 모습이라는 주장입니다.

사실, 굳이 고리양자중력 이론이 아니더라도 물질을 공간이 가지는 성질의 일부라고 생각하는 물리학자들이 늘고 있습니다.[54] 즉, 입자는 물질이 아니라 양자장이 공간 내의 어떤 위치에서 여기勵起된 성질, 즉 에너지적으로 다른 곳보다 높게 들뜬 상태에 가깝다는 관점이지요. 질량, 전하, 스핀 등의 성질들이 공간 속에서 덩어리처럼 얽혀 있는 관계가 물질 세계라는 해석입니다.

사실, 물질이 실체가 아니라고 볼만한 방증傍證은 이미 여럿 있습니다. 첫째, 하이젠베르크의 불확실성의 원리에 따르면 극미세계에서는 물질의 경계가 모호해집니다. 둘째, 특수상대성이론에 의하면 공간 내 사물의 위치는 상대적이며 관측자의 상태에 따라 달라집니다. 셋째, 양자역학의 얽힘 현상은 입자의 개별성을 부정합니다. 넷째, 표준모형에서는 물질세계가 양자장을 매개로 상호작용하는 소립자로 구성되었다고 설명해 왔습니다. 그런데 양자장이론은 문자 그대로 장場을 작은 덩어리로 양자화量子化한 이론입니다. 양자장에서는 각 위치에서의 물리량이 특정되어 있지 않고 확률적인 값만 가질 뿐입니다. 그 값은 상태벡터라고 불리는 독립된 수학 항으로 기술되며, 특정한 위치 없이 모든 공간에 있을 수 있습니다. 사실, 현대물리학이 기술하는 입자와 장은 상보적相補的 개념이라 할 수 있습니다. 예를 들어 물질이나 입자의 질량은 그 자체만으로는 의미가 없지요. 상대 물체가 있어 중력이 작용해야 비로소 의미를 가집니다. 이처럼 사물을 관계라고 생각하는 물리학자들이 점차 늘고 있습니다. 공간 속에서 여러 성질이 통합된 상대적 개념이 물질이라는 관점입니다.

세상의 시작은 있는가? | 최초의 시간

고리양자중력 이론에서 말하는 바처럼 공간이 우주의 근원적 속성이 아니라면 시간은 어떨까요? 철학자들과 과학자들은 오래전부터 시간을 공간과 함께 우주를 이루는 바탕이라고 생각해 왔습니다. 그럼에도 불구하고 시간과 공간은 매우 다르게 보입니다. 무엇보다도 시간은 공간과 달리 비대칭적이지요. 공간에서는 양 방향으로 오갈 수 있는데 시간은 한 방향만으로 흐릅니다. 이렇게 한 방향으로만 흐른다면 시간을 거꾸로 거슬러 올라간 먼 과거에는 세상의 시작이 있었을까요?

관측 가능한 우주에 국한해 본다면, 이 문제는 빅뱅의 특이점 singularity 이 시간의 시작이냐는 질문과 맞닿아 있습니다. 블랙홀처럼 우리가 관측하는 우주도 시초에는 시공간과 물질, 에너지가 한 점에 집중되었던 특이점의 상태에 있었을 것입니다(특이점은 수학적 기술이지 물리적 실체는 아닙니다. 그러나 이 절에서는 편의상 실체로 간주했습니다).

그렇다면 빅뱅 이전에는 무엇이 있었을까요? 많은 책들이 빅뱅은 우주의 시작이므로 그 이전에 무엇이 있었냐고 묻는 질문은 비논리적이라고 설명합니다. 빅뱅과 함께 시간과 공간이 시작되었다는 설명이지요. 이에 대해 우주의 엔트로피에 대해 많은 연구를 하고 있는 캘리포니아공과대학의 션 캐롤Sean Carroll은 '아직 모른다'가 정직한 답이라고 말합니다.[39] 다만 그는 확답 대신 한 가지 가능성을 제안합니다. 즉, 빅뱅은 세상의 진짜 시작이 아니며, 우주 순환 과정의 일부이거나 다중우주에서 반복적으로 일어나는 사건일 수 있다는 것이지요. 많은 수의 우주물리학자들이 비슷한 생각을 하고 있습니다.

그런데 순환하는 다중우주에서는 시간의 시작이라는 개념이 무의미해질 수 있습니다. 여기에는 4가지 시나리오가 제안되어 있습니다.[55] 그중 두 가지는 끈 이론에 근거한 시나리오입니다. 첫째, 우리의 우주가 막brane인 경우, 시간이 무의미해지는 시나리오입니다. 그 대표적인 가설을 2008년 스페인의 연구진이 발표했습니다.[56] 앞서 끈 이론에서 보았듯이 고차원에 떠 있는 막 우주들은 이동하다 충돌도 합니다. 그런데 매우 빠른 속도로 움직이던 막들이 충돌할 경우, 이를 따라잡지 못한 4차원 시공간의 시간 차원은 다른 여분의 차원으로 옮겨갈 수 있다고 합니다. 그렇게 되면 시간에 바탕을 둔 원인과 결과의 연결은 깨지며 사건의 순서 또한 뒤죽박죽이 될 것입니다.

둘째, 끈 이론의 홀로그래피 우주모형에 바탕을 둔 시나리오에서도 시간이 무의미해집니다. 이 가설에 의하면, 우주의 정보는 원래 2차원(혹은 저차원)의 막에 저장되어 있는데 어떤 규칙에 의해 3차원(혹은 보다 높은 차원)의 공간에 투영되고 있다고 합니다. 우리는 보는 현실은 저차원의 정보가 고차원에 투영된 모습이라는 것입니다. 그런데 빅뱅이나 블랙홀처럼 초고밀도에서는 시공간의 2D 정보가 뭉뚱그려질 수 있습니다. 이것이 3차원에 투영되면 시간이 온통 뒤섞인다는 설명이지요.

시간이 무의미해지는 나머지 두 시나리오는 끈 이론과 무관합니다. 먼저, 블랙홀 혹은 빅뱅 초기의 특이점에서 시간의 의미가 사라진다는 시나리오입니다. 이에 대한 기본인 개념은 2020년 노벨 물리학상 수상자인 옥스포드대학의 로저 펜로즈가 2010년의 저서 『시간의 순환』에서 제시했습니다.[57] 그에 의하면 빅뱅 후 100만 분의 1초^{us}가 지나기 전까지의 우주는 격렬히 날아다니는 복사에너지의 세상이었습니다. 당시에는 양성자, 중성자 등 물질을 구성하는 바리온 입자(세 개의 쿼크로 이루어진 입자)들이 아직 생성되지 않은 상태였습니다. 따라서 어떠한 물질 구조도 존재하지 않았지요. 이는 시간의 흐름을 판단하거나 측정할 참조물, 즉 '시계'가 없었다는 의미입니다. 사건(시공간의 점) 사이를 구분할 기준이 없었으므로 시간의 흐름이나 지속성이 무의미했다는 설명입니다.

둘째, 이와 유사한 상황이 우리 우주의 아주 먼 미래에도 일어난다는 시나리오입니다. 우리는 1998년의 발견으로 우리는 우주가 약 50억 년 전부터 가속 팽창하고 있다는 사실을 알고 있습니다. 그리고 아주 먼 미래에는 모든 별들이 차갑게 식고 그 안의 물질은 소립자로, 그리고 다시 복사에너지로 산산이 분해되는 날을 맞을 것입니다.

팽창하는 우주의 먼 미래를 정확히 예측하기는 쉽지 않습니다. 그러나 1999년 미시간대학의 아담스$^{Fred Adams}$와 예일대학의 로플린$^{Greg Laughlin}$은 우주의 미래를 예측한 『우주의 다섯 시대$^{The Five Ages of the Universe}$』에서 대략적인 그림을 제시한 바 있습니다.[58] 제가 시드니 공항의 서점에서 우연히 찾았던 책인데 장대한 스케일에 깊은 감명을 받았습니다. 두 사람의 추산에 의하면 현재 10^{10}년(100억 년) 대인 우리 우주의 나이가 10^{20}년(100억 년의 100억 배)쯤 되면 빛을 내는 모든 별은 사라지고 양성자별과 블랙홀만 남게 됩니다. 양성자는 중성자와 비교가 안 될 정도로 안정적인 입자여서 붕괴속도가 극히 느립니다. 그러나 10^{40}년쯤 되면 양성자별도 모두 붕괴되어 없어지고 천체라고는 블랙홀만 남게 됩니다. 다시 시간이 지나면 양성자별을 구성했던 양성자는 양전자 positron와 파이중간자 pion로, 그리고 파이중간자는 다시 감마선 등의 광자로 붕괴될 것입니다. 우주가 팽창을 거듭해 나이가 10^{65}년쯤 되면 태양 규모 질량의 블랙홀들은 호킹복사에 의해 완전히 증발됩니다. 10^{83}년 후에는 은하들의 중심에 있었던 대형 블랙홀도 모두 증발해 사라집니다. 10^{100}년 이후가 되면 우주는 절대온도 0K 부근의 열적사망 Heat Death 상태에 가까워집니다. 그때가 되면 그 동안 물질의 주요 구성입자였던 바리온입자는 완전히 분해되고 잔해인 전자와 양전자, 그리고 극도로 긴 파장의 복사파만 남게 됩니다. 우주는 엄청나게 팽창해서 그나마 남아 있는 전자와 양전자도 현재의 우주 크기만한 거리마다 한 개 정도 있을 만큼 희박한 상태가 됩니다.

　이처럼 활력을 잃고 밍밍한 우주에 구조가 있을 리 없지요. 당연히 시간의 지속성이나 흐름을 참조할 '시계'도 없어질 것입니다. 그런데 이 상태는 물질과 에너지가 압착되어 있었던 초기 우주의 특이점과 기이하게도 매우 유사합니다. 즉, 팽창으로 희석된 우주도 빅뱅 초기의 특이점 우주처럼 시간의 의미가 없어진다는 점에서 같은 상태라고 볼 수 있습니다. 펜로즈는 이처럼 우주가 극단적으로 희석된 상태에 이른 후에는 최초의 빅뱅 특이점으로 다시 돌아간다는 제안을 했습니다. 그렇게 되면 차가운 물질이 저절로 뜨거워지는 세상이 됩니다. 시간의 화살이 반대 방향으로 바뀌는 것이지요. 즉, 빅뱅으로 돌아가는 우주에서는 사과가 나무 위로 떨어지며, 과거가 아닌 미래를 기억할 것입니다. 그런데 이 역방향으로의 회귀가 일회성이어야 할 이유는 없습니다. 그렇다면 빅뱅은 시간의 시작이 아니라 순환하는 우주의 한 과정에 불과할 것입니다.

한편, 스티븐 호킹은 빅뱅이 시간의 시작인지의 문제를 전혀 다른 방식으로 설명했습니다. 그는 제임스 하틀James Hartle과 1983년 발표한 '무경계 가설No-Boundary Proposal'에서 이를 구체화했습니다. 이 가설에서는 시간이 허수의 차원으로 표현됩니다. 이런 조건에서는 빅뱅 근처에서의 시간과 공간은 수학적으로 같아져 구별할 수 없게 됩니다. 시공간이 하나가 되면 구의 표면처럼 시작점이라는 개념은 의미를 잃지요. 그러나 빅뱅이 일어나면서 허수로 존재하던 시간이 실수의 값으로 변했다고 합니다. 그 결과 시간이 공간과 분리되면서 시작된 듯한 효과를 만들었다는 설명이지요.

호킹은 이를 기하학적으로 묘사했습니다. 즉, 우주를 (지구의 표면처럼 유한한 크기를 가진) 닫힌 유클리드 기하학으로 표현했습니다.[59] 평소에도 그는 수학에서 따분한 부분은 방정식이며, 자신은 기하학적 설명을 선호한다고 했습니다. 그에 의하면 빅뱅 때의 시공간은 나팔꽃 모양의 꼭지점이 아니라 배드민턴 공처럼 둥근 모양입니다(〈그림 3-10〉 참조). 시간이 이 같은 모습에서 발산해 진화한다는 겁니다.

빅뱅 시의 둥근 모양 시공간은 지구의 극점과 유사합니다. 가령, 북극점에서 북쪽으로 10km 지점이 어디인지 묻는다면 모순이지요. 극점은 지구의 자전축을 기준으로 사람이 정한 지점일 뿐 지표의 모습으로 볼 때 전혀 특별한 장소가 아닙니다. 빅뱅이 시간의 시작이었냐 묻는 질문도 유사하다는 것이지요. 시간의 시작점이라는 개념은 무의미하게 됩니다. 하지만 일부에서는 시간을 허수로 본 것은 일종의 수학적 기교라는 반론도 있습니다.[60] 호킹은 무경계 가설에 바탕을 둔 우주모형도 2018년 타계 직전 제안했습니다(다음 박스 글 참조).

그림 3-10

스티븐 호킹의 무경계가설과 빅뱅의 시간

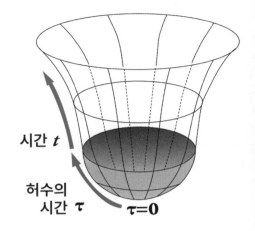

시간 t

허수의
시간 τ $\tau=0$

호킹의 마지막 논문

스티븐 호킹은 2018년 두 편의 논문을 공동연구자들과 학술지에 투고해 심사를 받던 중 세상을 떠났다. 한 편은 무경계가설을 바탕으로 벨기에 루뱅(KU Leuven)대학의 헤르토그(Thomas Hertog)와 공동으로 작성한 다중우주론 논문이었으며, 다른 하나는 블랙홀에 관한 내용이었다. 그중 첫 번째는 '영원한 인플레이션으로부터의 부드러운 출구?'라는 의문형 제목의 논문인데, 헤르토그가 그의 타계 6일 후 심사 의견을 반영한 최종 수정본을 제출했다.[61] 기존의 '영원한 인플레이션'이론 의하면 인플레이션은 우주 공간 어디서나 거품처럼 일어나며, 그 결과 물리법칙이 서로 다른 무한히 많은 우주들을 생성한다. 이렇듯 서로 다른 다중우주 중에서 우리의 우주는 생명이 가능하도록 극도로 미세조정된 우주라는 것이 인류의 원리이다. 게다가 물리법칙이 서로 달라 다른 우주를 관측할 방법도 없으므로 이 가설은 검증이 사실상 불가능하다. 호킹은 이 점을 못마땅하게 여겨왔다. 그는 헤르토그와의 공동 논문에서 영원한 인플레이션 모형을 무경계가설과 AdS/CFT 대응성(이번 장의 중반부에서 소개한 말다세나의 안티 드 지터/등각장이론 대응성) 원리를 적용했다. 그들의 논문에 의하면 인플레이션은 무한 수의 우주를 생성하지 않는다. 즉, 생성되는 우주는 기존 이론처럼 무한 개가 아니라 몇 개의 유한한 다중우주이며, 더구나 물리적 성질도 서로 비슷하다. 우리 우주가 특별하지 않고 다른 우주와 비슷하다는 주장이다. 논문 제목에서 '출구'란 다중우주가 무한히 많지 않다는 뜻이며, '매끄럽다'는 표현은 다중우주들의 성질이 비슷하다는 의미이다.

더 중요한 점은 인플레이션으로 생겨난 다른 우주의 흔적이 우리 우주 초기의 배경 중력파에 남아있을 수 있다는 제안이었다. 사실이라면 향후 정밀한 측정으로 다중우주를 검증할 수 있다. 하지만 논문 제목에 의문 부호를 달았듯이 자신들의 제안이 풀어야 할 많은 숙제의 단초에 불과하다고 보았다. 일부 학자는 이에 대해 회의적인 반응을 보였다. 에크피로틱 우주모형의 제안자로 케임브리지의 동료였던 닐 튜록이 대표적이다. 시간의 무경계가설에 근거한 호킹과 헤르토그의 유한하고 부드러운 다중우주가 향후 우주론 연구에 새로운 돌파구가 될지는 지켜볼 일이다.

시간은 환상인가? | 시간의 문제

이상 살펴본 대로, 빅뱅을 우주의 시작으로 보는 견해에 대해 이 분야를 연구하는 대부분의 이론물리학자들은 동의하지 않고 있습니다. 그런데 '세상의 시작'이라는 말 자체가 시간을 전제로 합니다. 그렇다면 시간은 정말로 공간과 함께 세상의 바탕을 이루는 근본적인 그 무엇일까요? 얼토당토않은 질문이냐고 생각할 수도 있지만, 사실 이는 현대물리학이 진지하게 다루고 있는 주제입니다.

우리는 무엇을 시간이라고 부르고 있을까요? 대략 3가지 성질을 단독적으로, 혹은 섞어서 큰 생각 없이 지칭하는 듯합니다. 첫째, 우리는 시간이 방향성을 가지고 흐르는 그 무엇이라고 생각합니다. 과거→현재→미래의 순서로 흐른다고 인식하지요. 잠시 후 다시 설명하겠지만, 이러한 시간의 화살은 자연의 비가역성, 즉 모든 물리적, 화학적 현상이 엔트로피(대략적 표현으로 무질서도)를 증가시키는 방향으로 일어난다는 열역학 제2법칙과 관련이 있습니다. 가령, 벌겋게 달궈진 쇳덩이는 식게 마련이며, 그 반대로 차가운 물체가 저절로 뜨거워지는 일은 없지요. 둘째, 두 사건event 사이의 간격, 즉 지속 기간도 시간의 모습이라 생각합니다. 즉, 두 사건의 변화를 대조하여 시간이 흐른 것을 인식합니다. 셋째, 사건들에 순서를 매겨주는 그 무엇을 시간이라고 인식합니다. 블랙홀 용어를 만든 존 아치볼드 휠러는 시간이란 '모든 사건이 한번에 일어나지 않도록 해주는 자연의 방식'이라고 정의한 바 있습니다. 시간이 사건에 순서표를 달아준다는 설명이지요.

그런데 이러한 시간의 정의들은 현대물리학에서 (거의 혹은 관점에 따라서는 모두) 의미를 상실했습니다. 아니, 굳이 현대물리학이 아니더라도 '시간이 흐른다'는 개념에는 모순이 내포되어 있습니다. 흐른다는 것은 움직임이므로 속도가 있어야 합니다. 속도는 움직인 양(예: 거리)을 시간으로 나눈 값이지요. 그런데 흐르는 시간을 시간으로 나누면 물리차원이 단위가 없는 숫자가 됩니다. 물리적 의미가 없어지는 셈이지요. 이처럼 모순적 모습을 가진 시간의 실체에 대해 선도적 물리학자들의 의견은 대체로 양분되어 있습니다.[62] 시간은 존재하지만 자연의 근본적인 속성은 아니라는 쪽과 아예 환상이라는 두 견해이지요. 어찌 보면 두 입장의 차이는 크지 않아 보입니다. 어느 쪽이건 시간의 입지가 굳건하지 않기 때문이지요. 이 문제를 아인슈타인의 특수 및 일반상대성원리, 양자역학, 열역학 그리고 양자중력의 관점에서 하나씩 살펴보겠습니다.

먼저, 특수상대성원리의 설명입니다. 갈릴레오도 속도가 자연의 절대적인 성질이 아님은 알았습니다. 가령, 비행기 안에 있는 사람은 창밖을 보지 않으면 움직인다는 사실을 모르지요. 운동이란 대상이 있어야 비교해 알 수 있는 상대적인 현상입니다. 그러나 고전역학에서는 공간이나 시간을 운동이 일어나는 고정적인 바탕으로 보았기 때문에 절대적이라고 보았습니다. 그래서 뉴턴은 누가 관측하지 않아도 시간은 그냥 흐른다고 했지요.

그런데 특수상대성이론에서는 운동상태에 무관하게 빛의 속도가 항상 같다는 것이 핵심원리입니다. 즉, 로켓 안에서 진행방향으로 빛을 쏘아도 광속은 추가로 더 커지지 않고 그대로입니다. 그렇게 되려면 (속도는 거리를 시간으로 나눈 값이므로) 로켓 안의 사람과 지상 관측소에서 보는 시간의 흐름은 서로 달라야 할 겁니다. 즉, 시간은 관측자나 대상의 운동상태에 따라 변해야 합니다. 그래서 관측자가 보기에 빠른 속도로 움직이는 물체는 시간이 느려지고 길이는 짧아집니다. 밖에서 보면 KTX 안에 있는 사람은 덜 늙어가지요. 하지만 기차 안에 있는 사람에게는 시간이 평시대로 흐릅니다. 나와 무관하게 흐르는 세상의 '절대적인 시간'은 없다는 뜻이지요.

이처럼 시간과 공간은 운동상태에 따라 상대적으로 변합니다. 변치 않는 것은 두 사건 사이의 '시공간의 간격 spacetime interval'으로, 관측자나 대상계 모두에게 똑같습니다. 특수상대성이론이 나중에 발표된 일반상대성이론보다 이해하기 어려운 이유는 시간과 공간이 통합된 '시공간'의 개념 때문입니다. 4차원 시공간을 '빛원뿔 light cone'의 수학으로 설명해 특수상대성원리의 개념을 보다 명확하게 정립해 준 사람은 아인슈타인이 아니라 그의 은사 민코프스키였습니다.

이에 따르면, 우주에는 공통적인 '현재'가 존재하지 않습니다. 동일한 순간을 관통하는 '동시'라는 것은 없지요. 가령, 생명체가 있을 것으로 추정되는 6광년 밖의 이웃 별 바나드의 행성으로 가는 여행을 예로 들어보지요. 과학자들이 광속으로 갈 수 있는 기술로 유인우주선을 만들어 어제 발사대로 옮겼고(사건 A), 오늘 발사(사건 B)했습니다. 우주선은 빛의 속도로 여행해 6년 후 행성에 도착(사건 C)하며, 다음날 바로 옆의 우주기지에서 축하파티(사건 D)를 열기로 했습니다. 이 4사건을 지구의 현재 시점에서 보면, 각기 다른 장소에서 과거, 현재, 미래의 시간 순서대로 일어납니다.

그런데 인근에 광속은 아니지만 매우 빠른 속도로 여행하는 비행접시가 있다고 하지요. 그 안의 외계인이 본다면 이 4사건은 지구에서 보는 것과 전혀 다른 순서로 일어날 수 있습니다. 운동상태와 위치에 따라 현재, 과거, 미래 그리고 장소가 뒤섞이는 것입니다. 당연히 원인이 있어야 결과가 있다는 인과율도 깨집니다.

같은 방식으로, 현재 우리 앞에 있는 책상까지의 3나노(10^{-9})초, 바나드 별까지의 6년, 안드로메다 성운까지의 250만 년은 뿌옇게 뭉뚱그려진 시간입니다. 과거도 미래도 아닌 중간지대입니다. 따라서 바나드 별에서 '지금 일어나고 있는 사건'이라는 말은 모순입니다. 우리가 그 별에서 온 신호나 빛을 받는 사건만이 의미가 있습니다. 지구이건 바나드 별이건 어느 곳의 관찰자에게나 똑같은 것은 '시공간의 간격'이지 시간과 공간이 아닙니다. 이처럼 우주에는 사건들을 관통하는 '현재'라는 공통된 시간이 없습니다. 오랜 동안 시간을 연구한 카를로 로벨리는 2018년 저서 『시간은 흐르지 않는다』에서 '현재 사건들의 집합'이 있다는 착각은 우리가 시간의 작은 간격을 인식하지 못해 일어난다고 지적합니다. 우리 뇌의 분해능이 나노초를 구분할 만큼 뚜렷하다면 현재는 사라진다는 것입니다. 잘 아시다시피 우주 공간에는 모든 사람이 공통적으로 '여기'라고 부를 정해진 장소가 없습니다. 기준자에 따라 지구표면이나 우주공간 어느 곳도 '여기'가 될 수 있지요. '현재'도 마찬가지입니다.

한술 더 떠 일반상대성원리에 의하면, 중력도 시간을 늦춥니다. 그래서 평지에 있으면 산 위에서 보다 시간이 느리게 흐르지요. 중력, 즉 물체가 있으면 시공간이 휘어지기 때문입니다. 하늘에 던진 공이 떨어지는 이유도 위에서 시간을 벌며 최단거리로 움직이기 때문이라고 바꾸어 말할 수 있습니다. 속도가 빠르거나 중력이 클수록 시간이 느려진다는 상대성이론의 설명은 수많은 증거가 있습니다, 예를 들어, GPS는 시공간의 이런 효과를 고려해서 정확한 위치를 얻고 있지요.*

---

* 2018년 기준 정확도는 약 30cm이다. 휴대폰 등의 상용 GPS는 열린 하늘에서 반경 5m, 건물 등에서는 정확도가 더 낮아진다. 이는 보안상 규제 때문인데 2000년 이후 상용 GPS에 대한 의도적 제한이 없어졌다.

그렇다면 양자역학의 설명은 어떨까요? 소립자의 세계에서는 과거와 미래의 구분이 없습니다. 시간의 화살은 얼마든지 반대 방향을 향할 수 있지요. 리처드 파인만의 유명한 도표에서 보듯이 반물질은 음의 에너지를 가지고 시간을 역행합니다(《부록 6》 참조). 게다가 양자역학에 의하면, 소립자들은 불확실성의 지배를 받으며 확률적으로 거동합니다. 원인(과거)과 결과(현재나 미래)가 반드시 일치하는 것은 아닙니다.

거시세계를 설명하는 상대성이론과 미시세계를 다루는 양자역학 못지않게 현대물리학이 이룬 큰 성과는 (많은 사람이 간과하지만) 열역학입니다. 이는 블랙홀 이론이나 20세기 중반 엔트로피의 개념을 새롭게 해석한 정보 물리학 이론에서도 알 수 있습니다. 열역학이 향후 물리학의 발전에 중요한 역할을 할 수 있다는 전망도 있습니다. 그런데 열역학에 의하면, '시간의 화살'은 열 때문에 발생하는 현상입니다. 열이 없으면 과거와 미래를 구분할 수 없습니다. 계란이 깨져 흩어지고 물과 설탕이 섞여 설탕물이 되는 자연의 비가역적인 현상, 즉 시간을 거슬러 올라가지 못하는 것은 모두 마찰열이나 발열 등 열의 발생과 관련이 있습니다.

그런데 열은 항상 뜨거운 쪽에서 차가운 쪽으로만 흐르지요. 그 이유는 빠르게 움직이는 원자나 분자들이 시간이 지남에 따라 충돌로 느려질 확률이 높기 때문입니다. 이 문제를 처음으로 이해한 과학자는 150여 년 전의 루트비히 볼츠만이었습니다. 잘 알려진 대로 그는 엔트로피의 물리적 의미를 통계역학적으로 제시해 열역학 2법칙의 이해에 크게 기여했습니다. 볼츠만 이전의 과학자들은 열이나 에너지를 연속적인 흐름으로 생각했습니다. 반면 그는 입자들의 운동이 열이라고 생각하고 통계역학적인 방법으로 설명했지요.

예를 들어 보지요. A용기에 2,000개의 기체 분자가 들어 있고, B용기는 비어 있습니다.[39] 이 상태에서 두 용기를 연결하는 밸브를 열면 분자들이 B용기로 들어갑니다. 어느 정도 시간이 지나면 두 용기에 들어 있는 분자의 숫자는 통계적으로 각기 1,000개로 비슷해질 것입니다. 이것이 평형입니다. 그런데 우리의 경험에 의하면, 이 상태에서는 B용기에 들어간 분자들이 모두 다시 A로 돌아가 원래대로 되는 일은 상상할 수 없습니다. 즉, 분자들의 움직임은 무질서하게 퍼지는 방향으로 진행됩니다. 이를 열역학에서는 엔트로피가 증가되는 방향으로 반응이 일어난다고 표현하지요. 열의 이동, 물질의 섞임, 화학반응 등 모든 자연현상에 적용되는 기본원리입니다. 세상은 점점 더 무질서하게 엉망이 되어갑니다.

그런데 '무질서도'는 엔트로피를 이해하는 데 도움이 되지만 정확한 비유는 아닙니다. 볼츠만은 엔트로피를 분자(혹은 원자)들이 섞일 수 있는 경우의 수로 정의했습니다.[*] 가령, A용기에 2,000개의 분자가 모두 들어가고 B용기는 텅 비어 있는 경우의 수는 하나뿐입니다.

한편, B용기에 1개의 분자가 들어가는 경우의 수는 2,000입니다. A용기에 있는 분자들이 B용기에 들어갈 수 있는 경우의 수이지요. 한편, B용기에 2개가 들어가는 배열의 수는 1,990,000입니다(B에 들어간 2개 분자의 순서를 바꾸어도 배열은 마찬가지이므로 2,000×1,999/2입니다). 이런 식으로 하면 두 용기에 1,000개의 분자가 균등하게 들어갈 경우의

---

[*] 정확히 말하자면, 엔트로피(S)는 입자가 배열할 수 있는 경우의 수 Ω에 자연로그($\log_e$ 혹은 ln)를 씌운 값이다. 즉, $S = k \log_e \Omega$이다(k: 볼츠만 상수). 일부 과학자들은 오스트리아 빈 시내 중앙묘지에 있는 그의 묘비에 새겨진 이 식을 과학 역사상 가장 중요한 식으로 평가한다. 그만큼 볼츠만의 엔트로피 해석은 자연현상의 이해에 큰 기여를 했다. 엔트로피의 또 다른 의미는 20세기 중반에 비로소 밝혀졌다. 즉, 반응 때문에 모호해진 정보량, 즉 입자들의 원래 상태를 알기 위해 필요한 정보량으로 해석할 수 있다.

수는 무려 2×10^{600}이 됩니다! 결국, 두 용기에 분자들이 무질서하게 섞여 양쪽의 수가 균등해지는 이유는 그런 경우가 처음의 섞이지 않은 상태보다 배열 방법이 압도적으로 많기 때문입니다. 즉, 2,000개의 분자가 원래 상태의 A용기로 모두 돌아갈 확률은 2×10^{600}분의 1입니다. 하지만 이는 어디까지나 확률이므로 전혀 불가능하지는 않습니다. 다만, 그런 일은 현 우주의 나이보다 엄청나게 더 긴 세월을 기다려야 한 번쯤 일어날 것입니다! 겨우 2,000개의 분자로 계산해도 이럴진대, 질소만 해도 1g의 기체에는 2×10^{22}개의 분자가 있습니다.

이처럼 사건이 처음의 정돈된 상태에서 무질서하게 섞인 상태(엔트로피가 커지는 상태), 즉 시간의 화살이 과거에서 미래로 흐르는 이유는 믿기 어려울 만큼 단순합니다. 입자를 배열할 수 있는 경우의 수가 확률적으로 크기 때문이지요. 우리가 미래 대신 과거를 기억하는 이유도 자연의 근본 속성이 아니라 단지 확률적으로 그럴 가능성이 압도적으로 높기 때문입니다. 볼츠만은 시간의 화살은 자연의 필연적인 법칙이 아니라 통계적 확률적인 현상에 불과하다는 사실을 정확히 간파했습니다.

더 나아가 볼츠만은 엔트로피가 낮아지는, 즉 시간의 화살이 반대로 향하는 경우도 생각했습니다. 가령, 엔트로피는 작은 편차이지만 확률적으로 요동치므로 평형상태에서 약간 벗어나는 경우가 얼마든지 가능합니다. 원래 평형상태에서는 반응이 정방향과 역방향으로 균형을 이루며 일어나지요. 그래서 1기압 0도의 평형점에서는 물이 얼기도 하고 얼음이 녹기도 합니다. 다만 우리는 두 반응의 속도가 같기 때문에 그것을 알아채지 못할 뿐입니다. 즉, 평형상태에서는 역방향으로 시간의 화살이 흐르는 부분이 국소적으로 얼마든지 있을 수 있습니다. 볼츠만은 '전체 우주'가 평형상태에 있다고 보았습니다. 다만, '우리가 경험하는 우주'는 '전체 우주'의 일부인데 확률적 요동 때문에 평형에서 조금 벗어난 곳에 있다고 해석했습니다. 즉, 시간의 화살이 과거에서 미래로 흐르는 (엔트로피가 증가하는) 작은 부분이 우리의 우주라는 가정이었지요(아래 박스 글 참조).

시간의 화살과 볼츠만의 우주

볼츠만은 우주가 전체적으로 열역학적 평형상태에 있다고 보았다. 엔트로피의 변화값이 0인 이런 평형상태의 우주에서는 시간의 화살이 양쪽 방향으로 흐르므로 과거와 미래의 구별이 없을 것이다. 그러나 우리가 경험하는 세상에서는 시간의 화살이 분명하게 엔트로피가 증가하는 방향으로 흐르고 있다. 볼츠만은 그 이유가 우리의 우주가 평형에서 약간 벗어나 엔트로피가 낮은 (즉, 엔트로피가 증가하려는) 국소적 영역에 있기 때문이라는 파격적인 발상을 했다. 즉, 우리 우주는 비평형 상태의 작은 조각이며, 주변은 평형상태에 둘러싸여 있다고 추정했다. 엔트로피는 통계확률적으로 요동치기 때문에 국소적으로는 시간의 화살이 역방향으로만 흐르는 부분도 있을 수 있다는 추정이었다.

하지만 볼츠만은 우리가 평형상태에 있는 다른 우주를 관측할 수는 없다고 부언했다. 1895년에 제안한(발표는 이듬해) 이런 우주를 '볼츠만의 우주(Boltzmann universe)'라고 부른다. 21세기의 우주물리학이 다루고 있는 다중우주를 이미 150여 년 전에 생각했던 것이다.

사실, 시간의 화살이 통계적 확률의 결과라면 세상의 사건이 반드시 과거에서 미래로 흐르라는 법은 없지요. 이런 관점에서 보면, 물리

화학이나 열역학 교과서들은 별 생각없이 모든 자연현상은 엔트로피가 증가하는 방향으로 진행된다고 기술하고 있는 셈입니다. 물론, 우리가 경험하는 자연현상에서는 이것이 분명한 사실입니다. 그래서 시간의 화살이란 용어를 처음 사용한 아서 에딩턴은 우주의 엔트로피값은 점점 더 커지고 있다고 했지요.[63]

실제로 우주는 팽창하면서 물질을 흩뜨리고 있습니다. 즉, 우주는 낮은 엔트로피 상태에서 출발한 듯 보입니다. 캘리포니아공과대학의 션 캐롤은 이는 모순이라고 지적합니다.[39] 그는 이론물리학자들이 이 문제를 등한시하고 있다고 개탄합니다. 우주의 엔트로피가 초기에 낮았다는 생각은 빅뱅처럼 우주에 시작이 있었음을 전제로 합니다. 그렇다면 그 이전은 무엇이며, 왜 우주는 굳이 낮은 엔트로피에서 시작해야 했을까요? 초기 우주의 낮은 엔트로피는 세상의 시작을 잠시 뒤로 미루는 임시방편의 설명에 불과할 수 있습니다. 아마도 볼츠만은 이런 점을 못마땅하게 여겨 엔트로피가 최대인 평형상태의 우주를 생각했는지 모릅니다.

이 점과 관련해 2020년도 노벨 수상자인 옥스퍼드의 펜로즈는 중요한 예측을 했습니다. 그는 초기 우주의 엔트로피가 작았다는 생각은 중력을 고려하지 않은 데서 비롯된 오류일 것이라고 제안했습니다. 즉, 현재의 엔트로피는 물질을 입자(원자, 분자, 소립자 등)로 간주한 통계역학적 개념에 바탕을 두고 있습니다. 물질이 밀집되면 엔트로피가 낮고 무질서하게 흩어지면 높다고 설명하지요. 가령, 팽창으로 물질이 넓게 퍼진 현재 우주의 엔트로피 값은 $S \sim 10^{101}$입니다(엔트로피를 단위 없는 정보 비트로 계산한 값입니다).[39]

한편, 광자나 중성미자나 등의 소립자들이 작은 공간에 밀집되어 있었던 초기 우주의 엔트로피값은 대략 $S \sim 10^{88}$로 지금보다 훨씬 작았습니다. 펜로즈는 중력을 고려하면 그 반대 효과가 나타날 수 있다고 제안합니다. 즉, 물질이 압착된 블랙홀이나 초기의 작은 우주는 중력 때문에 오히려 높은 엔트로피값을 가진다는 주장이지요. 아쉽게도 우리는 중력에 대한 양자이론을 아직 모르고 있기 때문에 초기 우주의 정확한 엔트로피 값을 알 수 없습니다.

션 캐롤은 펜로즈가 핵심을 정확히 짚었다고 보았습니다. 그는 우주는 낮은 엔트로피에서 시작하지 않았으며, 볼츠만이 제안했듯이 평균적으로 엔트로피가 최대인 평형 상태 근처에 있었다고 추정합니다.[64] 실제로 낮은 엔트로피 상태의 빅뱅이 세상의 시작 아니라는 가설들이 우주물리학자들 사이에서 점차 수용되고 있습니다. 이 장의 중반에서 소개했듯이 우리의 관측 가능한 우주가 다중우주의 일부이거나 순환하는 우주의 한 과정이라는 겁니다.

이 절에서 지금까지 살펴본 분석들은 시간이 자연의 근본 성질이 아니라는 견해에 가깝습니다. 그런데 그 정도가 아니라 아예 시간이 환상이라고 보는 물리학자들도 있습니다. 그 대표적인 학자가 스티븐 호킹이었습니다. 그는 시간은 환상이며, 인과율은 양자요동에서 비롯된 효과가 거시구조에 나타나는 착시현상에 불과하다고 지적한 바 있습니다.[52]

시간을 환상이라고 보는 또 다른 대표적인 이론물리학자가 프랑스 엑스마르세유대학의 카를로 로벨리입니다. 이탈리아 출신인 그는 젊은 시절 히피 생활과 록앤롤, 극단적 레닌주의에 빠져 국가모독죄로 체포까지 되었던 인물입니다. 그러나 잘못된 이념서적들 때문에 오류에 빠졌음을 깨닫고 대학에 입학했지요. 베로나대학에서 물리학을 전공한 후에는 관심을 세상사에서 우주로 돌렸습니다. 리 스몰린과 함께 앞서 소개한 고리양자중력 이론의 대표적 학자로 꼽히는 그는 시간에 대한 통찰력 있는 연구로 유명합니다. 특히, 현대물리학의 주요 쟁점을 설명한 『모든 순간의 물리학』 등이 번역되자마자 세계적 베스트셀러가 되어 '제2의 호킹'으로 최근에 부각된 인물입니다(그는 이 별칭이 못마땅하다며 첫 번째 로벨리가 되고 싶다고 농담 삼아 말했습니다).[65] 특히, 2018년 출간된 『시간은 흐르지 않는다』는 『네이처』 등에서 극찬한 시간의 본질에 대한 저서입니다.[66]

그는 이 책에서 현대물리학이 이미 분명히 밝힌 사실과 아직 확증되지 않은 자신의 견해를 구분했습니다. 먼저 이미 증명된 사실부터 보지요. 앞서 알아본 상대성이론, 양자역학, 그리고 열역학적 설명입니다. 살펴본 대로 상대성이론의 거시세계나, 양자역학의 미세세계, 그리고 통계적 열역학의 세계에서 시간을 정밀히 들여다 보면 현재와 미래, 과거가 구분이 안 됩니다. 그러나 멀리서 보면 있는 듯 보입니다. 이는 마치 우리가 지구는 평평하다고 인식하는 것과 유사하지요. 지면을 가까이서 확대경으로 보거나 멀리 인공위성에서 내려보면 땅은 결코 평평하지 않습니다. 시간도 이처럼 가까이서 혹은 멀리서 보면 허상이라는 것입니다. 보는 스케일을 달리하면 과거와 미래의 시간 비대칭성은 깨집니다. 로벨리는 이에 대한 압도적 증거가 있음을 강조합니다. 그는 과학이 이를 밝힌 지가 100년이 넘었는데 아직도 혼동하는 사람들이 있으며, 심지어 일부 물리학자들조차 반기를 든다고 개탄합니다.

로벨리는 시간의 흐름이 객관적 물리현상과는 관련이 없다는 점을 지적했습니다. 시간으로 인식되는 것은 기억으로 통합된 세계에 대한 두뇌의 해석이라는 것이지요. 열역학과 양자역학의 지배를 받는 우리의 뇌가 만든 환상이라는 겁니다. 따라서 사람의 인식으로 파악한 뉴턴의 역학, 아인슈타인의 상대성이론, 그리고 양자역학의 슈뢰딩거 방정식에 나오는 시간에 대한 기술은 실제적이지만, 동시에 '관점'이라고 봅니다. 근본적이고 진정한 설명이 아니라는 것이지요. 로벨리는 현재 자신이 선도적으로 연구하고 있는 고리양자중력 이론이 (아직 완성되지는 않았지만) 그나마 시간을 제대로 설명한다고 주장합니다.

이 이론에 단초를 제공했던 것은 휠러-드윗 방정식입니다. 원래이 방정식은 일반상대성이론과 양자론을 통합하는 양자중력의 하나로 제안되었는데, 기이하게도 시간의 변수가 없습니다. 시간이 없는데도 자연현상이 설명되는 것입니다. 로벨리는 휠러와 드윗도 자신들의식이 의미하는 바를 잘 몰랐던 것 같다고 했습니다. 그러나 시간과 이분야를 연구하는 물리학자들의 오랜 논란 끝에 지금은 많은 부분이 명료해졌으며, 상당한 이해가 이루어졌다고 합니다. 이에 의하면, 세상을 구성하는 근본적 요소는 물질(소립자)이 아니라 사건들의 네트워크입니다.

그런데 물리학에서의 사건이란 시공간의 한 점입니다. 즉, 사건은지속되는 성질이 아니라는 겁니다. 다시 말해, 사건은 원래 그 자체가지속성이 없는데 그들의 변화를 비교 혹은 연관 짓는 과정에서 시간의흐름이라는 허상이 생긴다는 설명입니다. 다만 그는 고리양자중력과관련된 이러한 주장이 방증은 있지만 아직 확증되지 않은 시간관인 점을 밝히고 있습니다.

1955년 3월 아인슈타인은 취리히공과대학 시절의 동창 베소[Michele Besso]가 세상을 떠나자 가족에게 애도의 편지를 보냈습니다(베소는 아인슈타인이 특수상대성이론의 논문 결론부에서 도움과 유용한 논의에 감사를 표했을 만큼 각별한 친구였습니다). '이 기묘한 세상을 나보다 조금 먼저 떠난 것은 아무 의미가 없으며, 물리학자에게는 현재와 과거, 미래의 구분이 환상'이라는 내용이었다고 합니다. 그리고 자신도 33일 후 같은 길을 떠났습니다.

보다 높이, 보다 멀리 보기 | 궁극의 이론

지금까지 우리는 우주와 물질, 그리고 시간과 공간의 본질에 대해 살펴보았습니다. 또한 세상의 기원에 대해 다중우주 등 여러 이론적 모형^{model}들을 살펴보았습니다. 모형(혹은 모델)이란 불완전한 이론을 말합니다. 우주를 다루는 모형들은 특히 더 그렇지요. 그렇다면 과학이 궁극의 이론을 추구하는 것이 부질없는 노력일까요? 이러한 자세에 부정적인 일부 사람들은 과학이 세상의 근원을 설명하려는 것은 오만이며, 과학적 이론은 완전할 수 없다고 주장합니다. 인간의 인식 작용에는 한계가 있으며, 따라서 잦은 오류로 수시로 수정하므로 믿을 만하지 못하다는 것이지요.

하지만 오히려 그 반대입니다. 수정이야말로 과학의 가장 큰 강점이자 핵심입니다. 과학은 기존의 지식에 의문을 던지고 끊임없이 수선하고 덧붙여 쌓아 올리는 작업입니다. 확실한 답이 아니라 신뢰할 수 있는 설명을 주는 것이 목적이지요. 확신이 아니라 의문을 먹고 사는 정신활동입니다. 리처드 파인만은 '과학이 확실하다고 생각한다면, 그건 당신의 실수'라고 했습니다. 과학은 언제든지 수정할 준비가 되어 있습니다. 이런 맥락에서 볼 때, 고쳐서는 안 될 책에 쓰여진 결론에 모든 사실을 맞추어 증명하려는 창조과학이나 그 변형인 지적설계는 과학이라 할 수 없지요. 과학의 가장 중요한 요건인 수정의 기능이 빠져 있기 때문입니다. 그것은 믿음이나 종교의 영역입니다.

아인슈타인은 과학이론은 옛 건물을 허물고 새로 짓는 것이 아니라 더 높은 곳에 올라가 보다 멀리 바라보는 것이라고 했습니다.[59] 과학의 옛 건물이 무용지물이 아님을 우리는 많은 예를 통해 알고 있습니다. 프톨레마이오스의 천동설은 코페르니쿠스 이전의 1,500년 동안 일식과 월식, 해와 달, 행성의 위치를 예측하는 데 유용했습니다. 철학이나 종교가 견강부회牽强附會했지 모형 자체는 믿음에 근거한 원리가 아니었습니다. 천체 관측 데이터를 바탕으로 나름대로 정립했던 고대의 훌륭한 과학 모형이었지요. 그러나 천체의 운동을 보다 정확히 설명하는 더 좋은 모형인 지동설이 출현하자 특권적 자리를 내주었습니다.

또한 뉴턴의 운동법칙과 중력이론도 350년 동안 삼라만상의 움직임을 설명하는 좋은 이론이었습니다. 그러나 현상을 더 넓고 상세히 설명하는 상대성이론이 나오자 우월적 자리를 내주었습니다. 그럼에도 불구하고 뉴턴의 이론은 일상적 물체나 천체의 운동을 설명하는 데 큰 문제가 없습니다. 원자핵 주변을 전자가 빙빙 돈다는 보어의 원자모형도 옛 건물입니다. 새로 개조된 건물인 양자역학에 의하면 전자는 물질과 파동의 이중성을 가지며 원자핵 주변에 확률적으로만 분포합니다. 그럼에도 불구하고 태양계형 원자모형은 아직도 교과서에 실릴 만큼 화학반응을 설명하는 데 유용합니다.

이처럼 과학에서의 옛 모형은 현상의 대략적인 측면을 설명하는 데 유용한 경우가 많으며, 새 모형과 양립해도 큰 문제가 없습니다.

물론 옛 모형이라고 다 그런 것은 아니지요. 마찬가지로 새 모형도 몇 가지 기준을 충족해야 좋은 대안이 됩니다. 자의적이지 않아야 하며, 옛 모형을 포함해 설명해야 하며, 일어날 현상을 더 잘 예측할 수 있어야 합니다.

이처럼 과학 모형들은 옛 것이라도 과학적 방법으로 (즉 계획적인 관찰, 측정, 실험, 일반화, 시험과 검증을 통한 가설의 수정 등으로) 얻었다면 정도의 차이일 뿐 나름대로의 타당성을 가지고 있습니다. 유용성의 범위나 보는 관점의 규모가 문제일 뿐이지요. 하지만 옛 것이건 새 것이건 어느 모형도 실재라고 말할 수는 없습니다.

이런 맥락에서 스티븐 호킹과 캘리포니아공과대학의 레오나르드 믈로디노프Leonard Mlodinow는 2010년의 저서 『위대한 설계』에서 '모형 의존적 실재론model-dependent realism'을 제안했습니다.[67, 68] 그들에 의하면, 이론적 모형이 실재에 맞느냐는 문제가 아니며, 관찰결과와 일치하는지 여부만이 의미 있는 질문이라고 했습니다. 과학적 방법을 통해 얻은 것이라면 어떠한 모형이라도 수용될 수 있다는 견해입니다.

두 사람은 자신이 주장을 설명하기 위해 이탈리아 북부 도시 몬짜Monza의 시의회가 의결한 조례를 예로 들었습니다. 시의회는 금붕어를 둥근 어항에서 키우지 못하도록 조례를 정했습니다. 금붕어들이 렌즈상의 뒤틀어진 모습만 보도록 하는 것이 동물학대라는 이유였지요. 그러나 어항 속의 금붕어는 자신의 환경에 적응해 나름대로 세상을 해석하며 살아갈 것입니다. 이는 인간도 마찬가지이지요. 망막에 맺힌 정보는 원래 2차원적인데 뇌가 변형해 3차원으로 해석합니다. 우리가 보는 현실은 뇌가 만든 가공품이지 실재가 아니지요(생명을 다룬 『라이프』 참조). 가령, 특수상대성이론은 시공간이 4차원으로 이루어졌다고 말하지만 인간은 이를 전혀 인식하지 못합니다. 여분의 차원도 (만약 존재한다면) 전혀 못 느낍니다. 우리는 감각과 뇌가 만든 가공물을 통해 사물을 느끼고 인식할 뿐입니다.

그렇다고 해서 한계적 인식이 만드는 이론 모형의 중요성이 없어지는 것은 아닙니다. 가령, 원자 속의 전자는 볼 수도 없고 엄밀한 의미에서 물질이라고 말하기도 어렵지요. 그러나 우리는 인식작용이 만든 모형을 통해 그들의 거동을 정확히 예측할 수 있습니다. 또한 쿼크는 홀로 있을 수 없는 허깨비 같은 존재이지만 표준모형 덕분에 실체인 양성자와 중성자를 이루는 과정을 파악하고 있습니다. 과학적 모형의 유용성은 이처럼 명백합니다. 모형에 의존하지 않고 무엇인가의 실재를 판단할 방법은 없기 때문입니다.

다만, 인식의 한계 때문에 과학적 모형은 특정 범위에서만 유효하며 단독으로는 불완전하다는 점은 명심할 필요가 있습니다. 마치 어떤 도법圖法도 지구의 표면을 완벽하게 표현하지 못하는 것과 유사하지요. 그보다는 여러 모형을 종합해 네트워크적으로 바라볼 필요가 있다고 호킹과 믈로디노프는 강조합니다. 이전보다 넓은 시야로 세상을 이해하는 작업이 과학이기 때문입니다. 그런 의미에서 과학은 기술이기에 앞서 하나의 관점일 수도 있습니다.

그럼에도 불구하고 좋은 모형의 중요성은 간과할 수 없습니다. 특히 호킹과 믈로디노프는 M-이론에서 유도되는 몇몇 우주모형들을 궁극의 실재를 통합적으로 그려볼 수 있는 좋은 후보로 꼽았습니다. 즉, 우리의 근원에 대한 밑그림을 그려보는 것이 불가능하지 않다고 보았습니다. 물론, 펜로즈 등의 학자들은 아직 추론적 모형에 머물고 있는 끈 이론에 지나친 기대를 하는 데 동의하지 않습니다.

결론적으로 호킹과 믈르디노프는 이 세상이 아무것도 없지 않고 무엇인가 있는 이유는 무無에서 스스로 우주가 창조되기 때문이며, 이를 위대한 설계로 보았습니다(신이 개입할 여지는 전무하다는 무신론적인 견해도 피력했습니다). 캘리포니아공과대학의 션 캐롤, 애리조나주립대의 로렌스 크라우스 등 적지 않은 수의 선도적 이론물리학자들도 무에서 자발적으로 창조되는 우주모형을 강력하게 지지하고 있습니다. 크라우스는 『무로부터의 우주』에서 다음과 같이 언급했습니다.[27]

과학이 없으면 모든 것이 기적이다.
과학과 함께하면 무의 가능성이 남는다.

맺는 글

소화 과정을 완전히 이해 못했다고 오늘 저녁을 먹지 말아야 할까? [1]

올리버 헤비사이드

    '세상은 왜 없지 않고 존재할까? 우리는 왜 여기에 있을까?' 실증을 토대로 객관적 사실을 추구하는 과학이 이러한 질문에 답하는 것은 적절치 않다고 오랫동안 생각해 왔습니다. 그러나 21세기는 궁극의 질문에 대해 과학이 어느 정도 의미 있는 답들을 내놓기 시작한 최초의 시대로 기록될 것입니다. [2] 물론 최종적인 답은 아직 아니지만 과학은 지난 20여 년 이래 기존의 세계관을 완전히 뒤바꿀 새로운 내용들을 쏟아내고 있습니다. [3] 우주와 물질은 어떻게 이루어졌는지, 생명이 무엇인지, 사람은 어떤 위치에 있는지, 마음은 어떻게 만들어져 작동하는지에 대해 새롭고 중요한 관점들을 제시하고 있습니다.

    하지만 많은 사람들이 20세기 후반 이래 과학이 이루어 놓은 큰 성취를 모르거나 간과하고 있다고 생각합니다. 홍수처럼 넘치는 잡다한 정보와 지식에 파묻혀 지적인 사람들조차도 현대과학이 밝혀준 핵심 내용을 놓치고 있는 시대에 살고 있습니다. [4] 악보의 콩나물 표와 바이올린의 현란한 연주기법을 몰라도 우리는 훌륭한 음악을 듣고 감동합니다. 과학도 마찬가지여서 그 원리를 밝히는 세부 방법과 과정은 전문적이지만 얻어진 결과를 이해하는 데 어려워야 할 이유는 없다고 생각합니다. 조금만 관심을 가지면 누구나 지식을 공유할 수 있지요.

이러한 취지에서 이 책에서는 과학이 밝힌 최근의 내용들을 위주로 가능하면 쉽게 소개하고자 했습니다. 하지만 쓰고 나서 보니 부족한 능력 탓에 그렇지 못한 부분이 많다는 생각이 듭니다. 용이하게 쓰려 했지만 근원에 대한 내용을 가십처럼 가볍게 다룰 수 없었다는 점을 변명으로 돌립니다.

한편, 내용의 객관성을 유지하기 위해 가능하면 주관적 의견을 달지 않으려고 노력은 했습니다. 저는 재수 후 들어간 대학 신입생 시절 삶이 1년쯤 남았다고 어리석게 오판하고 마음의 준비를 했던 적이 있었습니다. 그 당시 처음에는 죽음이 눈앞에 있다고 생각하니 두려웠습니다. 하지만 시간이 조금 흐르자 제가 왜 이 자리에 있는지 알고 가고 싶다는 마음이 다른 모든 것을 앞섰습니다. 그때의 절박함은 세월이 지나면서 약해졌고, 덕분에 여태껏 막걸리를 마시며 즐겁게 살고 있지요. 하지만 세상이 존재하는 이유는 항상 제 삶의 중요한 관심사였습니다. 특히 완전하지는 않지만 과학만이 그나마 정직하게 답을 줄 수 있다고 생각했습니다. 그래서 이에 대한 어떤 새로운 내용들이 밝혀지고 있는지 항시 관심을 가져왔습니다. 그런 자세로 오랜 세월 지켜보다 보니 나름대로 생각하는 바는 있었습니다. 특히, 이 책 및 쌍둥이 책을 집필하느라 그동안 읽고 메모해 두었던 많은 자료들을 요약하는 과정에서 머릿속 생각이 조금은 더 정리되었던 듯합니다. 이 책을 마치기에 앞서 저의 짧은 개인적 생각들을 담아 봅니다.

세상은 왜 존재할까?

지난 세기 중반까지만 해도 세상과 인간이 존재하는 이유에 대한 설명은 주로 철학과 종교의 몫이었습니다. 하지만 신앙의 영역인 종교는 그렇다 해도 우리의 근본에 대한 철학의 설명은 시대와 사조에 따라 흔들리는 갈대처럼 변해 왔습니다.

근세 이후의 서양 철학만 보아도 그렇습니다. 모든 원인을 신에 돌린 신학에서 벗어나 인간과 자아를 중심에 놓고 이성理性을 강조한 데카르트가 있었습니다. 이러한 합리주의를 부정하며 '나'란 감각의 집합체에 불과하다고 주장한 데이비드 흄 등의 경험주의 철학도 있었지요. 또한 이처럼 이성 혹은 경험의 한쪽만 중시하는 두 관점을 타협하면서 인식 행위 자체를 분석하고 인간의 본성적 도덕을 강조한 칸트가 있었습니다. 그보다는 자연의 본성으로 돌아가자는 루소, 다수의 행복이 중요하다는 벤담 등의 공리주의도 있었습니다. 반면, 인간은 행복을 위해 존재하지 않으며 욕망과 의지의 노예일 뿐이라는 쇼펜하우어가 있었습니다. 이에 이러한 염세주의를 역설적으로 뛰어넘어 무언가를 말하려 한 니체 등도 있었지요.

이어진 20세기의 실존 철학은(다른 견해도 있겠지만) 생경한 용어와 난해한 표현으로 근원적 질문에 대한 답변을 교묘히 피해간 듯한 느낌입니다.[5] 가령, 하이데거는 사람의 도덕 법칙이나 정신력에는 신뢰할 부분이 없으며, 인간의 실존은 그저 던져졌다고 했습니다. 사르트르는 인간은 자유라는 형벌을 받고 태어났으며, 행동을 통해 자아를 실현할 수 있다고 했지요. 그러나 현대 뇌과학에 의하면 자유의지는 없다는 것이 정설입니다(『라이프』의 3장 참조). 또한, 철학자들이 많이 다루어

왔던 자아나 이성의 근거인 의식도 뜬구름 같은 전기화학적 현상일 뿐입니다.

다른 건 몰라도 형이상학에 관한 한 철학은 공허한 언어만 남겨준다는 느낌을 지울 수 없습니다. 젊은 시절 한때, 세상의 의미를 찾으려고 많은 철학서적들을 뒤적였지만 남는 것은 언어의 유희라는 생각만 들었습니다. 물론 철학은 우리의 삶을 반추해보고 생활의 지혜를 제공한다는 점에서 훌륭합니다. 인생의 청량제이지요. 또한 즉답을 피하는 일부 동양철학은 보다 포용적인 면도 있습니다. 그러나 적어도 우리의 근원에 대한 설명에 국한한다면, 모호한 담론 수준에 머물고 있다는 점에서 동서양의 철학이 크게 다르지 않다는 생각입니다. 다른 역할을 찾아야 한다고 생각합니다.

이와 달리 과학은 (특히 20세기 말 이래) 우리의 존재에 대해 담론이 아니라 구체성을 가지고 말하기 시작했습니다. 그래서 스티븐 호킹은 근원의 문제에 관한 한 철학은 죽었다고 했지요.[3] 실제로 지난 10~20년 이래 우주와 우리의 존재 이유에 대해 과학은 이전과 전혀 다른 새로운 시각을 제시하고 있습니다. 물론, 현재도 과학의 설명은 극히 제한적이며 갈 길이 멉니다. 그렇다면 과학은 궁극의 이론을 내놓을 수 있을까요? 많은 사람들이 과학은 '어떻게'만 말할 수 있을 뿐, 우리의 근원인 '왜'에 대해서는 답변할 수 없다고 말합니다. 과학자들 대부분도 그렇게 생각하는 듯합니다.

그러나 선도적 위치에 있는 일부 이론 물리학자들은 반드시 그렇지는 않다고 생각합니다. 스티븐 호킹이 그 대표적 인물이었지요. 물리학자 로렌스 클라우스도 같은 생각입니다. 그는 저서 『무無로부터의 우주』에서 사람들이 과학에서 '왜'와 '어떻게'를 구분하는 자체가 잘못이라고 지적했습니다.[6] 가령, 고대인들은 해와 달의 운행이나 행성의 움직임을 세상의 근원과 관련된 '왜?'에 대한 문제라고 생각했습니다. 그들은 이를 세상의 원인이며 주관자인 신(들)의 의지나 행위라고 해석했지요.

그런데 과학이 중력법칙으로 천체의 궤도 운동과 태양계의 생성과정을 밝히자 그런 설명들은 의미를 잃었습니다. 즉, 천체들이 '어떻게' 움직이는지를 설명하자 세상이 돌아가는 원인이라고 생각했던 '왜'에 대한 답변이 저절로 주어진 것입니다. 결국 '왜'와 '어떻게'는 같은 질문이었던 셈이지요. 클라우스는 '왜 우주에 무엇이 존재하느냐?'는 질문은 '왜 어떤 꽃이 붉으냐?'의 문제보다 심오하지 않다고 했습니다. 저는 오늘날의 현대과학이 적어도 생명과 인간의 기원, 그리고 마음이 어떻게 생겨나는지에 대해서는 (비록 세부 내용은 아직 초보적 수준에서 이해하고 있지만) 나름대로 큰 줄거리들을 파악하기 시작했다고 생각합니다. 즉, '왜'에 대한 답변을 이미 상당 부분 내놓았다는 생각입니다. 이에 대해서는 생명과 마음을 다룬 쌍둥이 책에서 다루었습니다.

다만, 가장 근원적 질문인 우주의 본질에 대해서는 많은 것이 새로이 밝혀졌지만 아직 핵심에 다가서지 못하고 있습니다. 끈 이론과 고리양자중력 이론 그리고 이를 토대로 한 다중우주모형 등 여러 흥미로운 가설들이 제시되고 있습니다. 특히, 시간과 공간의 실체에 대해서도 많은 의미 있는 설명들을 내놓았습니다. 그러나 '어떻게'에 대한 궁극의 답변은 아직 못 찾고 있습니다. 어쩌면 영원히 찾을 수 없을지도 모릅니다. 과학의 능력을 맹신하는 것은 오만일 수도 있습니다. 그렇다고 우리가 규명할 수 있는 '왜'에 대한 과학지식에 한계가 있다고 단정할 실증적 근거도 전혀 없습니다. 궁극을 찾는 과학의 노력이 어디까지 이어질지는 아무도 모릅니다. 어떤 쪽이건 오늘날 인간이 과학을 통해 얻은 지식이 경탄할 만하다는 점에는 이견이 없을 듯합니다.

그래서 과학의 능력을 의심하는 사람들조차도 어쨌든 우주를 여기까지 규명하고 인식한 인간만은 위대하고 특별하다고 생각합니다. 저는 이 점에는 선뜻 동의하고 싶지 않습니다. 우리가 존재한다는 사실은 경이롭지만 신비한 현상은 아니라고 생각합니다. 흔히들 과학으로 이유를 모르거나 설명이 불충분할 때 신비롭다는 표현을 씁니다. 하지만 우주를 인식하기 때문에 우리가 특별하다는 생각은 지극히 인간 중심적인 논리가 아닌지 반문해 봅니다. 가령, 침팬지, 개, 바퀴벌레, 버섯은 단지 우주가 무엇인지 알 필요가 없어서 인식하지 않을 뿐이라고 생각하면 잘못일까요? 그것은 우월성이나 특별함의 문제가 아니라 각자의 필요성과 뇌의 기능이 지향하는 바의 문제일 것입니다.

원래 동물의 뇌는 먹고 먹히지 않으려는 포식활동에 기원을 두고 진화했습니다(『라이프』 3장 참조). 그 핵심은 상대의 행동과 주변 환경에 대한 신속한 예측과 대응이었지요. 간발의 차이로 생사가 갈리므로 뇌는 정확성보다 신속성에 최우선을 둡니다. 이 때문에 온갖 실수와 가짜들을 만들지만 이는 부차적 문제이지요. 숲 속에서 흔들거리는 그림자가 바람이 아니라 포식자의 은밀한 움직임 때문이라고 과잉 추론하는 편이 생존에 훨씬 유리했습니다. 그래서 뇌는 모든 현상에 원인이 있다고 추론합니다. 가장 고등하다는 인간의 뇌는 이러한 기능이 극단적으로 발달했지요. 특히, 거울뉴런과 강력한 '마음 이론'의 작동으로 6~7단계까지 넘겨 잡으며 타인의 마음을 읽고 사물을 의인화합니다. 3~4세 이하의 어린나 유인원은 이런 능력이 미흡해 숨바꼭질을 하거나 종교적 마음을 가지기가 어렵지요. 그 대신 사물을 과도한 추론없이 있는 그대로 순수하게 바라보는 면도 있습니다.

인간의 '원인 찾기'의 본능은 너무도 강력합니다. 하지만 우리가 존재하는 데 원인이 꼭 있어야 할까요? '왜 세상은 없지 않고 있을까?'라는 질문도 매사에 원인이 있다고 전제하는 뇌가 만들어 낸 불필요한 과잉 추론은 아닌지 반문해 봅니다. 세상은 이유 없이 그냥 있으면 안 될까요? 사실, 이 질문 자체가 터무니없고 어리석게 느껴질 정도로 우리의 뇌는 이미 원인 찾기의 늪에 깊숙이 빠져 있습니다. 그러나 의식 작용은 순간적으로 이합집산을 거듭했다 사라지는 뉴런의 전기 신호의 연결망일 뿐입니다. 마치 하늘의 뜬 구름처럼 거기에는 어떤 사령탑도, '나'라고 부를 실체도 없다는 것이 현대 뇌과학의 잠정적인 결론입니다. 우리가 인식하는 '나'는 결국 다세포 동물의 통일성을 유지하기 위해 뇌가 만든 가공물입니다. 원인 찾기는 그 핵심 기능이지요. 따라서 원인이 없는 상태가 무엇인지 떠올리려는 시도는 뇌의 능력 범위 밖에 있을지 모릅니다. 그 과정 자체가 원인에 대한 분석이기 때문이지요. 버트런드 러셀은 예수회 성직자와의 BBC토론에서 다음과 같이 말한 적이 있습니다.[7]

나는 우주가 그냥 존재하며, 그것이 전부라고 말하겠다.

이런 생각이 근거를 가질 수 있는 또 다른 이유도 있다고 생각합니다. 우리가 인식하는 세상은 전적으로 인과율을 토대로 합니다. 원인이 있어야 결과가 있지요. 창조주가 만들었건, 자연법칙이 생성했건 무슨 원인이 있었기 때문에 우주가 존재한다고 생각합니다. '세상은 왜 있을까?'는 원인에 대한 질문입니다. 그런데 양자역학에 의하면 (특히 코펜하겐 해석에 따르면) 인과율은 부정됩니다(2장 참조). 확률에 따를 뿐, 원인과 결과는 반드시 연결되지 않을 수도 있지요. 더 중요한 점은 인과율이 시간의 선후를 전제로 한다는 사실입니다. 시간적으로 원인이 있어야 뒤따르는 결과가 있지요.

그런데 양자론의 소립자의 세계에서는 시간이 역행도 합니다. 상대성이론으로 기술되는 거시 우주에서도 시간의 입지는 취약합니다. 양자론과 상대성원리의 통합 이론인 양자중력을 연구하는 선도적 이론물리학자나 우주물리학자 다수도 시간이 환상이거나, 아니면 적어도 자연의 근본적 성질은 아니라는 데 대부분이 동의하고 있습니다(3장 참조). 시간이 환상이라면 우주라는 결과를 존재하게 만든 원인이 의미를 가질 수 있을까요? 세상이 왜 존재하냐는 질문에 대한 답은 시간의 환상성과 과잉 추론으로 매사에 원인이 있다고 분석하는 인간의 뇌 속에 있지 않나 생각해 봅니다.

과학이 말해 주는 삶의 제언

우리의 존재에 대해 현대과학이 던져주는 잠정적 결론이 여기에까지 이르면 모든 것이 허망하다는 생각이 들 수도 있습니다. 뉴욕 시립대학의 물리학 석좌교수 미치오 카쿠는 저서 『평행우주』의 결론부에서 비슷한 맥락의 언급을 했습니다.[8] 그는 인간이 우주의 근원을 밝히는 최종의 방정식을 찾아낸다고 해도 물리학이 인간의 정신을 함양하거나 우리에게 감정적 만족을 주기는 어려울 것 같다고 했습니다. 따라서 진정한 삶의 의미는 각자 스스로 찾아야 한다고 했습니다.

저는 그의 언급의 두 번째 구절에는 전적으로 동감합니다. 하지만 과학이 감동과 위안을 주기 어려울 것 같다는 결론에는 선뜻 동의하고 싶지 않습니다. 카쿠가 말한 감동이란 짧은 시간에 강렬하게 찾아오는 고조된 마음의 상태를 지칭한 듯합니다. 사실 과학적 발견으로 막 성취감을 이룬 순간이라면 몰라도, 과학 지식 자체에서 격정적인 감동을 느끼기는 쉽지 않을 것입니다. 그처럼 짧고 강한 감정은 뇌의 둘레계통(변연계)에서 처리되는 활동입니다. 반면, 과학적 지식에서 느끼는 기쁨은 뇌의 가장 바깥쪽 대뇌겉질(피질), 특히 이마엽(전두엽)에서 처리되는 이성적 정신활동이지요. 물론, 대뇌겉질도 갈등과 행복 등 높은 수준의 감정을 조절하는 기능이 있지만 그 희열은 이성에 바탕을 두어 차분합니다.

리처드 도킨스는 저서 『무지개를 풀며』에서 영국의 낭만시인 존 키츠John Keats가 과학에 대해 던진 언급을 반박했습니다.[9] 키츠는 장편시 『라미아Lamia』에서 뉴턴이 프리즘으로 빛을 풀어헤치는 바람에 무지개의 시성詩性이 사라져 버렸다고 불평했습니다. 이에 대해 도킨스는 뉴턴 이후 분광학을 이용해 밝힌 우주와 물질에 대한 새로운 과학적 사실들을 열거하며, 그가 이를 알았더라면 세상에 대한 보다 풍부한 지식과 넓은 안목으로 더 좋은 시를 썼을 것이라고 했습니다. 아울러 과학이 제공하는 경이로운 감정은 인간의 정신이 이를 수 있는 최상의 경험으로 음악이나 시 등의 예술에서 얻는 감동에 뒤지지 않는다고 했습니다. 그는 과학자가 예술을 향해 더 손을 뻗을 필요가 있듯이 예술가도 과학이 제공하는 영감으로 더 풍부해질 수 있다는 통섭의 자세를 강조했습니다.

도킨스뿐 아니라 이 책의 '시작하는 글'에서 인용한 스티븐 와인버그도 과학을 통해 우리의 근원을 밝히려는 노력이야 말로 우주라는 비극의 무대에서 인간의 삶을 드높일 수 있는 몇 안 되는 감동적 행위라고 언급한 바 있습니다.(『최초의 3분』에서 언급했던 이 표현에 대해 와인버그는 후일의 저서 『직시하기: 과학과 그 문화적 적수들』에서 추가 설명을 했습니다. 그는 우주라는 연극무대에서 벌어지는 비극은 각본에 없으며, 그 점이 더 비극이라고 했지요).[10] 그의 말처럼 예술이나 종교적 감정 못지 않게 과학이 주는 차분한 감동은 이성에 바탕을 두었기 때문에 더욱 깊고 진솔할 수 있을 것입니다.

그러나 과학적 감동을 실감하기란 쉬운 일이 아닙니다. 또 얼마나 많은 사람이 그럴 수 있을지도 의문이지요. 그보다는 과학이 우리의 근원에 대해 제공해주는 객관적 지식을 통해 삶의 의미를 찾는 것이 더 소중하다고 생각합니다. 이러한 자세야말로 주관적 감정이나 자의적 해석을 최소화하면서 삶을 올바른 방향으로 인도하는 데 기여할 것입니다. 이런 견지에서, '나'와 세상이 환상일 수 있다는 얼핏 허망해 보이는 과학적 설명은 결코 염세적이지 않다고 생각합니다. 부정은 곧 적극적 긍정과 맞닿아 있지요. 역설적으로 허무야말로 우리의 삶을 희망으로 인도하는 길잡이가 될 수 있지 않을까요? 그러기 위해서 구체적으로 어떤 자세가 바람직한 지는 이 책의 쌍둥이 책에서 짧은 소견을 피력했습니다.

그것을 요약하자면, 현재를 긍정하는 자세라고 할 수 있습니다. 인간만이 과거를 후회하고 현재를 비관하며, 미래를 걱정합니다. 하지만 시간은 환상일 수 있으며, 시간 속의 '나'는 뇌가 만든 가공물로 우주 물질의 순환 과정 중에서 우연히 잠시 머물고 있는 '현재의 상태' 일 뿐입니다. 의식意識은 끊임없이 이합집산하는 뉴런의 연결의 순간적 결과이며, 물질적으로도 몸의 원자는 며칠, 길어야 수년 머물다 완전히 교체됩니다. 내 몸의 40조 개의 세포 중 '나'를 대표할 단세포는 하나도 없습니다. 오직 현재 이 순간의 상태만이 '나'로서의 의미가 있지요. 고리양자중력 이론의 선구자로 제2의 스티븐 호킹으로 불리는 엑스마르세유대학의 카를로 로벨리는 시간의 환상을 설명한 『시간은 흐르지 않는다』에서 다음과 같이 말했습니다.[11]

우리에게 고통을 안겨주는 것은 과거나 미래가 아니다. 그것은 여기, 지금 이 순간의 우리 기억 속에, 그리고 우리의 기대 안에 들어 있다.

현재의 순간에 만족하고 최선을 다하는 것만이 의미가 있다는 것입니다. 지나간 과거와 다가올 미래에 비추어 보면 어떤 사람은 행복하게 태어났고 어떤 사람은 그렇지 못합니다. 그리고 큰 고통을 겪고 있는 사람도 있지요. 하지만 그 모든 것은 자연의 순환 과정 중에 던져진 양자적 확률에 의한 우연한 배합의 일시적 상태일 뿐입니다. 결코 원망하거나 탓해야 할 운명은 아니지요. '나'라는 존재가 꾸며진 허상인데 무슨 운명이 있을까요?

그러나 동시에 '내가 살아 있음'도 현실입니다. 그렇다면 고통스럽건 행복하건 주어진 '나의 현재 상태'를 있는 그대로 긍정적으로 받아들이는 것만이 현명한 자세일 것입니다. 그러기 위해서는 매 순간에 최선을 다하며, 즐거운 마음으로 열심히 일을 하고 서로 사랑하는 노력이 중요하다는 생각입니다. 설사 그것이 쉽지 않더라도 말이지요. 평범하지만 과학이 던져주는 값진 교훈이 아닌가 합니다.

감사의 글

이 책의 시발점은 10여 년 전 만들었던 '현대과학으로 바라보는 인생'이라는 사이버 특강 DVD였습니다. 이 특강의 취지는 사회로 진출하는 학생들에게 과학이 말해 주는 최근의 내용들을 소개함으로써 살아가면서 조금이나마 보탬이 되도록 하는 데 있었습니다. 우주, 물질, 인간, 생명, 마음, 종교를 주제로 한, 6강으로 구성된 강의였는데 겨울 방학 무렵 3개월의 짧은 기간에 준비와 녹화를 하느라 미비한 점이 많았습니다.

특강은 썩 성공적이지 못했습니다. 학생들은 당장의 진로나 취업에 더 관심이 많았지요. 인생을 깊이 생각해 보기에는 너무 젊은 나이이거나 내용이 무겁게 느껴졌기 때문이었을까요? 애서 제작한 DVD였으므로 여분을 학계의 동료들과 주변의 아는 분들에게 틈틈이 드렸습니다. 학생들보다 오히려 그 분들이 더 관심을 보여 주셨고, 몇 분은 과분하게 격려하시며 책으로 정리해 볼 것을 권유해 주셨습니다.

격려에 힘입어 집필을 시작했으나 쉬운 작업이 아니었습니다. 말로 흘러가는 강연이 아니라 기록을 남기는 작업인 데다 분야가 다양하다 보니 아는 내용도 일일이 논문이나 책으로 확인해야 했습니다. 도서관의 대출 기록을 보니 지난 10여 간 단행본만 400여 권을 빌렸습니다. 책과 논문들을 메모한 내용 중에는 서로 상충되거나 다른 시각을 가진 것들도 많았습니다. 따라서 이들을 가능하면 누락시키지 않고 한 데 모아 요약 정리하는 작업이 쓰는 일보다 훨씬 어려웠습니다. 게다가 제가 당장 해야 할 연구와 교육도 있었지요. 그러다 10년이 지났습니다. 덕분에 그 사이 발표된 새로운 내용들을 반영할 수 있는 긍정적 면도 있었습니다.

출간은 또 다른 숙제였습니다. 흔히들 건네는 인사말은 교장 선생님의 훈시처럼 의례적인 내용이 다반사이지요. 하지만 이 책의 출간에 부쳐 진심으로 고마운 마음을 전해야 할 분들이 있습니다. 무엇보다도 손쉬운 번역서보다는 국내 과학저술가의 저작 위주로 출판을 독려해주시는 MID의 최성훈, 최종현 대표님께 감사드립니다. 또한 초고 대로라면 1,500쪽은 족히 되었을, 대책 없는 분량으로 과학의 거의 모든 분야를 다룬 난삽한 원고를 추천 및 감수해 주신 MID의 김동출 박사님께도 감사드립니다. 아울러 1년 여의 수 차례 원고 수정 과정에서 내용에 대해 세밀한 제안을 주신 이휘주 대리에게도 감사의 인사를 빠뜨릴 수 없습니다.

저는 원래 이 책의 제목을 '삶은 꿈인가?'(『과학 오디세이 라이프』)와 '세상은 꿈인가?'(『과학 오디세이 유니버스』)로 하고 싶었습니다. 그러나 그 같은 제목이 자칫 힘들여 저작한 내용이 자칫 주관적인 준과학이나 사이비과학으로 비추어질 수 있다는 편집진의 의견에 전적으로 동의하게 되었습니다. 독자의 호기심을 유도하는 제목보다는 고급 과학 교양서로서 상업성보다는 담은 내용에 더 충실하고자 하는 취지는 오히려 저자가 희망해야 할 사항이었기 때문입니다. 출간에 이토록 많은 시간과 노력을 기울여 주신 MID의 기획·편집·교정진에 다시 한번 감사드립니다.

이 책을 준비했던 오랜 시간 동안 많은 분들이 따뜻한 격려와 소중한 의견을 주셨습니다. 그 분들 중 특별히 정낙섭 학형, 이상로 박사님, 이준정 박사님께 고마움을 전합니다.

2021년 1월 안중호

부 록

1. 아인슈타인의 장 방정식

일반상대성원리를 우주에 적용하며 기술해주는 장 방정식의 세부 수학은 매우 어렵지만, 그 내용은 매우 단순하다. 이 식에 의하면 우주 공간이 기하학적으로 휜 모양은 그 안에 있는 내용물(물질과 에너지)의 양에 의해 결정된다. 발표 당시의 원래 식은,

$$R_{\mu\nu} - \frac{1}{2} g_{\mu\nu} R = \frac{8\pi G}{c^4} T_{\mu\nu}$$

이었다. 좌변의 두 항은 우주의 기하학적 구조를 나타낸다. 둘을 합쳐서 $G_{\mu\nu}$로 간단히 표시하기도 하는데 아인슈타인 텐서(tensor)라 부른다. 텐서란 행렬식으로 표시되는 기하학적 물리량이다. $R_{\mu\nu}$는 리치(Ricci)곡률텐서, $g_{\mu\nu}$는 거리를 결정짓는 시공간 계량(metric)텐서, R은 스칼라 곡률이다. 한편, 우변은 물질과 에너지의 내용물의 상태를 나타낸다. c는 광속, G는 중력상수, $T_{\mu\nu}$는 우주의 질량/에너지 운동량의 총량을 포함하는 스트레스-에너지 텐서이다. 이 식이 의미하는 바는, 우주 시공간의 곡률(좌변)은 우주의 질량-에너지 운동량의 총량(우변)에 의해 결정된다는 것이다. 물론 그 반대도 된다. 즉, 물질과 에너지 때문에 시공간이 휘어지고 그로 인해 중력이 발생한다는 것이다. 좌, 우변은 서로 영향을 주며 상호 작용한다.

위의 최초의 식이 발표된 지 2년 후 아인슈타인은 질량이 있는 물질들이 궁극적으로 한 곳에 몰리는 중력붕괴의 모순을 피하기 위해 식을 수정했다. 즉, 좌변에 우주항이라 불리는 반(反)중력 항 $\Lambda g_{\mu\nu}$를 추가해 중력붕괴 문제를 해결하고자 했다. 수정된 식은,

$$R_{\mu\nu} - \frac{1}{2} g_{\mu\nu} R + \Lambda g_{\mu\nu} = \frac{8\pi G}{c^4} T_{\mu\nu}$$

이다. 아인슈타인은 우주항이 공간자체의 성질과 관계되었을 것이라 믿었기 때문에 이를 우주의 기하학적 상태를 나타내는 좌변에 추가했던 것이다.

2. 프리드먼의 방정식과 음의 압력

많은 우주 과학서에서 우주 팽창의 원인을 음(陰)의 압력(negative pressure)으로 설명하고 있다. 이는 틀렸다고는 할 수 없지만 적합한 기술(記述)이 아니다(추천도서 A9 참조). 칼텍의 숀 캐롤은 물리학자 중에도 우주상수의 개념을 오해하는 경우가 많다고 지적한다. 이러한 오해는 아인슈타인의 일반상대성이론의 장 방정식을 우주팽창에 적용한 특수해인 프리드먼 식의 해석 과정에서 나왔다. 통상적으로 우리가 알고 있는 압력은 물질에 힘을 가해 한쪽으로 몰아넣거나 누를 때 생긴다. 반대로 물체를 길게 당기면 음의 압력이 발생한다. 가령, 고무나 용수철을 누르면 양(陽)의 압력이, 길게 늘리면 음의 압력이 생긴다. 음의 압력을 물리학에서는 장력(張力, tension)이라고도 부른다. 그런데 일부 물리학자들이 우주상수나 암흑에너지가 공간의 늘어남과 관련 있으므로 음의 압력을 가졌다고 생각한다. 그렇다면 우주 바탕공간의 장력이라고도 할 수도 있을 것이다. 그러나 우주의 팽창은 고무줄의 팽창과는 근본적으로 다르다.

가령, 당겨진 고무줄은 수축하려고 한다. 그렇다면 우주도 당겨진 고무줄처럼 음의 압력, 즉 장력을 가졌는데 왜 수축하지 않고 팽창하는가? 그 이유는 우주상수나 암흑에너지는 힘이나 압력처럼 물질과 영향을 주고받는 실체가 아니기 때문이다. 더 중요한 차이점은, 고무줄은 당길수록 음의 압력 값(장력)이 커지는데 우주의 경우는 팽창을 해도 음의 압력 값이 변치 않는 상수라는 사실이다. 본문에서 설명했듯이 우주 공간의 암흑에너지는 매우 작지만 0이 아니며 과거 이래 변치 않았다고 했다. 그래서 우주의 '상수(常數)'라고 부르지 않는가? 이 점이 바로 우주팽창의 원인을 통상적인 음의 압력으로 기술하는 것이 적절치 않다고 보는 이유이다. 음의 압력 값이 우주팽창 중 변치 않는 이유는 암흑에너지가 물질이나 입자로 구성되어 있지 않기 때문이다. 따라서 빅뱅 이후 팽창하면서 어떤 작용도 하지 않았다. 아무것도 안하고 가만히 있었는데, 단순히 바탕 공간이 늘어났기 때문에 마치 작용한 듯 보이는 것이다. 은하들이 가속적으로 멀어진 이유는 어떤 작용이나 은하들의 운동이 때문이 아니라 우주공간의 바탕이 팽창되었기 때문이다. 숀 캐롤은 이를 설명하는 데 반중력이나 음의 압력이 등의 개념은 불필요한 오해를 불러일으킬 수 있다고 주장한다.

왜 이러한 오해가 나왔는지 잠깐 수학식을 살펴보자. 프리드먼 방정식에 대한 2차 도함수 식은 (대략적 의미에서) 우주팽창 혹은 중력을 나타내며, 다음과 같다.

$$\frac{\ddot{a}}{a} = -\frac{4\pi G}{3}(\rho + 3p) \qquad (1)$$

여기서 a는 공간 내 두 곳 사이의 거리를 나타내는 척도 인자(尺度因子, scale factor)이며, ρ는 에너지 밀도, p는 압력이다. 이 식에 의하면 우주팽창을 위해서는 좌변이 양(陽)의 값을 가져야 한다. 그런데 우변의 상수 값들(π, G)들 앞에 마이너스 부호가 붙었으므로 ($\rho+3p$) 음(陰)이 되어야 한다(보다 정확히는 $p < -\rho/3$가 되어야 한다). 잘 알다시피 암흑에너지의 밀도 ρ는 매우 작지만 분명히 양의 값을 가진다. 따라서 압력 p가 음의 값을 가져야 우변이 양이 된다. 결국 압력이 음의 값을 가져야 팽창이 일어난다는 것이다. 그러나 이는 수식의 트릭이다. 프리드먼의 2차 도함수 식은 그 자체가 수학식으로서는 완전하지만 물리적 해석을 하는 데는 유의해야 한다는 것이 캐롤 등의 주장이다.

물리적 해석을 위해서는 오히려 프리드먼 식의 1차 도함수 식이 훨씬 명쾌하다. 척도인자 a의 1차 도함수를 포함하고 있는 이 식은 다음과 같다(편의상 공간곡률을 0으로 가정).

$$H^2 \equiv \left(\frac{\dot{a}}{a}\right)^2 = \frac{8\pi G}{3}\rho \qquad (2)$$

여기서 H는 우주의 팽창속도를 나타내는 허블상수이다. 무엇보다도 이 식은 2차 도함수 식 (1)에 비해 훨씬 쉽게 우주팽창을 기술하고 있다. 첫째, 이 식은 압력 항을 전혀 포함하고 있지 않다. 좌변의 우주의 팽창속도 H는 단순히 우변의 에너지나 물질의 밀도 ρ에 비례할 뿐이다. 둘째, 식(2)에서는 에너지 밀도가 변치 않으면 팽창속도도 변치 않고 일정하다. 이 식은 암흑에너지가 변치 않으면 왜 우주가 일정한 속도로 팽창하는지를 명쾌히 설명하고 있다. 음의 압력이란 혼동을 불러 일으키는 개념 없이도 충분히 우주의 팽창을 설명하고 있다.

3. 우주의 평평도

프리드먼 식으로부터 유도한 다음의 관계식을 이용하면 물질과 에너지의 밀도 Ω 값을 구할 수 있다. 즉, 물질지배 시대의 어떤 시점에서의 적색이동 값 z를 알면,

$$(\Omega^{-1} - 1) = \frac{(\Omega_0^{-1}-1)}{1+z}$$

의 관계가 성립한다. 가령, 현 우주의 밀도범위를 $0.95 \langle \Omega_0 \langle 1.05$라고 하면, 적색이동 값 z를 가졌던 과거 어떤 특정 시점에서의 Ω값의 범위를 구할 수 있다. 즉,

$$\frac{1}{1+\frac{0.05}{1+z}} < \Omega < \frac{1}{1-\frac{0.05}{1+z}}$$

가 된다. 따라서 적색이동 값 z가 약 1,000 이었던 재결합시대(첫 원자 생성 때) 무렵의 물질밀도는 $0.99995 \langle \Omega \langle 1.00005$ 가 된다.

같은 방법으로 수소 등 가벼운 원소의 빅뱅핵합성이 이루어졌던 빅뱅 후 1분~3분 사이의 Ω 값을 구할 수 있다. 당시의 적색이동 값 z는 10^{11}이었으므로 $0.9999999999995 \langle \Omega \langle 1.0000000000005$가 된다.

이처럼 빅뱅 초기로 갈수록 Ω 값은 엄청난 정밀도로 1에 가까워진다. 이를 반대로 생각해 만약 초기우주가 조금이라도 평탄에서 벗어났었다고 가정하면 현 우주의 평탄성은 크게 벗어나 엄청난 곡률을 가져야 한다.

4. 가짜 진공과 인플레이션

가짜 진공은 공간의 급속팽창 때문에 발생한다. 어떻게 이것이 가능한지 알아보기 위해, 먼저 아래 그림과 같이 피스톤이 장치된 튜브를 생각해 보자. 단순화를 위해 피스톤의 내부와 외부에는 공기나 기체 등의 물질이 없는 진공 상태이며, 중력도 작용하지 않는다고 가정한다. 그러나 진공도 에너지를 가지므로 피스톤 내부에는 열과 같은 일정량의 에너지는 들어있을 것이다. 그 에너지 밀도가 ρ 라 하자. 에너지 밀도는 공간이 가지는 전체 에너지를 단위부피로 나눈

과학오디세이

값이다. 이 상태에서 피스톤을 바깥쪽으로 뽑아 당기면 피스톤 내부의 부피는 늘어난다. 늘어난 부피를 dV라고 하자. 통상적인 경우, 피스톤을 뽑아 당기면 그 안에 있는 (열 등의) 에너지는 새로 늘어난 공간으로 확산하여 희석된다. 즉, 에너지 밀도는 낮아진다. 그러나 만약 상상을 초월할 엄청난 속도와 거리로 피스톤을 잡아당기면 특이한 상황이 벌어진다. 잘 알다시피 열이 식는 것처럼 에너지를 낮추는 과정은 평형 반응이므로 시간이 필요하다. 그런데 너무 급작스럽게 부피가 크게 늘어나면 에너지 밀도를 낮출 충분한 시간이 없다. 따라서 피스톤 안의 에너지 밀도는 극히 짧은 시간이지만 순간적으로 변치 않는 상태가 유지된다.

여기서 문제가 생긴다. 부피는 늘어났는데 에너지 밀도는 그대로이므로 피스톤 안의 에너지 총량은 덩달아 증가해야 한다. 공간의 총 에너지는 에너지 밀도에 부피를 곱한 값이기 때문이다. 즉, 임시로 증가한 에너지의 양은 (에너지 밀도 ρ) x (늘어난 부피 dV), 즉 $\rho \cdot dV$이다. 이를 해결하려면 피스톤은 어떤 형태이건 증가분의 에너지를 공급받아야 한다. 통상적인 경우라면 에너지 불변 법칙에 따라 새로운 에너지를 공급받을 방법이 없다. 그러나 극미의 공간에서는 양자효과에 의해 가짜 진공'이 생겨 여기에 에너지가 잠시 저장될 수 있다. 본문에서 설명했듯이 '가짜'는 '일시적'에너지 상태를 의미한다. 어떤 과정을 거쳤든, 증가된 에너지는 힘을 가해 피스톤을 당겼기 때문에 발생했다. 이 에너지의 양은 물리화학(열역학)의 기초법칙에 의하면 (피스톤의 압력 p) x (늘어난 부피 dV), 즉 $p \cdot dV$이다. 그런데 피스톤이 밖으로 당겨지는 현상은 계가 일을 소모하는 과정, 즉 에너지를 잃는 과정이므로 부호는 마이너스가 되어야 한다. 즉, 피스톤이 당겨질 때 일어난 에너지 변화는 $-p \cdot dV$가 된다. 이 과정, 즉 (부피의 증가로 일시적으로 늘어난 에너지) = (피스톤이 행한 에너지)를 식으로 나타내면,

$$\rho \ \cdot dV \ = \ - \ p \ \cdot dV$$

가 된다. 결국 $\rho = -p$ 가 된다. 다시 말해 가짜 진공은 음의 압력을 가진다는 결론에 도달한다. 음의 압력은 중력의 반대 효과인 팽창의 속성을 가졌다고 볼 수 있다. 왜냐하면 양의 에너지를 가진 물질은 중력에 의해 한데 모아지는 성질을 가지기 때문이다. 이는 〈부록 2〉의 식(2)에 나타낸 프리드먼의 2차 도함수 식에서 말하는 바와 일치한다. 팽창하는 우주는 음의 압력을 가진다는 것이다.

부언하자면, 음의 압력이 우주를 팽창시킨다는 기술은 〈부록 2〉에서 설명한 대로 여기서도 약간의 혼동을 불러일으킨다. 앞서 피스톤을 갑자기 밖으로 당겨 부피가 팽창했기 때문에 과잉의 에너지가 새로 생겼다고 했다. 통상적으로 생각해 보면, 피스톤 안의 가짜 진공은 늘어난 가짜의 임시 에너지를 줄이려고 흡입력으로 작용할 것이다(기체가 들어 있는 피스톤을 당기면 실제로 그러한 흡입력이 작용한다.) 그런데 흡입력은 음의 압력이다. 그렇다면 어떻게 흡입력이 어떻게 우주를 팽창시키는가? 팽창시킨 고무줄처럼 음의 압력(장력)을 가졌다면 수축해야 옳지 않은가?

혼동을 피하려면 〈부록 2〉의 식(2)인 프리드먼 식의 1차 도함수 식을 사용해야 한다. 이 식을 팽창하는 우주에 적용해 일반식으로 나타내면 다음과 같다.

$$H \equiv \frac{\dot{a}}{a} = \sqrt{\frac{8\pi G\rho}{3}} \qquad (3)$$

여기서 a는 공간 내 두 곳 사이의 거리, π는 원주율, G는 뉴턴의 중력 상수이다. 그런데 진공 에너지의 밀도 ρ는 팽창 중 변치 않는다고 했다. 그렇다면 우변의 항들은 모두 상수가 된다. 따라서 좌변의 H도 당연히 상수가 된다. 바로 이 H가 현 우주의 팽창속도를 나타내는 허블상수이다. 그런데 빅뱅 초기 인플레이션은 현 우주의 팽창과는 비교가 안 되게 규모가 컸고 급속하게 이루어졌다. 따라서 인플레이션을 유발했던 가짜 진공의 에너지 밀도 ρ는 현 우주의 암흑(진공) 에너지 밀도보다 훨씬 컸을 것이다. 즉, 팽창속도를 나타내는 현 우주의 H 보다 훨씬 큰 상수 값을 가졌을 것이다. 이를 η 라 하면 식(3)은 다음과 같이 다시 쓸 수 있다.

$$\frac{\dot{a}}{a} = \sqrt{\frac{8\pi G\rho}{3}} = \eta \qquad\qquad (4)$$

이 식은 다시,

$$\dot{a} = \eta a \qquad \Longrightarrow \qquad a \propto e^{\eta t} \qquad (5)$$

로 쓸 수 있다. 여기서 t는 시간, e는 자연상수(=2.718…)이다. 결론적으로 식(5)가 의미하는 바는 가짜 진공이 존재하면 두 점 사이의 거리 a가 지수적으로 늘어난다는 것이다. 지수적으로 늘어나는 이유는 가짜 진공이 가지는 큰 값의 에너지 밀도 ρ가 비록 단 시간이긴 하지만 변하지 않는 값을 가졌었기 때문이다. 공간 안의 두 위치가 시간에 따라 지수적으로 증가는 한다는 것은 어마어마한 팽창을 의미한다. 이것이 인플레이션이다.

5. 슈뢰딩거의 파동방정식

슈뢰딩거의 파동방정식은 전자의 운동 혹은 변화를 파동으로 나타낸 식이다. 단, 통상적인 파동이 아니라 양자적 특성을 가진 파동이다. 따라서 이 식은 전자뿐 아니라 양자론이 적용되는 모든 소립자에도 해당된다. 입자의 파동적 운동을 기술하기 위해 슈뢰딩거는 당시 밝혀진 소립자의 양자론 식들과 고전 물리학의 에너지 보존 법칙을 결합해 식을 유도했다. 즉, 광전자 실험으로 밝혀진 아인슈타인의 파동-에너지 관계식, 드브로이의 물질파에서 보는 파동-운동량 관계식, 그리고 고전 역학의 에너지 보존 법칙을 함께 통합해 식을 유도했다. 그 유도 과정의 요지를 대략적으로 소개하면 다음과 같다.

고교 물리학에서 나오는 음파 등의 간단한 파동은 x-y좌표의 싸인함수 형태로 나타낼 수 있다. 즉, $y(x, t) = A \sin(kx - \omega t)$로 기술된다. 여기서 $y(x, t)$는 어떤 시간 t, 위치 x에서의 변위이다. 변위란 크기와 방향을 가지는 위치의 변화량이다. 또, A는 진폭, k는 파수(wave number)로 단위길이당 변하는 파동의 위상 크기를 나타낸다. ($k = 2\pi/\lambda$) 한편, 각진동수(angular frequency) ω는 단위시간당 변화하는 위상 크기이다. ($\omega = 2\pi/T$) 참고로 T는 주기이며 진동수의 역수이다. ($T = 1/\lambda$)따라서 파동의 속도 v는 ($v = \lambda/T = \omega/k$) 가 된다. 이 싸인함수 식을 수학적으로 보다 편리한 파동함수 Ψ로 바꾸어 쓰면,

$$\Psi(x, t) = Ae^{i(kx-\omega t)} \text{ 가 된다.}$$

그런데 당시 실험으로 알려진 양자론 식에 의하면, 파동의 에너지(E)는, $E = h\nu = \hbar 2\pi\nu$ 파동의 운동량(p)은 $p = mv = \frac{h}{\lambda} = \frac{\hbar 2\pi}{\lambda} = \hbar k$이다. ($\hbar$: 플랑크 상수 h를 2π로 나눈 값인 디랙상수, m: 질량) 즉, 파동을 나타내는 변수인 ω 와 k 를 알면 에너지 E와 운동량 p를 구할 수 있다. 그런데 고전 물리학의 에너지 보존의 법칙에 의하면, $E = \frac{1}{2}mv^2 + V = \frac{p^2}{2m} + V = \frac{\hbar^2 k^2}{2m} + V$ 이다(V: 위치 에너지).

슈뢰딩거는 위의 함수 Ψ를 x에 대해 미분하면 k가 나오고 t에 대해 미분하면 ω가 나오는 결과를 에너지 보존 법칙 식과 결합했다. 먼저, 에너지 E항을 만들기 위해 위의 Ψ 식의 양변을 시간 t에 대해 미분해 $\frac{d\Psi}{dt} = -i\omega\Psi$를 얻고, ω를 E로 바꾸기 위해 양변에 $i\hbar$를 곱해 $i\hbar\frac{d\Psi}{dt} = E\Psi$를 얻었다. 한편, 운동량 p도 같은 방식으로 $-i\hbar\frac{d\Psi}{dx} = p\Psi$를 얻은 후 p^2의 항으로 바꾸어 주기 위해 x에 대해 한 차례 더 미분했다. 이어 i를 곱해주어 $\frac{-\hbar^2 d^2\Psi}{dx^2} = p^2$를 얻었다. 이 두 식을 연립하고 에너지 보존의 법칙을 적용하면,

$$-i\hbar\frac{d\Psi}{dt} = \left(-\frac{\hbar^2}{2m}\frac{d^2\Psi}{dx^2} + V\right)\Psi$$

를 얻게 되는데, 이것이 바로 슈뢰딩거의 파동 방정식이다. 이 식을 보다 온전한 수학식으로 나타내면 다음과 같으며, 2 형태로 쓸 수 있다.

시간 의존적 파동방정식: $i\hbar\frac{\partial}{\partial t}\Psi(r, t) = \left(-\frac{\hbar^2}{2m}\nabla^2 + V(r)\right)\Psi(r, t)$

시간 독립적 파동방정식: $E\Psi(r, t) = \left(-\frac{\hbar^2}{2m}\nabla^2 + V(r)\right)\Psi(r, t)$

(여기서 $\nabla^2 (= \frac{\partial^2}{\partial x^2} + \frac{\partial^2}{\partial y^2} + \frac{\partial^2}{\partial z^2})$은 1차원의 파동을 3차원에 적용한 연산자이다. 위치 x는 위

치벡터 r로 표현했다. 미분 부호 dx, dt를 ∂x, ∂t 등으로 바꾼 것은 편미분이기 때문이다.)

슈뢰딩거 방정식은 미분(微分)방정식이다. 미분방정식은 미지 값(혹은 미지함수)를 구하려는 관계식에 미분이 들어있는 방정식을 말한다(편미분은 여러 개의 변수가 있을 때 이들을 모두 고정하고 한 개의 변수에 대해서만 편의적으로 미분하는 수학적 기교이다.). 그런데 자연을 기술하는 물리법칙들은 미분방정식으로 되어 있는 경우가 많다. 뉴턴의 운동 법칙, 맥스웰의 전자기장 방정식, 슈뢰딩거의 파동 방정식 등이 그 예이다. 특히 시간에 대한 미분 방정식이 많다. 가령, 시간 t에 따라 거리(혹은 위치) x가 어떻게 변하는지를 알기 위해 t−x의 관계를 나타내는 함수를 시간으로 미분하면 x와 t의 미소변화율($\Delta x/\Delta t$), 즉 순간 속도가 구해진다. 이 변화율은 매우 중요해서, 속도가 변하며 아무리 복잡하게 운동하는 물체가 있더라도 미분방정식을 풀어 이에 대한 정보를 파악하면 과거와 미래 상태를 정확하게 예측할 수 있다. 순간을 이으면 전체 시간이 되기 때문이다. 즉, 과거와 현재, 미래의 물리적 상태가 인과적으로 연결되어 있다. 뉴턴의 운동 방정식이 그 대표적인 경우이다. 이 미분방정식을 풀면 한 개의 해가 나온다. 물론, 기술적인 문제로 인해 실제로 해를 구할 수 없는 경우도 있다. 그러나 찾지 못해서 그렇지 어쨌든 방정식의 해는 하나만이 존재한다. 뉴턴의 방정식이 나타내는 세상은 인과관계로 묶여 있으며, 현재와 과거의 상태가 정확히 짜맞춰진 기계와 같다.

그런데 슈뢰딩거의 파동 미분방정식은 다르다. 한 개의 해가 나오는 뉴턴의 운동방정식과 달리, 여러 개의 해가 나온다. 가령, 파동방정식을 풀면 전자의 에너지 상태를 각기 다르게 기술하는 여러 개의 함수가 해로 얻어진다. 식을 만든 장본인인 슈뢰딩거는 이 여러 개의 해가 실제로 각기 다른 밀도를 가진 파동들을 나타낸다고 해석했다. 또, 이 파동들이 높은 밀도로 밀집되어 파동묶음을 이루면 입자처럼 보인다고 주장했다. 이와 달리, 막스 보른은 여러 개의 해는 파동이 그러한 상태를 가질 확률을 나타낼 뿐이라고 해석했다. 즉, 양자의 세계에서는 확률이 지배한다는 설명이다. 하이젠베르크의 불확실성의 원리도 말해 주듯이 양자역학의 주류적 해석은 보른을 지지한다. 인과적 관계로 유도한 식의 결과가 인과율을 부정한다는 사실을 식의 창안자가 이해하지 못했다고 볼 수 있다.

참고로 슈뢰딩거의 방정식은 시간에 대해서만 미분해 얻은 식이다. 그러나 상대성이론에 의하
면 시공간은 서로 묶여 있다. 슈뢰딩거는 이를 식에 반영하려 했지만 성공하지 못했다. 공간에
대해서도 미분한 보다 완성된 형태의 파동방정식은 디랙이 내놓았다.

6. 파인만 도형(다이아그램)

파인만 도형은 소립자들의 상호작용을 양자전기역학의 복잡한 계산식 대신, 그림으로 쉽게 이
해하기 위해 리처드 파인만이 1948년 고안했다. 이를 다이슨(Freemann Dyson)이 이듬해 논문
으로 소개함으로써 널리 알려지게 되었다. 이 도형은 입자물리학계에 혁명을 불러왔다. 가령
유럽 LHC(대형강입자충돌기)에서 일어난 200종의 소립자 간 복잡한 상호작용도 이 도형으로
쉽게 이해할 수 있다. 파인만 도형은 몇 가지 간단한 규칙으로 읽는다. 첫째, 입자는 선으로 표
시되며, 꼭지점은 그들의 상호작용을 나타낸다. 둘째, 도형의 가로 세로 축은 각기 시간과 공
간을 나타내는데, 어떤 축이 시간이 되어도 상관이 없다. 다만, 시간의 방향을 기준으로 읽는
다. 가령, 가로 축이 시간이라면, 왼쪽이 반응 전, 오른쪽이 반응 후 관측되는 입자들이다. 둘
째, 물질을 구성하는 입자와 반입자는 화살표 선으로 표시한다. 화살표의 방향은 입자의 경우
초기 상태에서 최종 상태를 향하여, 반입자는 그 반대이다. 입자가 그 반입자와 같은 경우(광
자, Z보손, 실수 스칼라 입자 등)에는 화살표를 표시하지 않는다. 셋째, 힘 매개입자의 경우,
광자나 W보손, Z보손은 물결 혹은 지그재그 선으로 표시하며, 글루온은 특별히 용수철 모양
으로 그린다. 글루온은 자신이 매개하는 힘에 스스로도 영향을 받기 때문이다. 그 밖의 다양한
입자들은 선 옆에 글자로 표시한다. 파인만 도형에서 경탄을 받을 만한 창의성은 이들 요소(꼭
지점, 선 등)들이 QED 방정식의 각 항들을 나타낸다는 점이다.

가장 많이 인용되는 전자(e^-)와 그 반입자인 양전자(e^+)의 상호작용을 예로 들면 다음과 같다.

먼저, 두 입자는 직선으로 표시된다. 화살표 방향은 서로 반대이다. 이들 두 입자가 충돌해 반응하면(꼭지점) 쌍소멸하여 광자(Υ)로 변환된다.

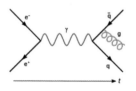

광자는 힘전달입자이므로 물결무늬선으로 표시한다. 광자는 다시 쿼크(q)와 반쿼크(q̄)로 변환된다. 이들은 물질입자이므로 직선으로 표시했고, 입자/반입자의 관계이므로 이를 나타내기 위해 화살표의 방향이 서로 다르다.

반쿼크에서는 용수철 무늬로 나타낸 매개입자 글루온(g)이 나타난다. 이 그림에서 눈 여겨 볼 점은, 반입자의 경우 시간의 방향이 거꾸로, 즉 최종 상태에서 나중상태로 되어 있다는 점이다.

7. 광속과 특수상대성이론, 정지질량

같은 방향으로 달리는 이웃 차의 속도는 느리게 보이고, 반대 방향에서 오는 옆 기차는 빨리 스쳐 지나감은 일상 중에서 우리가 흔히 경험하는 물리현상이다. 그렇다면 그 같은 상대적 운동이 빛에도 적용되는가? 1887년 미국의 마이클슨(Albert Michelson)과 몰리(Edward Morley)는 물리학 역사상 유명한 실험을 통해 빛은 그렇지 않다는 사실을 밝혔다. 그들은 초속 30km의 빠른 속도로 공전하는 지구에 평행 혹은 수직인 방향에서 빛의 속도를 측정해도 항상 동일하다는 결과를 얻었다. 빛이 관측자에게 모두 같은 속도라는 이 사실을 설명하기 위해 네델란드의 로렌츠(Hendrik A. Lorentz)는 1895년 획기적인 주장을 했다. 즉, 물체가 운동하면 그 방향으로 길이가 짧아진다고 제안했다. 같은 생각을 아일랜드의 피츠제럴드(George F. Fitzgerald)도 주장을 했기 때문에 이 현상을 로렌츠–피츠제럴드의 수축이라고 부른다. 즉, 길이 L_0의 물체가 v의 속도로 움직일 때의 길이 L은,

$$L = L_o \sqrt{1 - {v^2}/{c^2}}$$

이다(루트 항의 역수를 로렌츠 인자라고 부른다). 이 식에 의하면 물체의 속도가 광속(c)에 가까워지면 길이는 0에 근접한다. 바꾸어 말해, 물체는 0에 가까운 거리만 이동했으므로 그곳에서는 시간도 거의 흐르지 않은 상태인 0에 가깝다. 마찬가지로 정지하고 있는 질량 m_0의 물체가 움직일 때의 질량 m은,

$$m = \frac{m_o}{\sqrt{1 - v^2/c^2}}$$

이 된다. 즉, 물체가 광속에 가깝게 운동하면 길이와 시간은 0, 질량은 무한대에 근접한다. 이에 아인슈타인은 운동하는 물체의 이러한 로렌츠 수축이 단순히 길이가 줄어듦을 나타내지 않고 우리가 살고 있는 우주의 시간 및 공간과 관련된 보다 근본적인 속성이라 파악했다. 1905년 발표된 그의 특수상대성이론은 로렌츠 변환을 재해석한 내용이라 할 수 있다. 이어 3년 후인 1908년 민코스키(Hermann Minkowski)는 시간과 공간이 서로 상관없는 두 실체가 아니라 통합되어 있다는 4차원 시공간의 개념을 제시했다. 그의 기학적인 해석은 로렌츠 변환을 대칭적으로 보다 잘 기술함으로써 특수상대성이론을 이해하는 데에 큰 도움을 주었다.

특수상대성이론은 빛의 운동과 관련된 여러 모순들을 해결해 주었다. 가령, 고속으로 날아가는 로켓에서 진행 방향으로 빛을 쏘았다 하자. 뉴턴의 운동법칙대로라면, 그 빛의 속도는 로켓의 속도를 더해주어야 하므로 광속보다 빨라야 한다. 그러나 마이컬슨-몰리의 실험에 의하면 빛의 속도는 운동에 상관없이 항상 같다. 이 모순을 로렌츠의 변환식에 적용하면 간단히 해결된다. 즉, 속도 v로 날아가는 로켓에서 u의 속도로 발사한 물체를 제 3의 관측자가 바라본 속도 V는,

$$V = \frac{v + u}{1 + uv/c^2}$$

가 된다. 이 식에 대입해 보면 어떤 경우이건 물체의 속도는 절대로 광속을 넘지 않음을 알 수 있다. 심지어 광속 c로 날아가는 로켓에서 진행 방향으로 광속 c의 물체를 발사해도 그 속도는

$2c$가 아니라 c가 된다. 즉, 광속은 운동에 관계없이 항상 같은 값 c만을 가진다. 광속이 불변한다는 사실은 특수상대성이론이 도출한 중요한 결론 중의 하나이다.

한편, 정지해 있던 물체가 속도를 가지고 움직이는 이유는 힘을 가해 에너지를 더 해주었기 때문이다. 즉, 물체는 운동에너지를 부여해야 운동한다. 이 운동에너지는 고교 물리시간에 배웠듯이 $\frac{1}{2}mv^2$로 나타낸다. 즉, 물체를 운동시키려면 질량 m이나 속도 v의 둘 중 하나를 높여주어야 한다. 그런데 고전물리학에 의하면 물체의 속도를 높이는 것은 가능하지만 질량은 고정된 값을 가지고 있다. 그렇다면 아무리 큰 에너지를 가해도 물체의 속도가 빛 보다 결코 빨라질 수 없다는 사실은 어떻게 설명해야 할까? 방법은 하나이다. 물체에 가해지는 에너지가 속도 증가뿐 아니라 질량을 높이는데도 쓰이면 된다. 특히, 광속 부근에서 가해진 에너지의 대부분을 질량을 증가시키는데 쓰면 물체의 속도가 광속을 초과하지 않아도 된다. 바꾸어 말해 에너지와 질량이 서로 호환되면 모든 문제가 해결된다. 우리에게 잘 알려진 아인슈타인의 $E = mc^2$라는 식은 여기서 나왔다. 이 식은 아인슈타인이 이론 발표 3개월 후에 추가로 발표한 논문에 들어있다.

또 하나 중요한 사실은 아인슈타인의 유명한 $E = mc^2$ 식은 물체가 정지해 있을 때만 적용된다. 즉 위의 로렌츠 변환의 질량 식에서 알 수 있듯이 속도 v가 0인 경우에만 $m=m_0$가 된다. 즉, 정지질량과 움직이는 물체의 질량이 같아진다. 만약 질량이 있고 광속보다 느리게 움직이는 물체의 경우라면 아인슈타인 식은 $E = mc^2/\sqrt{1 - v^2/c^2}$ 로 써야 한다. 이 식에 나오는 루트항의 역수를 로렌츠 인자 γ(감마)라고 부르므로, 아인슈타인의 식은 $E=\gamma mc^2$으로 쓸 수 있다. 질량이 있건 없건 모든 물체에 쓸 수 있는 보다 일반적인 식은 $E^2 = (pc)^2 + (mc^2)^2$이다. 여기서 p(=mv)는 운동량이다. 가령, 운동량이 없는(속도가 0인) 경우, 이 식은 $E = mc^2$이 된다. 한편, 광자처럼 질량이 없는 입자의 경우, 이 식의 오른쪽 두 번째 항이 0이되므로 $E=pc$가 된다. 즉, $E = mvc$가 되는데, 속도 v는 광속 c이어야 하므로 결국 $E = mc^2$가 된다.

참고문헌 및 주석

(본문에 인용된 논문의 원본은 도서관에서 관련 저널, 혹은 일부는 구글 등의 검색도구에서
논문 제목으로 찾을 수 있습니다. 다수 저자인 경우 대표 저자만 ○ ○ ○ ~el. 로 표기하였습니다.)

시작하는 글

1 Stephen Fry (1957~ ; 영국의 배우, 극작가, 방송인): Room 101, Season 6 Episode 10 (TV
program) (2001). https://www.youtube.com/watch?v=-hnABeM2I7c.

2 Stephen Hawking, *Leonard Mlodinow: The Grand Design*, Bantam Books(2010),(2010) (위
대한 설계, 전대호 역, 까치글방)

3 Marcus Chown, *The Never-Ending Days of Being Dead*, Faber & Faber(2008), (네버엔딩
유니버스, 김희원 역, 영림카디널)

4 Steven Weinberg, *The First Three Minutes: A Modern View Of The Origin Of The
Universe*, Basic Books(1993), p. 171

1장

1 Woody Allen, *Getting Even*, The New Yorker(1971)

2 F. Falchi et al., The new world atlas of artificial night sky brightness, *Science Advances*, 2 (6),
10 Jun 2016, e1600377

3 회남자(淮南子)는 전한의 왕족 중의 한 사람인 회남왕(淮南王) 유안(劉安; 179~122 BC)이 여
러 학자들과 함께 노장사상을 바탕으로 편집한 일종의 백과사전이다. (원문: 往古來今謂之宙 四
方上下謂之宇)

4 J. Richard Gott III et al., A map of the Universe, *The Astrophysics Journal*, 624 (2), 2005, p.
463

5 Planck Collaboration, Planck 2015 results XIII. Cosmological parameters, *Astronomy &*

과학오디세이

Astrophysics, 594: A13N, September 2016, p. 63

6 Adam G. Riess et al., Large Magellanic Cloud Cepheid Standards Provide a 1% Foundation…, *The Astrophysical Journal*, 876 (1), 7 May 2019,

7 NASA, 'Hubble Team Breaks Cosmic Distance Record', 4 March 2016. NASA News, https://www.nasa.gov/feature/goddard/2016/hubble-team-breaks-cosmic-distance-record

8 Mihran Vardanyan et al., Applications of Bayesian model averaging to the curvature and size of the Universe, *Monthly Notices of the Royal Astronomical Society*: Letters, 413 (1), May 2011, P. L91-L95

9 Alan Guth, *The inflationary universe: the quest for a new theory of cosmic origins*, Basic Books(1998), p.186

10 추천도서 A1 참조

11 Fraser Caine, 'How many stars?', Universe Today, 3 June 2013, http://www.universetoday.com/24328/how-many-stars

12 NASA, 'What is the Universe Made of?', http://map.gsfc.nasa.gov/universe/uni_matter.html

13 추천도서 A5 참조

14 추천도서 A2 참조

15 추천도서 A1 참조

16 P. Haenecour et al., First laboratory observation of silica grains from core collapse supernovae, *Astrophysical Journal Letters*, Vol. 768 (1), 17 April 2013, p. L17

17 Douglas N. C. Lin, The Genesis of Planets, *Scientific American*, May 2008, p. 50

18 Percival Lowell, *Chosön: The Land of the Morning Calm*, Ticknor and Company(1886), (내 기억 속의 조선, 조선사람들, 조경철 역, 위즈덤하우스)

19 International Astronomical Union, 'Definition of a Planet in the Solar System: Resolutions 5 and 6', IAU 2006 General Assembly, 24 August 2006, http://www.iau.org/static/resolutions/Resolution_GA26-5-6.pdf

20 News, *Scientific American*, 310 (3), March 2014, p. 18

21 Minor Planet Center, 'List of Transneptunian Objects', Retrieved 23 October 2018, https://www.minorplanetcenter.net/iau/lists/TNOs.html

22 Harold F. Levison et al., 'Comet Populations and Cometary Dynamics', L-A. McFadden et al., *Encyclopedia of the Solar System(2nd ed.)*, Academic Press(2007), p. 575-588

23 NASA, 'Oort Cloud: Overview: Giant Space Bubble', http://solarsystem.nasa.gov/planets/oort

24 Mark Peplow, 'Astronomers spy new planet', published online 15 March 2004, Nature News, doi:10.1038/news040315-1

25 N. A. Kaib et al., 2006 SQ372: A likely long-period comet from the inner Oort Cloud, *The Astrophysical Journal*, 695, 2009, p. 268-275

26 Michael D. Lemonick, The search for Planet X, *Scientific American*, 314 (2), February 2016, p. 30

27 Paul R. Weissman, The Oort Cloud, *Scientific American*, 279 (6), September 1998

28 NASA, 'Jet Propulsion Laboratory', 14 June 2012, https://voyager.jpl.nasa.gov/news/details.php?article_id=102

29 NASA, 'Mission Status', http://voyager.jpl.nasa.gov/where/index.html

30 Jonathan Gagné et al., SIMP J013656.5+093347 Is Likely a Planetary-mass Object in the Carina-Near Moving Group, *The Astrophysical Journal Letters*, 841 (1), 20 May 2017, p. 7

31 Simon F. P. Zwart, The Long-Lost Siblings of the Sun, *Scientific American*, November

과학오디세이

2009, p. 22

32 'Yale Catalog of Bright Stars', http://en.wikipedia.org/wiki/Star_catalogue

33 A.M. Ghez, A. M. et al., Measuring distance and properties of the Milky Way's central supermassive black hole with stellar orbits, *The Astrophysical Journal*, 689 (2), 2008, p. 1044-1062

34 'The Milky Way Galactic Ring Survey (GRS) Project', Boston University, 2006, http://www.bu.edu/galacticring/new_introduction.htm

35 R. A. Benjamin et al., Massive Star Formation: Observations Confront Theory, H. I. Beuther et al, (ed.), *Astronomical Society of the Pacific Conference Series*, 387, 2008, p. 375

36 추천도서 A3 참조

37 C. Scharf, The benevolence of black holes, *Scientific American*, August 2012, p. 22

38 By D. Finkbeiner et al., Giant Bubbles of the Milky Way, *Scientific American*, July 2014, p. 42

39 추천도서 A1 참조

40 Leo Blitz, The Dark Side of the Milky Way, *Scientific American*, October 2011, p. 22

41 S.C. Chapman et al., A kinematically selected, metal-poor spheroid in the outskirts of M31, *The Astrophysical Journal*, 653 (1), 2006, p. 255

42 K. Moskvitch, 'Andromeda born in a collision', BBC News, 25 November 2010, http://www.bbc.co.uk/news/science-environment-11833356

43 Ken Croswell, Unraveling a Magellanic Mystery, *Scientific American*, July 2014, p. 16

44 Kathryn V. Johnston, FOSSIL HUNTING, *Scientific American*, December 2014, p. 54

45 Anna Frebel, Is the Milky Way a Cannibal? An Astronomer Travels to the Driest Place on Earth to Find Out, *Scientific American*, December 2012, p. 50

46 Eva Noyola et al., Gemini and Hubble Space Telescope Evidence for an Intermediate Mass

Black Hole in omega Centauri, *The Astrophysical Journal*, 676 (2), 2008, p. 1008

47 Noam I. Libskind et al., Our place in the cosmos, *Scientific American*, July 2017, p. 32

48 W. Tucker et al, Black Hole Blowback, *Scientific American*, March 2007, p. 42

49 James E. Geach, The Lost Galaxies, *Scientific American*, May 2011, p. 30

50 R. B. Tully et al., The Laniakea supercluster of galaxies, *Nature*, 4 September 2014

51 Gott, J. Richard, III et al., A Map of the Universe, *The Astrophysical Journal*, 624 (2), 2005, p. 463-4

52 I. Horváth et al., New data support the existence of the Hercules—Corona Borealis Great Wall, *Astronomy & Astrophysics*, 584, October 2015, A48

53 Noam I. Libeskind, Dwarf Galaxies and the Dark Web, *Scientific American*, March 2014, p. 46

54 F. Nicastro et al., Observations of the missing baryons in the warm-hot intergalactic medium, *Nature*, 558, 2018, p. 406-409

55 István Szapudi, Emptiest place in space could explain mysterious cold spot in the universe, *Scientific American*, August 2016, p. 28

56 J. M. Colberg et al., The Aspen—Amsterdam void finder comparison project, *Monthly Notices of the Royal Astronomical Society*, 387 (2), 2008, p. 933

57 추천도서 A7 참조

58 Albert Einstein, The collected papers of Albert Einstein, Alfred Engel, Princeton University Press(1997)

59 Edgar Allan Poe, 'Eureka— A Prose Poem(1848)', http://xroads.virginia.edu/~hyper/poe/eureka.html

60 Dawn B. Sova, *Edgar Allan Poe: A to Z*, Checkmark Books(2001), ISBN 0-8160-4161-X

61 Edward Harrison, *Darkness at Night: A Riddle of the Universe*, Harvard University Press(1989), ISBN-13: 978-0674192713

62 추천도서 A9 참조

63 V. M. Slipher, Nebulae, *Proceedings of the American Philosophical Society*, 56, April 1917, p. 403-409.

64 참고문헌 A1 참조

65 참고문헌 A6 참조

66 Ari Belenkiy, Alexander Friedmann and the origins of modern cosmology, *Phys. Today*, 65 (10), 2012, p. 38, (원문: 'Vos calculs sont corrects, mais votre physique est abominable')

67 Charles H. Lineweaver & Tamara M. Davis, Misconceptions about the Big Bang, *Scientific American*, 292 (3), March 2005, p.24

68 추천도서 A7 참조

69 R. A. Alpher, H. Bethe, G. Gamow, The Origin of Chemical Elements, *Physical Review*, 73 (7), April 1948, p. 803-804.

70 M. Burbidge, G. R. Burbidge, W. A. Fowler, F. Hoyle, Synthesis of the Elements in Stars, *Reviews of Modern Physics*, 29 (4), 1957, p. 547

71 추천도서 A1 참조

72 Simon Mitton, *Fred Hoyle : A Life in Science*, Cambridge Univ. Press(2011), (호일의 원문: These theories were based on the hypothesis that all the matter in the universe was created in one big bang at a particular time in the remote past.)

73 William C. Keal, Alternate Approaches and the Redshift Controversy, The University of Alabama, October 2009, http://www.astr.ua.edu/keel/galaxies/arp.html

74 NASA, 'Astronomy Picture of the Day: Time Tunnel', 6 September 2007, http://apod.

nasa.gov/apod/ap070906.html, (발견자: Johannes Schedler)

75 S. L. Finkelstein et al, A galaxy rapidly forming stars 700 million years after the Big Bang at redshift 7.51, *Nature*, 502, 24 October 2013, p. 524-527

76 G. Steigman, Primordial Nucleosynthesis: Successes And Challenges, *Intern. J. of Modern Physics*, E15 (1), 2005, p. 1-36

77 Stephen Hawking, '60 years in a nutshell' (2002년 1월 11일 캠브리지 대학 강연)

78 A.G. Doroshkevich, I. D. Novikov, Mean Density of Radiation in the Metagalaxy and Certain Problems in Relativistic Cosmology, *Soviet Physics Doklady*, 9 (23), 1964, p. 4292

79 R. H. Dicke et al., Cosmic Black-Body Radiation, *Astrophysical Journal*, 142, 1965, p. 414 및 A. A. Penzias, R.W. Wilson, Measurement of Excess Antenna Temperature at 4080 Mc/s, 같은 저널 p. 419

80 추천도서 A11 참조

81 Robert W. Wilson, The Cosmic Microwave Background Radiation, Nobel Lecture, 8-12-1978; 35, (원문: ...a white material familiar to all city dwellers.)

82 추천도서 A8참조

83 D.J. Fixsen, The Temperature of the Cosmic Microwave Background, *The Astrophysical Journal*, 707 (2), 2009, p. 916-920

84 원문: 'the starting point for cosmology as a precision science.'

85 M. White, Anisotropies in the CMB, Proceedings of the Los Angeles Meeting, DPF 99, UCLA, 1999

86 추천도서 A5 참조

87 C.L. Bennett et al., Nine-Year Wilkinson Microwave Anisotropy Probe (WMAP) Observations: Final Maps and Results, *The Astrophysical Journal Supplement*, 208, 2013, p.20

과학오디세이

88 ESA Science & Technology, 'Planck's new cosmic recipe', https://sci.esa.int/web/planck/-/51557-planck-new-cosmic-recipe (update : 2019)

89 추천도서 A6 참조

90 Lawrence M. Krauss, What Einstein Got Wrong, *Scientific American*, September 2015, p. 40

91 F. Zwicky, Nebulae as Gravitational Lenses, *Physical Review*, 51 (4), February 1937, p. 290

92 V. Rubin, W.K. Ford, *The Astrophysical Journal*, 159, 1970, p. 379

93 추천도서 A10 참조

94 추천도서 A2 참조

95 J. D. Dietrich et al., A filament of dark matter between two clusters of galaxies, *Nature* 487, 12 July 2012, p. 202-204

96 V. Springel et al., Simulations of the formation, evolution and clustering of galaxies and quasars, *Nature*, 435, 2005, p. 629-636

97 Noam I. Libeskind, Dwarf Galaxies and the Dark Web, *Scientific American*, March 2014, p. 46

98 C. Alcock et al., Possible gravitational microlensing of a star in the Large Magellanic Cloud, *Nature*, 365 (6447), 1993, p. 621-623

99 추천도서 A17 참조

100 B. Dobrescu, D. Lincoln, A Hidden World of Complex Dark Matter, *Scientific American*, July 2015, p.35

101 European Southern Observatory News, eso1514 - Science Release, 'First Signs of Self-interacting Dark Matter?', 15 April 2015, https://www.eso.org/public/news/eso1514

102 추천도서 A6 참조

103 Walter Isaacson, How Einstein Reinvented Reality amid War, Divorce and Rivalry, *Scientific American*, September 2015, p. 18

104 Daniel C. Schlenoff, A Century of Einstein, *Scientific American*, September 2004, p. 28

105 A. Einstein, Kosmologische Betrachtungen zur allgemeinen Relativitaetstheorie, *Sitzungsberichte der Königlich Preussischen Akademie der Wissenschaften Berlin*, part 1, 1917, p. 142-152

106 추천도서 A8 참조

107 추천도서 A13 참조

108 추천도서 A14 참조

109 Sean Carroll, 'Energy Is Not Conserved', http://www.preposterousuniverse.com/blog/2010/02/22/energy-is-not-conserved/

110 Man Ho Chan, *Journal of Gravity*, Vol 2015, Article ID 384673

111 추천도서 A12 참조

112 Max Tegmark et al., Cosmological parameters from SDSS and WMAP, *Physical Review D*, 69, May 2004, 103501

113 추천도서 A9 참조

114 Timothy Clifton, Pedro G. Ferreira, Does Dark Energy Really Exist?, *Scientific American*, April 2009, p. 48

115 C. L Bennett et al, Nine-Year Wilkinson Microwave Anisotropy Probe (WMAP) Observations: Final Maps and Results, *The Astrophysical Journal Supplement*, 208 (2), 2013, p. 20

116 추천도서 A1 참조

117 추천도서 A9 참조

118 Alan H. Guth, Inflationary universe: A possible solution to the horizon and flatness problems, *Phys. Rev. D*, 23, 1981, p. 347

119 추천도서 A7 참조

120 David Kaiser, When Fields Collide, *Scientific American*, Jun 2007, p. 62

121 추천도서 A12 참조

122 R. l Nguyen, D.I. Kaiser, Nonlinear Dynamics of Preheating after Multifield Inflation with Nonminimal Couplings, *Phys. Rev. Lett.*, 123, October 2019, 171301

123 추천도서 A15 참조

124 추천도서 A6 참조

125 Abraham Loeb, The Dark Ages of the Universe, *Scientific American*, Nov 2006, p. 22

126 추천도서 A16 참조

2장

11 Niels Bohr, *The Philosophical Writings of Niels Bohr*, Ox Bow Press(1987)

2 I. Angeli et al., Table of experimental nuclear ground state charge radii: An update, *Atomic Data and Nuclear Data Tables*, 99 (1), 2013, p. 69-95.

3 추천도서 B1 참조

4 추천도서 B2 참조

5 최종 이론의 꿈, 스티븐 와인버그, 이종필 역, 사이언스북스(2007), p. 97

6 Jagdish Mehra, *Aspects of Quantum Theory*, Cambridge: University Press(1972), p. 17-59.

7 원문: This balancing on the dizzying path between genius and madness is awful.

8 Walter J. Moore, *Schrödinger: Life and Thought*, Cambridge Univ. Press(1994)

9 M. Ozawa, Universally valid reformulation of the Heisenberg uncertainty principle on noise and disturbance in measurement, *Phys. Rev. A*, 67, 2003, 042105

10 추천도서 B5 참조

11 Richard Feyman, *The Feynman Lectures on Physics including Feynman's Tips on Physics: The Definitive and Extended Edition(2nd edition)*, Addison Wesley(2005)

12 Richard Fynmann, *Six Easy Pieces: Essentials of Physics By Its Most Brilliant Teacher*, Basic Books(2011), (파인만의 6개의 물리 이야기)

13 R. Bach et al, Controlled double-slit electron diffraction, *New Journal of Physics*, 15, March 2013

14 Aage Petersen, The Philosophy of Niels Bohr, *Bulletin of the Atomic Scientists*, 19 (7), September 1963, p. 12

15 Albert Einstein, Albert Einstein to Max Born 1, *Physics Today* 58, 5, 16, 2007, https://doi.org/10.1063/1.1995729

16 News & Comment, Did Einstein really say that?, *Nature*, 30 April 2018

171 추천도서 B6 참조

18 T. Gerrits et al., Generation of optical coherent state superpositions by number-resolved photon subtraction from squeezed vacuum, *Physical Review A*, 82 (3), 2010, 031801(R)

19 Philip Yam, Bringing Schrödinger's Cat to Life, *Scientific American*, 276 (6), June 1997, p. 124

20 M. Arndt, A. Zeilinger et al., Wave-particle duality of C60 molecules, *Nature*, 401, 1999, p. 680-682

21 S. Gerlich et al., Quantum interference of large organic molecules, *Nature Communications*, 2 (1), 2011, Article number: 263

22 A. Einstein, B. Podolsky, N. Rosen, Can quantum mechanical description of physical reality be complete?, *Physical Review*, 47, 1935, p. 777

23 David Bohm, A Suggested Interpretation of the Quantum Theory in Terms of Hidden Variables. II, *Physical Review*, 85 (2), 1952, p. 180

24 David Bohm, *Causality and Chance in Modern Physics(2nd edition)*, Routledge(1984), ISBN 10: 0415174406

25 D. Kielpinski et al., Recent results in trapped-ion quantum computing at NIST, *Quantum information & computation*, 1, December 2001, p. 113-123

26 H. Wiseman, Physics: Bell's theorem still reverberates, *Nature*, 510 (7506), 26 June 2014, p. 467-9

27 C. H. Bennett et al., Teleporting an unknown quantum state via dual classical and Einstein-Podolsky-Rosen channels, *Physical Review Letters*, 70 (13), March 1993, p. 1895-1899

28 Ji—Gang Ren et al., Ground—to—satellite quantum teleportation, *Nature*, 549, 2017, p. 70—73

29 Eric Powell, 'Interview: Anton Zeilinger Dangled From Windows, Teleported Photons, and Taught the Dalai Lama', Discover, 29 August 2011

30 Eugene P.l Wigner, *The Collected Works of Eugene Paul Wigner: Historical, Philosophical, and Socio—Political Papers, Historical and Biographical Reflections and Syntheses*, Springer Science & Business Media(2013), p. 28

31 M. Schlosshauer et al., A Snapshot of Foundational Attitudes Toward Quantum Mechanics, https://arxiv.org/pdf/1301.1069

32 H. Everett II, Relative State— Formulation of Quantum Mechanics, *Reviews of Modern Physics*, 29 (3), 1957, p. 454—462

33 추천도서 B3 참조

34 Don Lincoln, The Inner Life Of Quarks, *Scientific American*, November 2012, p. 36

35 Robert M. Sapolsky, Beyond Limits, *Scientific American*, September 2012, p. 38

36 A. Quadt, Top quark physics at hadron colliders, *European Physical Journal C*, 48 (3), December 2006, p. 835—1000

37 추천도서 B1 참조

38 추천도서 B4 참조

39 Mark Reynold, Calculating the Mass of a Proton, *CNRS international magazine*, 13, (Apr 2009), p. 11, ISSN 2270—5317

40 M. Riordan, G. Tonelli, S. L. Wu, The Higgs at Last, *Scientific American*, October 2012, p. 66

41 Leon M. Lederman with Dick Teresi, *The God Particle: If the Universe Is the Answer,*

과학오디세이

What Is the Question?, Dell Publishing(1993)

42 추천도서 B7 참조

43 추천도서 A19 참조

44 'What Is the Higgs?', New York Times, 8 October 2013, https://archive.nytimes.com/
www.nytimes.com/interactive/2013/10/08/science/the-higgs-boson.html?_r=0#/?g=true-

45 추천도서 B8, 9 참조

46 추천도서 B9 참조

47 'THE NOBEL PRIZE IN PHYSICS 2013', Royal Swedish Academy of Sciences, https://
assets.nobelprize.org/uploads/2018/06/popular-physicsprize2013.pdf?_ga=

48 G. Kane, The Dawn of Physics beyond the Standard Model, *Scientific American*, June
2003, p. 56

49 B. Ryden, *Introduction to Cosmology*, Addison-Wesley(2003), p. 196

50 D.J.H. Chung, L.L Everett et al., The Soft Supersymmetry-Breaking Lagrangian: Theory
and Applications, *Phys. Rept*, 407 (1), February 2005

51 G. Bertone et al., Particle Dark Matter: Evidence, Candidates and Constraints, *Phys.
Rept*, 405, 2005, p. 279

3장

1 Friedrich Nietzsche, *Beyond Good and Evil*, 1886, Aphorism 146

2 추천도서 A20 참조

3 추천도서 A9 참조

4 B.J. Carr, S.B. Giddings, Quantum black holes, *Scientific American*, 292 (5), 2005, p. 30

5 추천도서 A8 참조

6 Peter Woit, *Not Even Wrong: The Failure of String Theory and the Search for Unity in Physical Law*, Basic Books(2007), (초끈이론의 진실, 박병철 역, 승산)

7 G. Ellis, J. Silk, Scientific method: Defend the integrity of physics, *Nature*, 16 December 2014

8 추천도서 E2 참조

9 D. Shechtman et al., Metallic Phase with Long-Range Orientational Order and No Translational Symmetry, *Phys. Rev. Letters.*, 53 (20), November 1984, p. 1951

10 추천도서 A21 참조

11 추천도서 A22 참조

12 Stephen Webb, Out of this World: Colliding Universes, Branes, Strings, and Other Wild Ideas of Modern Physics, Copernicus(2004)

13 Juan M. Maldacena, The Large N Limit of Superconformal Field Theories and Supergravity, *Advances in Theoretical and Mathematical Physics*, 2, 1998, p. 231-252

14 P. Hořava, E. Witten, Eleven dimensional supergravity on a manifold with boundary, *Nucl. Phys.*, B475, 1996, p. 94

15 Gabriele Veneziano, The Myth of the Beginning of Time: Two Views of the Beginning, *Scientific American*, May 2004, p. 30

16 M. Chalmers, Reality check at the LHC, *Physics World*, 24 (2), 18 January 2011, p. 12‒13

17 Lisa Randall, Raman Sundrum, Large Mass Hierarchy from a Small Extra Dimension, *Phys. Rev. Lett.* 83, 25 October 1999, p. 3370

18 추천도서 A14 참조

19 추천도서 A15 참조

20 C. Burgess, F. Quevedo, The Great Cosmic Roller‒Coaster Ride, *Scientific American*, November 2007, p. 58

21 Univ. of Cambridge, 'The Origins of the Universe: Inflation', The Stephen Hawking Centre for Theoretical Cosmology, http://www.ctc.cam.ac.uk/outreach/origins/inflation_zero.php

22 추천도서 A18 참조

23 Anna Ijjas, P. J. Steinhardt et al., Pop goes the Universe, *Scientific American*, January 2017, p. 32

24 A. Guth et al., A Cosmic Controversy, *Scientific American*, February 2017, p. 32

25 John_Gribbin, 'Inflation for Beginners', http://www.lifesci.sussex.ac.uk/home/John_Gribbin/cosmo.htm

26 C.M. Wilson et al., Observation of the Dynamical Casimir Effect in a Superconducting Circuit, *Nature*, 479, November 2011, p. 376-379

27 추천도서 A6 참조

28 Max Tegmark, Parallel Universes, *Scientific American*, May 2003, p. 30, (Special issue 2009)

29 추천도서 A8 참조

30 Max Tegmark, The Mathematical Universe, *Found. Phys.*, 38, 2008, p. 101–150

31 추천도서 A23 참조

32 추천도서 A24 참조

33 추천도서 A25 참조

34 César A. Hidalgo, How Much Information Can Earth Hold?, *Scientific American*, August 2015, p. 73

35 Martin Hilbert et al., The World's Technological Capacity to Store, Communicate, and Compute Information, *Science*, 332 (6025), April 2011, p. 60–65

36 P.C.W. Davis, Multiverse Cosmological Models, *Modern Physics Letters A*, 19 (10), 2004, p. 727–743

37 R. Bousso, J. Polchinski, The string theory Landscape, *Scientific American*, 291 (3), September 2004, p. 78

38 Leonard Susskind, The Cosmic Landscape: String Theory and the Illusion of Intelligent Design, Little, Brown and Company(2005), Chapt. 11

39 추천도서 A9 참조

40 W. Taylor 3et al., The F-theory geometry with most flux vacua, *J. of High Energy Physics*, December 2015, p. 1-21

41 S, Weinberg S., Anthropic Bound on the Cosmological Constant, *Phys. Rev. Lett.*, 59 (22), November 1987, p. 2607

42 추천도서 A26 참조

43 추천도서 A29 참조

44 Andrei Linde, A brief history of the multiverse, *Rep. Prog. Phys.*, 80, 2017, 022001

45 A. Jenkins, G. Perez, Looking for Life in the Multiverse, *Scientific Amaerican*, January

2010, p. 30

46 Carlo Rovelli, Loop quntum gravity, *Physics World*, 16 (11), November 2003, p. 37

47 Lee Smolin, Atoms of space and time, *Scientific American*, 290 (1), January 2004, p. 66

48 추천도서 A18 참조

49 Martin Bojowald, Big Bang or Big Bounce?: New Theory on the Universe's Birth, *Scientific American*, October 2008, p. 44

50 추천도서 A28 참조

51 Michael Moyer, Is Space Digital?, *Scientific American*, February 2012, p. 20

52 Jerzy Jurkiewicz, Using Causality to Solve the Puzzle of Quantum Spacetime, *Scientific American*, July 2008, p. 24

53 Jan Ambjørn et al, Planckian Birth of a Quantum de Sitter Universe, *Phy. Rev. Lett*, 100, 2008, 091304

54 Meinard Kuhlmann, What is Real?, *Scientific American*, August 2013, p. 32

55 G. Musser, The Paradox of Time: Why It Can't Stop, But Must, *Scientific American*, September 2010, p. 66

56 Marc Mars et al., Is the accelerated expansion evidence of a forthcoming change of signature on the brane?, *Phy. Rev. D*, 77 (2), January 2008, 027501

57 R. Penrose, *Cycle of time: An extraordinary new view of the Universe*, Bodley Head(2010), ISBN-10: 0307278468

58 추천도서 A2 참조

59 추천도서 A30 참조

60 추천도서 A31 참조

61 S.W. Hawking, Thomas Hertog, A Smooth Exit from Eternal Inflation?, *High Energy*

Physics, 20 Apr 2018, arXiv:1707.07702v3 hep—th

62 Craig Callender, Is time an illusion?, *Scientific American*, June 2010, p. 40

63 추천도서 A29 참조

64 Sean Carroll, Does Time Run Backward in Other Universes, *Scientific American*, June 2008, p. 48

65 추천도서 A36 참조

66 Carlo Rovelli, *The Order of Time*(원저: *L'ordine del tempo, 2017*), Riverhead Books(2018)

서평: Andrew Jaffe, The illusion of time, *Nature*, 556, April 2018, p. 304—305

67 추천도서 A32 참조

68 S. Hawking & L. Mlodinow, The Elusive Theory of Everything, *Scientific American*, October 2010, p. 51

맺는 글

1 D. A. Edge, Oliver Heaviside (1850–1927) – Physical mathematician, *Teaching mathematics and its applications*, 2 (2), 1983, p. 55–61.

2 Marcus Chown, *The Never–Ending Days of Being Dead*, Faber & Faber(2006), (네버엔딩 유니버스, 김희원 역, 영림카디널)

3 Stephen Hawking, *Leonard Mlodinow: The Grand Design*, Bantam Books(2010)

4 Lawrence M. Krauss, Questions That Plague Physics: A Conversation with Lawrence M. Kraus, *Scientific American*, August 2004, p. 66

5 나는 누구인가?, 리하르트 다비트 프레히트, 백종유 역, 21세기 북스(2008)

6 Lawrence M Krauss, *A Universe from Nothing: Why There Is Something Rather than Nothing*, Atria Books(2013), (무로부터의 우주, 박병철 역, 승산)

7 B. Russell and F. C. Copleston (BBC Debate 1948), Jim Holt, *Why Does the World Exist?: An Existential Detective Story*, Liveright(2012), (왜 세상은 존재하는가? 우진하 역, 21세기북스)

8 Michio Kaku, *Parallel World*, Doubleday(2005), (평행우주, 박병철 역, 김영사)

9 Richard Dawkins, *Unweaving the Rainbow: Science, Delusion and the Appetite for Wonder*, mamarin Books(2000), (무지개를 풀며, 최재천, 김산하 역, 바다출판사)

10 Steven Weinberg, *Facing Up: Science and Its Cultural Adversaries(New Ed Edition)*, Harvard University Press(2003), p. 43

11 Carlo Rovelli, *L'ordine del tempo(The Order of Time)*, Penguin Books(2017), (시간은 흐르지 않는다, 이중원 역, 쌤앤파커스)

추천도서

1·3장

A1 세상은 어떻게 시작되었는가?, 크리스 임피, 이강환 역, 시공사, 2013

A2 Fred Adams & Greg Laughlin, *The Five Ages of the Universe*, The Free Press, 1999

A3 우주 사용 설명서, 데이브 골드버그, 제프 블룸퀴스트, 이지윤 역, 휴먼사이언스, 2012

A4 천체물리학자 위베르 리브스의 은하수 이야기, 위베르 리브스, 성귀수 역, 열림원, 2013

A5 한권으로 충분한 우주론, 다케우치 가오루, 김재호 역, 전나무숲, 2010

A6 무로부터의 우주, 로렌스 크라우스, 박병철 역, 승산, 2013

A7 평행우주, 미치오 카쿠, 박병철 역, 김영사, 2006

A8 멀티유니버스, 브라이언 그린, 박병철 역, 김영사, 2012

A9 현대물리학, 시간과 우주의 비밀에 답하다, 숀 캐럴, 김영태 역, 다른세상, 2012

A10 모든 것은 진화한다, 앤드루 C. 페이비언, 김혜원 역, 에코리브르, 2011

A11 우주가 지금과 다르게 생성 될 수 있었을까, 마틴 리스, 김재영 역, 이제이북스, 2004

A12 마지막 3분, 폴 데이비스, 박배식 역, 사이언스북스, 2005

A13 무영진공, 존 배로, 고중숙 역, 해나무, 2003

A14 끝없는 우주, 폴 스타인하트, 닐 투록, 김원기 역, 살림, 2009

A15 네버엔딩 유니버스, 마커스 초운, 김희원 역, 영림카디널, 2008

A16 세상은 어떻게 끝나는가?, 크리스 임피, 박병철 역, 시공사, 2012

A17 코스믹 잭팟, 폴 데이비스, 이경아 역, 한승, 2010

A18 빅뱅이전, 마르틴 보요발트, 곽영직 역, 김영사, 2011

A19 우주의 풍경, 레너드 서스킨드, 김낙우 역, 사이언스북스, 2011

A20 블랙홀 전쟁, 레너드 서스킨드, 이종필 역, 사이언스북스, 2011

A21 휜 비틀린 꼬인 공간의 신비, 싱퉁 야우, 스티브 네이디스, 고중숙 역, 경문사, 2013

과학오디세이

A22 그레이트 비욘드, 폴 핼펀, 곽영직 역, 지호, 2006

A23 신은 수학자인가?, 마리오 리비오, 김정은 역, 열린과학, 2010

A24 왜 세상은 존재하는가?, 짐 홀트, 우진하 역, 21세기북스, 2013

A25 프로그래밍 유니버스, 세스 로이드, 오상철 역, 지호, 2007

A26 여섯 개의 수, 마틴 리스, 김혜원 역, 사이언스북스, 2018

A27 왜 종교는 과학이 되려하는가?, 리처드 도킨스, 김명주 역, 바다출판사, 2017

A28 한권으로 충분한 시간론, 다케우치 가오루, 박정용 역, 전나무숲, 2011

A29 왜 시간은 앞으로만 갈까?, 조엘 레비, 이재필 역, 써네스트, 2013

A30 우주의 구멍, K. C. 콜, 김희봉 역, 해냄출판사, 2002

A31 위대한 설계, 스티븐 호킹, 레오나르드 플로디노프, 전대호 역, 까치글방, 2010

A32 우주 생명 오디세이, 크리스 임피, 전대호 역, 까치글방, 2009

A33 모든 순간의 물리학, 카를로 로벨리, 김현주 역, 쌤앤파커스, 2016

2장

B1 퀀텀 스토리, 짐 배것, 박병철 역, 반니, 2014

B2 숨겨진 우주, 리사 랜들, 김연중 외 역, 사이언스북스, 2008

B3 일반인을 위한 파인만의 QED 강의, 리처드 파인만, 박병철 역, 승산, 2001

B4 천국의 문을 두드리며, 리사 랜들, 이강영 역, 사이언스북스, 2015

B5 양자론이 뭐야, 사토 가츠히코, 김선규 역, 비타민북, 2006

B6 슈뢰딩거의 고양이, 애덤 하트데이비스, 강영옥 역, 시그마북스, 2017

B7 얽힘, 아미르 D. 액젤, 김형도 역, 지식의 풍경, 2007

B8 마틴 가드너의 양손잡이 자연세계, 마틴 가드너, 까치, 1993

B9 대칭과 아름다운 우주, 레온 레더만, 크리스토퍼 힐, 안기연 역, 승산, 2012

그림 출처

1장

그림 1-2 https://www.nasa.gov/sites/default/files/thumbnails/image/image1p1607aw-crop.jpg

그림 1-3 NASA: https://herschel.jpl.nasa.gov/solarSystem.shtml

그림 1-4 Max-Planck-Institut für Astrophysik, The Millennium Simulation Project https://wwwmpa.mpa-garching.mpg.de/galform/virgo/millennium/

그림 1-5 https://www.researchgate.net/figure/The-Fermi-bubble-around-the-galactic-center-Image-credit-NASA-Fermi-LAT_fig5_31217063를 수정

그림 1-9 M. White, Anisotropies in the CMB, Proceedings of the Los Angeles Meeting, DPF 99. UCLA (1999) commons.wikimedia.org/wiki/File:Cmbr.svg를 수정

그림 1-10 https://www.esa.int/Science_Exploration/Space_Science/Planck/Planck_and_the_cosmic_microw를 수정

그림 1-13 https://www.universetoday.com/wp-content/uploads/2009/09/gravity.jpg를 일부 수정

그림 1-15

(a) http://new-universe.org/zenphoto/Chapter4/Illustrations/Abrams48.jpg.php

(b) https://commons.wikimedia.org/wiki/File:Horizon_problem2.PNG 를 수정

2장

그림 2-1 (a) https://chemistryonline.guru/bohrs-atomic-model/ 를 수정

그림 2-3 (a) 자체 제작 (b) https://www.sciencelearn.org.nz/images/4105-constructive-and-destructive-interference 를 일부 발췌 수정. (c) https://school-of-sound-alchemy.teachable.

com/courses/theory-of-sound-healing/lectures/4319178를 일부 수정

그림 2-4 (b) http://www.physics.usyd.edu.au/teach_res/hsp/sp/mod31/m31_strings.htm에서
일부 발췌

그림 2-5 https://cnx.org/contents/cNerpl43@6/The-Heisenberg-Uncertainty-Principle

그림 2-6 (b) https://www.sas.upenn.edu/~milester/courses/chem101/AQMChem101/
AQMPages/AQMIIIc.html 에서 일부 발췌해 수정

그림 2-11 https://courses.lumenlearning.com/physics/chapter/33-6-guts-the-unification-
of-forces/ 에서 수정

3장

그림 3-2 https://commons.wikimedia.org/wiki/File:Calabi-Yau.png

그림 3-5 Lisa Randall and Raman Sundrum, Large Mass Hierarchy from a Small Extra
Dimension, Phys. Rev. Lett. 83, 3370 (25 October 1999)

과 학 오 디 세 이
유 니 버 스
우주 · 물질 그리고 시공간

초판 1쇄 인쇄   2021년 1월 21일
초판 1쇄 발행   2021년 1월 28일

지은이   안중호
펴낸곳   (주)엠아이디미디어
펴낸이   최종현
기 획   김동출 이휘주 최종현
편 집   이휘주
교 정   김한나
행 정   유정훈
마케팅   안동현
디자인   박명원

주 소   서울특별시 마포구 토정로 222 한국출판콘텐츠센터 303호
전 화   (02) 704-3448   **팩스**   (02) 6351-3448
이메일   mid@bookmid.com   **홈페이지**   www.bookmid.com
등 록   제2011 − 000250호
ISBN 979-11-90116-34-3 (93420)

이 도서는 한국출판문화산업진흥원의 '2020년 출판콘텐츠 창작 지원 사업'의 일환으로
국민체육진흥기금을 지원받아 제작되었습니다.